金属材料与热处理

主　编　朱黎江

副主编　张文莉

参　编　李映辉　邹　莉　陈雪菊
　　　　杨　艳　汪国庆　吴承玲
　　　　宋群玲　王　浩

主　审　孙余一

北京理工大学出版社
BEIJING INSTITUTE OF TECHNOLOGY PRESS

内容提要

本书内容主要包括钢铁的冶炼简介、金属学基本知识（金属的晶体结构与结晶、二元合金相图与结晶、铁碳合金相图）、钢的热处理、黑色金属材料的分类与选用、有色金属材料及其合金、新型功能材料与复合材料、非金属材料简介。

教材内容简洁明了，实用性强，可作为高等职业院校的教学用书，还可作为从事金属材料及相关专业的工程技术人员参考。

图书在版编目（CIP）数据

金属材料与热处理／朱黎江主编．—北京：北京理工大学出版社，（2019.6 重印）

ISBN 978－7－5640－4741－2

Ⅰ．①金… Ⅱ．①朱… Ⅲ．①金属材料②热处理 Ⅳ．①TG14②TG15

中国版本图书馆 CIP 数据核字（2011）第 124427 号

出版发行／北京理工大学出版社

社　　址／北京市海淀区中关村南大街 5 号

邮　　编／100081

电　　话／（010）68914775（办公室）　68944990（批销中心）　68911084（读者服务部）

网　　址／http://www.bitpress.com.cn

经　　销／全国各地新华书店

印　　刷／北京国马印刷厂

开　　本／787 毫米×1092 毫米　1/16

印　　张／19.5

字　　数／455 千字　　责任编辑／陈莉华

版　　次／2019 年 6 月第 1 版 第 8 次印刷　　责任校对／周瑞红

定　　价／49.00 元　　责任印制／吴皓云

前　言

“金属材料与热处理”是高职高专机电、冶金、机械等专业的一门重要专业基础课程。近年来，由于新型材料和热处理的不断发展，以及我国颁布了金属材料的一些新标准，为适应新形势的发展，本教材从实用角度出发，注重培养学生具备金属材料工程应用的能力，通过掌握黑色和有色金属材料的组织结构、类型、机械性能以及各种热处理的基本知识，能够合理地选择应用金属材料、制订合理的热处理工艺方法，满足零件的性能要求。本教材还增加了钢铁冶金方面、非金属材料和复合材料应用的一些基础知识，拓宽了学生工程材料的应用知识领域。

本书可作为高职高专、业大、电大、函大等机械类专业的“金属材料及热处理”课程教材，也可供工科其他专业选用和相关读者阅读。

本书注重学生的认知能力、应用能力及创新能力的培养，具有理论性和实践性很强的特点。全书分为绪论、金属的固态结构、金属的凝固、二元合金相图、金属材料的塑性变形与再结晶、铁－碳合金的相图、钢的热处理、非合金钢（碳钢）与铸铁、合金钢、有色金属及其合金、金属材料的选材原则和热处理工艺应用、金属功能材料和复合材料简介、非金属材料简介等共14章。

本书内容着力于满足教学要求，主要以金属材料及其热处理为主，同时兼顾其他非金属材料和新型复合材料，适宜的学时数约50~80学时，各校可根据具体教学情况，对书中内容进行取舍。

本书绪论由昆明冶金高等专科学校刘晓波老师编写，第1、第2章由李映辉老师编写，第3、第10章由朱黎江老师编写，第4、第8章由邹莉老师编写，第5章由陈雪菊老师编写，第6、第7章由张文莉老师编写，第9章由吴承玲老师编写，第11章由汪国庆老师编写，第12章由杨艳老师编写，第13章由宋群玲老师编写，第14章由王浩老师编写，全书由孙余一教授主审，在此表示衷心的感谢。

由于作者的水平有限，书中难免存在一些缺点和错误，恳请广大读者提出宝贵意见。

编　者

目　录

绪论 …… (1)
0.1 工程材料的分类 …… (1)
0.1.1 金属材料 …… (1)
0.1.2 非金属材料 …… (2)
0.1.3 复合材料 …… (2)
0.2 本课程的教学目的和要求 …… (2)
0.2.1 学习目的 …… (2)
0.2.2 要求 …… (3)
第1章 钢的冶炼、浇注、成型工艺及钢材的质量控制 …… (4)
1.1 钢的冶炼 …… (5)
1.1.1 炼铁 …… (5)
1.1.2 炼钢 …… (6)
1.2 钢的浇注 …… (6)
1.2.1 模铸法 …… (7)
1.2.2 连铸法 …… (7)
1.3 钢的成型 …… (7)
1.3.1 钢材的概念 …… (7)
1.3.2 钢材的生产 …… (7)
1.4 钢材的质量检验 …… (8)
1.4.1 化学成分分析 …… (9)
1.4.2 组织分析 …… (11)
1.4.3 零件的无损探伤 …… (12)
第2章 金属材料的力学性能 …… (15)
2.1 静载荷作用下的力学性能 …… (15)
2.1.1 强度与塑性 …… (15)
2.1.2 硬度 …… (17)
2.1.3 刚度 …… (21)
2.2 在动载荷作用下的力学性能 …… (21)
2.2.1 冲击韧性和断裂韧性 …… (21)
2.2.2 疲劳 …… (24)
2.3 金属材料的高温蠕变现象 …… (25)
2.4 金属材料的工艺性能 …… (26)

第 3 章　金属及其合金的固态结构 …… (28)
3.1　金属与合金 …… (28)
3.2　纯金属的晶体结构 …… (28)
3.2.1　晶胞、晶系和点阵类型 …… (29)
3.2.2　晶面指数和晶向指数 …… (30)
3.2.3　典型的金属晶体结构 …… (34)
3.2.4　金属的同素异晶转变 …… (36)
3.3　实际金属的晶体结构 …… (36)
3.3.1　实际金属的多晶体结构 …… (36)
3.3.2　实际金属的晶体缺陷 …… (37)
3.3.3　晶界的特性 …… (41)
3.4　合金的结构类型 …… (41)
3.4.1　固溶体 …… (41)
3.4.2　金属化合物(或中间相) …… (44)
第 4 章　金属及其合金的结晶 …… (48)
4.1　结晶过程概述 …… (48)
4.1.1　金属结晶过程特征 …… (48)
4.1.2　形核与长大 …… (50)
4.2　晶粒大小及控制 …… (53)
4.2.1　晶粒度对金属材料性能的影响 …… (53)
4.2.2　细化晶粒的措施 …… (53)
4.3　铸锭的结晶(凝固)组织 …… (55)
4.3.1　铸锭的一般组织 …… (55)
4.3.2　影响铸锭柱状晶形成的因素 …… (55)
4.3.3　改善铸锭组织的方法 …… (56)
第 5 章　金属材料的塑性变形 …… (57)
5.1　金属的塑性变形 …… (57)
5.1.1　单晶体的塑性变形 …… (58)
5.1.2　多晶体的塑性变形 …… (59)
5.2　塑性变形对金属组织和性能的影响 …… (59)
5.2.1　塑性变形对金属组织的影响 …… (59)
5.2.2　塑性变形对金属性能的影响 …… (61)
5.3　冷塑性变形金属在加热时的变化 …… (62)
5.3.1　回复 …… (63)
5.3.2　再结晶 …… (63)
5.3.3　晶粒长大 …… (63)
5.4　热塑性变形对金属组织和性能的影响 …… (64)

5.4.1 金属材料的冷热加工的区别 …………………………………………………… (65)
5.4.2 热塑性变形对金属组织和性能的影响 …………………………………………… (65)
第6章 二元合金相图 ……………………………………………………………… (68)
6.1 相图的表示和测定方法 ……………………………………………………… (68)
6.1.1 二元合金相图的表示法 …………………………………………………… (68)
6.1.2 二元合金相图的测定方法 ………………………………………………… (69)
6.2 平衡相的定量法则—杠杆定律 ……………………………………………… (70)
6.2.1 直线规则 ………………………………………………………………… (70)
6.2.2 杠杆定律 ………………………………………………………………… (70)
6.3 二元合金相图 ………………………………………………………………… (71)
6.3.1 二元匀晶相图 …………………………………………………………… (71)
6.3.2 二元共晶相图 …………………………………………………………… (73)
6.3.3 不平衡结晶 ……………………………………………………………… (78)
6.3.4 包晶相图 ………………………………………………………………… (80)
6.3.5 其他类型的二元相图 …………………………………………………… (82)
6.3.6 二元合金相图的基本类型及特征 ……………………………………… (84)
6.3.7 二元相图的规律和分析方法 …………………………………………… (85)
6.4 合金的性能与成分的关系 …………………………………………………… (87)
6.4.1 合金的机械性能、物理性能与成分的关系 ……………………………… (87)
6.4.2 合金的工艺性能与成分的关系 ………………………………………… (88)
第7章 铁-碳合金相图 ……………………………………………………………… (90)
7.1 铁-碳合金中的的组元和基本相 ……………………………………………… (90)
7.1.1 铁的同素异晶转变 ……………………………………………………… (90)
7.1.2 铁-碳合金中的基本相 ………………………………………………… (90)
7.2 铁-碳合金相图的分析 ……………………………………………………… (93)
7.2.1 铁-碳合金相图中的特性点 …………………………………………… (93)
7.2.2 碳合金相图中的特性线 ………………………………………………… (93)
7.2.3 铁碳合金相图中的相区 ………………………………………………… (95)
7.3 铁-碳合金的平衡结晶和室温组织 …………………………………………… (95)
7.3.1 铁-碳合金的分类 ……………………………………………………… (95)
7.3.2 铁-碳合金的平衡结晶和室温组织 …………………………………… (95)
7.3.3 含碳量对铁碳合金平衡组织和性能的影响 …………………………… (103)
7.3.4 铁-碳合金相图应用 …………………………………………………… (105)
第8章 钢的热处理 ………………………………………………………………… (108)
8.1 概述 ………………………………………………………………………… (108)
8.1.1 热处理基本概念及分类 ………………………………………………… (108)
8.1.2 热处理设备分类 ………………………………………………………… (109)

8.2 钢在加热时的组织转变 …… (109)
8.2.1 相变温度 …… (110)
8.2.2 奥氏体(共析钢)的形成过程 …… (110)
8.2.3 奥氏体的晶粒大小及其影响因素 …… (111)
8.2.4 热处理加热的一般原则 …… (112)
8.3 钢在冷却时的组织转变 …… (114)
8.3.1 共析钢过冷奥氏体等温冷却转变曲线 …… (114)
8.3.2 共析钢过冷奥氏体连续冷却转变曲线 …… (118)
8.4 常见的热处理缺陷 …… (121)
8.4.1 欠热、过热与过烧 …… (121)
8.4.2 氧化与脱碳 …… (121)
8.4.3 变形与开裂 …… (121)
8.5 钢的热处理工艺 …… (122)
8.5.1 退火与正火 …… (122)
8.5.2 正火 …… (124)
8.5.3 退火、正火的热处理缺陷 …… (125)
8.5.4 钢的淬火 …… (126)
8.5.5 钢的回火 …… (133)
8.6 钢的表面热处理 …… (136)
8.6.1 表面淬火 …… (136)
8.6.2 化学热处理 …… (139)
8.7 其他热处理简介 …… (143)
8.7.1 真空热处理 …… (143)
8.7.2 形变热处理 …… (144)
8.7.3 高能量密度表面热处理 …… (144)
8.7.4 表面改性技术 …… (146)
8.8 热处理工艺的制订 …… (148)
8.8.1 热处理零件结构的工艺性 …… (148)
8.8.2 热处理工序位置的安排 …… (149)
8.8.3 应用举例 …… (150)
第9章 非合金钢(碳钢)与铸铁 …… (153)
9.1 非合金钢(碳钢)的分类及编号 …… (153)
9.1.1 分类 …… (153)
9.1.2 常用碳素钢的牌号表示方法 …… (154)
9.1.3 常存元素对非合金钢组织和性能的影响 …… (154)
9.2 碳素结构钢 …… (155)
9.2.1 普通碳素结构钢 …… (155)

9.2.2 优质碳素结构钢 …… (156)
9.3 低合金高强度结构钢 …… (159)
9.3.1 低合金高强度结构钢的成分特点 …… (159)
9.3.2 低合金高强度结构钢的牌号、性能及用途 …… (160)
9.4 碳素工具钢 …… (161)
9.4.1 特点 …… (161)
9.4.2 牌号与性能 …… (161)
9.5 铸钢 …… (162)
9.5.1 铸造碳钢 …… (163)
9.6 铸铁 …… (164)
9.6.1 铸铁的石墨化和分类 …… (165)
9.6.2 常用的铸铁 …… (168)
9.6.3 灰铸铁 …… (168)
9.6.4 球墨铸铁 …… (172)
9.6.5 蠕墨铸铁 …… (175)
9.6.6 可锻铸铁 …… (177)
9.6.7 合金铸铁 …… (179)
第10章 合金钢 …… (183)
10.1 钢的合金化原理 …… (183)
10.1.1 合金元素在钢中存在形式 …… (183)
10.1.2 合金元素在钢中的作用 …… (184)
10.2 合金钢的分类及产品牌号表示 …… (191)
10.2.1 钢产品分类 …… (192)
10.2.2 钢铁及合金统一数字代号体系牌号简介 …… (197)
10.3 合金结构钢 …… (200)
10.3.1 调质钢 …… (201)
10.3.2 非调质钢 …… (205)
10.3.3 易削钢 …… (205)
10.3.4 弹簧钢 …… (207)
10.3.5 渗碳钢 …… (211)
10.3.6 滚动轴承钢 …… (214)
10.4 合金工具钢 …… (217)
10.4.1 刃具钢 …… (217)
10.4.2 量具钢 …… (223)
10.4.3 模具钢 …… (224)
10.5 特殊性能钢 …… (231)
10.5.1 不锈钢 …… (231)

10.5.2 耐热钢 …………………………………………………………………………… (237)
10.5.3 耐磨钢 …………………………………………………………………………… (238)
第11章 金属材料的选用原则和热处理工艺应用 ……………………………… (242)
11.1 选材的原则 ………………………………………………………………………… (242)
11.1.1 使用性原则 ……………………………………………………………………… (242)
11.1.2 工艺性原则 ……………………………………………………………………… (245)
11.1.3 经济性原则 ……………………………………………………………………… (246)
11.1.4 零件的失效分析 ………………………………………………………………… (247)
11.2 热处理的应用 ……………………………………………………………………… (247)
11.2.1 热处理方案的选择 ……………………………………………………………… (247)
11.2.2 热处理在工序中的位置 ………………………………………………………… (248)
11.2.3 生产过程中常用的热处理工艺 ………………………………………………… (248)
11.2.4 零件热处理的技术条件标准 …………………………………………………… (249)
11.3 典型零件的选材与热处理 ………………………………………………………… (251)
11.3.1 齿轮类零件选材与热处理应用 ………………………………………………… (251)
11.3.2 轴类零件选材与热处理应用 …………………………………………………… (254)
第12章 有色金属及其合金 …………………………………………………………… (260)
12.1 铝与铝合金 ………………………………………………………………………… (260)
12.1.1 工业纯铝 ………………………………………………………………………… (260)
12.1.2 铝合金 …………………………………………………………………………… (261)
12.1.3 变形铝合金 ……………………………………………………………………… (264)
12.1.4 铸造铝合金 ……………………………………………………………………… (268)
12.2 铜及其合金 ………………………………………………………………………… (272)
12.2.1 工业纯铜 ………………………………………………………………………… (272)
12.2.2 铜合金 …………………………………………………………………………… (272)
12.2.3 黄铜 ……………………………………………………………………………… (273)
12.2.4 青铜 ……………………………………………………………………………… (275)
12.3 钛及钛合金 ………………………………………………………………………… (276)
12.3.1 纯钛 ……………………………………………………………………………… (276)
12.3.2 钛合金 …………………………………………………………………………… (276)
12.3.3 钛合金的性能 …………………………………………………………………… (277)
12.3.4 钛合金的热处理 ………………………………………………………………… (278)
12.4 镁及镁合金 ………………………………………………………………………… (278)
12.4.1 镁合金 …………………………………………………………………………… (278)
12.4.2 变形镁合金 ……………………………………………………………………… (279)
12.4.3 铸造镁合金 ……………………………………………………………………… (280)
12.4.4 镁合金的热处理 ………………………………………………………………… (281)

12.5 轴承合金 …… (282)
12.5.1 对滑动轴承合金性能的要求 …… (282)
12.5.2 常用滑动轴承合金 …… (283)
第13章 金属功能材料和复合材料简介 …… (286)
13.1 金属功能材料 …… (286)
13.1.1 磁性合金 …… (286)
13.1.2 热膨胀、弹性与减振合金 …… (287)
13.2 复合材料 …… (289)
13.2.1 复合材料的分类 …… (290)
13.2.2 金属基复合材料的工程性能和应用 …… (291)
第14章 非金属材料简介 …… (293)
14.1 高分子材料 …… (293)
14.1.1 塑料 …… (294)
14.1.2 橡胶 …… (296)
14.2 陶瓷 …… (298)
14.2.1 陶瓷的分类 …… (298)
14.2.2 陶瓷的性能 …… (298)
14.2.3 常用的陶瓷材料 …… (299)
参考文献 …… (300)

绪　论

材料是人类生活和生产的物质基础，学会使用材料也是人类进化的重要标志之一，任何工程技术都离不开材料的设计和制造，一种新材料的出现，必将支持和促进当时文明的发展和技术的进步。从人类的出现到21世纪的今天，材料是人类生活和生产的物质基础，是人类认识自然和改造自然的工具，可以这样说，材料的历史与人类史一样久远。

0.1 工程材料的分类

金属材料是一种历史悠久的工程材料，随着人类文明的推进，金属材料一直扮演着重要的角色，它与我们的生活息息相关，时至今日，面对21世纪人类科技已进入太空时代及电子资讯时代，各种新兴的材料如高分子材料、半导体材料、光电材料的不断涌现，金属材料却未因此而失去其魅力，反而不断开发出新的应用领域，显示着充满无限发展的生命力。

随着工程材料的应用和发展，工程材料分为金属材料、非金属材料和复合材料三大类，如图0－1所示。

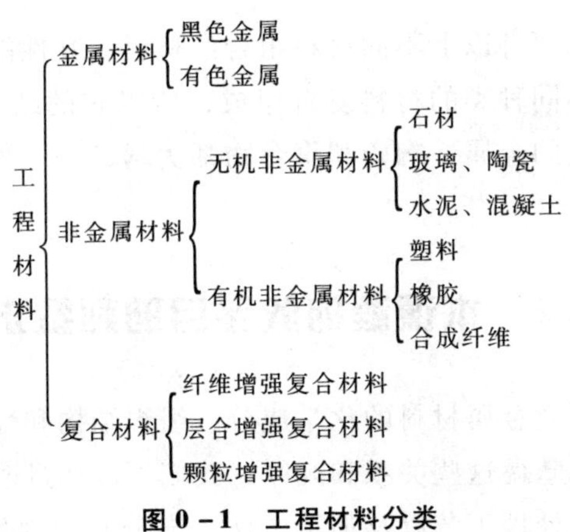

图0－1　工程材料分类

0.1.1　金属材料

金属材料是最重要的工程材料，它包括金属和以金属为基的合金，最简单的金属材料是纯金属。

工业生产中把金属和合金分为以下两大部分。

(1) 黑色金属——铁和以铁为基的合金（钢、铸铁和铁合金）。

(2) 有色金属——黑色金属以外的所有金属及其合金。

黑色金属应用最为广泛，以铁为基的合金材料占整个结构材料和工具材料的90%以上。黑色金属的工程性能比较优越，价格比较便宜，是最重要的工程材料。

0.1.2 非金属材料

非金属材料分无机非金属材料和有机非金属材料。

(1) 无机非金属材料包括天然石材、陶瓷、玻璃、水泥等，由于大部分无机非金属材料含有硅和其他元素的化合物，所以又叫做硅酸盐材料。它一般包括无机玻璃、玻璃陶瓷和陶瓷三类。作为结构和工具材料，工程上应用最广泛的是陶瓷。陶瓷材料是不含碳氢氧结合的化合物，主要是金属氧化物和金属非氧化物。

(2) 有机非金属材料包含天然木材、高分子材料、胶黏剂等，高分子材料为有机合成材料，亦称聚合物。它具有较高的强度，良好的塑性，较强的耐腐蚀性能，很好的绝缘性能，以及重量轻等优良性能，是工程上发展最快的一类新型结构材料。

高分子材料种类很多，常用的高分子材料包括塑料、橡胶、合成纤维三大类。

①塑料——主要是指强度、韧性和耐磨性较好的、可制造某些机械零件或构件的工程塑料。塑料又分为两种：一种是热塑性塑料，另一种是热固性塑料。

②橡胶——通常指经硫化处理的、弹性特别优良的聚合物，有通用橡胶和特种橡胶两种。

③合成纤维——指由单体聚合而成的、强度很高的聚合物，通过机械处理所获得的纤维材料。

0.1.3 复合材料

复合材料就是由两种或两种以上不同材料组合的材料，其性能是它的组成材料所不具备的。复合材料可以由各种不同种类的材料复合组成，所以它的结合键非常复杂。它在强度、刚度和耐腐蚀性方面比单纯的金属、陶瓷和聚合物都优越，是一种特殊的工程材料，具有广阔的发展前景。

0.2 本课程的教学目的和要求

金属材料与热处理是研究金属材料的化学成分、组织结构和性能之间的关系与变化规律的一门学科，学习和研究并掌握这些关系和规律，我们可以通过改变或控制金属材料的成分和组织结构，选择适当的热处理工艺以及加工方法，充分有效地发挥金属材料性能的潜力，改善和提高金属材料的使用性能和使用寿命。

0.2.1 教学目的

“金属材料与热处理”是机械类、冶金类和近机械类各专业的重要专业基础课程，主要包括金属学基础知识、金属材料的力学性能、金属热处理原理和热处理工艺、非金属材料等内容。学习本课程的目的，在于了解和掌握金属材料的化学成分、组织结构与使用性能之间的关系及其变化规律，才能在将来的工作过程中，初步具备正确选择和合理使用金属材料及维修的方法，懂得合金元素在金属材料中的作用、热处理原理和工艺，生产出成本低廉、使用性能好、寿命长的机械零件或产品。

0.2.2 要求

(1) 掌握常用金属材料的基本知识和热处理基本原理及方法。

(2) 了解常用金属材料的分类、应用范围和热处理加工工艺。

(3) 初步具备合理选用金属材料的能力。

(4) 初步具备制订金属材料的热处理工艺路线、加工工艺路线的能力。

第1章　钢的冶炼、浇注、成型工艺及钢材的质量控制

钢铁材料是由铁、碳及硅、锰、硫、磷等杂质元素组成的金属材料，是铁和碳的合金。按碳的质量分数 w_C 可分为工业纯铁（$w_C<0.0218\%$）；钢（$w_C=0.0218\% \sim 2.11\%$）和生铁（$w_C>2.11\%$）三类。

钢铁材料的生产过程由炼铁、炼钢和轧钢等三个主要环节组成。首先，由铁矿石等原料经高炉冶炼获得生铁，高炉生铁除了获得铸铁件外，大部分用来炼钢。钢是由生铁经高温熔炼降低其含碳量和清除杂质后而得到的。钢液除少数浇成铸钢件以外，绝大多数都浇铸成钢锭或连铸坯，经过轧制或锻压制成各种钢材（板材、型材、管材、线材等）或锻件，供加工使用。图1-1为钢铁材料的生产过程示意图。

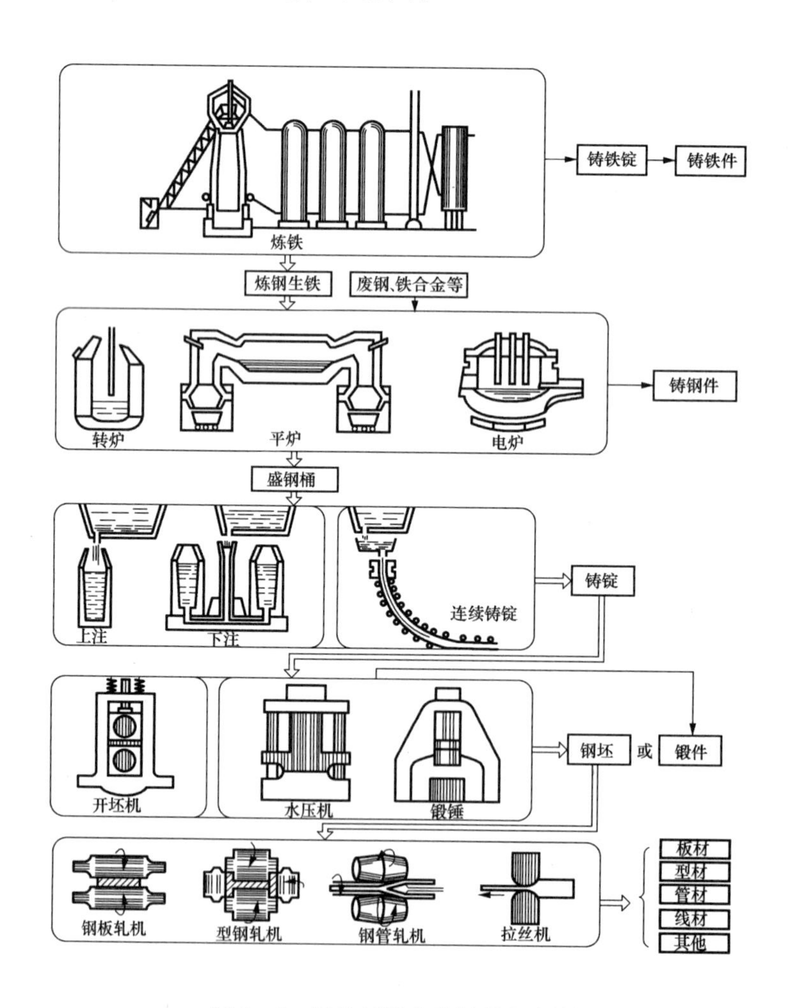

图1-1　钢铁材料生产过程示意图

1.1 钢的冶炼

地壳中铁的储藏量比较丰富，大约占4.2%（元素总量计），仅次于氧、硅及铝，居第四位，但是由于自然界中铁总是以化合物（氧化物、硫化物或碳酸盐等）存在，不同的岩石中含铁品位差别较大，因此凡是可以利用目前的加工技术条件，从中经济地提取出金属铁的矿石，我们就称为铁矿石，如表1－1所示，矿石的品位决定其价格，即冶炼的经济性，一般将矿石中铁的质量分数高于65%，且含硫、磷等杂质少的矿石，供直接还原法和熔融还原法适用，而矿石中铁的质量分数低于65%～50%，则供高炉使用，我国目前富矿储量已较少，绝大部分都是铁的质量分数为30%左右的贫矿，需要经过选矿处理才能使用。

表1－1 不同种类铁矿石

矿石名称	矿物名称	理论含铁量/%	密度/($g \cdot cm^{-3}$)	颜色	强度及还原性
磁铁矿	磁铁矿（Fe_3O_4）	72.4	5.2	黑或灰有光泽	坚硬、致密、难还原
赤铁矿	赤铁矿（Fe_2O_3）	70.0	4.9～5.3	红或浅灰	软、易破碎、易还原
褐铁矿	水赤铁矿（$2Fe_2O_3 \cdot H_2O$）	66.1	4.0～5.0	黄褐	疏松、易还原
	针赤铁矿（$Fe_2O_3 \cdot H_2O$）	62.9	4.0～4.5		
	水针赤铁矿（$3Fe_2O_3 \cdot 4H_2O$）	60.9	3.0～4.4		
	褐铁矿（$2Fe_2O_3 \cdot 3H_2O$）	60.0	3.0～4.0	暗褐或绒黑	疏松、易还原
	黄针铁矿（$Fe_2O_3 \cdot 2H_2O$）	57.2	3.0～4.0		
	黄赭石（$Fe_2O_3 \cdot 3H_2O$）	55.2	2.5～4.0		疏松、易还原
菱铁矿	菱铁矿（$FeCO_3$）	48.2	3.8	灰带有黄褐	易破碎、易还原

1.1.1 炼铁

铁的化学性质活泼，自然界中的铁绝大多数是以铁化合物形式存在。炼铁用的原料多数是铁的氧化物，含铁比较多并且具有冶炼价值的矿物，如赤铁矿、磁铁矿、菱铁矿、褐铁矿等称为铁矿石。铁矿石中除了含有铁的氧化物以外，还含有硅、锰、硫、磷等元素的氧化物杂质，这些杂质称为脉石。炼铁的实质就是从铁矿石中提取铁及其有用元素形成生铁的过程。现代钢铁工业生产铁的主要方法是高炉炼铁。高炉炼铁的炉料主要是铁矿石（Fe_3O_4）、燃料（焦炭）和熔剂（石灰石）。

焦炭作为炼铁的燃料，一方面为炼铁提供热量，另一方面焦炭在不完全燃烧时所产生的一氧化碳（CO），又作为使氧化铁和其他金属元素还原的还原剂。熔剂的作用是使铁矿石中的脉石和焦炭燃烧后的灰分转变成密度小、熔点低和流动性好的炉渣，并使之与铁水分离，常用的熔剂是石灰石（$CaCO_3$）。

在炼铁时，将炼铁原料分批装入高炉中，在高温和压力作用下，经过一系列化学反应，将铁矿石还原成铁。经高炉冶炼出的铁不是纯铁，其中含有碳、硅、锰、硫、磷等杂质元素，这种铁称为生铁，生铁是高炉冶炼的主要产品。根据用户的不同需要，生铁可分为两类：

（1）铸造生铁。这类生铁的断口呈暗灰色。硅的质量分数较高，用于机械制造厂生产成型铸件。

（2）炼钢生铁。这类生铁的断口呈亮白色。硅的质量分数较低（$w_{Si}<1.5\%$），用来在炼钢炉中炼钢。

高炉炼铁产生的副产品是煤气和炉渣，高炉排除的炉气中含有大量的 CO、CH_4 和 H_2 等可燃气体，具有很高的经济价值，可以回收利用。高炉炉渣的主要成分是 CaO 和 SiO_2，可以回收利用，生产水泥、渣棉和渣砖等建筑材料。

1.1.2 炼钢

炼钢是以生铁（铁水和生铁锭）和废钢为主要原料，此外，还有熔剂（石灰石、萤石）、氧化剂（O_2和铁矿石）和脱氧剂（铝、硅铁和锰铁）等。炼钢的主要任务是利用氧化作用将铁液中的碳及其他杂质元素减少到规定的化学成分范围内，从而得到了所需的钢，所以用生铁炼钢实质上是一个氧化过程。

（1）炼钢方法。现代炼钢方法主要有转炉炼钢法和电炉炼钢法。

1）转炉炼钢法，采用氧气顶吹转炉，主要原料为生铁和废钢，以化学反应的化学热为热源，主要产品为碳素钢和低合金钢，其主要特点是冶炼速度快，生产效率高，成本低，钢的品种较多，质量较好，适合于大量生产。

2）电炉炼钢法，采用电弧炉，主要原料为废钢，以电能为热源，主要产品为合金钢，其主要特点是炉料通用性大，炉内气氛可以控制，脱氧良好，能冶炼难熔合金钢。钢的质量优良，品种多样。

（2）钢的脱氧。钢液中的过剩氧气与铁生成氧化物，对钢的力学性能会产生不良的影响，因此，必须在浇注前对钢液进行脱氧。按钢液的脱氧程度不同，钢可分为特殊镇静钢（TZ）、镇静钢（Z）、半镇静钢（b）、和沸腾钢（F）四种。

1）镇静钢是脱氧完全的钢，钢液冶炼后期用锰铁、硅铁和铝块进行充分脱氧，钢液在钢锭模内平静地凝固。这类钢锭化学成分均匀，内部组织致密，质量较高。但由于钢锭头部形成较深的缩孔，轧制时被切除，钢材浪费较大。

2）沸腾钢是指脱氧不完全的钢。钢液在冶炼后期仅用锰铁进行不充分的脱氧。钢液浇入钢锭模后，钢液中的 FeO 和碳相互作用，脱氧过程仍在进行（$FeO + C \rightarrow Fe + CO\uparrow$），生成的 CO 气体引起了钢液沸腾现象。凝固时大部分气体逸出，少量气体被封闭在钢锭内部，形成许多小气泡。这类钢锭不产生缩孔，切头浪费小。但是，化学成分不均匀，组织不够致密，质量较差。

3）半镇静钢的脱氧程度和性能状况介于镇静钢和沸腾钢之间。

4）特殊镇静钢的脱氧质量优于镇静钢，其内部材料均匀，非金属夹杂物含量少，可满足特殊需要。

1.2 钢的浇注

钢液经脱氧后，除少数用来浇铸成铸钢件外，其余都浇铸成钢锭或连铸坯。钢的浇注方法有模铸法和连铸法两种，连铸法具有生产效率高、钢坯质量好、节约能源及生产成本低等优点，因此，得到广泛应用。钢锭浇注示意图如图1-1所示。

1.2.1 模铸法

模铸法是指把钢液经过浇注系统从下部或者直接从上部注入金属锭模内，待其冷凝后脱模，得到金属铸锭。这种方法的适应性较强，但锭模准备工作复杂，劳动条件很差，钢锭的组织不够致密均匀，轧材时切头、切尾多，成材率低，浇注系统的废品弃品损失大。在现代化炼钢车间中已逐渐被连铸法所代替。

1.2.2 连铸法

连铸法是指把钢液连续不断地注入一个铜质水冷结晶器中，强制冷却结晶成一定厚度的结晶外壳后，由引锭装置以适当的速度从结晶器中拉出，再继续喷水冷却至完全凝固，定尺切割成钢坯供轧材使用。

连铸法铸坯结晶过冷度很大，晶粒细小，偏析轻，组织致密，质量好。这种方法浇注和切头损失极小，成材率可提高10%～15%。整个浇注过程在一条机械化、自动化和连续化的作业线上进行，劳动条件好。轧制时不需开坯即可直接成材。适合于与氧气转炉炼钢、连续轧机等高生产率的冶金设备配套，使冶金、浇注、成材实现连续化流水作业，从而大大改变钢铁企业的生产面貌。因此，连铸法是新建炼钢车间或原有炼钢车间技术改造的重要方向之一。

一般的金属型材，如棒材、板材、管材和线材等大都是通过轧制、挤压和拉拔等工艺制成的。工程上需要承受载荷的重要零部件，例如机器的主轴、重要的齿轮、炮弹的弹头、汽车的前桥等，必须要用锻造工艺制造。

1.3 钢的成型

1.3.1 钢材的概念

钢材是钢锭或钢坯通过压力加工制成我们所需要的各种形状、尺寸和性能的材料。根据断面形状的不同，一般分为型材、板材、管材、线材和金属制品五大类。

1.3.2 钢材的生产

冶炼成的各种钢液，直接用来铸成钢件的较少，大部分钢液浇注成钢锭，再把钢锭制成不同形状、规格和尺寸的型材，才能供直接使用。

钢材主要通过压力加工方法获得。压力加工是使金属坯料在外力作用下产生塑性变形，从而获得具有一定形状、尺寸和性能的毛坯或零件的加工方法。主要包括轧制、挤压、拉拔、自由锻造、模型锻造和板料冲压等。其中，轧制、挤压和拉拔方法以生产原材料为主；自由锻造、模型锻造和板料冲压方法以生产毛坯为主。

1. 轧制

将金属坯料通过一对旋转轧辊的间隙（各种形状），靠摩擦力通过轧辊孔隙而受压变形，材料截面减小，长度增加，形成所需形状和尺寸的压力加工方法，这是钢材生产最常用的方式。轧制生产所用的坯料主要是金属锭，主要用来生产型材。轧制分为冷轧、热轧两种。

2. 锻造

利用锻锤的往复冲击力或压力机的压力使坯料形成所需形状和尺寸的压力加工方法，叫做锻造。它分为自由锻和模锻，自由锻是指金属坯料在上下砧铁间受冲击力或压力而变形的成型方法；模锻是指金属坯料在具有一定形状的锻模模膛内受冲击力或压力而变形的成型方法。锻造适宜于间歇生产，适于机器零件或坯料的生产，属体积成型，凡承受重载荷的机器零件，如机器的主轴、重要齿轮、连杆、炮管和枪管等，通常需采用锻造制作毛坯，再经切削加工而成。

3. 拉拔

将已经轧制的金属坯料（型、管、制品等）通过模孔拉拔成截面减小、长度增加的加工方法。大多用做冷加工，主要生产各种细丝（拉丝）和薄管（拔管），如电线、电缆、钢绞线和各种特殊几何形状的型材等。

拉拔模模孔的截面形状和使用性能的好坏对产品有决定性影响。拉拔模模孔在工作中受到强烈摩擦作用，为保持其几何形状的准确性和使用的长久性，应选用耐磨的硬质合金或其他耐磨材料来制造。

由于拉拔多数情况是在冷态下进行，所得到的产品具有较高的尺寸精度和较小的表面粗糙度值，所以拉拔通常是轧制或挤压的后步工序，以提高产品质量。

4. 挤压

将金属放在密闭的挤压模内，一端施加压力，使金属从规定的模孔中挤出得到不同形状和尺寸的成品加工方法，叫做挤压。

挤压可以获得各种复杂截面的型材或零件，适用于加工低碳钢、非铁金属及其合金。如采取适当的工艺措施，还可以对合金钢和难熔合金进行挤压生产。

5. 冲压

金属板料在冲模之间受压力产生分离或变形的加工方法，叫做冲压。冲压属于板料成型，板料冲压广泛用于汽车制造、电器、仪表及日用品工业等方面。

1.4 钢材的质量检验

材料的化学成分、组织状态、性能及其热处理、加工过程中的变化等，都需要确定是否合乎要求；原材料及加工过程中产生的各种缺陷需要确认，并作为选材和改进加工工艺的依据；产品使用过程中的质量需要跟踪等，上述这些都需要通过检验来分析和控制。所以，在机械制造工业中，材料及毛坯的检验是保证产品质量和提高产品使用寿命的重要措施。

1.4.1 化学成分分析

金属材料的成分是其组织和性能的基础。常用成分检验方法有：化学分析、光谱分析和火花鉴别等。

1. 化学分析

化学分析是确定材料成分的重要方法，可以进行定性和定量分析。定性分析是确定合金中所含的元素；而定量分析则是确定合金元素的含量。化学分析的精度较高，但需要较长的时间，费用也较高。常用的化学分析法有以下几种。

（1）滴定法。将标准溶液（已知浓度的溶液）滴入被测物质的溶液中，使之发生反应，待反应结束后，根据所用标准溶液的体积，计算出被测元素的含量。

（2）比色法。利用光线分别透过有色的标准溶液和被测物质溶液，比较透过光线的强度，以测定被测元素的含量。由于高灵敏度、高精度的光度计和新型的显色剂的出现，这种方法在工业中得以广泛的应用。

（3）现场化学试验。现场化学试验的方法有很多而且简单，可用来识别许多金属材料，其中许多化学试剂可在车间里找到。通过在试件表面涂抹某些化学试剂，并观察其变化情况就可初步判别材料。

2. 光谱分析

金属是由原子组成的，在外界高能激发下不同原子有确定的辐射能，代表该元素所特有的固定光谱。光谱能表征每一元素，并且它是元素原子量的基本特征。原子在激发状态下是否具有这种光谱是这种元素存在的标志，光谱的强度是该元素含量多少的标志。

光谱分析迅速、成本低、分析精度较高、消耗材料较少，因此，在生产实践中得到了广泛的应用。光谱分析在工厂中也常被称为分光检验。

3. 火花鉴别

火花鉴别是基于钢材在磨削时，由于成分不同而产生特定的火花，通过观察火花的形态，可对材料的成分做初步分析。这种方法快速简便，是车间现场鉴别某些钢种的常用方法。

火花是由砂轮磨削下的金属颗粒在空气中被氧化而发出的光。火花在空气中出现的轨迹，称为流线。碳元素在空气中强烈氧化而产生的火花称为爆花，爆花的形式随含碳量和其他元素的含量、温度、氧化性及组织结构等因素而变化。爆花的形式及流线，在火花鉴别中占有重要的地位。这种方法只能定性地鉴别碳钢和合金钢，并且观察者要有较强的实践经验。

（1）碳钢的火花。

1）碳素钢的火花特征是：随着含碳量的增大，火花流线由挺直转向抛物线，且流线增多，火花束缩短，爆花和花粉增多，亮度增大。

2）低碳钢的火花束长，流线少，草黄略带红色，爆花少，尾部下垂，如图 1－2 所示。

3）中碳钢的火花比较明亮，发黄色光，流线细、多而长，爆花较多，有少量花粉，尾部较平直，如图 1－3 所示。

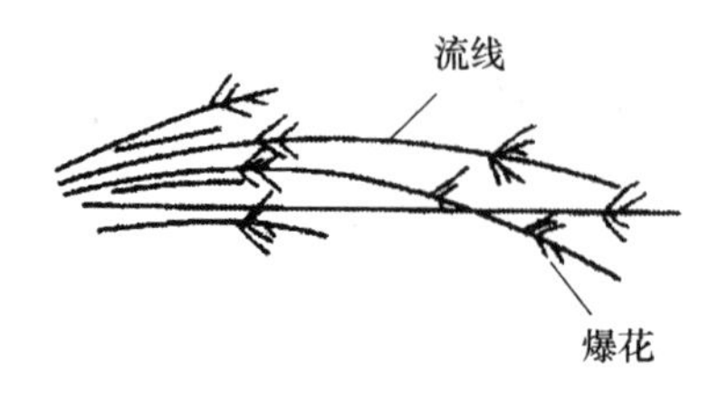

图 1－2　20 钢磨削火花图

图 1－3　45 钢磨削火花图

4）高碳钢的火花呈暗红色，火花束短粗，根部暗、尾部亮，流线多而细密，爆花多，有大量花粉。如图 1－4 和图 1－5 所示分别为 T7 钢和 T10 钢磨削火花的示意图。

图 1－4　T7 钢磨削火花图

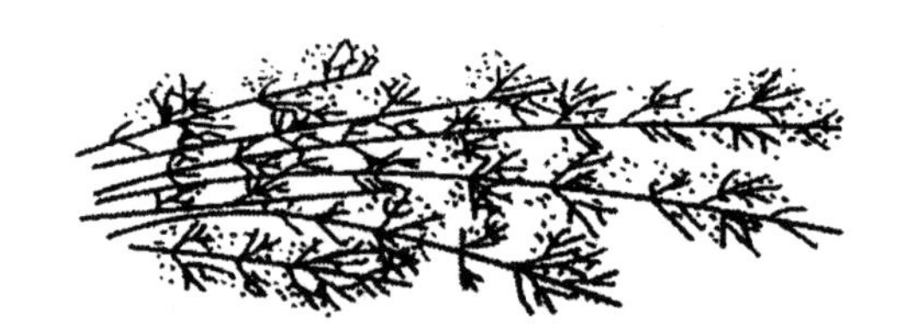

图 1－5　T10 钢磨削火花图

（2）合金钢火花。合金钢中因加入了合金元素，其火花与碳钢也有所不同，常用合金钢火化特点如下：

与 40 钢相比，40Gr 钢的火花束白亮，流线粗而多，爆花也多，花形较大，如图 1－6 所示。

60Si2Mn 钢的火花束为暗红色，根部暗红，流线短粗而多，爆花较多，花形较小，火花束尾部较粗大，如图 1－7 所示。

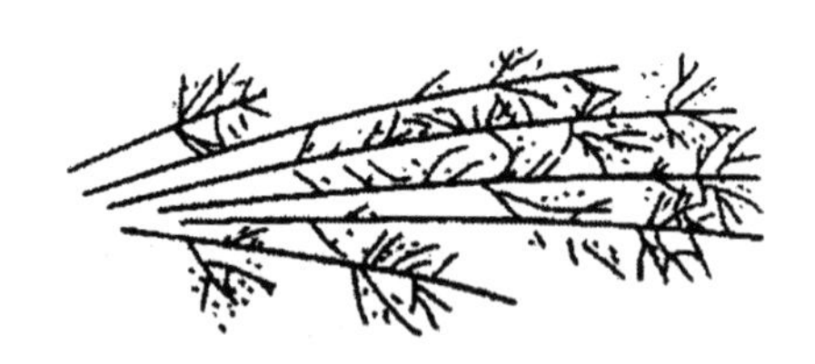

图 1－6　40Gr 钢磨削火花图

图 1－7　60Si2Mn 钢磨削火花图

CrWMn 钢的火花束细长，根部火花束有断续流线，流线尾部有爆花且流线粗大，赤橙色伴有白色星点，如图 1－8 所示。

W18Cr4V 高速钢的火花束细长、赤橙色，发光暗弱，流线少而断续，尾部粗大下垂，花呈小红球，如图 1－9 所示。

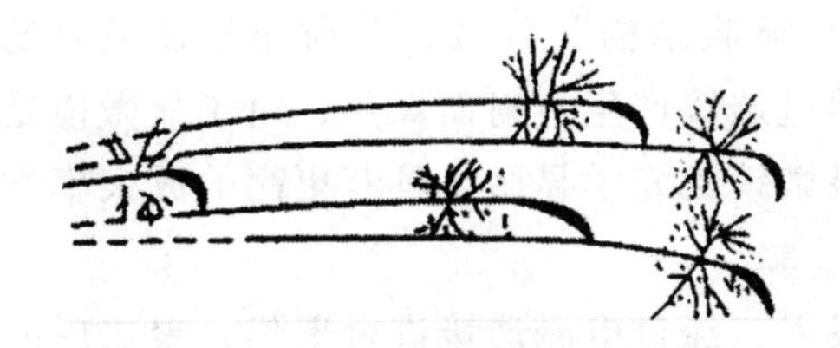

图1-8 CrWMn钢磨削火花图

图1-9 W18Cr4V钢磨削火花图

火花识别不但可以鉴别碳钢和上述合金钢，还可以识别其他钢种和部分非铁金属。钢的磨削火花会随着磨削条件的不同（比如，砂轮的类型、粒度，磨削力的大小等）而有所差异，要正确地识别火花，就要多练习、多观察。

1.4.2 组织分析

组织分析的主要任务是用肉眼或显微镜观察金属的组织结构。其可分为低倍分析和显微分析。

1. 低倍分析

低倍分析是指用肉眼或低倍放大镜来观察、分析金属及其合金的组织状态。这种方法简便易行，生产中常用此法检查材料的宏观缺陷，特别是对失效零件的断口进行观察和分析，以便找出失效原因。断口一般可分为脆性断口、延性断口和疲劳断口。

（1）脆性断口。脆性断裂形成的断口称为脆性断口。脆性断裂多为穿晶断裂，断口沿一定的结晶平面迅速发展而成，断口一般较平整，有金属光泽，呈结晶状。

（2）延性断口。延性断口是金属材料由于其中某些区域的剧烈滑移而发生分离形成的断口。发生这种断口的材料大都是塑性较好的材料。延性断裂常伴随有较大的塑性变形，是显微空间产生、长大和聚结的结果。由于这些过程的进行需要一定的时间，因此，断裂的扩展速度较低。延性断裂的方式一般是穿晶的。延性断口一般呈纤维状杯锥断口，先断开的中心部位呈纤维状或孔状，后断开的周围呈锥状，锥部较平滑且呈暗灰丝状。

（3）疲劳断口。在循环变化载荷作用下材料发生断裂，称为疲劳断裂。疲劳裂纹一般源于零件有应力集中或有表面缺陷的部位，称为疲劳源。疲劳裂纹产生后，随着交变应力继续作用，裂纹逐渐扩展，直到有效截面不能再承受外载荷时零件发生突然断裂。

在低倍观察时，可在疲劳断口看到两个区域。在疲劳源周围是平滑而细密的区域——疲劳区。在这个区域内，环绕着疲劳源有贝壳状条纹的停歇线分布。其余部分为静力破坏区，其外貌随断裂的机理不同而有所差异，脆性断裂呈结晶状，延性断裂呈纤维状。

2. 显微分析

显微分析是用较大放大倍数的光学金相显微镜或电子显微镜来观察和研究金属及其合金的组织结构。

（1）光学显微镜。利用光学金相显微镜对金属磨面进行观察分析，可观察到金属组织的结构（大小、形状和位置）、夹杂物、成分偏析、晶界氧化、表面脱碳、显微裂纹等，还可以观察钢的渗碳层、氮化层、渗铝层的厚度和特征。

（2）电子显微镜。近代金属研究已深入到“超显微结构”领域，普通光学显微镜的放大倍数已不能满足需要。光学显微镜是依靠光线通过透镜产生折射而聚焦；电子显微镜是依靠电子束在电磁场内的偏转使电子束聚焦，电子显微镜比光学显微镜具有更高的放大率和分辨率。

透射电子显微镜是利用电子枪发射的电子射线束，经过电磁透镜进行聚焦，聚焦后的电子束透过极薄的试件，借电磁物镜放大成中间像，投射在中间像荧光屏上，在经过一组电磁透镜将中间像放大后，投射到荧光屏上进行观察，或投射到底片上感光。其实际分辨率可达到 0.2 ~ 100 mm，可观察到金属组织结构的细节。

扫描电子显微镜兼有光学显微镜和电子显微镜的优点，既能进行表面形貌的观察，又能进行成分分析和晶体分析等，因此得到了广泛应用，是一种先进的综合分析和检测仪器。

1.4.3 零件的无损探伤

无损探伤是在不破坏零件的条件下，对零件的表面或内部缺陷进行检测。无损探伤的主要方法有磁力探伤、射线探伤、超声波探伤、渗透探伤等。检验时应根据被检查零件的导磁性、尺寸大小、形状及缺陷的位置和特点等来正确选择探伤方法。

1. 磁力探伤

磁力探伤是基于有缺陷（表面或近表面）的零件，在磁化时缺陷附近会出现磁场的变化或局部磁现象。当导磁金属零件的表面或近表面有裂纹、气孔或夹杂物的缺陷时，将阻碍磁力线通过，产生磁力线弯曲或漏磁，形成 S－N 极的局部磁场，这个小磁场能使覆盖在零件表面的磁粉聚集。由聚集磁粉的多少、形状等来判断缺陷的性质、形状和部位。磁力探伤的基本原理如图 1－10 和图 1－11 所示。

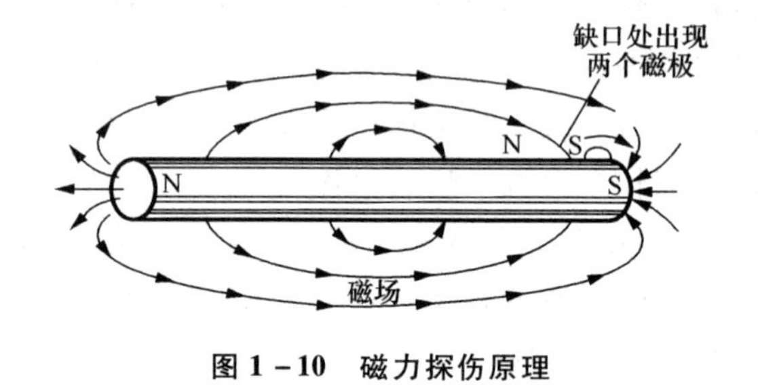

图 1－10　磁力探伤原理

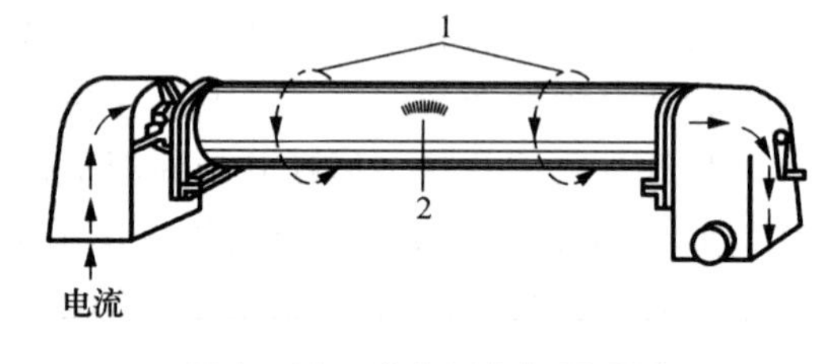

图 1－11　磁力探伤机原理图

1—磁场；2—铁粉

磁力探伤有湿法和干法两种。湿法就是把磁化零件浸在悬浮铁粉的溶液中，观察铁粉的聚集情况，常用于检查光滑零件的表面是否有微小裂纹等缺陷。干法是在磁化零件上撒铁粉，常用来检查焊接件、大型铸造或锻造毛坯以及其他粗糙表面零件的缺陷。

2. 射线探伤

射线探伤是利用射线透过物体后，射线强度发生变化的原理来分析零件内部缺陷的方法，探伤应用的射线是 X 射线和 γ 射线。射线探伤的实质是根据被测零件与其内部缺陷介质对射线能量衰减程度的不同而产生的射线透过工件后的强度差异，这种差异可用 X 射线感光胶片记录下来，或用荧光屏、图像增强器、射线探测器等来观察，从而评定零件的内部质量。

X射线检查零件的厚度一般为0.1～60 mm。γ射线的波长比X射线短，因此，投射能力比X射线要大，可用于检查厚度为60～150 mm的零件，甚至可用透射250～300 mm的钢件。图1－12所示为γ射线探伤示意图。

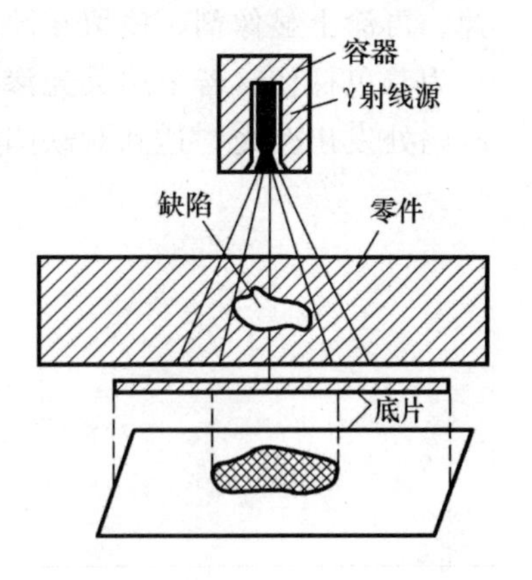

图1－12 γ射线探伤示意图

射线探伤主要用于检查锻造、铸造毛坯，焊接结构、容器、管路等，主要用来检查零件内部的裂纹、气孔、夹渣、砂眼、缩孔、未焊透等。

3. 超声波探伤

频率大于20 kHz的声波称为超声波。用于探伤的超声波的频率为0.4～25 MHz，其中常用1～5 MHz的超声波。

探伤用超声波是由电子设备产生的一定频率的电脉冲，通过超声波发射器（探头）产生与电脉冲相同频率的超声波。超声波射入被检查物内碰到该物的另一侧底面时，会被反射回来而被探头所接收。如果物体内部有缺陷，射入的超声波碰到缺陷后立即会被反射回来而被探头所接收。将探头接收到的超声波反射情况反映到荧光屏上。从两者反射回的超声波信号差异，就可以在荧光屏上观察并判断出缺陷的大小、性质和存在的部位。图1－13所示为超声波探伤示意图。

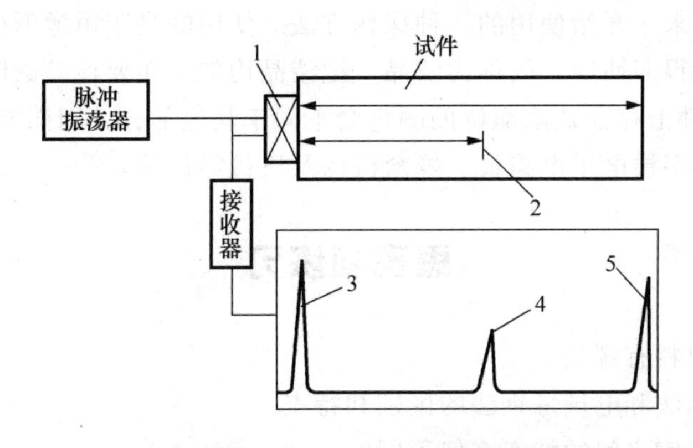

图1－13 超声波探伤示意图

1—探头；2—缺陷；3—发射脉冲；4—缺陷反射波；5—底面反射波

超声波探伤的应用范围广泛，可探测零件的表面和内部缺陷。探测深度可达几米，特别适用于检查零件内部的面积型缺陷，如裂纹、气孔、夹渣、砂眼、疏松、未焊透等。

4. 渗透探伤

渗透探伤常用来检查非金属及非磁性金属零件的表面缺陷，是目前无损探伤常用的方法之一。渗透探伤是利用液体的某些特性对零件表面缺陷进行良好的渗透，用显像剂涂抹在零件表面，残留在缺陷内的渗透液显示出缺陷痕迹，由此来判断零件表面缺陷的部位、类型和大小等。渗透探伤按使用渗透液和显像剂的不同，可分为着色探伤和荧光探伤两种方法。将清洁后的零件表面均匀涂上渗透液，渗透液就会渗入缺陷内，之后将零件表面的渗透液去掉，再涂上显像剂，残留在缺陷内的渗透液就会被显像剂吸出，在有缺陷处形成有色痕迹，称为着色探伤。若采用荧光渗透液来显示缺陷痕迹，称为荧光探伤，需在紫外线光源照射下缺陷处发出荧光，达到对缺陷评价和判断的目的，如图 1-14 所示。

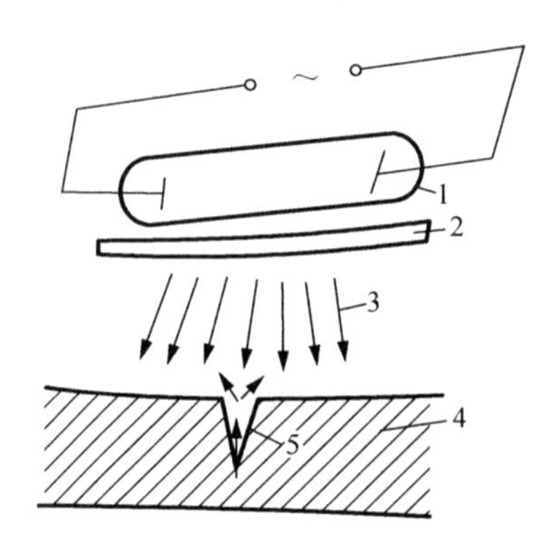

图 1-14　荧光探伤示意图

1—紫外线光源；2—滤光片；3—紫外线；4—被检查零件；5—缺陷

5. 液晶探伤

液晶探伤是近年来才开始使用的一种探伤方法。使用的是胆甾醇派生物溶液，这种溶液具有固态光学晶体的很多性质，故称为液晶。把液晶均匀涂在要检验缺陷的零件上，加热后空冷至约 30 ℃，零件上存在缺陷部位的颜色会不同于其他部分，因而能判断出缺陷的存在。这种方法多用于检查多层电子电路板、蜂窝机构及飞机零件等。

思考和练习

1. 炼铁的主要原料有哪些？
2. 简述转炉炼钢法和电炉炼钢法的区别和特点。
3. 镇静钢和沸腾钢之间的特点有何不同？
4. 钢材的生产加工方法有哪几种？各适合生产什么产品？
5. 零件的无损探伤有哪些方法？这些方法适用于哪些情况？

第2章　金属材料的力学性能

本章简介：材料的力学性能指标是机械设计、加工和使用的主要依据，本章主要介绍了金属材料的常用力学性能指标：强度、塑性、硬度、刚度、冲击韧性和疲劳强度。

重点：常用力学性能指标：强度、塑性、硬度、刚度、冲击韧性和疲劳强度的内涵。

难点：金属材料的疲劳强度和工艺性能。

材料是在不同的外界条件下使用的，如在载荷、温度、介质、电场等作用下将表现出不同的行为，即材料的使用性能。使用性能主要包括：力学性能、物理性能和化学性能。

力学性能是指金属材料在外力作用下抵抗变形或破坏的能力，如强度、硬度、弹性、塑性、韧性等，这些性能是机械零件的设计、材料选择和产品质量控制的重要参数。

2.1　静载荷作用下的力学性能

静载荷是指对工件或试样缓慢加载，不随时间而变化的量。

2.1.1　强度与塑性

1. 强度

所谓材料的强度是指材料在达到允许的变形程度或断裂前所能承受的最大应力，像弹性极限、屈服强度、抗拉强度等。在载荷作用下引起材料尺寸和形状的改变，我们称为变形，由变形的趋势可将载荷分为拉伸、压缩、剪切和弯曲等载荷形式。因此，材料的强度主要有抗拉强度、抗压强度、抗剪强度、抗弯强度等形式。

材料在常温下的强度指标有屈服强度和抗拉（压）强度，屈服强度表示材料抵抗开始产生塑性变形的应力，抗拉强度表示材料抵抗外力而不致断裂的最大应力。要强调的是，通常材料的强度和塑性是根据国家标准（GB/T 228—2002）规定进行静拉伸试验测量得到的。对于塑性材料和脆性材料，两者的拉伸曲线不同，如图2-1所示。对于高碳钢等一些相对脆性的金属材料往往没有明显的屈服平台，国际上规定产生0.2%残余应变时所对应的应力值作为其屈服极限，称为条件屈服强度，记作$\sigma_{0.2}$。

在工程上，不仅需要材料的屈服强度高，而且还需要考虑屈服强度与抗拉强度的比值(屈强比)。根据不同的设备要求，其比值应适当。屈强比较小的材料制造的零件具有较高的安全可靠性，因为在工作时万一超载，也能由于塑性变形使金属的强度提高而不致立刻断裂。但如果屈强比太小，则材料强度的利用率会降低；而屈强比较高，意味着材料的屈服强度接近于抗拉强度，金属材料强度的有效利用率高，但可靠性较低，因此，过大、过小的屈强比都是不适宜的。常用金属材料的屈强比为：碳素钢约0.6，低合金钢为0.65~0.75，合金结构钢一般为0.85左右。

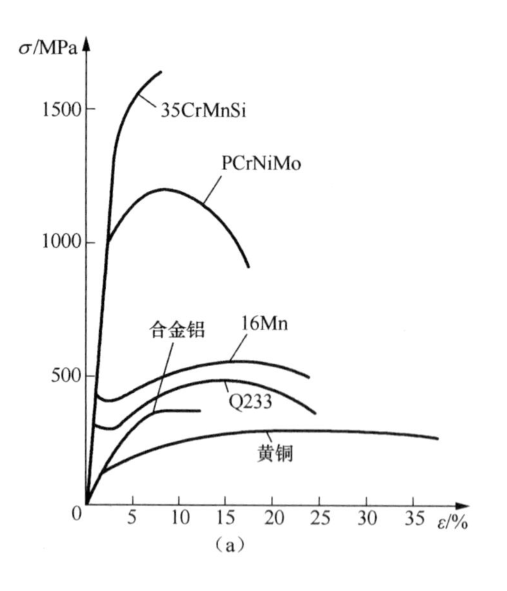

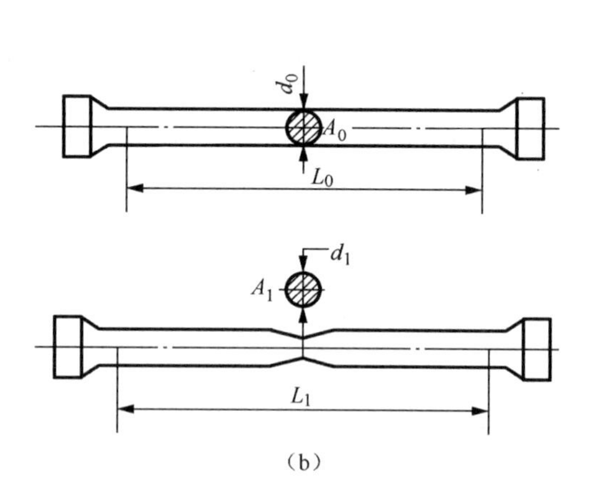

图 2－1　塑性材料与脆性材料的拉伸曲线

(a) 拉伸曲线；(b) 拉伸试样

2. 塑性

塑性是指材料在外力作用下产生塑性变形而不破坏的能力，常用的塑性指标有两个：延伸率（ε）或断面收缩率（ψ）。在生产中材料可通过局部塑性变形来削减应力峰，缓解应力集中，从而防止突然破坏；对于塑性较好的材料，可压力加工成型。

（1）延伸率（ε）。延伸率以试件拉断后，总伸长的长度与原始长度的比值百分率 ε（%）来表示：

$$\varepsilon = \frac{l - l_0}{l_0} \times 100\%$$

式中　l——试件断裂后的标距长度，mm；

l_0——试件原始的标距长度，mm。

延伸率的大小与试件尺寸有关，为了便于进行比较，须将试件标准化。现国内采用的拉伸试样有：长圆试样用 $l/d_0 = 10$（d_0 为试样直径）、短圆试样用$l/d_0 = 5$，分别在延伸率下标以 ε_{10}和 ε_5 来表示。

（2）断面收缩率（ψ）。断面收缩率以试件拉断后，断面缩小的面积与原始截面面积比值的百分率 ψ（%）来表示：

$$\psi = \frac{A - A_0}{A_0} \times 100\%$$

式中　A——试件断裂后的最小截面积，mm^2；

A_0——试件的原始截面积，mm^2。

断面收缩率的大小与试件尺寸无关。它不是一个表征材料固有性能的指标，但它对材料的组织变化比较敏感，尤其对钢的氢脆以及材料的缺口比较敏感。材料的延伸率与断面收缩率值愈大，材料塑性愈好，良好的塑性性能可使设备在使用中产生塑性变形而避免发生突然的断裂。塑性指标在机械设计中具有重要意义，有良好的塑性才能进行成型加工，如弯卷和冲压等，承受静载荷的容器及零件，其制作材料都应具有一定塑性，一般要求 $\delta=10\%\sim20\%$。

在化工炼油设备中，很多零部件是长期在高温下工作的，对于制造这些零部件的金属材料的屈服极限、抗拉强度限都会发生显著变化，如蠕变和松弛现象，必须考虑温度对力学性能的影响。

2.1.2 硬度

硬度是指固体材料抵抗局部变形，特别是表面局部塑性变形、压痕或划痕的能力。硬度是材料的一个重要指标，试验方法简便、迅速，不需要破坏试件，设备也比较简单，而且对大多数金属材料，可以从硬度值估算出它的抗拉强度，因此在设计图样的技术条件中大多规定材料的硬度值，检验材料或工艺是否合格有时也需采用硬度指标。因此硬度试验在生产中广泛应用。

（1）划痕硬度——莫氏硬度，主要用于比较不同矿物的软硬程度，方法是选一根一端硬一端软的棒，将被测材料沿棒划过，根据出现划痕的位置确定被测材料的软硬。定性地说，硬物体划出的划痕长，软物体划出的划痕短。莫氏硬度使用10种矿物来衡量世界上最硬的和最软的物体，如金刚石的莫氏硬度为10，石膏的则为2。

（2）压入硬度，主要用于金属材料，方法是用一定的载荷将规定的压头压入被测材料，以材料表面局部塑性变形的大小比较被测材料的软硬。由于压头、载荷以及载荷持续时间的不同，压入硬度有多种，如布氏硬度、洛氏硬度、维氏硬度等几种。

（3）回跳硬度，主要用于金属材料，方法是使一特制的小锤从一定高度自由下落冲击被测材料的试样，并以试样在冲击过程中储存（继而释放）应变能的多少（通过小锤的回跳高度测定）确定材料的硬度。

各种硬度标准的力学含义不同，相互不能直接换算，但可通过试验加以对比。

硬度不是金属独立的基本性能，而是反映材料弹性、强度与塑性等的综合性能指标。在工程材料技术中应用最多的是压入硬度，常用的指标有布氏硬度（HB）、洛氏硬度（HR）和维氏硬度（HV）等。所得到的硬度值的大小实质上是表示金属表面抵抗压入物体（钢球或锥体）所引起局部塑性变形的抗力大小。一般情况下，硬度高的材料强度高，耐磨性能较好，而切削加工性能较差。本节主要介绍压入硬度：布氏硬度（HB）、洛氏硬度（HR）和维氏硬度（HV）。

1. 布氏硬度（HB）

以一定的载荷（一般为3 000 kg）把一定大小（直径一般为10 mm）的淬硬钢球压入材料表面，保持一段时间，去载后，负荷与其压痕面积之比值，即为布氏硬度值，单位为 N/mm^2，如图2－2所示，计算公式如下：

$$HB=0.102\frac{2F}{\pi D\left(D-\sqrt{D^2-d^2}\right)}$$

式中 F——试验载荷，N；

D——钢球直径，mm；

d——压痕直径，mm。

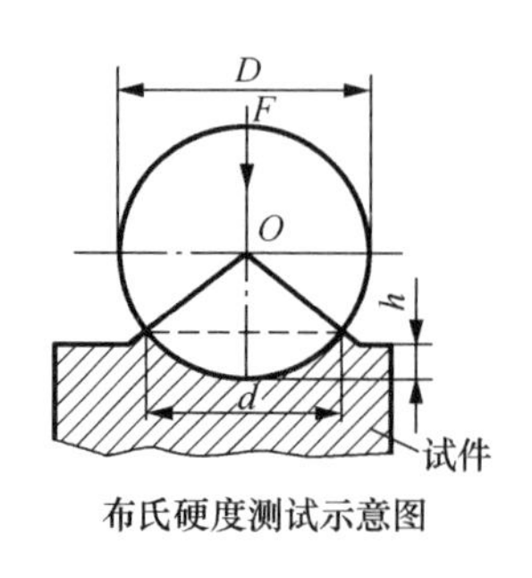

布氏硬度测试示意图

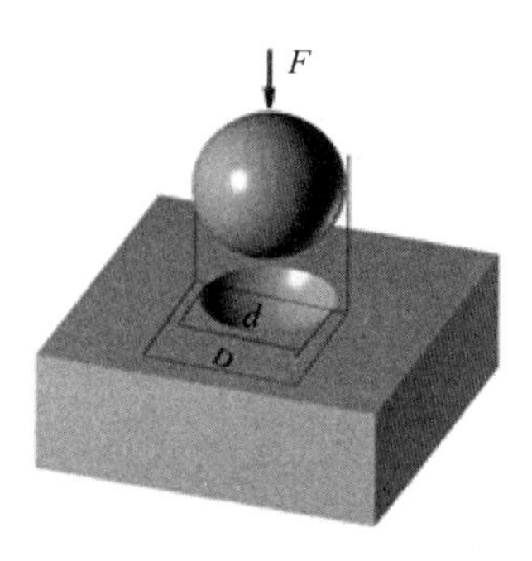

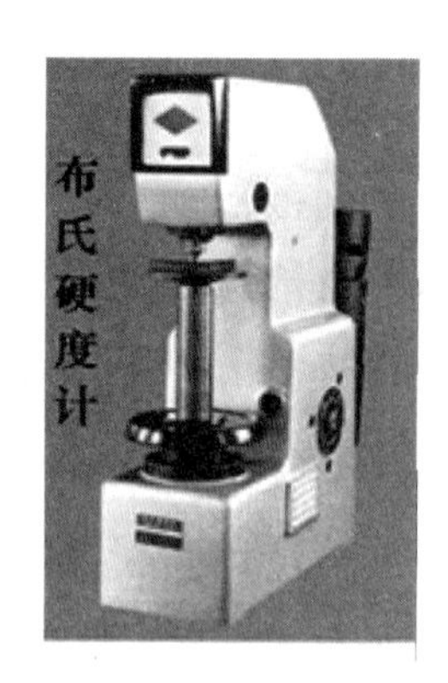

图 2-2　布式硬度测试

根据材料的情况，压头选择如下。

(1) 压头为钢球时，布氏硬度用符号 HBS 表示，适用于布氏硬度值在 450 以下的材料。

(2) 压头为硬质合金球时，用符号 HBW 表示，适用于布氏硬度在 650 以下的材料。

符号 HBS 或 HBW 之前的数字表示硬度值，符号后面的数字按顺序分别表示球体直径、载荷及载荷保持时间。如 120HBS10/1000/30 表示直径为 10 mm 的钢球在 1000 kgf (9.807 kN) 载荷作用下保持 30 s，测得的布氏硬度值为 120。

布氏硬度上限值为 650 HB，不能高于此值，否则钢球变形或硬质合金球的压痕太小，误差较大。布氏硬度主要用于测定小于 450 HBS 的材料。

根据金属材料的种类试样的硬度范围和厚度的不同，按照表 2-1 的规范选择试验压头的直径 D、试验力 F 即保持时间。

表 2-1　布氏硬度试验规范

材料种类	布氏硬度使用范围	球直径 D/mm	$0.102F/D^2$	试验力 F/N	试验力保持时间/s	备注
钢、铸铁	≥140	10 5 2.5	30	29 420 7 355 1 839	10	压痕中心距试样边缘距离不应小于压痕平均直径的 2.5 倍。 两相邻压痕中心距离至少为压痕平均直径的 3 倍。 试样或试验层厚度应不小于残余压痕深度的 8 倍
	<140	10 5 2.5	10	9 807 2 452 613	10~15	
非铁金属材料	≥130	10 5 2.5	30	29 420 7 355 1 839	30	
	35~130	10 5 2.5	10	9 807 2 452 613	30	
	<35	10 5 2.5	2.5	2 452 613 153	60	

布氏硬度试验的优点是其硬度代表性好，由于通常采用的是 10 mm 直径球压头，3 000 kg 试验力，其压痕面积较大，能反映较大范围内金属各组成相综合影响的平均值，不受个别组成相及微小不均匀度的影响，因此特别适用于测定灰铸铁、轴承合金和具有粗大晶粒的金属材料，还可用于有色金属和软钢。

由于布氏硬度试验的特点是压痕较大，由于压痕边缘的凸起、凹陷或圆滑过渡都会使压痕直径的测量产生较大误差，成品检验有困难，因此一般不用于成品检测，多用于原材料和半成品的检测。

实践证明，金属材料的各种硬度值之间，硬度值与强度值之间具有近似的相应关系。根据经验，可用硬度近似地估计抗拉强度，大部分金属的硬度和强度之间有如下近似关系：

低碳钢 σ_b（MPa）≈0.36 HB；

高碳钢 σ_b（MPa）≈0.34 HB；

灰铸铁 σ_b（MPa）≈0.1 HB。

2. 洛氏硬度（HR）

当 $HB>450$ 或者试样过小时，不能采用布氏硬度试验而改用洛氏硬度计量，如图 2－3 所示。

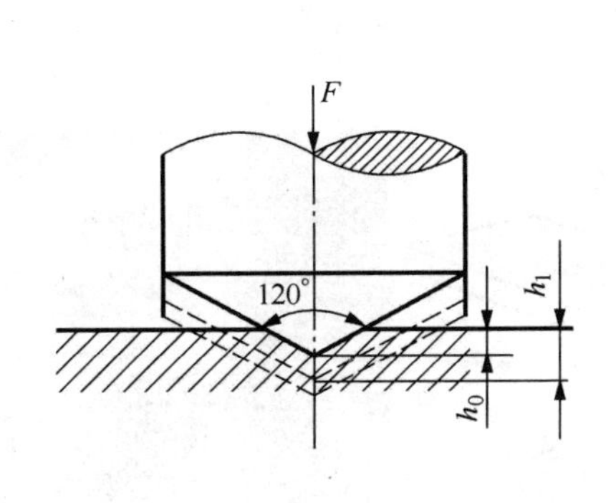

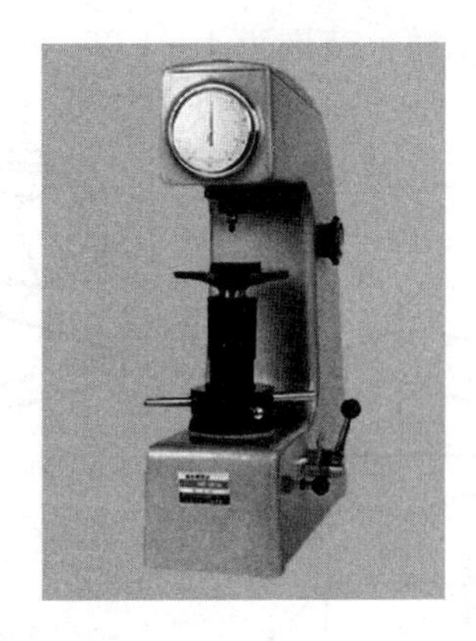

图 2－3 手动洛氏硬度测试

洛式硬度是以压痕塑性变形深度来确定硬度指标的。它是用一个顶角为 120°的金刚石圆锥体或直径为 1.588 mm 的淬火钢球作压头，先加初载荷，再加主载荷，将压头压入金属表面，保持一定时间后卸除载荷，根据压痕的残余深度计算硬度值，考虑到数值越大则硬度值越大的习惯，采用一个常数 K 减去深度 h，计算公式如下：

$$HR = K - \frac{h}{0.002}$$

式中 h——压痕的残余深度，mm；

K——常数（用金刚石压头，$K=100$；淬火钢球作压头，$K=130$）。

根据试验材料硬度的不同，采用不同的压头和载荷组成几种不同的洛氏硬度标尺，并用字母在 HR 后加以注明，常用的洛氏硬度是 HRA、HRB 和 HRC 三种。

（1）HRA：是采用 60 kg 载荷和金刚石锥压入器求得的硬度，用于硬度极高的材料（如硬质合金等)。

(2) HRB:是采用 100 kg 载荷和直径 1.58 mm 淬硬的钢球,求得的硬度,用于硬度较低的材料(如退火钢、铸铁等)。

(3) HRC:是采用 150 kg 载荷和金刚石锥压入器求得的硬度,用于硬度很高的材料(如淬火钢等)。HRC 适用范围为 HRC 20 ~ 67,相当于 225 ~ 650 HB,在一定条件下,HB 与 HRC 可以查表互换。其心算公式可大概记为:

$$1\ \text{HRC} \approx 1/10\ \text{HB}$$

洛氏硬度试验操作简便迅速,可直接从硬度机表盘上读出硬度值,压痕小,可直接测量成品或较薄工件的硬度,但由于压痕较小,测得的数据不够准确,通常应在试样不同部位测定三点,取其算术平均值。

3. 维氏硬度

维氏硬度试验原理基本上与布式硬度相同,也是根据压痕单位表面积上的载荷大小来计算其硬度值,所不同的是采用相对面夹角为 136°的正四棱锥体金刚石作压头,如图 2 - 4 所示。

维氏硬度符号 HV 前的数字为硬度值,后面的数字按顺序分别表示载荷值及载荷保持时间,测量极薄试样,范围为 1 ~ 1 000 HV。

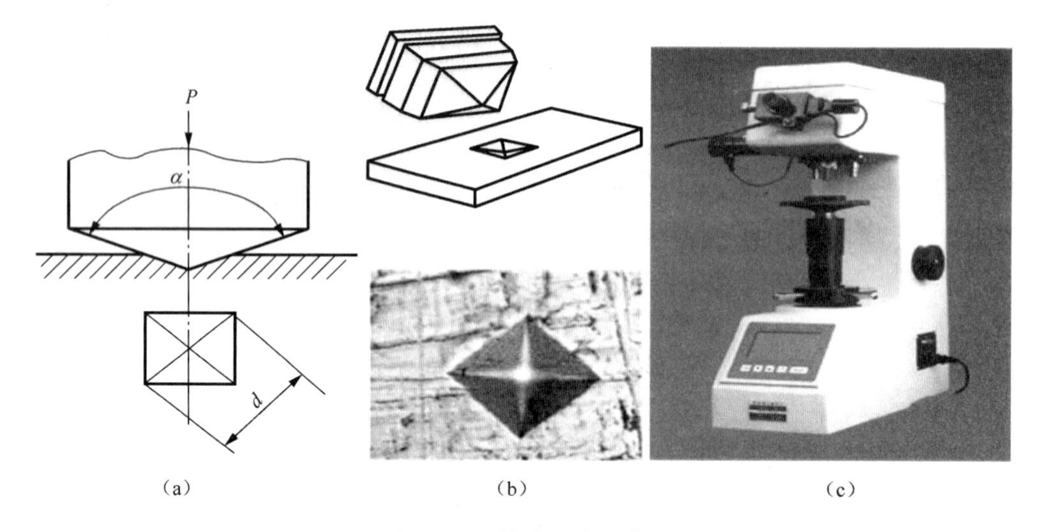

(a)　　(b)　　(c)

图 2 - 4　维氏硬度测试

(a) 维氏硬度试验原理;(b) 维氏硬度压痕;(c) 维氏硬度计

表示方法举例:640HV30/20 表示用 30 kgf (294.2 N) 试验力保持 20 s 测定的维氏硬度值为 640 N/mm^2 (MPa)。

维氏硬度法可用于测定很薄的金属材料和表面层硬度。它具有布氏法、洛氏法的主要优点,并克服了它们的基本缺点,但不如洛氏法简便。

2.1.3 刚度

材料在弹性范围内，应力 σ 与应变 ε 的关系服从胡克定律：$\sigma = E\varepsilon$（或 $\tau = G\gamma$）。ε（或γ）为应变，即单位长度的变形量，$\varepsilon = \Delta l/l$。

材料的刚度通常用弹性模量 E 来衡量。弹性模量是指在应力 - 应变曲线上完全弹性变形阶段，应力与应变的比值。即

$$E = \sigma/\varepsilon$$

刚度是指材料在受力时抵抗弹性变形的能力，它表征了材料弹性变形的难易程度。弹性模量越大，材料的刚度越大，弹性变形越不容易进行，即具有特定外形尺寸的零件或构件保持其原有形状与尺寸的能力也越大。

弹性模量的大小主要取决于金属键，与显微组织关系不大。合金化、热处理、冷变形等对刚度的影响很小，生产中一般不考虑也不检验它的大小，金属的弹性模量值基本上是一个定值。在材料不变的情况下，只有改变零件的截面尺寸或结构，才能改变它的刚度。

在设计机械零件时，要求刚度大的零件，应选用具有高弹性模量的材料。钢铁材料的弹性模量较大，所以对要求刚度大的零件，通常选用钢铁材料，例如镗床的镗杆应有足够的刚度，如果刚度不足，当进给量大时镗杆的弹性变形就会大，镗出的孔就会偏小，因而影响加工精度。

要求在弹性范围内对能量有很大吸收能力的零件（如仪表弹簧），一般软弹簧材料使用铍青铜、磷青铜制造，应具有极高的弹性极限和低的弹性模量。

在表 2-2 中列出的是常用金属的弹性模量。

表 2-2 常用金属的弹性模量

金属	弹性模量 E/MPa	切变模量 G/MPa
铁	214 000	84 000
镍	210 000	84 000
钛	118 000	44 670
铝	72 000	27 000
铜	132 400	49 270
镁	45 000	18 000

2.2 在动载荷作用下的力学性能

2.2.1 冲击韧性和断裂韧性

1. 冲击韧性

（1）冲击韧性试验。机械零部件在使用过程中不仅受到静载荷和动载荷作用，而且受到不同程度的冲击载荷作用，如锻锤、冲床、铆钉枪等。在设计和制造受冲击载荷的零件和工具时，必须考虑所用材料的冲击韧性或冲击韧度。

目前最常用的冲击试验方法是摆锤式一次冲击试验，这个试验是利用能量守恒原理在摆锤式冲击试验机上进行的，其试验原理如图 2－5 所示。

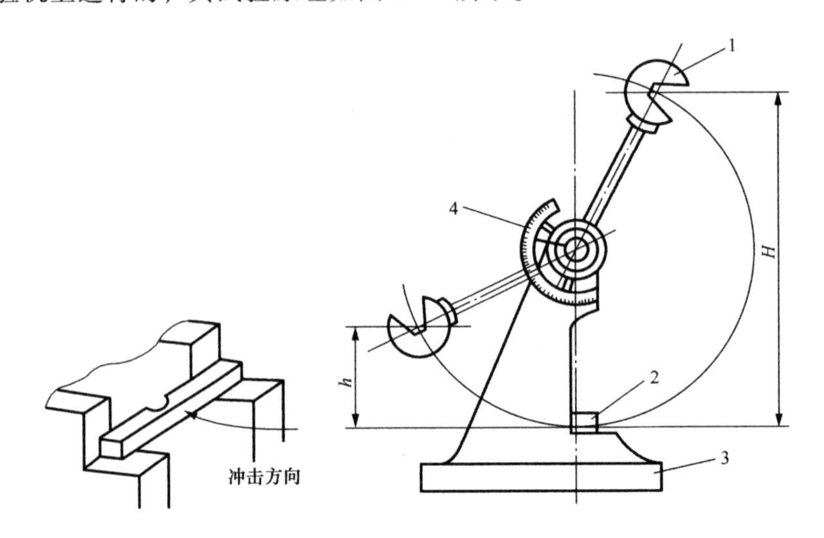

图 2－5　冲击试验原理图

1—摆锤；2—试样；3—机架；4—刻度盘

将被测金属的冲击试样放在冲击试验机的支座上，缺口应背对摆锤的冲击方向，将重量为 G 的摆锤升高到 H 高度，使其具有一定的势能 GH，然后让钟摆自由落下，将试样冲断，并继续向另一个方向升高到 h 高度，此时摆锤具有剩余的势能 Gh。摆锤冲断式样所消耗的势能即是摆锤冲击试样所做的功，用符号 A_k表示。其计算公式如下：

$$A_k = G\ (H - h)$$

试验时，A_k值可直接从试验机的刻度盘上读出，A_k值的大小就代表了被测金属韧性的高低，但习惯上采用冲击韧度来表示金属的韧性，冲击吸收功 A_k除以式样缺口处的横截面积 S_0，即可得到被测金属的冲击韧性或冲击韧度，用符号 α_k 表示。其计算公式如下：

$$\alpha_k = \frac{A_k}{S_0}$$

式中　α_k——冲击韧性或冲击韧度，J/cm^2；

A_k——冲击吸收功，J；

S_0——式样缺口处横截面积，cm^2。

一般来说，将 α_k 值低的材料称为脆性材料，α_k 值高的材料为韧性材料（塑性材料）。脆性材料在断裂前无明显的塑性变形，断口比较平整，有金属光泽；韧性材料在断裂前有明显的塑性变形，断口呈纤维状，没有金属光泽。

长期生产实践证明，A_k、α_k 值对材料的组织缺陷十分敏感，能灵敏地反映材料品质、宏观和显微组织方面的微小变化，因而冲击试验是生产上用来检验冶炼和热加工质量的有效办法之一。由于温度对一些材料的韧脆程度影响比较大，为了确定出材料由韧性状态向脆性状态转化的趋势，可分别在一系列不同温度下进行冲击试验，测定出 A_k值随试验温度的变化情况。实验表明，A_k随温度的降低而减小，在某一温度范围内，材料的 A_k值急剧下降，表明材料由韧性状态向脆性状态转变，此时的温度称为韧脆转变温度，如

图2-6 所示。

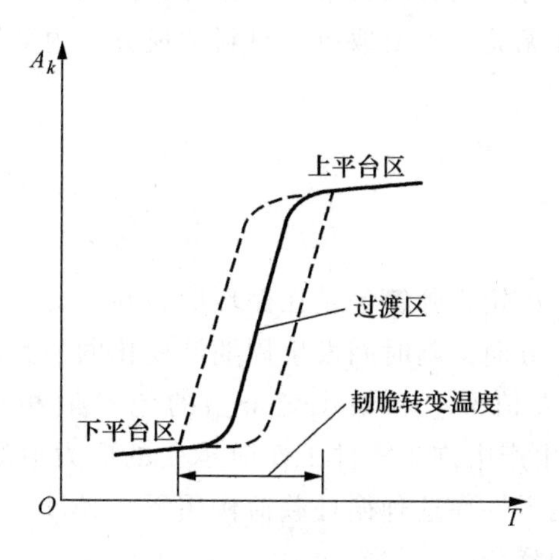

图 2-6 冲击吸收功-温度曲线

（2）多次冲击。在冲击负荷下工作的零件很少因一次大能量的冲击而遭受破坏，绝大多数的情况是承受小能量多次冲击，使得裂纹产生、扩展、最后断裂，造成零件的破坏。实践证明，一次冲击抗力主要取决于材料的塑性，多次小能量的冲击抗力则取决于材料的强度。

2. 断裂韧性

前面讨论的力学性能，都是假定材料是均匀、连续、各向同性的，以这些假设为依据的设计方法称为常规设计方法。实际上，材料的组织远非是均匀、各向同性的，组织中有微裂纹，还会有夹杂、气孔等宏观缺陷，这些缺陷可看成是材料中的裂纹。当材料受外力作用时，这些裂纹的尖端附近便出现应力集中，形成一个裂纹尖端的应力场。根据裂纹力学对裂纹尖端应力场的分析，裂纹前端附近应力场的强弱主要取决于一个力学参数，即应力强度因子 K_1，单位为$\mathrm{MPa} \cdot \mathrm{m}^{\frac{1}{2}}$。即

$$K_1 = Y\sigma\sqrt{\alpha}$$

式中 Y——与裂纹形状、加载方式及试样尺寸有关的量，是个无量纲的系数；

σ——外加拉应力，MPa；

α——裂纹长度的一半，m。

对某一个有裂纹的试样（或机件），在拉伸外力作用下，Y 值是一定的。当外加拉应力逐渐增大，或裂纹逐渐扩展时，裂纹尖端的应力强度因子 K_1 也随之增大；当 K_1 增大到某一临界值时，试样（或机件）中的裂纹会产生突然失稳扩展，导致断裂。这个应力强度因子的临界值称为材料的断裂韧性或冲击韧度，用 K_{1C} 表示。

断裂韧性或断裂韧度是用来反映材料抵抗裂纹扩展的能力，即抵抗脆性断裂能力的性能指标。当 $K_1 < K_{1C}$ 时，裂纹扩展很慢或不扩展；当 $K_1 \geqslant K_{1C}$ 时，则材料发生失稳脆断。这是一项重要的判断依据，可用来分析和计算一些实际问题。例如，若已知材料的断裂韧度和裂纹尺寸，便可以计算出裂纹扩展以致断裂的临界应力，即机件的承载能力；或者已知材料的断裂韧度和工作应力，就可以确定材料中允许存在的最大裂纹尺寸。

断裂韧性或断裂韧度是材料固有的力学性能指标，是强度和韧性的综合体现。它与裂纹的大小、形状、外加应力等无关，主要取决于材料的成分、内部组织和结构。

2.2.2 疲劳

1. 疲劳现象

许多机械零件，如轴、齿轮、弹簧等是在循环应力和应变作用下工作的。循环应力和应变是指应力或应变的大小、方向都随时间发生周期性变化的一类应力和应变。常见的交变应力是对称循环应力，其最大值 σ_{max} 和最小值 σ_{min} 的绝对值相等，即 $\sigma_{max}/\sigma_{min} = -1$，如图 2－7 所示。日常生活和生产中许多零件工作时承受的应力值通常低于制作材料的屈服点或规定残余伸长应力，但是零件在这种循环载荷作用下，经过一定时间的工作后会发生突然断裂，这种现象叫做金属的疲劳。

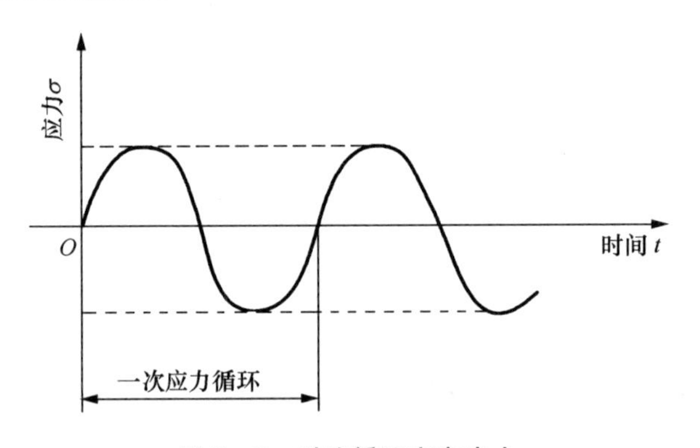

图 2－7　对称循环交变应力

疲劳断裂与静载荷作用下的断裂不同，在疲劳断裂时不产生明显的塑性变形，断裂是突然发生的，因此，具有很大的危险性，常常造成严重的事故。据统计，损坏的机械零件中 80% 以上是因为疲劳造成的。因此，研究疲劳现象对于正确使用材料，合理设计机械构件具有重要的指导意义。

研究表明，疲劳断裂首先是在零件的应力集中局部区域产生，先形成微小的裂纹核心，即裂纹源。随后在循环应力的作用下，裂纹继续扩展长大。由于疲劳裂纹不断扩展，使零件的有效工作面逐渐减小，因此，零件所受应力不断增加，当应力超过材料的断裂强度时，则发生疲劳断裂，形成最后断裂区。疲劳断裂的断口如图 2－8 所示。

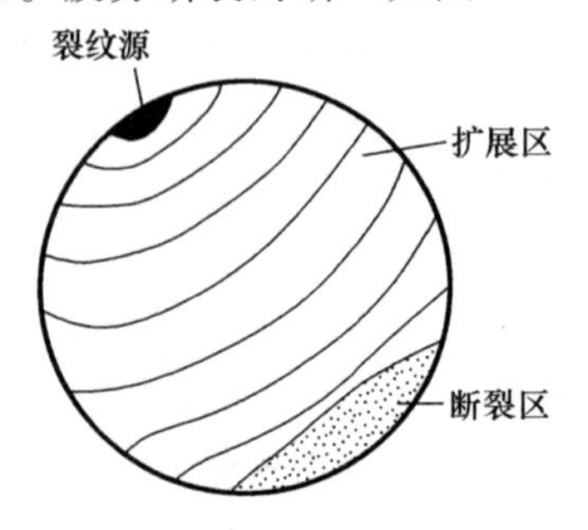

图 2－8　疲劳断裂的断口示意图

2. 疲劳强度

金属在循环应力作用下能经受无限多次循环而不断裂的最大应力值，称为金属的疲劳强度。即循环次数值 N 无穷大时所对应的最大应力值，称为疲劳强度。

疲劳断裂是在循环应力作用下，经一定循环次数后发生的。在循环载荷作用下，材料承受一定的循环应力 σ 和断裂时相应的循环次数 N 之间的关系可以用曲线来描述，这种曲线称为 $\sigma-N$ 曲线，如图 2－9 所示。在工程实践中，一般是求疲劳极限，即对应于指定的循环基数下的疲劳强度，如对于黑色金属，其循环基数为 10^7，对于有色金属，其循环基数为 10^8。对于对称循环应力，其疲劳强度用 σ_{-1} 表示。许多实验结果表明：材料疲劳强度随着抗拉强度的提高而增加，对于结构钢，当 $\sigma_b \leqslant 1\ 400\ \text{N/mm}^2$ 时，其疲劳强度 σ_{-1} 约为抗拉强度的 1/2。

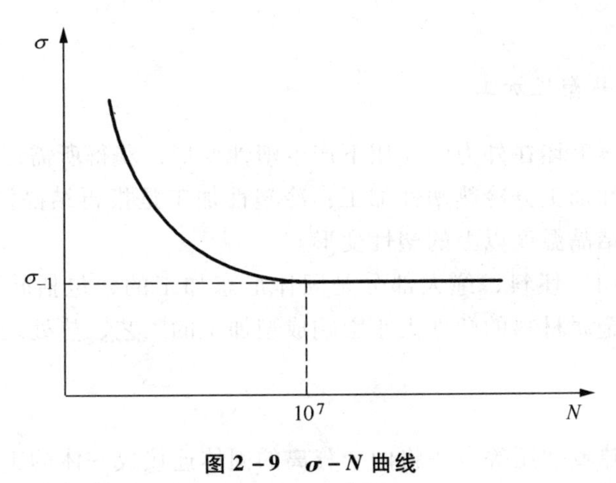

图 2－9 $\sigma-N$ 曲线

由于大部分机械零件的损坏是由疲劳造成的。消除或减少疲劳失效，对于提高零件使用寿命有着重要意义。影响疲劳强度的因素很多，除设计时在结构上注意减轻零件应力集中外，改善零件表面粗糙度，可减少缺口效应，提高疲劳强度；采用表面处理，如高频淬火、表面形变强化（喷丸、滚压、内孔挤压等）、化学热处理（渗碳、渗氮、碳－氮共渗）以及各种表面复合强化工艺等，都可以改变零件表层的残余应力状态，从而使零件的疲劳强度提高。

2.3 金属材料的高温蠕变现象

金属材料在高温环境下的力学性能与室温状态下的不同，必须考虑温度与时间两个因素。

在高温下，原子热振动加剧，原子间结合力下降导致材料强度降低，金属在长时间的受力下，会随着时间的延长缓慢地产生塑性变形，称为蠕变现象，最后零件甚至破坏断裂。碳钢温度高于 300 ℃、合金钢高于 400 ℃时必须考虑蠕变的影响。

2.4 金属材料的工艺性能

金属材料的工艺性能是指在选用金属材料制造机械零件的过程中，采用某种加工方法的难易程度，加工方法包括液态成型（铸造）、塑性加工（冷热塑性加工）、焊接、切削加工和热处理等方法，材料工艺性能的好坏直接影响着零件的制造方法、成本和质量。

1. 液态成型（铸造）

液态成型是将金属溶液在重力或外力作用下，浇注到具有一定形状、大小和尺寸的型腔中，待凝固冷却后形成所需要零件的加工方法。液态成型方法分为砂型铸造和特种铸造两种。在液态成型过程中，金属材料必须具有一定的成型性能，包括充型能力、流动性、收缩性、偏析性等。

2. 塑性加工（冷热塑性加工）

塑性加工是指金属毛坯在外力的作用下产生塑性变形，获得所需形状、尺寸和性能的零件加工方法。金属塑性加工分冷热塑性加工：冷塑性加工是指再结晶温度以下的塑性变形，而热塑性加工就是再结晶温度以上的塑性变形。

金属塑性加工所用的坯料，绝大部分是固体形态加工的，包括轧制、挤压、拉拔、锻造、冷挤压成型等，金属材料的塑性大小影响成型加工的工艺、热处理和成本等因素。

3. 焊接

焊接是指通过加热或加压等方法将两个分离的固体连接成一体的工艺，两个被焊的物体可以是同种的金属或非金属（陶瓷、玻璃和塑料等）。焊接技术主要应用于金属材料的连接上，包括熔化焊、压力焊和钎焊三种方法。金属材料的焊接性反映了焊接接头的质量好坏。

4. 切削加工

切削加工是指通过去除材料的方法获得所需形状、尺寸和精度的零件，包括车削、铣削、钻削、刨削、磨削等方法，金属材料的切削加工性能的好坏影响其加工的难易程度。

5. 热处理

热处理就是通过加热、保温和冷却三个过程改变材料内部组织，得到所需要性能的工艺方法，在机械零件的制造过程中，热处理工艺非常重要，将在后文中讨论。

思考与练习

1. 解释下面各名词、符号和单位

（1）金属力学性能　（2）强度　（3）断面收缩率　（4）塑性

（5）断裂韧度　（6）疲劳强度　（7）α_k　（8）HBW

（9）HRC　（10）HV

2. 什么是硬度？常用的硬度试验有哪些？其应用范围如何？各用什么符号来表示？

3. 以下硬度标注方法是否正确？如何改正？

（1）HBW210～240　（2）450～480HBW　（3）HRC16～20　（3）HV40

4. 现有标准圆形长、短试样各一根，经拉伸试验测得其伸长率均为10%，两试样中哪一根的韧性好？为什么？

5. 疲劳破坏是怎样形成的？提高零件疲劳寿命的方法有哪些？

6. 材料的工艺性能有哪些？

第3章　金属及其合金的固态结构

本章简介：在外界条件一定时，材料的性能取决于金属材料的化学成分、原子集合体的结构和内部组织是决定金属材料性能的内在因素，所以，我们需要研究材料结构和性能之间的关系。本章主要介绍了金属材料在固态下，典型的晶体结构、晶体缺陷和实际的晶体结构以及常见固态合金中的相组织。

重点：(1) 典型的三种金属晶体结构及其特点。

(2) 实际金属的三种晶体缺陷及其对材料性能的影响。

(3) 固态合金中两大类相：固溶体和金属化合物（或中间相）的性能及特点。

难点：固态合金的相结构。

3.1　金属与合金

固态物质按其原子（或分子）的聚集状态可分为晶体和非晶体，在晶体中（如Fe、Au等金属）原子（或分子）按一定的几何规律作周期性地排列，而非晶体（如普通玻璃、松香、石蜡等）则是无规则地堆积在一起。晶体与非晶体在性能上也有区别，晶体具有固定的熔点（如铜为1 083 ℃），且晶体在不同方向上具有不同的性能，即表现出晶体的各向异性，而非晶体则没有固定的熔点，而是一个温度范围，非晶体在各个方向上的原子聚集密度大致相同，即表现出各向同性。

应该指出，晶体和非晶体在一定条件下可以相互转化。固态金属通常为晶态固体，如果从液态急冷（冷却速度达10^7℃/s），也可获得非晶态金属。非晶态金属与晶态金属相比，具有一系列的突出性能，近年来已受到人们的重视。

金属元素区别于其他元素的共性就是外层电子较少，这个特点决定了金属原子间的结合键为金属键，因而金属具有良好的导电和导热性。由于金属键既无饱和性又无方向性，因此每个原子有可能同更多的原子相结合，并趋于形成低能量的密堆结构，当金属受力变形使得原子之间的相互位置改变时，金属键不至于被破坏，因此金属具有良好的延展性。

同时，同一化学成分的金属材料，甚至同一结构的金属材料，由于其内部组织的不同，其某些性能仍然可以在一个相当的范围内变化，因此金属材料的化学成分、原子集合体的结构和内部组织是决定金属材料性能的内在因素，而金属材料性能方面的多变性，正是通过这三个内在因素而表现出来。

金属及其合金的固态结构是决定金属材料性能的内在因素之一，研究固态物质内部的结构，即原子排列和分布规律是了解掌握材料性能的基础。

3.2　纯金属的晶体结构

将理想晶体中周围环境相同的原子、原子群或分子抽象为几何点，这些几何点在空间排列构成的阵列称为空间点阵，简称点阵，几何点称为点阵的结点。点阵只是表示原子或原子集团分布规律的一种几何抽象，每个结点就不一定代表一个原子。也就是说，可能在每个结点处恰好有一个原子，也可能围绕每个结点有一群原子（原子集团）。但是，每个结点周围的环境（包括原子的种类和分布）都是相同的，即点阵的结点都是等同点。

为了便于理解和描述晶体中原子排列的情况，可以用一些假想的几何线条将晶体中各原子几何结点连接起来，构成一个空间格架，各原子的中心就处在格架的各个结点上，这种抽象的、用于描述原子在晶体中排列形式的几何空间格架，简称晶格。如图 3－1（a）、（b）所示。

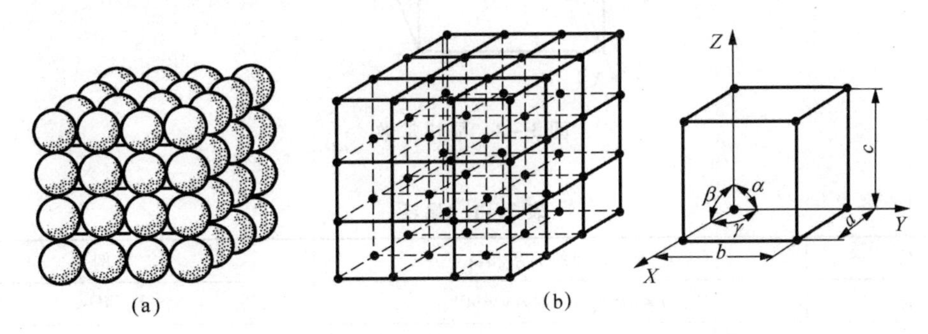

图 3－1　晶体、晶格与晶胞

（a）晶体；（b）晶格与晶胞

3.2.1　晶胞、晶系和点阵类型

1. 晶胞

由于晶体中原子排列有规则，且具有周期性，我们就可以从晶格中，选取一个能够完全反映晶格特征的、最小的几何单元来分析晶体中原子排列的规律，这种最小的几何单元就称为晶胞，如图 3－1（b）黑体线表示，因此整个晶格就是由许多大小、形状和位向相同的晶胞在空间重复堆积而成。

既然任何晶体的晶胞都可以看成是平行六面体，那么不同晶体的差别有两点：第一，不同晶体的晶胞，其大小和形状可能不同；第二，围绕每个结点的原子种类、数量及分布可能不同。

2. 晶系和点阵类型

取晶胞角上某一结点作为原点，沿其三条棱边作为三个坐标轴 X、Y、Z，称为晶轴，同时规定在坐标原点的前、右、上方为轴的正方向，反之为负方向。

晶胞的大小显然取决于 AB、AD 和 AE 这三条棱的长度 a、b 和 c，晶胞的棱边长度单位为埃（Å，1 Å $=1\times10^{-10}$ m），而晶胞的形状则取决于这些棱之间的夹角 α、β、γ，我们把这 6 个参量：a、b、c 和 α、β、γ 称为点阵常数或晶格常数，如图 3－2 所示。按照晶胞的大小和形状的特点，即按照这 6 个点阵常数之间的关系和特点，有 7 种晶系，见表 3－1。

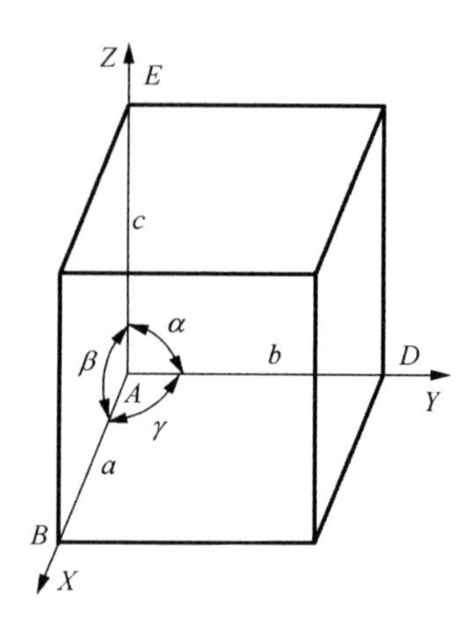

图 3-2　晶格常数

表 3-1　晶系

晶系	点阵常数间的关系和特点	实例
三斜	$a \neq b \neq c$，$\alpha \neq \beta \neq \gamma \neq 90°$	K_2CrO_7
单斜	$a \neq b \neq c$，$\alpha = \beta = 90° \neq \gamma$ 或 $\alpha = \gamma = 90° \neq \beta$	$CaSO_4 \cdot 2H_2O$
斜方（正交）	$a \neq b \neq c$，$\alpha = \beta = \gamma = 90°$	Fe_3C
正方	$a = b \neq c$，$\alpha = \beta = \gamma = 90°$	β-Sn
立方	$a = b = c$，$\alpha = \beta = \gamma = 90°$	Cu，Al，α-Fe
六方	$a = b \neq c$，$\alpha = \beta = 90°$，$\gamma = 120°$	Zn，Ni
菱方	$\alpha = \beta = \gamma < 90°$	As，Sb，Bi

注：表中的“≠”的意义是：不一定等于。
当棱边长度 $a = b = c$，棱边夹角 $\alpha = \beta = \gamma = 90°$时，这种晶胞称为简单立方晶胞。

3.2.2　晶面指数和晶向指数

我们把穿过晶体的原子面（平面）称为晶面，它代表着晶体内某方位的原子面。表示晶面在晶体内空间方位的符号就称为晶面指数。

把连接晶体中任意原子列的直线方向称为晶向，它代表着晶体内原子排列的方向。表示晶向在晶体内空间方向的符号就称为晶向指数。

那么不同的晶面和晶向具有不同的原子排列和不同的取向，因此材料的许多性质、力学行为、物理特性等都和晶面、晶向相关。

目前表征晶面和晶向的方法有两种：解析法和图示法。解析法是用一组数字表示晶面和晶向；图示法则用各种晶体投影图来表征晶面和晶向，本书只讨论解析法。

1. 三指数表示

（1）晶面指数的确定。如图 3-3 所示立方晶体的晶面 *ABC*，其确定步骤如下。

1）设坐标。先建立以晶轴 a、b、c 为坐标轴的坐标系，令坐标原点不在待标晶面 *ABC* 上（以免出现零截距），各轴上的坐标单位分别是晶胞的边长 a、b、c。

2）求截距。找出待标晶面在三个坐标轴上的截距 x、y、z，若晶面与某坐标轴平行，则在该轴上的截距为∞。

3）求倒数。取截距 x、y、z 的倒数：$\frac{1}{x}$，$\frac{1}{y}$，$\frac{1}{z}$。

4）化整数。将这三个倒数化成三个互质的整数 h、k、l，使 $h:k:l=\frac{1}{x}:\frac{1}{y}:\frac{1}{z}$。

5）列括号。将 h、k、l 置于括号内，写成（$h\ k\ l$），则（$h\ k\ l$）就是待标晶面的晶面指数。

要注意的是，由于我们取得坐标原点是任意选择的，在晶体中会有许多晶面相互平行，且具有相同的原子分布，因此，某个晶面指数代表着在晶体中原子分布相同且相互平行的晶面。

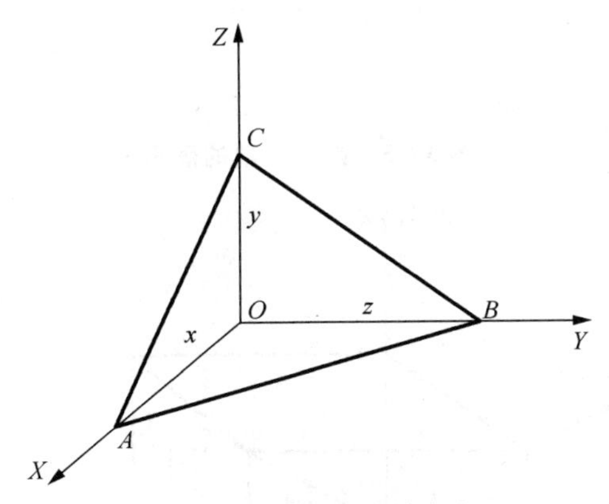

图 3-3　晶面指数的确定

［**例 3-1**］确定如图 3-4 所示的几个晶面的晶面指数。

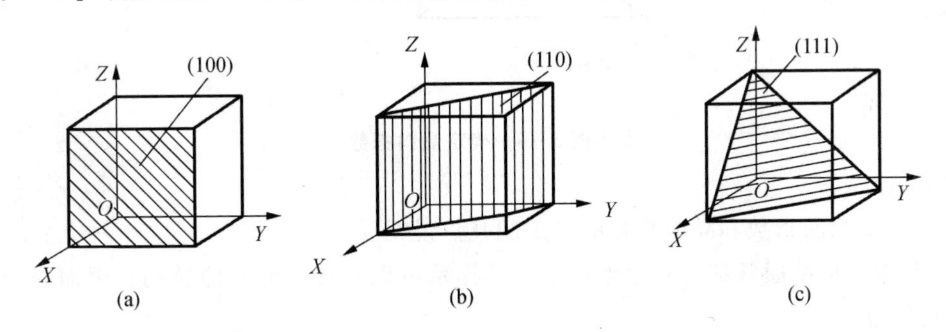

图 3-4　立方晶格中的几个晶面及其晶向指数

（2）晶向指数的确定。如图 3-5 所示立方晶体的晶向 $\overline{OA}$，其确定步骤如下。

1）设坐标。先建立以晶轴 a、b、c 为坐标轴的坐标系，令坐标原点在待标晶向的矢量箭尾上，各轴上的坐标单位分别是晶胞的边长 a、b、c。

2）求坐标值。以晶格常数为度量单位，在待定晶向的矢量上任选一点，并求出该点在 X、Y、Z 轴上的坐标值，如图 3-5 所示。若晶向与某坐标轴平行，则坐标值为 0。

3）化整数。将这三个坐标值按比例划为最小的简单整数 u、v、w。

4）列括号。将 u、v、w 置于方括号内，写成 $[u\ v\ w]$，则 $[u\ v\ w]$ 就是待标晶向的晶向指数。

［**例 3－2**］确定如图 3－6 所示的几个晶向的晶向指数。

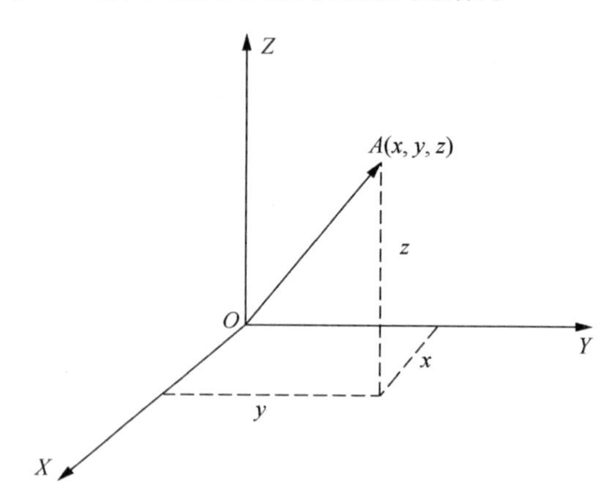

图 3－5　晶向指数的确定

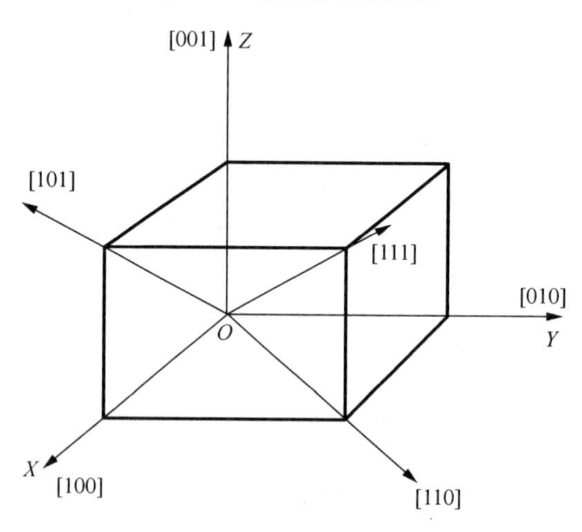

图 3－6　确定晶向指数

（3）关于晶面指数和晶向指数的确定的几点说明。

1）参考坐标系通常都是右手坐标系，坐标系可以平移，但不能转动，因而坐标原点可置于任何位置。

2）晶面指数和晶向指数可为正数，也可为负数，但负号标在数字的上方，如 $(\bar{1}23)$，$(2\bar{2}1)$ 等。

3）晶面族与晶向族的表示。在高对称度的晶体中，往往存在一些位向不同，但原子排列情况完全相同的晶面，这些等价的晶面就构成了一个晶面族，用 $\{h\ k\ l\}$ 表示。例如，立方晶体中：

$\{100\} = (100) + (010) + (001)$，共 3 个等价面。

$\{110\} = (110) + (101) + (011) + (\bar{1}10) + (\bar{1}01) + (0\bar{1}1) + (\bar{1}\bar{1}0) + (\bar{1}0\bar{1}) + (0\bar{1}\bar{1}) + (1\bar{1}0) + (10\bar{1}) + (01\bar{1})$，共 12 个等价面。

与晶面族类似，由等价的晶向也可构成晶向族，用 < $u\ v\ w$ > 表示。例如，立方晶系的体对角线 [1 1 1]，[$\bar{1}11$]，[$1\bar{1}1$]，[$11\bar{1}$]，[$\bar{1}\bar{1}1$]，[$1\bar{1}\bar{1}$]，[$\bar{1}1\bar{1}$]，[$\bar{1}\bar{1}\bar{1}$]，就可用符号 <1 1 1> 表示。

4）在立方晶系中，具有相同指数的晶向和晶面必定是互相垂直的，例如，[110] 垂直于（110），[111] 垂直于（111）等。

2. 四指数表示

对于六方晶系，通常其晶面和晶向指数就采用四个数表示，如图 3-7（a）所示，即基于四个坐标轴：a_1、a_2、a_3 和 c 轴，三个水平轴夹角为 120°，其中 a_1、a_2 和 C 轴就是原晶胞的 a、b、c 轴，沿任一个轴上的任一矢量，在其他两轴的分量必为负值，且数值相等，即 $a_3 = (a_1 + a_2)$。

（1）晶面指数的确定。确定四指数的晶面指数的原理与步骤和三指数法雷同。从待标晶面在 a_1、a_2、a_3 和 c 轴上的截距，即可求得相应的指数 h、k、i、l，于是晶面指数（$h\ k\ i\ l$），$i = -(h+k)$。

如图 3-7（b）所示的六个柱面指数为（$10\bar{1}0$）、（$01\bar{1}0$）、（$\bar{1}100$）、（$\bar{1}010$）、（$0\bar{1}10$）、（$1\bar{1}00$）。

（2）晶向指数的确定。六方晶体的晶向指数必须满足“前三个指数之和为零”，若将晶向指数写成 [$u\ v\ t\ w$]，则上述附加条件可写成：$u+v+t=0$，或 $t = -(u+v)$，因此，六方晶体的晶向四轴指数为 c 轴 [0 0 0 1]、a_1 轴 [$2\bar{1}\bar{1}0$]、a_2 轴 [$\bar{1}2\bar{1}0$]、a_3 轴 [$\bar{1}\bar{1}20$]，如图 3-7（c）所示。

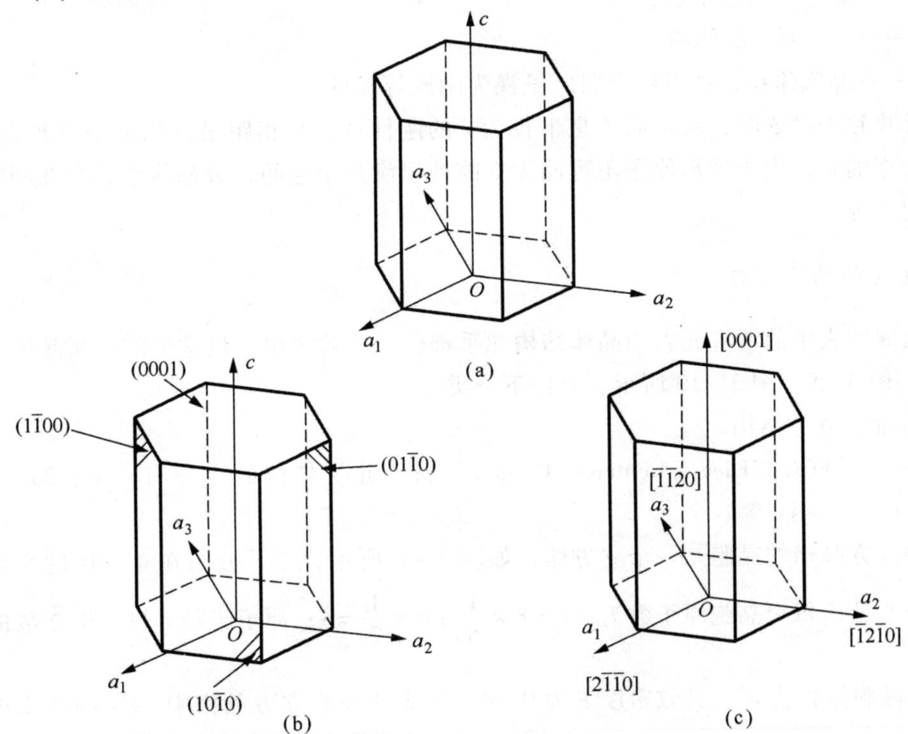

图 3-7　六方晶系的四指数表示

3.2.3 典型的金属晶体结构

金属在固态下一般都是晶体，决定晶体结构的内在因素是原子或离子、分子间键结合的类型及强弱。金属晶体的结合键为金属键，而金属键具有无饱和性和无方向性的特点，从而使金属内部的原子趋于紧密排列，构成了高度对称性的简单晶体结构，本书仅讨论典型的金属晶体结构。

1. 晶胞的几何特征

(1) 配位数。一个原子周围的最近邻原子数称为配位数 CN (coordination number)，对于纯元素晶体来说，这些最近邻原子到所求原子的距离必然是相等的，但对于多种元素形成的晶体，不同元素的最近邻原子到所求原子的距离就不一定相等，因此，“最近”是同种原子相比较而言。配位数就是各元素的最近邻原子数之和，例如 CN12 表示其配位数是 12。

(2) 一个晶胞内的原子数 n。晶胞原子数是指一个晶胞内所包含的原子数目，由于晶体具有严格的对称性，故晶体可看成由许多晶胞堆砌而成，由于晶胞顶角处的原子为几个晶胞所共有，位于晶面上的原子同时属于两个相邻晶胞，只有在晶胞体积内的原子才单独为一个晶胞所有，因此晶胞原子数可通过计算每个原子在晶胞中所占的分数，再进行相加获得。

(3) 致密度。致密度 ξ 又称为堆垛密度或紧密系数，致密度 ξ = 晶胞中各原子的体积之和/晶胞的体积，即

$$\xi = \frac{nv}{V}$$

式中 n——晶胞中的原子数；

v——一个原子的体积；

V——晶胞体积，这里将金属原子视为刚性等径球。

在计算致密度 ξ 时，假定原子是半径为 r 的刚性球，且相距最近的原子是彼此相切的。这里要补充的是，由于球形原子不可能无空隙地填满整个空间，故晶体中必存在间隙。在这里假定间隙为零。

2. 常见的晶体结构

元素周期表中的所有元素的晶体结构几乎都已经实验测出，最常见的金属晶体结构，如图 3-8、图 3-9、图 3-10 所示，有以下三类。

(1) 面心立方结构。

面心立方 FCC (Face - Centered Cubic)，属于此类结构的金属有：Al、Ni、Pb、Pd、Pt、Au、Cu、γ-Fe 等。

面心立方晶格的晶胞是一个立方体，如图 3-8 所示，原子分布在立方体的 8 个结点及各面的中心处，每个晶胞原子数为：$n = 8 \times \frac{1}{8} + 6 \times \frac{1}{2} = 4$；原子半径 r 与晶格常数的关系为 $r = \frac{\sqrt{2}}{4}a$；晶胞体积为 a^3，其致密度 ξ 为 0.74，这表明面心立方晶格中 74% 的体积被原子所占用，其余 26% 为晶胞内的间隙体积。

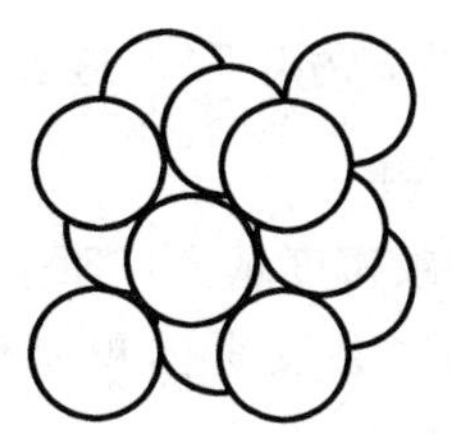
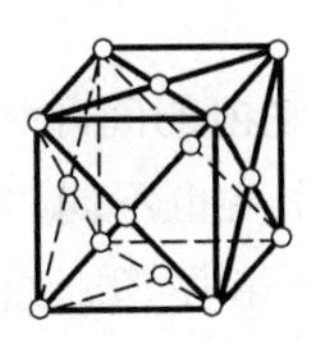
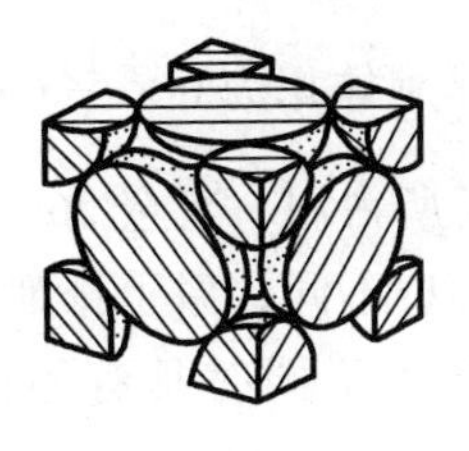

图3-8 面心立方结构

(2) 体心立方结构。

体心立方 BCC (Body - Centered Cubic), 属于此类结构的金属有: V、Nb、Ta、Cr、Mo、W、α - Fe 等。

体心立方晶格的晶胞是一个立方体, 原子分布在立方体的8个结点及中心处, 如图3-9所示, 每个晶胞原子数为: $n=8\times\frac{1}{8}+1=2$; 原子半径 r 与晶格常数的关系为 $r=\frac{\sqrt{3}}{4}a$; 晶胞体积为 a^3, 其致密度 ξ 为0.68, 这表明体心立方晶格中68%的体积被原子所占用, 其余32%为晶胞内的间隙体积。

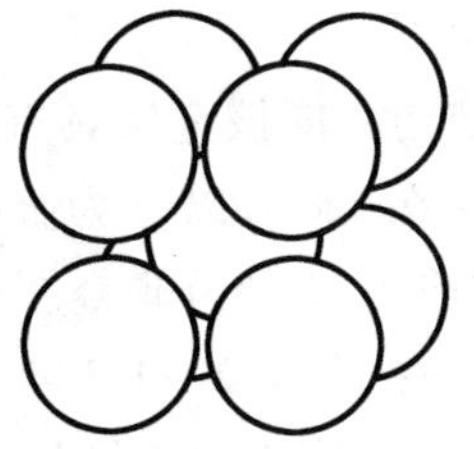
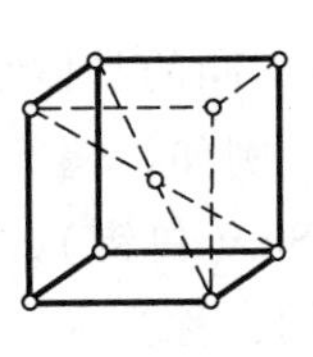

图3-9 体心立方结构

(3) 密排六方结构。

密排六方 HCP (Hexagonal Close - Packed), 属于此类结构的金属有 Mg、Zn、Cd、α - Ti (温度低于883 ℃) 等。

密排六方晶格的晶胞是一个正六棱柱, 晶胞的3个棱边长度都为 a, 高度为 c, 一般点阵常数 $c/a=1.633$, 晶胞棱边夹角 $\alpha=\beta=90°$, 而两个底面各边的交角为120°。在密排六方晶格的12个结点上和上下底面的中心处各有一个原子, 此外柱体中心处还包含3个原子, 如图3-10所示, 每个晶胞原子数为: $n=12\times\frac{1}{6}+2\times\frac{1}{2}+3=6$; 原子半径 r 与晶格常数的

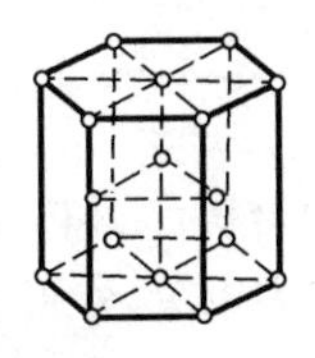
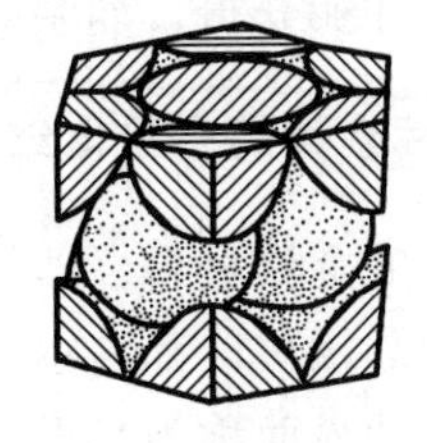

图3-10 密排六方结构

关系为 $r=\frac{1}{2}a$；晶胞体积为 $6\times\frac{1}{2}a\times\frac{\sqrt{3}}{2}a\times c$，其致密度 ξ 为0.74，这表明密排六方晶格中74%的体积被原子所占用，其余26%为晶胞内的间隙体积。

金属的晶格类型不同，原子排列的致密度也不同，致密度越大，原子排列越紧密，因此对于一些金属在温度不同时具有不同的晶格类型，这时会发生体积变化，而引起应力和变形。

表3-2　常见晶体的几何参数

晶体类型	原子半径 r	配位数 CN	原子数 n	致密度 ξ
面心立方结构FCC	$\frac{\sqrt{2}}{4}\alpha$	12	4	0.74
体心立方结构BCC	$\frac{\sqrt{3}}{4}\alpha$	8	2	0.68
密排六方结构HCP	$\frac{a}{2}$	12	6	0.74

3.2.4　金属的同素异晶转变

有些固态金属在不同的温度和压力下具有不同的晶体结构，即该金属具有多晶型性，转变的产物称为同素异晶体，如Fe、Co、Ti等。例如，锡Sn在13 ℃以下为金刚石立方结构α-Sn（灰锡），13 ℃以上则为四方结构β-Sn（白锡），前者表现为非金属性，后者则具有金属性；铁Fe在912 ℃以下为体心立方结构，称为α-Fe；在912～1 394 ℃具有面心立方结构，称为γ-Fe；温度超过1 394 ℃至熔点之间，又转变为体心立方结构，称为δ-Fe。

由于不同的晶体结构具有不同的致密度，因而当发生金属的同素异晶转变时，将伴随着金属体积的突变。金属发生同素异晶转变时必然伴随着原子的重新排列，这种重新排列的过程实际上就是一个结晶过程，为了与液态金属结晶过程相区别，一般就称其为重结晶。纯铁的同素异晶转变是钢铁材料能够热处理的理论依据，也是钢铁材料能获得各种性能的主要原因。

3.3　实际金属的晶体结构

前面讨论的金属晶体结构，是把晶体看成由原子按一定几何规律作周期性排列而成的，晶体内部晶格位向完全一致的晶体称为单晶体，单晶体具有各向异性的特征，在工业上，只有通过特殊制作才能获得，如半导体元件、磁性材料等。

3.3.1　实际金属的多晶体结构

实际上使用的金属材料，即使体积较小的材料，其内部包含了许多颗粒状的小晶体，每个小晶体内部的晶格位向都基本一致，每个小晶体的外形呈不规则的颗粒，我们称为晶粒，晶粒与晶粒之间的界面称为晶界，这种由许多晶粒组成的晶体就称为多晶体，一般金属材料都是多晶体，如图3-11所示，因此实际金属材料的性能在各个方向上却基本一致，显示各向同性，这是因为实际的金属材料由许多方位不同的晶粒组成的多晶体，一个晶粒的各向异性在许多方位不同的晶体之间相互抵消掉了。

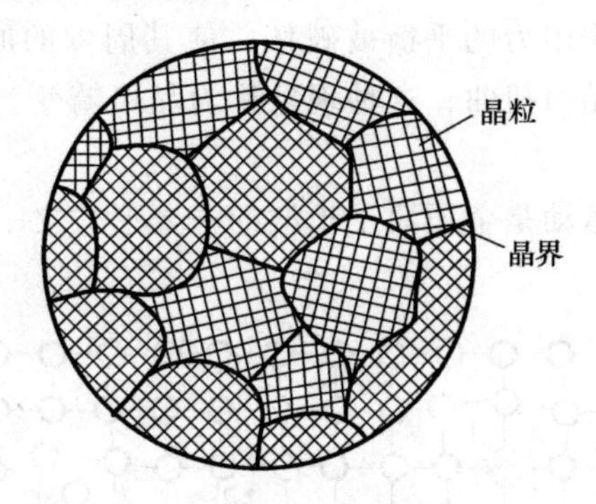

图 3－11　实际金属的多晶体结构

3.3.2　实际金属的晶体缺陷

实际金属具有多晶体结构，由于原子或分子无规则的热振动，相互干扰和结晶条件等原因，使得晶体内部出现某些原子排列不规则的区域，这些区域就称为晶体缺陷，这种局部存在的晶体缺陷，对金属材料的性能影响极大。理论计算的金属晶体强度非常高，比实际测量值高出千倍左右，如图 3－12 所示，随着缺陷数量的增加，强度先下降，而后又较平缓地上升。因此金属的晶体缺陷对金属材料的性能影响很大，实际上一般的金属材料采用的强化方法，主要就是增加结构缺陷而进行的，因此晶体缺陷在强度理论中也是重要的。

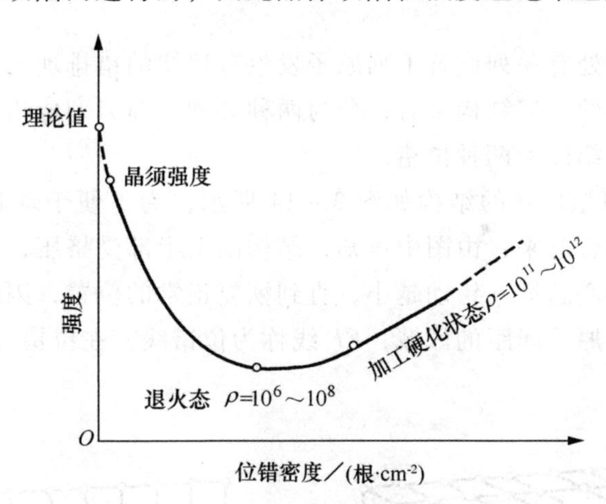

图 3－12　金属的强度与位错密度之间的关系

1. 点缺陷（Point Defect）

在任何温度下，金属晶体中的原子都以其平衡位置为中心不停地作热振动，温度越高，原子的振幅就越大，当一些原子具有足够高的能量时，就克服其周围原子的约束，脱离原来的平衡位置而迁移到别处，这时候原位置上就出现空位结点，这种空着的位置称为晶格空位；处于晶格间隙中的原子称为间隙原子；如果在基体原平衡位置上为异类原子，我们就称其为置换原子。

常见的点缺陷有空位、间隙原子和置换原子三种，如图 3 - 13 所示。在晶体中由于点缺陷的存在，使得附近原子间作用力的平衡被破坏，使其周围的原子离开了原来的平衡位置，向缺陷处靠拢或撑开，造成晶格扭曲，这种现象称为晶格畸变，晶格畸变会使金属的强度和硬度提高。

晶格空位和间隙原子的运动是金属原子扩散的主要形式之一，金属的固态相变和化学热处理过程均依赖于原子扩散。

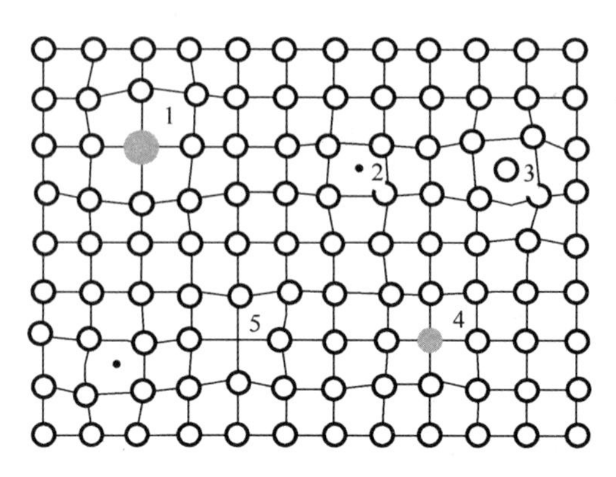

图 3 - 13　点缺陷

1—大的置换原子；2，3—间隙原子；4—小的置换原子；5—空位

2. 线缺陷（Linear Defect）

在实际晶体中，某处有一列或若干列原子发生有规律的错排现象，称为位错。位错是晶体中的线缺陷，从位错的几何结构来看，分为两种类型：即刃型位错、螺型位错，当然还有混合型位错，这里仅介绍以上两种位错。

（1）刃型位错。刃型位错的结构如图 3 - 14 所示，为了便于理解，设只将晶体的上半部用刀劈开，然后再黏合起来，由图中可知，结构的上半部受挤压，下半部受拉伸；而以中心的错动为最大，距中心越远，错动越小，直到恢复正常的位置，因此一个位错长度由晶前到晶后，宽度波及几个原子间距的区域，*EF* 线称为位错线，在位错线附近的晶格发生畸变，形成一个应力集中区。

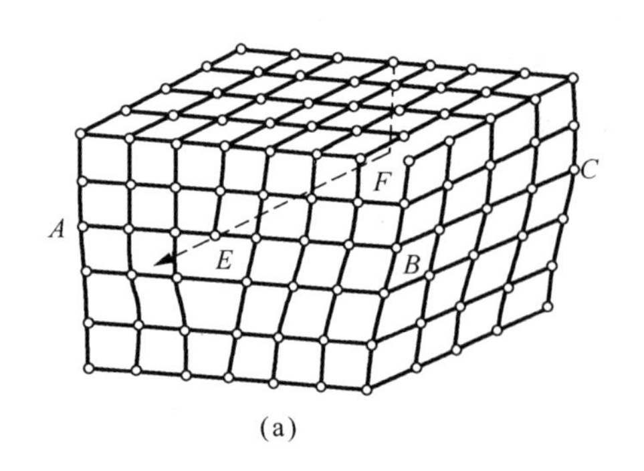

(a)

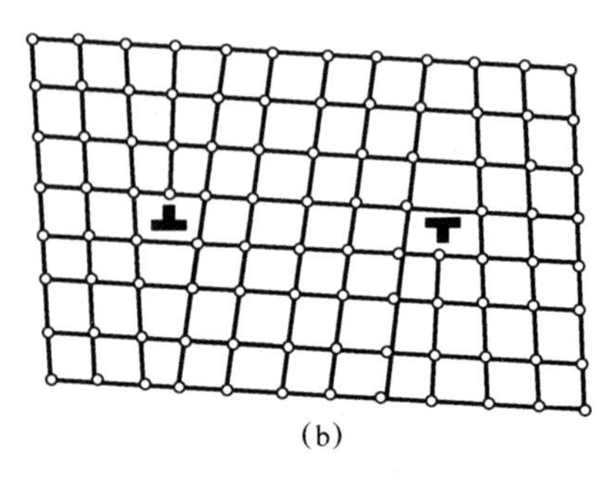

(b)

图 3 - 14　刃型位错

一般我们把位错在滑移面上边的称为正刃型位错，计为“⊥”；而把多出在下边的为负刃型位错，计为“T”。

（2）螺型位错。螺型位错的结构如图3－15所示，设立方晶体右侧受到切应力的作用，其右侧上下两部分晶体沿滑移面发生错动，如图3－15（a）所示。如果以位错线 bp 为轴线，从 a 开始，按顺时针方向依次连接此过渡区的各原子，则其走向与一个右螺旋线的前进方向一样，也就是位错线附近的原子是按螺旋形排列的，呈轴对称的，因此这种位错称为螺型位错。从 a 循环到 p 大约走一个原子间距，如图3－15（b）所示。

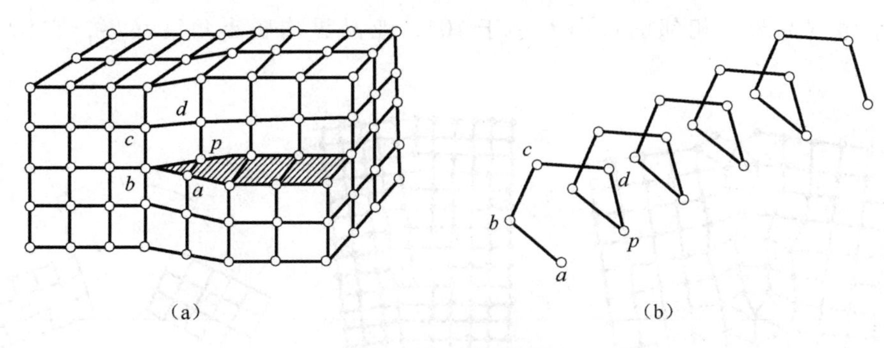

图3－15　螺型位错

金属晶体中的位错是相当多的，我们通常以通过单位面积上的位错线的根数来衡量，称为位错密度。例如在正常退火情况下，一般金属的位错密度有 $10^4 \sim 10^7$ 根/cm^2，经过冷加工后可增至 $10^{12} \sim 10^{13}$ 根/cm^2，而且位错的组态非常复杂。

位错的存在对金属材料的力学性能有很大影响，例如冷变形加工后的金属，由于位错密度的增加，强度明显提高。

晶体中的各种间隙原子及尺寸较大的置换原子易于被吸引而跑到正刃性位错的下半部分或负刃型位错的上半部分聚集，如图3－16所示，因此刃型位错往往总是携带着大量的溶质原子，形成所谓的“柯氏气团”。

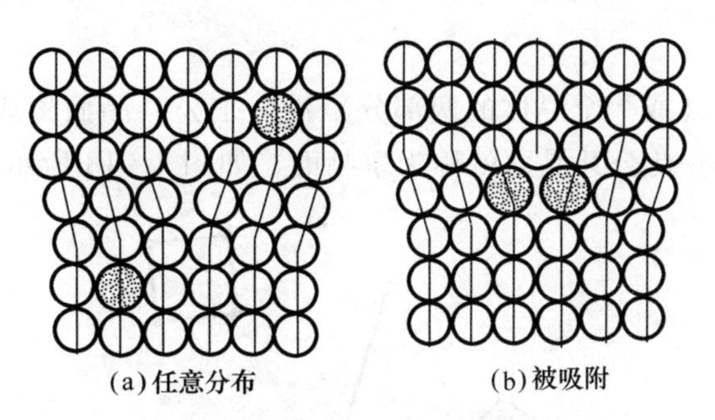

图3－16　溶质原子在位错附近的分布

（a）任意分布；（b）被吸附

3. 面缺陷（Plane Defect）

严格地说，晶体界面包括外表面和内表面。外表面是指固体材料与气体或液体的分界面，内表面可分为晶粒边界和晶内的亚晶界、孪晶界、相界面等。多数晶体物质是由许多晶粒组成，属于同一固相但位向不同的晶粒之间的界面称为晶界，它是一种内界面；而每个晶粒有时又由若干个位向稍有差异的亚晶粒所组成，相邻亚晶粒的界面称为亚晶界。晶粒的平均直径通常在 0.015 ~0.25 mm 范围内，而亚晶粒的平均直径则通常为 0.001 mm。

面缺陷是指在两个方向上的尺寸很大，第三个方向上的尺寸很小而呈面状的缺陷，其主要形式就是各种类型的内界面。如图 3 – 17 所示，根据相邻晶粒之间位向差大小的不同，可分为以下两类。

（1）小角度晶界。相邻的位向差小于 10°，亚晶界均属小角度晶界，它们是由位错组成。

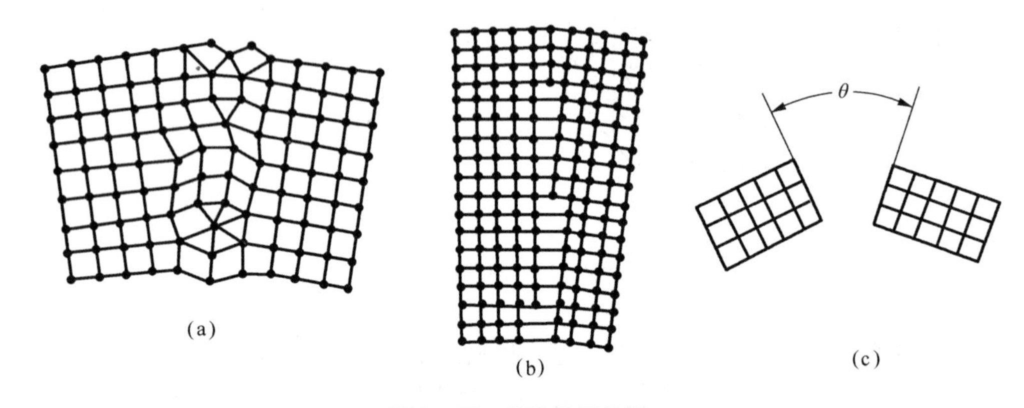

图 3 – 17　晶界及亚晶界

（a）晶界；（b）亚晶界；（c）两晶界之间的夹角

（2）大角度晶界。相邻的位向差大于 10°，多晶体中的晶界大都属于此类。大角度晶界的结构不如小角度晶界那样明确，结构复杂，原子排列也不规则，晶界处存在较多的缺陷，如空穴、杂质原子等。目前对于大角度晶界的结构还正在继续研究中。

4. 孪晶界

孪晶是指两个晶体（或一个晶体的两部分）沿一个公共晶面构成镜面对称的位向关系，这两个晶体就称为孪晶，此公共晶面就称为孪晶面，如图 3 – 18 所示。

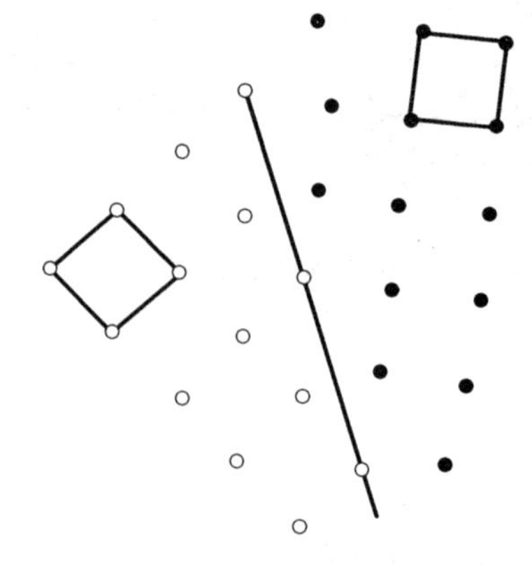

图 3 – 18　孪晶界

3.3.3 晶界的特性

晶界具有不同于晶粒内部的一些特性，具体表现在以下几个方面。

(1) 晶界处存在较多的缺陷，如空穴、杂质原子、位错等，故晶界处原子的扩散速度比在晶内快。

(2) 晶界的存在，使得晶格处于畸变状态，在常温下对金属材料的塑性变形起阻碍作用，因此金属材料的晶粒愈细，则晶界愈多，对塑性变形的阻碍作用就越大，金属的强度硬度就越高。

(3) 由于成分偏析等现象，特别晶界富集杂质原子的情况下，往往晶界处的熔点较低，故在加热过程中因温度过高将引起晶界的熔化和氧化，导致“过热”现象的产生。

(4) 由于晶界上的原子排列不规则，有畸变，晶界能量较高，与晶内相比，晶界的腐蚀或氧化速度一般较快。

3.4 合金的结构类型

实际上，金属材料的发展史就是合金的研制和应用的历史，纯金属只是在现代科技的发展下才得以较大量的生产和应用，但所谓的纯，也只是相对的意义，通常根据纯度的不同分为工业纯金属和化学纯金属两类，现代科学技术已经能制造出纯度高达99.999%以上的纯金属，然而无论纯度如何高，总或多或少的含有微量其他杂质元素。

人类自古至今研制应用的金属材料绝大部分是由两种或多种元素组成的，因此称为合金，组成合金的元素称为合金组元，合金以其主要组元来命名，例如铜合金、铁合金、铝合金等。

给定组元后，可以配制出不同比例的一系列成分不同的合金，这一系列合金就构成一个合金系。合金中，具有同一化学成分且结构相同的均匀部分称为相。合金中相与相之间有明显的界面，即相界面。液体合金通常都为单相液体，合金在固态下，由一个固相组成时称为单相合金，由两个以上固相组成的就叫多相合金。

合金的性能一般都是由组成合金的各相成分、结构、形态、性能和各相的组合情况——组织决定，因此有必要了解构成合金组织的相的晶体结构及其性能。由于组元间相互作用不同，固态合金的相结构可分为固溶体和金属化合物（或中间相）两大类。

3.4.1 固溶体

合金在固态下，组元间仍能互相溶解而形成的均匀相，称为固溶体，因固溶体中的结合键主要是金属键，因而固溶体具有比较明显的金属性质，固溶体的晶格类型与其中某组元的晶格类型相同，能保留晶格形式的组元称为溶剂，溶质以原子状态分布在溶剂的晶格中，固溶体的晶格与溶剂的晶格类型相同。

固溶体组元的含量可在一定范围内改变而不会导致固溶体点阵类型的改变，某组元在固溶体中的最大含量（或溶解度极限）被称为该组元在该固溶体中的固溶度，由于成分范围可变，因此，通常固溶体是不能用一个化学式来表示。

工业合金绝大部分都是以固溶体作为基础的，有的甚至完全由固溶体所组成，例如应用广泛的普通碳钢和低合金钢，其组织中固溶体的含量至少为85%。

1. 固溶体的分类

固溶体的分类形式有几种，下面列出两种。

（1）按固溶度（溶解度）来分类。

1）有限固溶体。在一定条件下，溶质组元在固溶体内的浓度只能在一个有限度的范围内变化，超过这个限度后即不能再溶解了，这个限度就叫固溶度或溶解度，这种具有一定固溶度的固溶体就称为有限固溶体。大部分固溶体都属于这类，如碳原子溶入γ-Fe晶格空隙中形成的间隙固溶体，如图3-19（a）所示。

2）无限固溶体。当固溶体的固溶度达到100%时，即溶质能以任何比例溶入溶剂时，就称为无限固溶体，如Cu-Ni系列合金，如图3-19（b）所示。

（2）按溶质原子在晶体点阵中所占的位置分类。

1）置换固溶体（代位固溶体）。溶质原子在晶体中占据着与溶剂原子等同的点阵位置，如图3-19（b）所示。

2）间隙固溶体。溶质原子在晶体中不是占据正常的点阵位置，而是填入溶剂原子间的一些间隙位置，因此称为间隙固溶体，如图3-19（a）所示。

3）缺位固溶体。在一些以化合物为溶剂的固溶体中，当化合物的组元之一溶入化合物时，另一组元的一些原子位置形成空位，称为缺位固溶体，如氧溶入FeO后，Fe原子会出现空位。

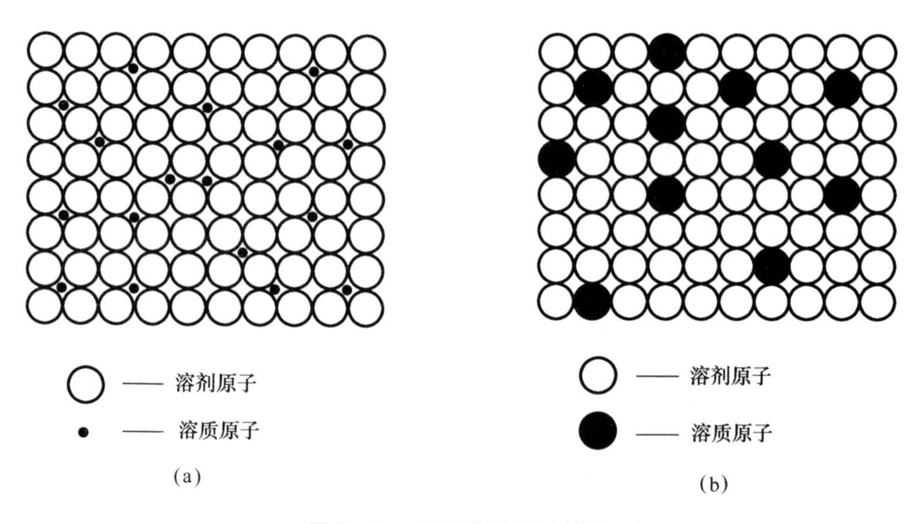

图3-19　固溶体的两种情况

（a）间隙固溶体；（b）置换固溶体

2. 影响固溶度的因素

无论是纯金属之间或金属化合物之间，相互绝对不固溶的情况实际上是不存在的，只是固溶度大小而已，影响固溶度的因素相当复杂，目前还在应用实验规律，以下就介绍几个主要因素。

1）晶体结构因素。晶体结构相同是组元间形成无限固溶体的必要条件，只有当两组元的结构类型相同时，溶质原子才有可能不断置换溶剂原子。如果两组元的晶体结构类型不同，组元间的溶解度只能是有限的，即使形成有限固溶体时，溶质元素与溶剂元素的结构类型相同，其溶解度通常也较不同晶体结构的为大，见表3－3。

2）原子尺寸因素。组元原子间的相对尺寸对形成固溶体有重要作用，若以溶剂原子尺寸为标准，当组元原子直径间的相对差 $\Delta r = \left|\frac{D_{溶剂} - D_{溶质}}{D_{溶剂}}\right| \times 100\% \leqslant 14\% \sim 15\%$ 时，有利于形成溶解度较大的固溶体，而当 $\Delta r \geqslant 15\%$ 时，固溶度则有限。

表3－3　一些合金元素在铁中的溶解度

元素	结构类型	在γ－Fe中最大溶解度/%	室温在α－Fe中最大溶解度/%
C	六方金刚石型	2.11	0.008（600 ℃）
N	简单立方	2.8	0.001（100 ℃）
B	正交	0.018～0.026	<0.001
P	正交	0.3	～1.2
Al	面心立方	0.625	35
V	体心立方	1.4	100
Mo	体心立方	～3	1.4
Mn	δ－Mn体心立方（>1 133 ℃） γ－Mn面心立方（1 095 ℃～1 133 ℃） α－Mn、β－Mn复杂立方（<1 095 ℃）	100	～3
Ni	面心立方	100	～10
Cr	体心立方	12.8	100

3）负电性因素。元素的负电性表示这个元素的原子在异类原子集合体中能够吸引电子作为自身所有的一种能力。一般来说，在元素周期表中处于同一周期的元素，其负电性原子序数的增大而增加，而同一族的元素，其负电性则随原子序数的增大而减小，元素之间的负电性相差越大，越有利于形成化合物，其稳定性也较高，只有负电性相近的元素才可能具有较大的溶解度。

4）电子浓度因素。所谓电子浓度是指合金中价电子数目与原子数目的比值，即 e/a，合金中的电子浓度按下式计算：

$$\frac{e}{a} = \frac{A\ (100 - X)\ + BX}{100}$$

式中　A，B——分别为溶剂和溶质的原子价；

X——为溶质的原子数分数，%。

电子浓度对合金相的形成起着重要作用，在一些以一价金属（如Cu、Ag、Au等）为溶剂的固溶体中，溶质的原子价愈高，则其最大溶解度便愈小，例如，铜Cu分别与二价至五价金属Zn、Ga、Ge、As等所形成的固溶体中，其最大溶解度依次为38.5%、19.5%、11.8%、7%（均为原子百分数）。

3. 固溶体的性能

（1）力学性能。与纯金属相比，由于溶质原子的溶入导致固溶体的强度和硬度往往高于组元，而塑性降低，这种现象称为固溶强化，强化的程度（或效果）不仅取决于它的成分，还取决于固溶体的类型、结构特点、固溶度等因素。

（2）点阵常数改变。形成固溶体时，虽然仍保持溶剂的晶体结构，但由于溶质与熔剂的原子大小不同，总会引起点阵畸变并导致点阵常数发生变化，如图3－20所示。如对于置换固溶体而言，当$r_{溶质} > r_{溶剂}$时，溶质原子周围点阵膨胀，平均点阵常数就增大，当$r_{溶质} > r_{溶剂}$时，溶质原子周围点阵压缩，平均点阵常数就减小。对于间隙固溶体而言，点阵常数随溶质原子溶入总是增大的，这种影响往往比置换固溶体大得多。

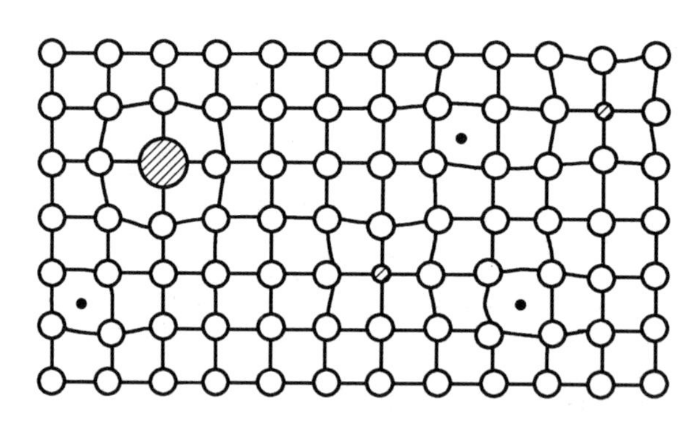

图3－20　固溶体的点阵畸变

（3）物理和化学性能。固溶体合金随着固溶度的增加，点阵畸变增大，一般固溶体的电阻率ρ升高，且在某一中间浓度时电阻率达最大。例如，Si溶入α－Fe中可以提高磁导率，因此质量分数$w_{Si}=2\% \sim 4\%$的硅钢片是一种应用广泛的软磁材料。又如Cr溶入α－Fe中，当质量分数$w_{Cr}=12.5\%$时，Fe的电极电位由－0.60 V突然上升至＋0.2 V，有效地抵抗空气、水、稀硝酸等的腐蚀。

3.4.2　金属化合物（或中间相）

两组元A和B组成合金时，除了可形成固溶体外，还可能形成晶体结构与A、B两组元均不同的新相，由于它们总是位于二元相图的中间位置，因此常称为中间相，或称为金属化合物。

中间相通常可以用化合物的化学分子式来表示，由于大多数中间相中原子间的结合方式属于金属键与其他类型键（如离子键、共价键等）相混合的结合方式，它们都具有金属的特性，那么表示它们的化学分子式就不一定符合化合价规律，如CuZn、FeC_3等，因此有时也称为金属化合物；而凡是没有金属键结合，没有金属特性的化合物就称为非金属化合物，如 FeS、MnS 都是非金属化合物，非金属化合物属于熔炼过程中的夹杂物，数量较少，但对金属材料的性能一般都有影响，故有时也称为非金属夹杂。

这些中间相的熔点一般较高，性能硬而脆，当它们呈细小颗粒均匀分布在固溶体基体上时，将使合金的强度、硬度和耐磨性明显提高，这种现象我们称为弥散强化。因此它们常作为重要强化相存在于金属材料中。绝大多数工业用的合金组织都是固溶体与少量中间相组成的混合物，通过调整固溶体中溶质含量和中间相的数量、大小、形态、分布状况，使得合金的力学性能满足工程上不同的要求。

一般主要把中间相分为正常价化合物、电子化合物、尺寸因素化合物三大类。

1. 正常价化合物

在元素周期表中，一些金属与电负性较强的ⅣA、ⅤA 族的一些元素按照原子价规律所形成的化合物称为正常价化合物，它们的成分可以用分子式来表示，一般为 A_2B（AB_2）、A_3B_2 型，如 Mg_2Pb、Mg_2Si 等。

正常价化合物的晶体结构通常对应于同类分子式的离子化合物结构，如 NaCl 型、ZnS 型、CaF_2 型等，正常价化合物的稳定性与组元间负电性差有关，负电性差越小，化合物越不稳定，越趋于金属键结合；负电性差越大，化合物越稳定，越趋于离子键结合。如 Mg_2Pb、Mg_2Si 两种，Mg_2Si 最稳定，熔点达 1 102 ℃，Mg_2Pb 熔点仅 550 ℃，则显示出典型的金属性质。

2. 电子化合物

电子化合物不遵循原子价规律，而是以电子浓度决定晶体结构的主要因素，凡具有相同的电子浓度，则相的晶体结构类型相同。电子化合物中原子间的结合方式系以金属键为主，故电子化合物具有明显的金属特性。

所谓电子浓度是指化合物中价电子数 e 与原子数 a 的比值，$C_{电}=e/a$，见表 3－4。

表 3－4　几种常见的电子化合物及其结构类型

$C_{电}=3/2$，即 21/14			$C_{电}=21/13$	$C_{电}=7/4$，即 21/12
β 相（体心立方结构）	μ 相（β－Mn 复杂立方结构）	ξ 相（密排六方结构）	γ 相（复杂立方结构）	ε 相（密排六方结构）
CuZn	Cu_5Si	Cu_3Ga	Cu_5Zn_8	$CuZn_3$
Cu_3Al	Ag_3Al	Cu_5Ge	Cu_5Hg_8	Cu_3Sn
Cu_5Sn	Au_3Al	AgZn	$Cu_{31}Si_8$	Ag_3Sn
NiAl	$CoZn_3$	Ag_3Al	Fe_5Zn_{21}	Ag_5Al_3

电子化合物虽然可以用化学式表示，但其不符合化合价的规律，而且其成分是在一定范围内变化，也就是在以化合物为基的基础上，再溶解一定量的组元，形成以该化合物为基的固溶体。例如 Cu－Zn 合金中，β 相的固溶范围可以在 36%～55% Zn（mol）范围内波动，γ 相为 57%～70% Zn（mol），ε 相为 78%～86% Zn（mol），因此电子化合物是典型的金属化

合物而不是化学意义上的化合物。

3. 尺寸因素化合物

一些化合物类型与组元元素的原子尺寸差别有关，当两者由原子半径差很大的元素形成化合物时，倾向于形成间隙相和间隙化合物，而中等程度差别时倾向形成密排相或拓扑密堆相。

（1）间隙相和间隙化合物。

原子半径较小的非金属元素如 C、H、N、B 等可与金属元素（主要是过渡族元素）形成间隙相和间隙化合物，这主要取决于非金属（X）和金属（M）原子半径的比值，当 $r_{非金属}/r_{金属}<0.59$ 将形成简单晶体结构的相，称为间隙相。当 $r_{非金属}/r_{金属}\geqslant 0.59$ 将形成复杂晶体结构的相，称为间隙化合物。

由于 H、N 的原子半径仅为 0.046 nm 和 0.071 nm，故它们与所有的过渡族金属元素的半径之比都满足小于 0.59 的条件，因此形成的氢化物和氮化物都为间隙相；而 B 的原子半径为 0.097 nm，尺寸较大，则形成的均为间隙化合物；至于 C 原子则处于中间状态，某些碳化物如 TiC、VC、NbC、WC 等为间隙相，而 Fe_3C、Cr_7C_3、$Cr_{23}C_6$ 等则为复杂结构的间隙化合物。

如图 3－21 所示，Fe_3C 是铁碳合金中的一个基本相，称为渗碳体，C 与 Fe 的原子半径之比为 0.63，其晶体结构较复杂，晶胞中共有 16 个原子，其中 12 个 Fe 原子，4 个 C 原子，符合 Fe∶C＝3∶1 的关系。Fe_3C 中的 Fe 原子可以被 Mn、Cr、Mo、W、V 等金属原子所置换而形成合金渗碳体。这里要指出在钢中只有位于周期表 Fe 左方的过渡族金属元素才能形成碳化物（包括间隙相和间隙化合物），它们的最外层电子越少，与碳的亲和力就越强，形成的碳化物越稳定。

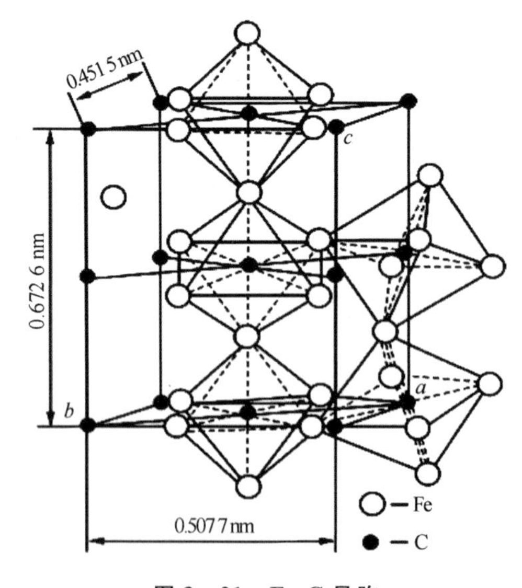

图 3－21　Fe_3C 晶胞

间隙相和间隙化合物中原子间结合键为共价键和金属键，间隙相几乎全部具有高熔点和高硬度的特点，是合金工具钢和硬质合金中的重要组成相，间隙化合物的熔点和硬度则不如间隙相，是钢材中的主要强化相。

（2）密排相。

密排相是由两种大小不同的金属原子所构成的一类中间相，其中大小原子通过适当配合构成空间利用率和配位数都很高的复杂结构，本书不对此内容展开介绍。

思考与练习

1. 常见的金属晶格类型有几种？它们之间的原子排列有什么特点？
2. 实际金属中存在哪些晶体缺陷？它们对金属的性能有什么影响？
3. 什么叫同素异构现象？
4. 简述多晶体晶界的特性？
5. 固溶体和金属化合物的主要性能特点是什么？
6. 解释固溶强化和弥散强化的含义与区别？

第4章　金属及其合金的结晶

本章简介：一般情况下，金属制品都要经过熔炼和浇铸工序，因此金属的结晶过程也影响着它的使用性能和使用寿命。本章主要介绍了金属材料的结晶原理及结晶后的组织，如何控制晶粒大小，提高金属材料的性能和产品质量。

重点：(1) 金属结晶的一般规律。

(2) 晶粒大小对金属材料性能的影响和细化晶粒的措施。

(3) 过冷现象与过冷度。

难点：结晶时的形核与长大。

4.1　结晶过程概述

所有通过冶炼和铸造得到的金属材料必然要经历由液态到固态的凝固过程，凝固过程包括晶体或晶粒的生成和长大的过程，因此也称为结晶过程，研究金属由液态转化为固态的结晶过程，可知其实质是物质内部原子重新排列的过程，即从液态的不规则排列转变为固态的规则排列。广义上讲，物质从一种原子排列状态（晶态或非晶态）过渡为另一种原子规则排列状态（晶态）的转变过程称为结晶。为区别起见，我们将物质从液态转变为固体晶态的过程称为一次结晶，而物质从一种固体晶态过渡为另一种固体晶态的转变称为二次结晶。研究金属结晶过程的基本规律，对改善金属材料的组织和性能，都具有重要的意义。

4.1.1　金属结晶过程特征

1. 液态金属结构——近程有序和远程有序

固体材料的结构在原子、分子范围内规则排列称为近程有序。远程有序（长程有序）的长程具有周期性，即在短程看来无序的原子排列在长程范围内则是在三维空间的重复排列。

2. 结晶的定义

从状态上看，结晶是指金属从液态向固态过度时晶体形成的过程，一般称为一次结晶。

从金属学的观点来讲，结晶则是指物质的结构从近程有序向远程有序过渡的过程。

3. 结晶过程的宏观现象

如果我们把熔融的金属液体放在一个散热缓慢的容器中，让金属液体以极其缓慢的速度进行冷却，同时记录其温度随时间的变化，并作出温度-时间关系曲线即冷却曲线，见

图4-1。通过对冷却曲线的分析，我们可以了解以下现象。

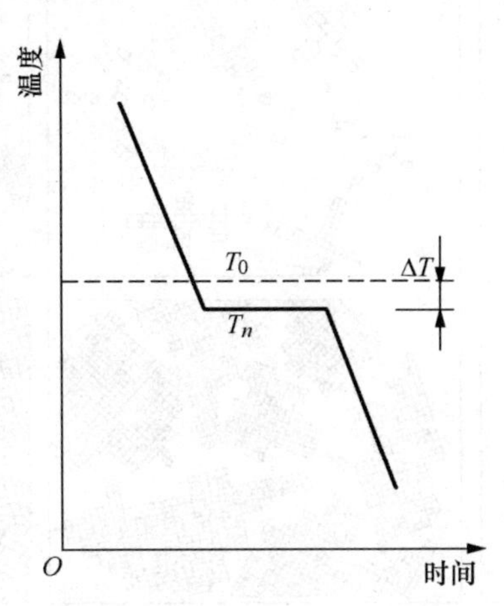

图4-1 纯金属的冷却曲线

（1）结晶过程伴随着结晶潜热的释放。从冷却曲线上可以看到一个温度平台，在温度平台所对应的时间内表明金属正在结晶，即金属结晶在恒温下进行。这说明该时间段内，金属内部有热量释放，从而弥补了向外散失的热量，我们把这个热量称为结晶潜热。冷却曲线上温度平台的温度称为实际结晶温度 T_n。

（2）过冷现象。结晶发生时，实际结晶温度并不是金属的熔点。如果我们把金属的熔点称为理论结晶温度 T_0，那么实际结晶温度 T_n 总是低于理论结晶温度，这个现象称为过冷现象。它们的温度差 T_0-T_n 称为过冷度，用 ΔT 表示。纯金属结晶时的 ΔT 大小与金属本质、纯度和冷却速度等有关，可以在很大的范围内变化。实验表明，液态金属的纯度低，ΔT 小；冷却速度慢，ΔT 小；反之亦然。

4. 金属结晶微观过程

由于金属是不透明的，我们无法直接观察到其结晶的微观过程，但通过对透明有机物结晶过程的观察，发现金属结晶的微观过程，就是原子由液态的短程有序逐渐向固态的长程有序转变的过程。当温度低于 T_n 时，液态金属内部某一瞬间存在的尺寸最大的短程有序原子集团（晶胚），可能获得足够的能量稳定存在并逐步成为长程有序的小晶体，我们把该小晶体称为晶核，此过程称为形核。晶核一旦形成就可以不断地长大，同时其他晶胚又可以形成新的晶核，并不断长大。因此纯金属的结晶过程就是晶核的不断形成和长大的交替重叠进行的过程，如图4-2所示。

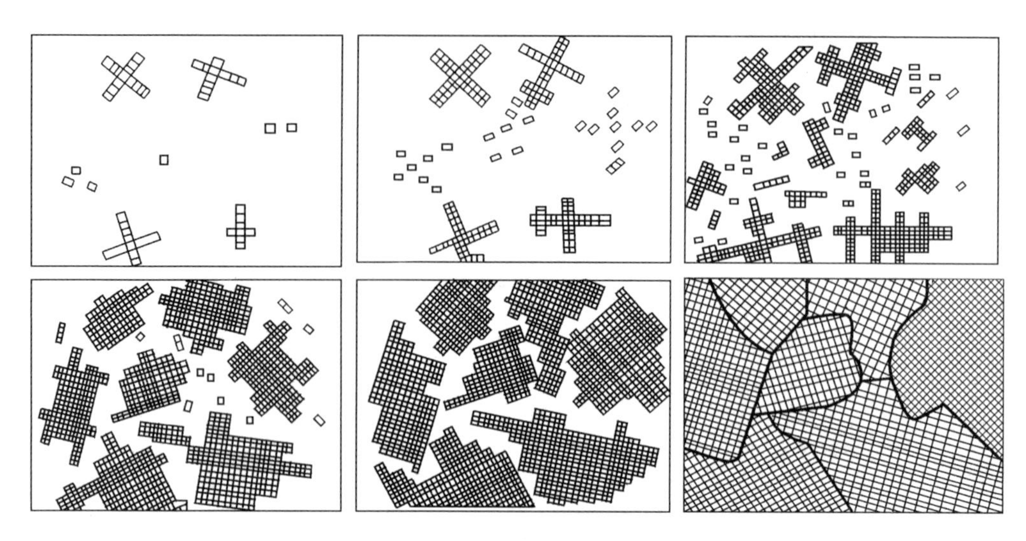

图 4－2　结晶过程示意图

4.1.2　形核与长大

金属结晶是液态金属原子规则排列的过程，这个过程不可能在一瞬间完成，而是分两个步骤进行：晶核的形成和晶核的长大。

1. 形核

液态金属在结晶时，其形核方式有两种：均质形核（对称自发形核）和异质形核（又称非自发形核）。

（1）均质形核。均质形核是纯净的过冷液态金属依靠自身原子的规则排列形成晶核的过程。它形成的具体过程是液态金属过冷到某一温度时，其内部尺寸较大的近程有序原子集团达到某一临界尺寸后成为晶核。

形核速度的快慢用形核率 N 表示，它是单位时间内单位体中形成的晶核数目，它与过冷度即结晶驱动力大小有关，还与原子活动能力（扩散迁移能力）有关。

由于过冷提供了结晶的驱动力，但晶核形成后会产生新的液固界面，使体系内能升高，所以并不是一有过冷就能形核，而是要达到一定的过冷度后，才能形核。即形核率 N 受两个相互制约因素的控制。ΔT 大，结晶驱动力大，但温度低，原子活动能力小，也难以形成晶核，形核率也小。

（2）异质形核（非自发形核）。当晶核不是完全在液体自身内部产生，而是靠依附于模壁或液相中未熔固相质点表面，优先形成晶核，称为非自发形核，实际结晶之所以能够在很小的过冷度下进行，就是由于非自发形核的结果。

实际液态金属中总是或多或小地存在着未熔固体杂质，而且在浇注时液态金属总是要与模壁接触，因此实际液态金属结晶时，首先以异质形核方式形核。

金属结晶时自发形核有限且很少，因此生产中特意向液态金属中加入一些杂质，增加形核率。

2. 晶核长大

晶核形成以后就会立刻长大，晶核长大的实质就是液态金属原子向晶核表面堆砌的过程，也是固-液界面向液体中迁移的过程。它也需要过冷度，该过冷度称为动态过冷度，用ΔT_k表示，一般很小难以测定。研究发现晶体的生长方式主要与固-液界面的微观结构有关，晶体的生长形态主要与固-液界面前沿的温度梯度有关。

（1）固-液界面的微观结构。研究发现固-液界面的微观结构主要有两类，如图4-3所示。

1）光滑界面。即液-固界面是截然分开的，95%或5%的位置为固相原子占据。它由原子密排面组成，故也称为小平面界面。

图4-3 固-液界面微观结构示意图

（a）光滑界面；（b）粗糙界面

2）粗糙界面。即液-固界面不是截然分开的，50%的位置被固相原子占据，还有50%空着，故也称为非小平面界面。

实验表明，大多数金属及其固溶体的固溶界面为粗糙型，而非金属以及一些金属化合物多为平滑型或过渡型。

（2）晶体的长大机制。

1）粗糙界面的长大机制——连续垂直长大机制。即液相原子不断地向空着的结晶位置上堆砌，并且在堆砌过程中固液界面上的台阶始终不会消失，使界面垂直向液相中推进，故其长大速度快，金属及合金的长大机制多以这种方式进行，因为它们的固-液界面多为粗糙面。

2）光滑界面的长大机制——侧向长大机制。

①二维晶核机制。完全光滑的固-液界面多以二维晶核机制长大。由于固-液界面是完全光滑的，则单个液相原子很难在其上堆砌，所以它先以均质形核方式形成一个二维晶核，堆砌到原固-液界面上，为液相原子的堆砌提供台阶，而进行四周侧向长大。长满一层后，晶体生长中断，等新的二维晶核形成后再继续长大，因此它是不连续侧向生长，长大速度很慢，与实际情况相差较大。

②晶体缺陷生长机制。有缺陷的光滑界面，多以晶体缺陷生长机制长大。若光滑界面上有露头的螺型位错，它的存在为液相原子的堆砌提供了台阶（靠背），液相原子可连续地堆砌，使固-液界面进行螺旋状连续侧向生长，其长大速度较快，并与实际情况比较接近，非金属和金属化合物多为光滑界面，它们多以这种机制进行生长。

3. 固－液界面前沿的温度梯度

（1）正温度梯度。由于液态金属在铸型中冷却时热量主要通过型壁散出，故结晶首先从型壁开始，液态金属的热量和结晶潜热都通过型壁和已结晶固相散出，因此固－液界面前沿的温度随距离 x 的增大而升高，即 ΔT 随 x 增大而升高。

（2）负温度梯度。若金属在坩埚中加热熔化后，随坩埚一起降温冷却，当液态金属处于过冷状态时，其内部某些区域会首先结晶，这样放出的结晶潜热使固－液界面温度升高，因此固－液界面前沿的温度随距离 x 的增大而降低，即 ΔT 随 x 增大而下降。

4. 纯金属晶体的长大形态

纯金属的固－液界面从微观角度说是粗糙界面，它的长大形态主要受界面前沿的温度梯度影响。

（1）正温度梯度的平面状长大形态。由前面的介绍我们知道粗糙界面的长大机制为连续垂直生长，在正温度梯度时，界面上的凸起部分若想较快的朝前长大，就会进入 ΔT 较小的区域，使其生长速度减慢，因此始终维持界面为平面状。

（2）负温度梯度的树枝状晶长大形态。由于在负温度梯度时，固－液界面前沿随 x 增大，ΔT 升高，因此界面上的凸起部分能接触到 ΔT 更大的区域而超前生长，长成一次晶轴；在一次晶轴侧面也会形成负温度梯度，而长出二次晶轴；二次晶轴上又会生长三次晶轴。就像先长出树干再长出分枝一样，故称为枝晶生长，如图 4－4 所示。

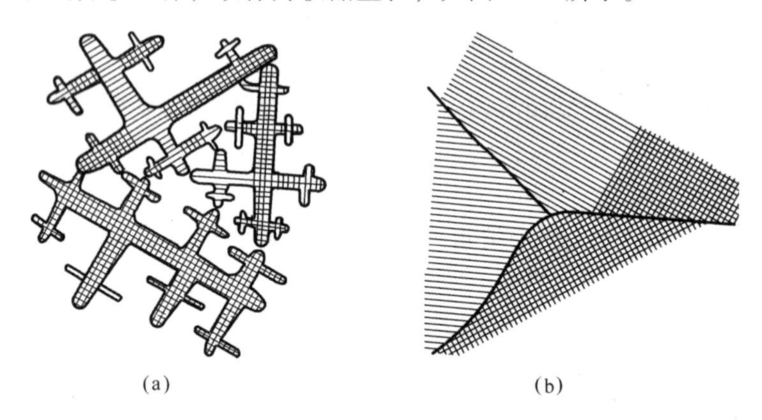

图 4－4　由树枝状晶生长的晶粒

对于立方晶系各次晶轴间成垂直关系（沿 <100°长大），如果枝晶在三维空间均衡发展（即 X、Y、Z 三方向长大趋势差不多），最后得到等轴晶粒。由于通常金属结晶完毕时，各次晶轴相互接触，形成一个充实的晶粒，所以看不到其枝晶形态。但在结晶时各晶轴间不能及时得到液相的补充，最后在枝间就会形成孔洞，结晶结束后就能观察到枝晶形态（图 4－5），液相中有杂质时，它们一般在枝间处，结晶后经浸蚀也能看出树枝晶形态。

图4-5 锑锭表面的树枝晶浮雕

4.2 晶粒大小及控制

4.2.1 晶粒度对金属材料性能的影响

晶粒的大小称为晶粒度，通常用晶粒的平均面积或平均直径来表示。金属结晶时每个晶粒都是由一个晶核长大而成，其晶粒度取决于形核率 N 和长大速度 G 的相对大小。若形核率越大，而长大速度越小，单位体积中晶核数目越多，每个晶核的长大空间越小，也来不及充分长大，长成的晶粒就越细小；反之，若形核率越小，而长大速度越大，则晶粒越粗化。

晶粒大小对金属性能有重要的影响。在常温下晶粒越小，金属的强度、硬度越高，塑性、韧性越好。多数情况下，工程上希望通过使金属材料的晶粒细化而提高金属的力学性能。这种用细化晶粒来提高材料强度的方法，称为细晶强化。表4-1列出了晶粒大小对纯铁力学性能的影响。

表4-1 晶粒大小对纯铁力学性能的影响

晶粒平均直径 d/μm	σ_b/MPa	σ_s/MPa	δ/%
70	184	34	30.6
25	216	45	39.5
2.0	268	58	48.8
1.6	270	66	50.7

4.2.2 细化晶粒的措施

工程上常用的控制结晶晶粒大小的方法有以下几种。

1. 控制过冷度

形核率 N 与长大速度 G 一般都随过冷度 ΔT 的增大而增大，但两者的增长速率不同，形核率的增长率高于长大速度的增长率，如图 4-6 所示，故增加过冷度可提高 N/G 值，有利于晶粒细化。提高液态金属的冷却速度，可增大过冷度，有效地提高形核率。在铸造生产中为了提高铸件的冷却速度，可以采用提高铸型吸热能力和导热性能等措施；也可以采用降低浇注温度、慢浇注等。快冷方法一般只适用于小件或薄件，大件难以达到大的过冷度。

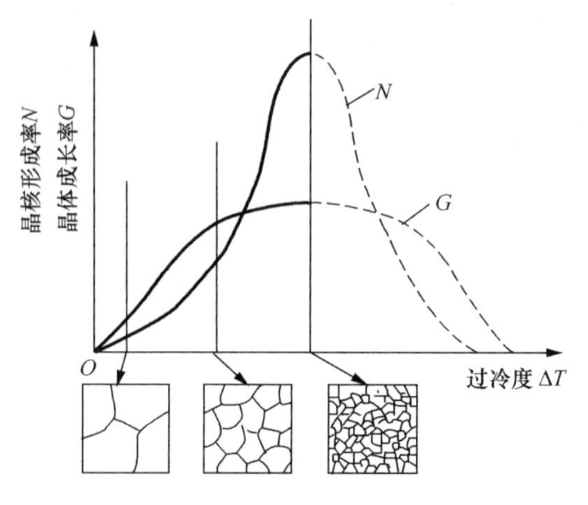

图 4-6　过冷度对晶粒大小的影响

若在液态金属冷却时采用极大的过冷度，例如使冷却速度大于 10^7℃/s，可使某些金属凝固时来不及形核而使液态金属的原子排列状态保留到室温，得到非晶态材料，也称为金属玻璃。

2. 变质处理

实际生产中，当金属的体积较大，获得大的过冷度较困难；或形状结构复杂，不允许采取较大的冷却速度，这时要细化晶粒，多采用变质处理。

变质处理就是向液态金属中加入某种化学元素或化合物（变质剂），变质剂增加了非均质形核的晶核数或者阻碍晶核的长大，以达到细化晶粒和改善组织的目的。变质剂的作用分为两类，例如，在铝合金液体中加入钛、锆等元素；或在钢水中加入钛、钒、铝等元素；或在铁水中加入硅铁、硅钙等合金时，都能大大增加晶核的数目，使晶粒细化。这类变质剂有时又称为孕育剂。有些变质剂，虽不能提供结晶核心，但能阻止晶粒的长大。例如在铝硅合金中加入钠盐，钠能富集在硅的表面，降低硅的长大速度，阻碍粗大的硅晶体的形成，而使合金的晶粒细化。

3. 振动处理

对结晶过程中的液态金属输入一定频率的振动波，形成的对流会使成长中的树枝晶臂折断，显著提高形核率，而细化晶粒。常用的振动方法有机械振动、超声波振动、电磁搅拌等。目前钢的连铸中，电磁搅拌已成为控制凝固组织的重要技术手段。

4.3 铸锭的结晶（凝固）组织

4.3.1 铸锭的一般组织

铸锭组织包括晶粒大小、形状和取向，合金元素和杂质分布以及铸锭中的缺陷（缩孔、气孔等）。为分析铸锭组织，常规方法是将铸锭沿纵向横向剖开，经磨制和腐蚀，即可用肉眼或低倍放大镜进行观察。

典型的铸锭组织可分为三层带，如图4－7所示。

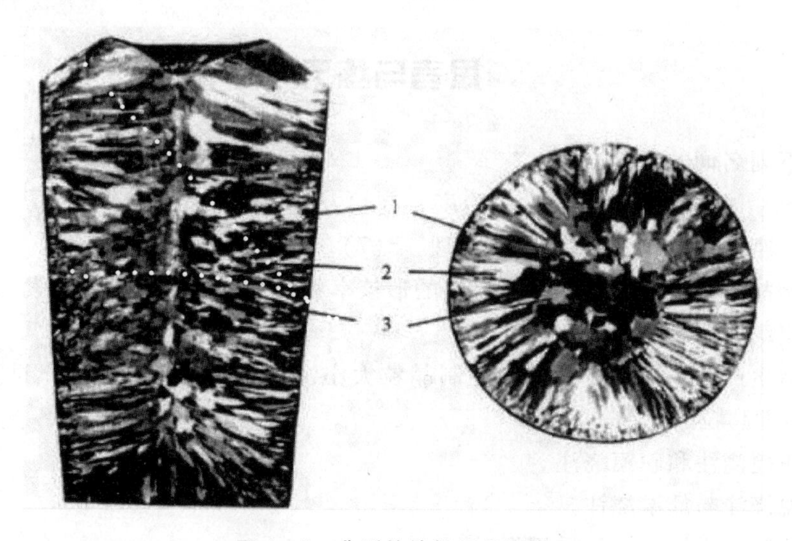

图4－7 典型的铸锭组织形貌

1—细晶区；2—柱状晶区；3—等轴晶区

（1）表层细晶区（激冷带）：由细小等轴晶粒所组成。

（2）柱状晶区：位于激冷带里边，由垂直于模壁，彼此平行的柱状晶粒所组成。

（3）粗大等轴晶区：位于铸锭中心区。

4.3.2 影响铸锭柱状晶形成的因素

柱状晶是由外向里顺序结晶的，晶质较致密。但柱状晶的接触面由于常有非金属夹杂或低熔点杂质而成为弱面，在热轧、锻造时容易开裂，所以对于熔点高和杂质多的金属，例如铁、镍及其合金，不希望生成柱状晶；但对于熔点低，不含易熔杂质，塑性较好的金属，如铝、铜等有色金属及合金，即使全部为柱状晶，也能顺利地进行热轧、热锻。

柱状晶的性能呈现各向异性，沿柱状晶晶轴方向的强度较高。对于那些主要受单向载荷的机器零件，例如汽轮机叶片等，柱状晶组织是非常理想的。

等轴晶没有弱面，其晶枝彼此嵌入，结合较牢，性能均匀，无方向性，特别是钢铁铸件所要求的组织。铸造温度低，冷却速度慢等，有利于保持截面温度的均匀性，促进等轴晶的形成。

4.3.3 改善铸锭组织的方法

(1) 加热温度高，冷却速度快，都有利于在铸锭或铸件的截面上保持较大的温度梯度，获得较发达的柱状晶。结晶时单向散热，有利于柱状晶的生成。实际生产中常可采用定向结晶的方法获得柱状晶。如铝镍钴永磁合金即是用这种方法生产的。

(2) 机械振动、电磁搅拌等方法，可破坏柱状晶的生长，有利于形成等轴晶区。若冷却速度很快，可全部获得细小的等轴晶粒。

(3) 加入一定的变质剂，可促进非自发形核，有利于形成细小的等轴晶粒。但如液态金属过热程度太大，将会使非自发核心数目减少，易得到较粗大的柱状晶。

思考与练习

1. 解释下列名词的含义。

(1) 凝固　(2) 结晶　(3) 过冷度　(4) 形核率 (N)

(5) 长大速率 (G)　(6) 变质处理　(7) 变质剂

2. 金属结晶的基本规律是什么？晶核的形核率和长大速率受到哪些因素的影响？

3. 铸件组织有何特点？

4. 在铸造生产中，采取哪些措施控制晶粒大小？如果其他条件相同，试比较在下列铸造条件下，铸件晶粒的大小。

(1) 金属模浇注和砂模浇注。

(2) 高温浇注与低温浇注。

(3) 浇注时采用振动与不采用振动。

5. 液体金属凝固时都需要过冷，那么固态金属熔化时是否会出现过热，为什么？

6. 指出下列说法的错误之处，并改正之。

(1) 所谓过冷度，是指结晶时，在冷却曲线上出现平台的温度与熔点之差。

(2) 金属结晶时，原子从液相无序排列到固相有序排列，因此是一个自发过程。

(3) 某些铸件结晶时，由于冷却速度较快，自发形核率 N_1 提高，非自发形核率 N_2 也提高，故总的形核率为 $N = N_1 + N_2$。

(4) 无论温度如何分布，纯金属长大都是呈树枝状。

(5) 人们是无法观察到极纯金属的树枝状生长过程，所以关于树枝状的生长形态仅仅是一种推理。

第5章　金属材料的塑性变形

本章简介：本章主要讨论金属的塑性变形和变形后对金属组织和性能的影响，以及塑性变形后的金属材料在加热时其组织结构发生转变的过程，主要包括回复、再结晶和晶粒长大等，了解这些过程的发生和发展的规律，对于控制和改善变形材料的组织和性能，具有重要意义。

重点：(1) 金属单晶体与多晶体的塑性变形及其特点。

(2) 塑性变形对金属组织与性能的影响。

(3) 回复与再结晶。

(4) 冷热加工的区别。

难点：塑性变形对金属组织与性能的影响。

5.1　金属的塑性变形

在工业生产中，金属材料经熔炼而得到的金属锭，如钢锭、铝合金锭或铜合金锭等，大多要经过轧制、冷拔、锻造、冲压等压力加工，如图5-1所示，使金属产生塑性变形而制成型材或工件。金属材料经压力加工变形后，既改变了外形尺寸，也改变了内部组织和性能。因此，研究金属的塑性变形原理，熟悉塑性变形对金属组织、性能的影响，对于选择金属材料的加工工艺、提高生产率、改善产品质量、合理使用材料等都具有重要的意义。

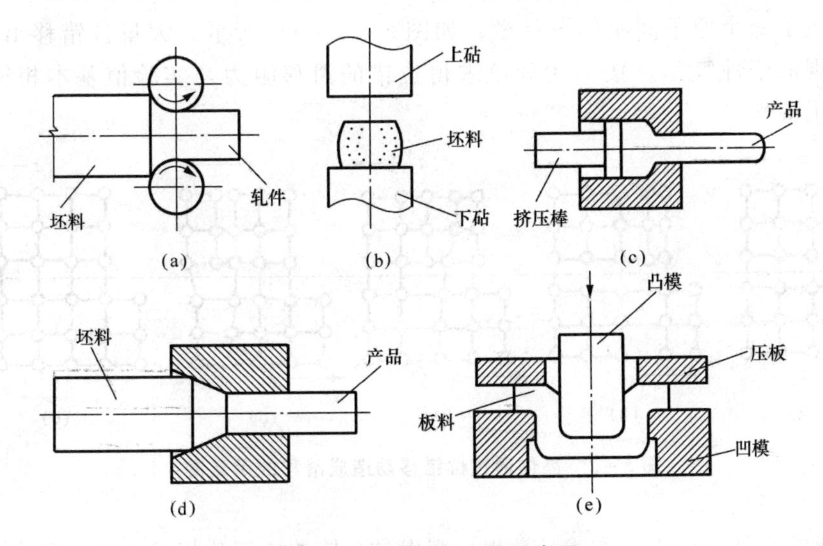

图5-1　压力加工方法示意图

(a) 轧制；(b) 锻造；(c) 挤压；(d) 拉拔；(e) 冷冲压

金属材料在外力（载荷）的作用下，首先发生弹性变形，当载荷增加到一定值后，除了发生弹性变形外，还发生塑性变形，即弹塑性变形。继续增加载荷，塑性变形也将逐渐增大，直至金属发生断裂。即金属在外力作用下的变形可分为弹性变形、塑性变形和断裂三个连续的阶段。弹性变形的本质是外力克服了原子间的作用力，使原子间距发生改变。当外力消除后，原子间的作用力又使它们回到原来的平衡位置，使金属恢复到原来的形状。金属弹性变形后其组织和性能不发生变化。塑性变形后金属的组织和性能发生变化，塑性变形较弹性变形复杂得多，下面先来分析单晶体的塑性变形。

5.1.1　单晶体的塑性变形

当对单晶体施以切应力时，随着外力的增加，变形增加到一定的程度：要么原子键被破坏而发生断裂，要么原子之间发生相对滑移而产生永久性的原子位移。对金属材料而言，在较小的外力下即可出现后者现象，而且是优先出现，结果产生了塑性变形。单晶体的塑性变形主要以滑移的方式进行，即晶体的一部分沿着一定的晶面和晶向相对于另一部分发生滑动。晶体中能够发生滑移的晶面和晶向，称为滑移面和滑移方向。一个滑移面和此面上的一个滑移方向结合起来，组成一个滑移系。滑移系表示金属晶体在发生滑移时滑移动作可能采取的空间位相。在其他条件同等的情况下，滑移面和滑移方向越多即滑移系越多，则滑移时可供采用的空间位相也越多，金属的塑性越好。

实践证明，晶体的滑移并不是整个滑移面上的全部原子一起移动，因为那么多原子同时移动，需要克服的滑移阻力十分巨大。实际滑移是通过位错在切应力的作用下沿着滑移面逐步移动的结果，如图 5－2 所示。图 5－2（a）为未发生变形的晶体，在外力作用下，晶体中出现位错，如图 5－2（b）所示。位错的原子面受到前后两边原子的排斥，处于不稳定的平衡位置，只需加上很小的力就能打破力的平衡，使位错及其附近的原子面移动很小的距离，如图 5－2（c）、（d）所示。在切应力作用下，位错继续移动到晶体表面时，就形成了一个原子间距的滑移量，如图 5－2（e）所示。大量位错移出晶体表面，就产生了宏观的塑性变形。按上述理论求得位错的滑移阻力与实验值基本相符，证实了位错理论的正确性。

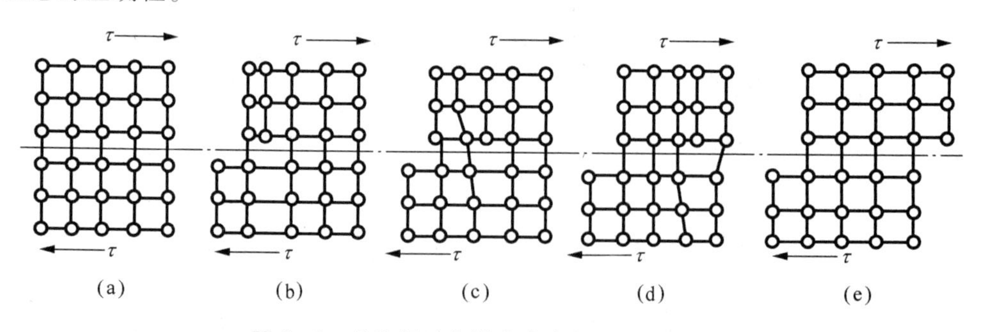

图 5－2　晶体通过位错移动造成滑移的示意图

塑性变形的另外一种重要方式是孪生。孪生是晶体的一部分相对于另一部分沿一定晶面（孪生面）和晶向（孪生方向）发生切变，在切变区域内，与孪生面平行的每层原子的切变量与它距孪生面的距离成正比，并且不是原子间距的整数倍，如图 5－3 所示。其结果使孪生面两侧的晶体形成镜面对称。发生孪生的部分（即切变部分）叫做孪晶带或孪晶。

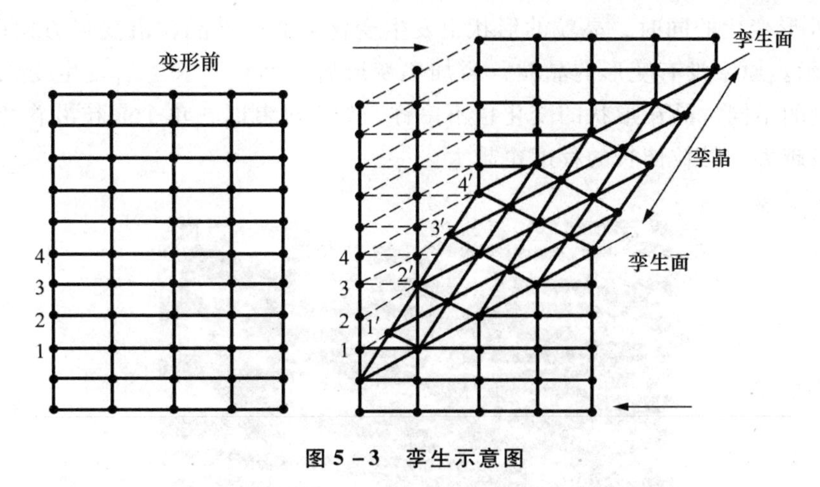

图5-3 孪生示意图

5.1.2 多晶体的塑性变形

在前面我们首先讨论了单晶体的塑性变形。除了极少数的场合，实际上使用的金属材料主要是多晶体。其塑性变形与单晶体无本质上差别，但是多晶体是由许多形状、大小、取向各不相同的晶粒所组成，从而使多晶体塑性变形更为复杂。

多晶体是由位向不同的许许多多的小晶粒所组成，由于各个晶粒的位向不同，则各滑移系的取向也不同。在外加拉伸力作用下，各滑移系上的分切应力值相差很大。由此可见，多晶体中的各个晶粒不是同时发生塑性变形，而是首先在那些取向比较适宜的晶粒中开始。这些晶粒中位错将沿最有利的滑移系运动，达到晶界。由于晶界处原子排列较混乱，而使位错滑移受阻，并在晶界附近堆积；同时也受到邻近的位向不同的晶粒的阻碍。随外力增加，位错进一步堆积，应力集中也越来越大，最后达到使邻近晶粒中位错开始运动，变形便由一批晶粒传递到另一批晶粒。单位体积内晶粒的数目越多，晶界就越多，晶粒就越细小，并且不同位向的晶粒也越多，因而塑性变形抗力也越大。晶粒越细，在同样变形条件下，变形被分散在更多的晶粒内进行，使各晶粒的变形比较均匀，而不致过分集中在少数晶粒上。另一方面，晶粒越细，晶界就越多，越曲折，就越有利于阻止裂纹的传播，从而在断裂前能承受较大的塑性变形，吸收较多的功，表现出较好的塑性和韧性。由于细晶粒金属具有较好的强度、塑性和韧性。故应尽可能的细化晶粒。由此可见，可以通过细化晶粒来改善金属的力学性能。借助晶粒细化提高材料的强度、硬度、塑性的方法称为细晶强化。

5.2 塑性变形对金属组织和性能的影响

5.2.1 塑性变形对金属组织的影响

多晶体金属经塑性变形后，金属内部会出现下述组织结构的变化。

(1) 晶粒被破碎、位错密度增加和亚结构细化。首先是显微组织的变化，金属经塑性变形后，位错密度增加，晶粒被碎化，随着亚结构细化（亚晶界增加），在晶界处聚集大量位错。

（2）在外形变化的同时，晶粒的形状也发生变化。通常是晶粒沿变形方向压扁或拉长，如图 5 -4 所示。原来没有变形的晶粒，经加工变形后，晶粒形状逐渐发生变化，随着变形方式和变形量的不同，晶粒形状的变化也不一样，如在轧制时，单个晶粒沿着变形方向逐渐伸长，变形量越大，晶粒伸长的程度也越大。

图 5 -4　冷塑性变形后的组织

（3）变形织构的产生。变形织构，与单晶体一样，多晶体在塑性变形时也伴随着晶体的转动过程，因此当变形量很大时，多晶体中原为任意取向的各个晶粒会逐渐调整其取向彼此趋于一致。这种由于塑性变形的结果而使晶粒具有择优取向的组织叫做变形织构。同一种材料随加工方式的不同，可能出现丝织构和板织构两种类型的织构。当出现织构后，多晶体金属就不再表现为等向性而显示出各向异性。这对材料的性能和加工工艺有很大的影响。在许多情况下对金属后续加工或使用是不利的。例如，用有织构的板材冲制筒形零件时，由于不同方向上的塑性差别很大，使变形不均匀，导致零件边缘不齐，出现所谓“制耳”现象，如图 5 -5 所示。形变织构很难消除。

生产中为避免织构产生，常将零件的较大变形量分为几次变形来完成，并进行“中间退火”。

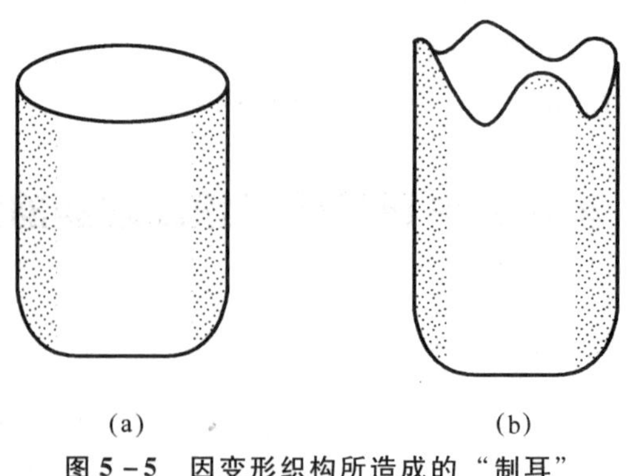

图 5 -5　因变形织构所造成的“制耳”

（a）无织构；（b）有织构

5.2.2 塑性变形对金属性能的影响

塑性变形对金属性能的影响主要表现为以下几个方面。

1. 加工硬化现象

在塑性变形过程中，随着金属内部组织的变化，金属的机械性能也将发生明显的变化，即随着变形程度的增加，金属的强度、硬度增加，而塑性、韧性下降，这一现象即为加工硬化或形变强化。加工硬化可以提高金属的强度，是强化金属的重要手段，尤其对于那些不能用热处理强化的金属材料显得更为重要。加工硬化现象在金属材料生产过程中有着重要的实际意义，目前已经广泛用来提高金属材料的强度，加工硬化也是某些工件或半成品能够加工成型的重要因素。例如在图5-6所示冷冲压过程中，由于r处变形最大，当金属在r处变形到一定程度后，首先产生形变强化，使随后的变形转移到其他部分，这样便于得到壁厚均匀的冲压件。此外，加工硬化还可以使金属具有偶然的抗超载能力，在一定程度上提高了构件在使用中的安全性。

加工硬化现象也会给金属材料的生产和使用带来麻烦，因为金属冷加工到一定程度以后，变形抗力就会增加，进一步的变形就必须加大设备功率，增加动力消耗。另外，材料塑性的降低，给金属材料进一步的冷塑性变形带来困难。为了使金属材料能继续变形加工，必须进行中间热处理，以消除这种硬化现象。

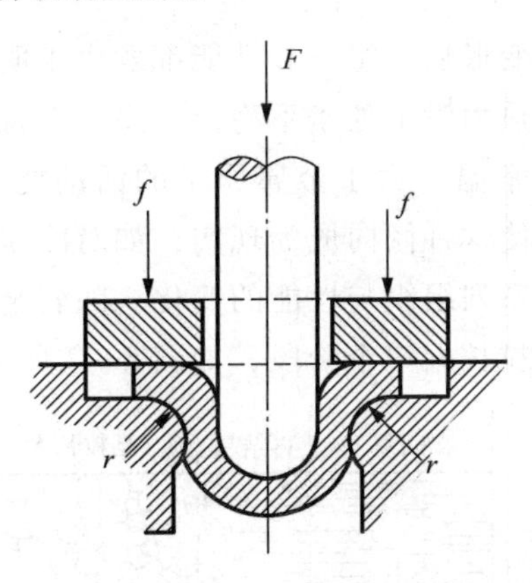

图5-6 冷冲压示意图

2. 使金属性能具有方向性

当多晶体金属在其变形量很大时，晶粒变成细条状，此时金属中的夹杂物也被拉长、形成纤维组织，使金属的力学性能具有明显的方向性。例如纵向（沿纤维组织方向）的强度和塑性比横向（垂直于纤维组织方向）高得多。

3. 残余应力

金属塑性变形后，除用于改变形状外，其中大约90%以上的能量变成热能使得金属温度升高，随后散失掉，还有小于10%的能量保留在金属的内部，其表现为残余应力，它是一种内应力，主要由于金属在外力作用下内部变形不均匀造成的。它分为宏观内应力（第一类内应力），微观内应力（第二类内应力）和点阵畸变（第三类内应力）。一般来说，第一、第二和第三类内应力间的分配比例约为1∶10∶100。它们对金属的性能会产生以下影响：第一类内应力会引起新的变形，降低精度；第二类内应力会引起开裂，产生微裂纹；第三类内应力会强化金属，降低耐蚀性等。由此可见残余应力的存在对金属材料的性能是有害的，它不仅会降低金属的强度、耐蚀性，而且还会因随后的应力松弛或重新分布引起金属变形。

通常用热处理、时效处理来消除残余应力。生产中若能合理控制和利用残余应力，也可使其变为有利因素。比如对零件进行喷丸等，使其表面产生一定的塑性变形而形成残余压应力，从而提高零件的疲劳强度。

4. 使金属产生某些物理和化学性能变化

塑性变形除了影响力学性能外，还会使金属的某些物理、化学性能发生变化，如电阻增加，导电性能和电阻温度系数下降，导热系数也略为下降。塑性变形还使导磁率、磁饱和度下降，但磁滞和矫顽力增加。同时塑性变形还提高金属的内能，使其化学活性提高，腐蚀速度增快等。

5.3 冷塑性变形金属在加热时的变化

金属经过一定程度冷塑性变形后，组织和性能都发生了明显的变化，由于各种缺陷及内应力的产生，导致金属晶体在热力学上处于不稳定状态，有自发向稳定状态转化的趋势。不过，对于大多数金属而言，在常温下由于金属原子的活动能力较弱，这种恢复过程很难进行。但是通过加热和保温，可使这种倾向成为现实，如对冷塑性变形的金属进行加热，使原子活动能力增强，就会发生一系列组织与性能的变化。随着金属加热温度的升高，这种变化过程可分为回复、再结晶及晶粒长大三个阶段，如图5－7所示。

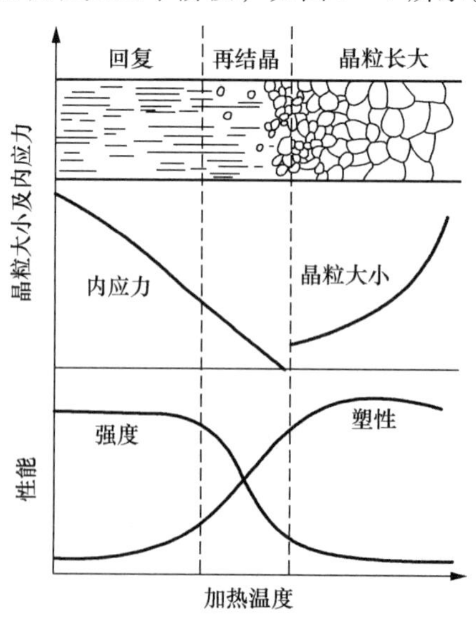

图5－7 加热温度对冷塑性变形金属组织和性能的影响

5.3.1 回复

当加热温度不太高时，原子活动能力有所增加，原子已能做短距离的运动，使晶格畸变程度大为减轻，从而使内应力有所降低，但此时的显微组织（晶粒的外形）尚无变化。一般把经过冷变形的金属加热时，在光学显微组织发生变化前所发生的某些亚结构和性能的变化过程称为回复。由于在回复过程中晶格畸变显著减弱，因此，回复后残余内应力明显下降，但由于晶体外形未变，位错密度降低很少，因而回复后，力学性能变化不大，冷变形强化状态基本保留。在工业生产中，往往采取回复处理即去应力退火，使冷加工的金属件在基本上保持加工硬化状态的条件下降低其内应力，减轻工件的翘曲和变形，降低电阻率，提高材料的耐蚀性并改善其塑性和韧性。例如冷拔钢丝弹簧加热到250 ℃ ~300 ℃。青铜丝弹簧加热到120 ℃ ~ 150 ℃，就是进行回复处理，使弹簧的弹性增强，消除加工时带来的内应力。

5.3.2 再结晶

冷变形后的金属加热到一定温度之后，在原来的变形组织中重新产生了无畸变的新晶粒，而性能也发生了明显的变化，并恢复到完全软化状态，这个过程称为再结晶。再结晶过程首先是在晶粒碎化最严重的地方产生新晶粒的核心，然后晶核吞并旧晶粒而长大，直到旧晶粒完全被新晶粒代替为止。

再结晶的驱动力与回复一样，也是预先冷变形所产生的储存能的释放，应变能也逐渐降低。新的无畸变的等轴晶粒的形成及长大，使之在热力学上变得更为稳定。再结晶后的晶粒内部晶格畸变消失，位错密度减小，金属的强度、硬度显著下降，塑性显著上升，使变形金属的组织和性能基本上恢复到变形前的状态。

再结晶与重结晶（即同素异晶转变）的共同点，是两者都经历了形核与长大两个阶段；两者的区别是，再结晶前后各晶粒的晶格类型不变，成分不变，而重结晶则发生了晶格类型的变化。

各种金属发生再结晶的温度是不同的，而且随冷变形量而变化。理论上再结晶温度是指再结晶达到规定程度（如95%）的最低温度，他包含着时间和再结晶量两个因素，通常，变形量越大，再结晶温度越低，当变形量很大时，再结晶温度（$T_{再}$）就基本上保持一个定值。对纯金属而言，存在一个最低温度，低于此温度，再结晶不易发生，此温度被称为再结晶温度（$T_{再}$），$T_{再}$ = （0.35 ~ 0.40）$T_{熔}$，式中按绝对温度计算。工业生产中通常将变形度大于70%后的冷变形金属经1 h保温后能完成再结晶的最低温度，定义为再结晶温度。实际生产中可用再结晶来消除形变强化，即再结晶退火，如冷拔钢丝，经几次拉拔后，由于形变强化的作用，性能逐渐变脆，给进一步拉拔带来困难。利用再结晶原理，将经几次拉拔的钢丝，加热至再结晶温度以上，使之产生再结晶，消除形变强化和残余应力，提高其塑性变形能力，便于下一道拉拔工艺的进行。为保证质量和兼顾生产率，再结晶退火的温度一般比该金属的再结晶温度高100 ℃ ~200 ℃。

再结晶也可作为控制晶粒尺寸的手段。在不发生同素异晶转变的金属中，再结晶可使一种粗晶粒组织转变成细晶粒。但材料必须先进行塑性变形以提供再结晶驱动力。

5.3.3 晶粒长大

再结晶阶段结束时，得到的是无畸变的、等轴的、细小的再结晶初始晶粒。随着加热温度的升高或保温时间的延长，晶粒之间就会相互吞并而长大，这一现象称为晶粒长大，或者聚合再结晶。

晶粒长大会减少晶体中晶界总面积，降低界面能。因此，只要有足够原子扩散的温度和时间条件，晶粒长大是自发的、不可避免的。晶粒长大其实质是一种晶界的迁移过程。两个大小不等的相邻晶粒之间的晶界在温度和时间条件保证的情况下会逐渐向较小晶粒方向迁移，把小晶粒的晶格位向改变为大晶粒的晶格位向，最后小晶粒消失，大晶粒长得更大，如图 5－8 所示。大晶粒的晶界也趋于平直化。最后得到粗大晶粒组织，使金属机械性能显著降低。所以晶粒长大是应当避免发生的现象。影响再结晶退火后晶粒度的主要因素是加热温度和预变形度。

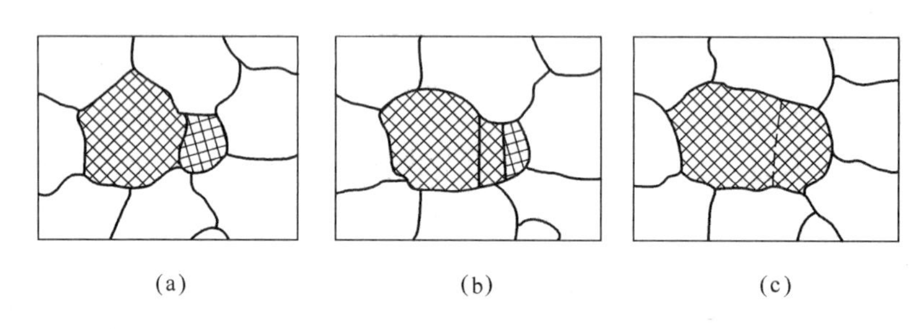

图 5－8 再结晶晶粒长大示意图

1. 加热温度和保温时间

由于晶界迁移的过程就是原子的扩散过程，所以加热温度越高，保温时间越长，原子扩散能力愈强，则晶界愈易迁移，晶粒长大也愈快。

2. 临界变形度

理论上，没有变形就没有再结晶，当变形程度很小时，金属材料的晶粒仍保持原状，这是由于变形度小，畸变能很小，不足以引起再结晶，所以晶粒大小没有变化。当变形度达到 2% ~10% 时，金属中少数晶粒变形，而且变形分布很不均匀，所以再结晶时生成的晶核少，晶粒大小相差极大，非常有利于晶粒发生吞并过程而很快长大，结果得到极粗大的晶粒。使晶粒发生异常长大的变形度称作临界变形度，例如铁的临界变形度为 2% ~10%，钢为 5% ~10%，铜与黄铜约为 5%。

当变形度超过临界变形度后，则晶粒逐渐细化，变形度越大，晶粒越细小。当变形度达到一定程度后，再结晶晶粒大小基本保持不变，然而对于某些金属，当变形度过大（约≥90%）时，晶粒可能再次出现异常长大。变形度的影响主要与金属变形的均匀度有关。变形越不均匀，再结晶退火后的晶粒越大，其影响的一般规律如图 5－9 所示。这是二次再结晶造成的，这种现象只在特殊条件下产生，不是普遍现象。

因为粗大的晶粒对金属的机械性能十分不利，故在压力加工时，应当避免在临界变形度范围内进行加工以免再结晶后产生粗晶。

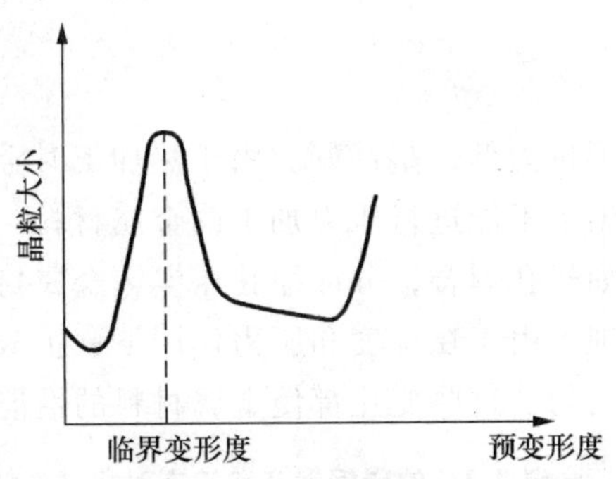

图5-9　预变形度与再结晶晶粒度的关系

5.4　热塑性变形对金属组织和性能的影响

在实际生产中，热加工通常是指将金属材料加热至高温进行锻造、热轧等的压力加工过程，除了一些铸件和烧结件之外，几乎所有的金属材料都要进行热加工，其中一部分为成品，在热加工状态下使用；另一部分为中间制品，尚需进一步加工。无论是成品还是中间制品，它们的性能都受热加工过程所形成组织的影响。

5.4.1　金属材料的冷热加工的区别

金属材料冷加工和热加工区别的界限是再结晶温度。在再结晶温度以下进行的塑性变形称为冷塑性变形或冷加工，在再结晶温度以上进行的塑性变形称为热塑性变形或热加工。前面所说的金属塑性变形的情况都是冷加工。当变形加工是在再结晶温度之上进行，那么在变形的同时也进行着动态的再结晶，在变形后的冷却过程中，也继续发生再结晶，这种变形加工称为热加工。例如纯铁的再结晶温度大约为600 ℃，在此温度以上的加工即属于热加工；钨的最低再结晶温度为1 200 ℃，对钨来说，在低于1 200 ℃的高温下加工仍属于冷加工；锡的最低再结晶温度约为-7 ℃，在室温下进行的加工已属于热加工。热加工时，由于金属原子的结合力减小，而且形变强化过程随时被再结晶过程所消除，从而使金属的强度、硬度降低，塑性增强，因此其塑性变形要比冷加工时容易得多。

金属材料的热加工和冷加工在生产中都有一定的适用范围。冷加工可以达到较高精度和较低的表面粗糙度，并有加工硬化的效果，但是，变形抗力大，一次变形量有限。因此宜用于截面尺寸较小、对加工尺寸和表面粗糙度要求较高的金属制品或需要加工硬化的零件进行加工。而热加工与此相反。热加工可用较小的变形能量获得较大的变形量，但是，由于加工过程在高温下进行，金属表面易受到氧化，产品的表面粗糙度和尺寸精度较低，因此热加工主要用于截面尺寸较大、变形度较大或材料在室温下硬度较高、脆性较大的金属制品或零件毛坯加工。

5.4.2　热塑性变形对金属组织和性能的影响

由于热加工在变形的同时伴随着动态再结晶，变形停止后在冷到室温过程中继续有再结晶发生，所以热加工基本没有加工硬化现象。但是也会使金属的组织和性能发生很大变化，主要表现在以下几个方面。

1. 改善铸锭组织和性能

金属材料在高温下的变形抗力低，塑性好。由于热加工时金属容易变形，变形量大，因此可在高温下加工一些在室温下不能进行压力加工的金属材料。通过热加工，使铸造时在铸锭中的组织缺陷明显减少。如气孔焊合，分散缩孔压实，金属材料的致密度增加。经过热加工之后，一般都会使晶粒变细。由于在温度和压力作用下，扩散速度快，因而铸锭中的偏析可以部分消除，使成分比较均匀。这些变化都使金属材料的性能有明显提高（表5－1）。

表5－1　含碳0.3%的碳钢锻态和铸态时机械性能的比较

状态	σ_b/MPa	σ_s/MPa	δ/%	ψ/%	α_k/（$J\cdot cm^{-2}$）
锻态	530	310	20	45	70
铸态	500	280	15	27	35

2. 形成纤维组织

热加工可以使铸态金属中的偏析和非金属夹杂沿着变形的方向拉长，形成所谓的“流线”，也称纤维组织。流线使金属材料的力学性能呈现一定的方向性。沿着流线的方向具有较高的机械性能，垂直于流线方向的性能则较低，特别是塑性和韧性表现得更为明显（表5－2）。其他性能如疲劳性能、抗腐蚀性能和机械加工性能等，均有显著的差别。

表5－2　45钢的机械性能与测定方向的关系

取样方向	σ_b/MPa	σ_s/MPa	δ/%	ψ/%	α_k/（$J\cdot cm^{-2}$）
纵向	715	470	17.5	62.8	62
横向	672	440	10	31	30

因此，在生产中要严格控制工件的加工工艺，必须合理地控制流线的分布状态，尽量使流线与应力方向一致。图5－10（a）所示为锻造曲轴，其流线沿曲轴轮廓分布，它在工作时的最大拉应力将与其流线平行，其流线分布合理。而图5－10（b）所示为由切削加工而成的曲轴，其纤维大部分被切断，故工作时极易沿轴肩处发生断裂。

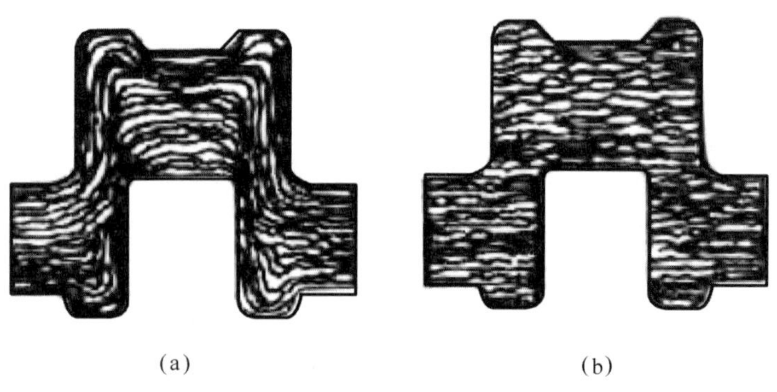

图5－10　曲轴的流线

（a）锻造；（b）切削加工

3. 改善带状组织

金属材料经过锻造或热轧等加工变形后，沿着变形方向交替地成带状分布，这种组织称为带状组织（图5－11）。其形成原因主要是铸态中的成分偏析在压力加工时未被充分消除。带状组织使金属材料的机械性能产生方向性，特别是横向塑性和韧性明显降低，并使材料的切削性能恶化。对于在高温下能获得单相组织的材料，带状组织有时可用正火处理来消除，需要高温扩散退火及随后的正火来改善。

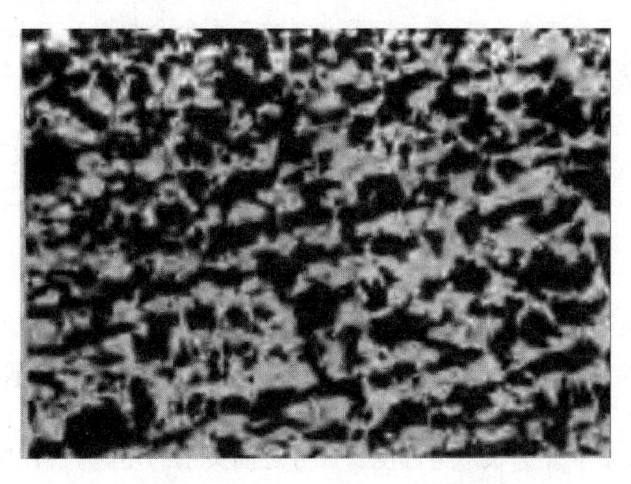

图5－11　金属中的带状组织

思考与练习

1. 试述回复、再结晶及晶粒长大过程？
2. 简述重结晶和再结晶的区别。
3. 用多晶的塑性变形过程说明金属晶粒越细强度越高、塑性越好的原因是什么？
4. 简述金属经塑性变形后组织结构与性能之间的关系。
5. 何谓临界变形度，在工业生产中有何意义。
6. 简述金属材料的冷加工和热加工的定义，并指出它们的适用范围。
7. 什么是金属材料经塑性变形后的残余内应力？

第6章　二元合金相图

本章简介：由于合金的组织要比纯金属复杂，为了研究合金的成分、组织、性能之间的关系，就必须了解合金中各种组织的形成及其变化规律。而对合金相图的研究，是分析合金状态及其变化规律的有效工具。本章介绍了典型的二元合金相图有匀晶相图、共晶相图、包晶相图及其他二元合金相图，总结了二元合金相图的类型、特点及二元合金相图的分析方法。

重点：典型的二元合金相图的匀晶相图、共晶相图、包晶相图以及二元合金相图的分析方法。

难点：杠杆定律的应用。

工业上广泛使用的金属材料是合金，为了研究合金的化学成分、组织与性能之间的关系，就必须了解合金中组织的形成及其变化规律，合金相图正是研究这些规律的有效工具。

相图是表示合金系中合金状态与温度、成分之间关系的图解。利用相图能够分析合金系中任一成分的合金在任一温度下合金各相的组成、相的成分及相对含量。由于相图是在极缓慢冷却接近平衡条件下测绘的，故又俗称为平衡图。利用相图，还可以了解合金的组织在加热和冷却过程中发生的转变。所以，合金相图是进行金相分析、合金熔炼、制定焊接、热处理、铸造和锻造等热加工工艺的重要依据。

6.1　相图的表示和测定方法

6.1.1　二元合金相图的表示法

对于二元合金，由于有成分变化，合金相图需要用两个坐标表示。纵坐标表示温度，横坐标表示成分。成分可有两种表示：重量百分数或原子百分数。通常用重量百分数表示。位于相图中表示合金成分和温度的点叫做表象点。如图6－1中 E 点表示B组元成分为40%的合金在 t 温度下的状态。

在表示成分的横坐标上，起始端B组元成分为0%（即纯组元A），终端为B组元成分为100%（即纯组元B），而在两端点之间坐标上的任意一点均表示二元合金的成分，任一成分的合金在任一温度下，均能在二元合金相图中找出与其相应的一点。

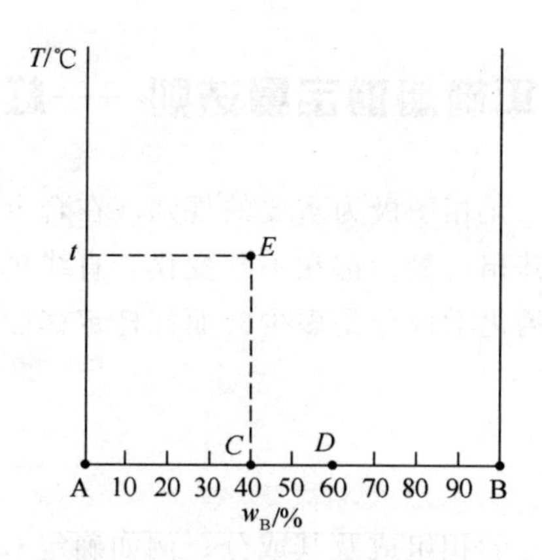

图 6-1　二元合金相图的表示方法

6.1.2　二元合金相图的测定方法

二元合金相图都是用实验方法建立起来的。常见的方法有热分析法、硬度法、磁性法、金相法、膨胀法等。

以 Cu-Ni 合金为例，说明应用热分析法测定临界点及绘制相图过程。

（1）先配制一系列成分不同的合金。

（2）测出各合金的冷却曲线图。

（3）找出冷却曲线的临界点。

（4）将各临界点分别画在对应的合金成分、温度坐标中。

（5）将各合金的开始凝固点和终了凝固点连接起来，所得的线称为相界线，所得的图形即为 Cu-Ni 合金相图，如图 6-2 所示。

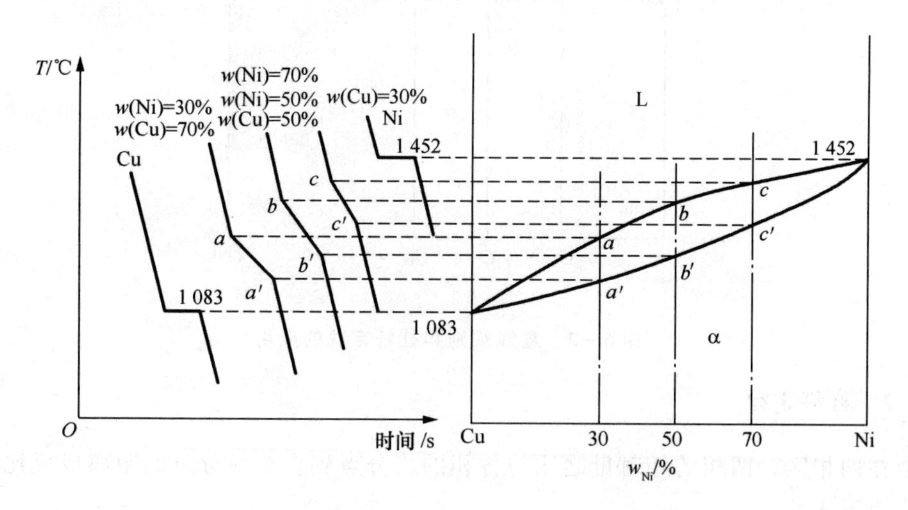

图 6-2　用热分析法建立 Cu-Ni 合金相图

当所配制的合金系数目越多，所用金属纯度越高，测温越精确，冷却速度越慢，得到的相图就越精确。

6.2 平衡相的定量法则——杠杆定律

直线规则和杠杆定律是二元相图极为重要的规则。在合金结晶过程中，随着结晶过程的进行，合金中各相的成分及其相对量，都在不断变化。直线规则能解答出在某一温度下，两相区中相组成是什么？各相的化学成分是多少？而杠杆定律能解答任何成分的合金在两相区两相的相对量各是多少？

6.2.1 直线规则

确定任意合金在任何温度的相组成及其成分，例如确定 Cu－Ni 合金系中含 Ni 为 $C\%$ 的合金冷却到温度 t 时的相组成及其成分。

步骤：(1) 平衡相的确定。过合金的成分点作垂直线（表相线），过温度 t_1 作温度水平线，表相线与温度水平线的交点即为表象点，表象点所在的相区组成相即为此温度下的平衡相组成。

(2) 平衡相成分的确定。作含 Ni 为 $C\%$ 的合金在 t_1 温度时的水平温度线，交液相线于 a 点，交固相线于 b 点，两点在成分轴上的投影 C_L 和 C_α 分别为液相、固相的成分，如图 6－3 所示。

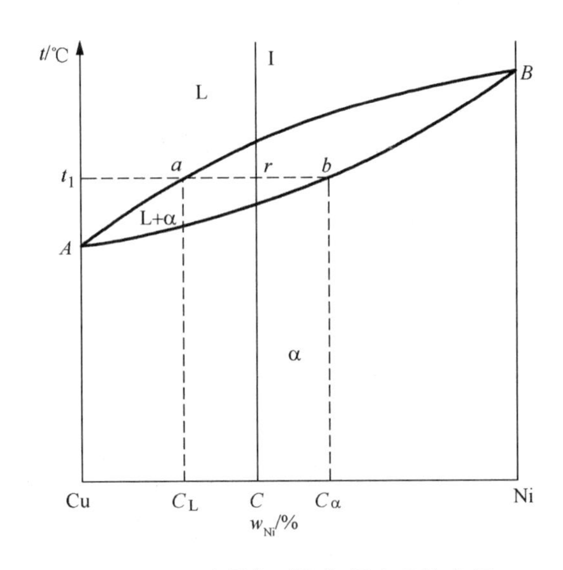

图 6－3 直线规则和杠杆定理的应用

6.2.2 杠杆定律

合金在两相区，两相的相对量之比与各相的成分点到合金成分点的距离成反比。两相相对量之比由下式计算：

$$\frac{Q_L}{Q_\alpha}=\frac{rb}{ar}$$

例如，在 Cu－Ni 合金相图中要确定成分为 C 点的 Cu－Ni 合金在 t_1 温度时组成相的相对量。

两相相对量由下式计算：

$$\frac{Q_L}{Q}=\frac{rb}{ab}\times100\% \qquad \frac{Q_\alpha}{Q}=\frac{ar}{ab}\times100\%$$

6.3 二元合金相图

由两个组元组成的合金系称为二元合金系，二元合金相图的类型很多，包括匀晶相图、共晶相图、包晶相图等，各类相图具有不同的特点，本节介绍几种典型的二元合金相图。

6.3.1 二元匀晶相图

两组元在液态和固态均能无限互溶所形成的二元合金相图，称为匀晶相图。具有匀晶相图的二元合金系主要有：Cu－Ni、Au－Ag、Au－Pt、Si－Be、Fe－Ni。由液相结晶出单相固溶体的过程称为匀晶转变。

以 Cu－Ni 合金相图为例，分析匀晶相图的特点、结晶过程和组织特征。

1. 相图分析

图 6－4 为 Cu－Ni 合金相图，图中上面一条曲线为液相线，下面一条曲线为固相线。把相图分为三个区域。

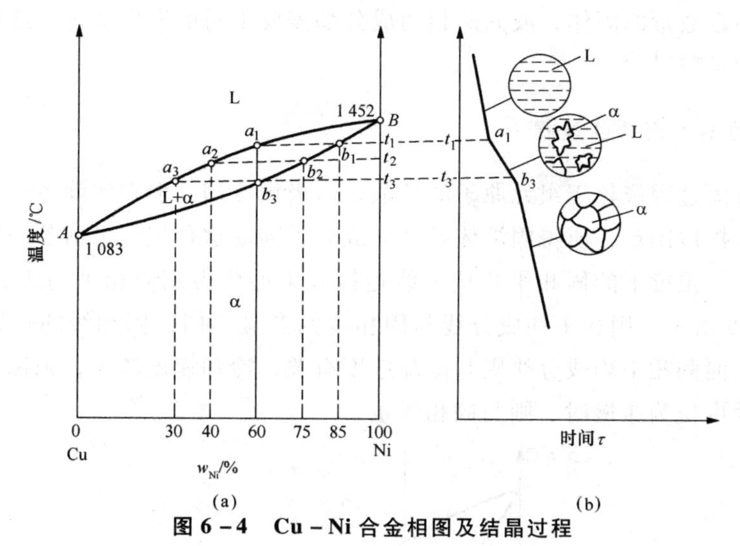

图 6－4 Cu－Ni 合金相图及结晶过程

（a）Cu－Ni 合金相图；（b）冷却曲线

液相线以上：液相单相区 L。

固相线以下：固相单相区 α（Cu 与 Ni 形成的无限固溶体）。

液、固相线之间：液相和固相两相共存区 L＋α。

2. 合金的平衡结晶

平衡结晶是指合金在极缓慢冷却条件下进行的结晶过程。以含 Ni 为 60% 的合金为例，分析合金的平衡结晶，由图 6－4（a）中可见其成分垂线与液相线、固相线分别交于 a_1、b_3

两点。

(1) 合金冷却到 t_1 温度：从液体 L_1 中结晶出固溶体 α_1，α_1 固溶体含 $w_{Ni}>L_1$ 相的含 w_{Ni}。

$$L_1 \xrightarrow{t_1} \alpha_1$$

(2) 温度冷却到 t_2 温度：此时，液相的成分为 L_2，从液体 L_2 中结晶出来的固溶体成分为 α_2，α_2 与 α_1 的成分不相同，通过扩散作用 $\alpha_1 \Rightarrow \alpha_2$。

$$L_1 \Rightarrow L_2$$

在 t_1 到 t_3 温度降低的过程中，固溶体的成分随固相线变化，α 相量增多，液相的成分随液相线变化，L 相量减少。温度冷却到 t_3，得到与原合金成分相同的单相固溶体。在结晶过程中，固液相的相对量及其成分可用杠杆定律求出。

固溶体的结晶过程包括形核和长大，而且需要一定的过冷度。由于合金存在第二组元，使结晶过程变复杂，其具有下列特点。

(1) 合金结晶出来的固体成分与原液态合金成分不同，在形核时不仅需要相起伏及能量起伏，还需要一定的成分起伏。

成分起伏：由于液态下原子不断进行热运动和扩散，每一瞬间液相中某些微小体积的成分总是偏离液相的平均成分，这种微小的体积内高于或低于平均成分的现象，称为成分起伏。

(2) 固溶体合金的结晶过程在一个温度区间内进行，在区间某一定温度下，只能结晶出某一成分或一定数量的固体，液固两相的成分都需要不断的发生变化，这种结晶过程依赖于两组元原子的扩散过程。

3. 固溶体的不平衡结晶过程

固溶体的凝固过程依赖于组元原子的扩散，需极慢冷却，但在实际生产中，金属结晶的冷却速度较快，扩散困难，所得固溶体各部分成分不同。这种偏离平衡条件的结晶称为不平衡结晶。若把每一温度下的固相平均成分线连接起来即可得到固相平均成分线（α'_2、α'_3、α'_4），如图 6-5 所示。固相平均成分线与固相线的意义不同，固相线的位置与冷却速度无关，位置固定，而固相平均成分线则与冷却速度有关，冷却速度越大，则偏离固相线的程度越大。当冷却速度极为缓慢时，则与固相线重合。

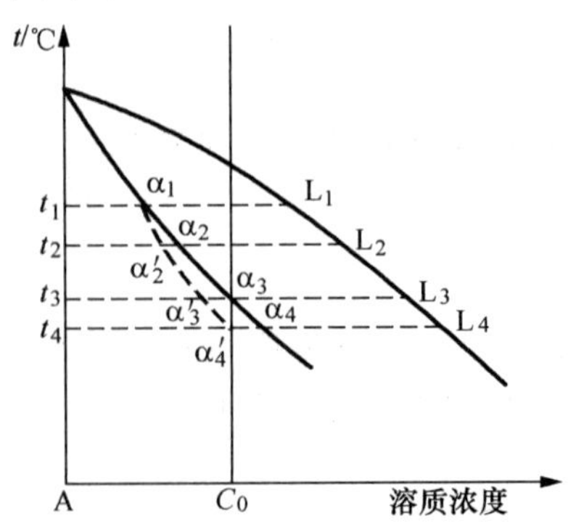

图 6-5　匀晶系合金的不平衡结晶

固溶体合金不平衡结晶的结果，使前后从液相中结晶出的固相成分不同，再加上冷却速度较快，不能使成分扩散均匀，结果就使每个晶粒内部的化学成分很不均匀，先结晶的含高熔点组元较多，后结晶的含低熔点组元较多，在晶粒内部存在着浓度差别，这种在一个晶粒内部化学成分不均匀的现象，称为晶内偏析。由于固溶体晶体通常是树枝状，枝干和枝间的化学成分不同，又称为枝晶偏析，枝晶偏析使铸件的机械性能降低（韧塑性），抗腐能力降低。

影响产生枝晶偏析的因素主要有：相图形状、铸造冷却条件、原子扩散能力。消除方法是将铸件加热到低于固相线 100 ℃～200 ℃的温度进行长时间保温，使偏析元素进行充分扩散，以达到成分均匀的目的（扩散退火）。

6.3.2 二元共晶相图

在液态下两组元能完全互溶，在固态下只能形成有限固溶体或化合物，并具有共晶转变的相图称为共晶相图。Pb－Sn、Pb－Sb、Al－Si、Al－Cu 等合金相图都属于共晶相图。所谓共晶转变是指在一定的温度和成分条件下，能由均匀液相中同时结晶出两种不同固相的转变。

1. 相图分析

以 Pb－Sn 合金相图为例，分析共晶相图的特征，合金的平衡结晶过程及其组织。图 6－6 为 Pb－Sn 共晶相图。

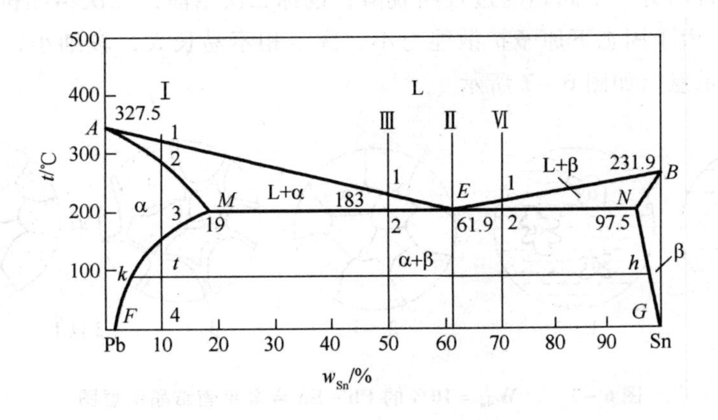

图 6－6 Pb－Sn 共晶相图

Pb 和 Sn 在液态时完全无限互溶，Sn 在 Pb 中和 Pb 在 Sn 中均形成有限溶解的置换固溶体。Sn 溶于固态 Pb 中形成的固溶体称为 α 相，Pb 溶于固态 Sn 中形成的固溶体称为 β 相。

图中特殊意义的线有：

（1）液相线：*AEB*。

（2）固相线：*AMENB*。

（3）*MF* 为 Sn 在 α 相中的溶解度曲线。

（4）*NG* 为 Pb 在 β 相中的溶解度曲线。

（5）*MEN* 为共晶线。

共晶转变：一定温度下，由一定成分的液相同时结晶出一定成分的两个固相的转变。

$$L_E \overset{t_E}{\Rightarrow} \alpha_M + \beta_N$$

E 为共晶点，*E* 点成分的合金为共晶合金，t_E为共晶温度。由于 *MEN* 为水平线，表示共晶转变是在恒温下进行。

共晶组织：两个固相的机械混合物称为共晶组织，按两相的分布形态可分为层片状、棒状、球状、针片状、螺旋状，共晶组织的形态对合金的性能具有重要影响。

共晶相图可分为：三个单相区：L、α、β

三个两相区：L+α、L+β、α+β

一个三相共存水平线：*MEN*、L+α+β

2. 典型合金的平衡结晶及组织

以 Pb－Sn 合金为例说明结晶过程。

（1）合金Ⅰ（含量小于19%的合金）。

以含 Sn 量为10%的合金为例，在图6－6中合金Ⅰ缓慢冷却到温度1时，从液态合金中结晶出 α 固溶体。

在1～2点的温度区间 L→α（α 量↑，L 量↓，固相的成分沿固相线变化，液相的成分沿液相线变化）。

在2～3点的温度区间 α 固溶体的成分不变，温度冷却到3点时 $\alpha \rightarrow \beta_{II}$。

由固溶体中析出另一个固相的过程叫脱溶，也称二次结晶，二次结晶析出的相称为次生相，以 β_{II} 表示，由于固态下原子扩散能力小，次生相不易长大，较细小，分布于晶界或溶体中。结晶过程示意，如图6－7所示。

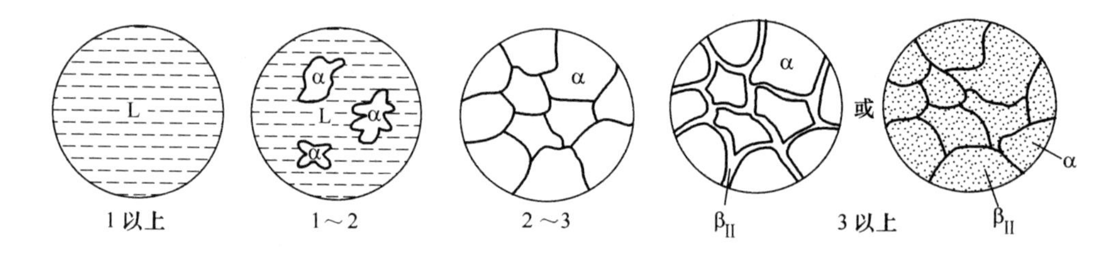

图6－7　W_{Sn}=10%的 Pb－Sn 合金平衡结晶示意图

室温组织：$\alpha + \beta_{II}$两相的相对量可由下式计算：

$$Q_\alpha = \frac{4G}{FG} \times 100\%$$

$$Q_{\beta_{II}} = \frac{F4}{FG} \times 100\%$$

次生相的分布对合金性能的影响：

1）弥散分布，提高强度，硬度。

2）次生相为脆性相且沿晶界呈网状分布，降低合金塑性。

成分位于 *F*～*M* 之间的合金结晶过程与此类似，区别仅为室温组织中 α 相、β_{II} 相的相对量不同。图 6－8 为含 Sn 为 10% 的 Pb－Sn 合金显微组织。

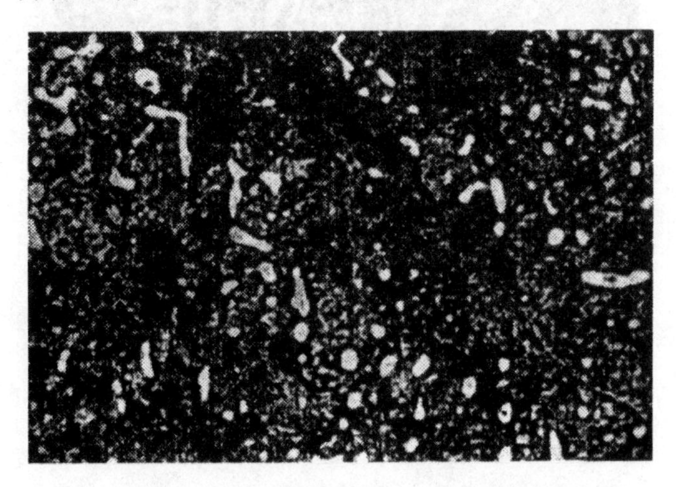

图 6－8　含 Sn 为 10% 的 Pb－Sn 合金显微组织

（2）合金Ⅱ（共晶合金）。

含 Sn 为 61.9% 的合金为共晶合金，在图 6－6 中当合金Ⅱ从液态缓慢冷却到 t_E 温度时，从共晶成分的液体中同时结晶（α＋β）两种固溶体，发生共晶转变。（α＋β）为两相交错分布的机械混合物，称为共晶组织。

$$L_E \overset{t_E}{\Rightarrow} \alpha_M + \beta_N$$

共晶转变在恒温下进行，共晶转变终了后显微组织由两个固溶体 α_M 和 β_N 相组成，α 相、β 相的相对量可由杠杆定律求出：

$$\alpha_M = \frac{EN}{MN} = \frac{97.5 - 61.9}{97.5 - 19} \times 100\% = 45.4\%$$

$$\beta_N = \frac{ME}{MN} = \frac{61.9 - 19}{97.5 - 19} \times 100\% = 54.6\%$$

t_E 以下：$\alpha_M \rightarrow \beta_{II}$

$\beta_N \rightarrow \alpha_{II}$

α_{II}、β_{II} 的量很少，可省略不计。

室温组织：（α＋β），结晶过程如图 6－9 所示。含 Sn 为 61.9% 的 Pb－Sn 合金显微组织如图 6－10 所示。

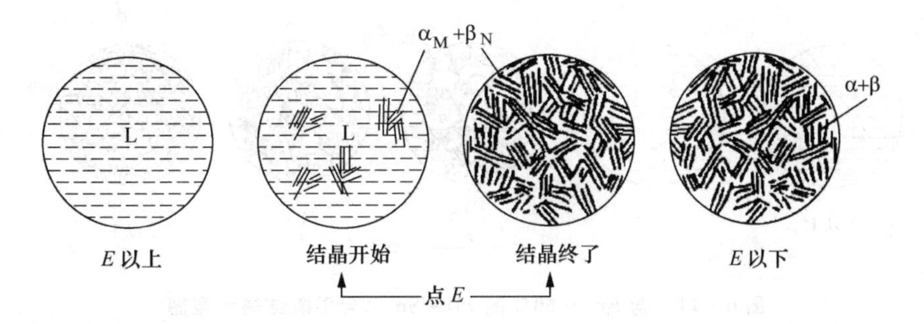

图 6－9　含 Sn 为 61.9% 的 Pb－Sn 合金平衡结晶示意图

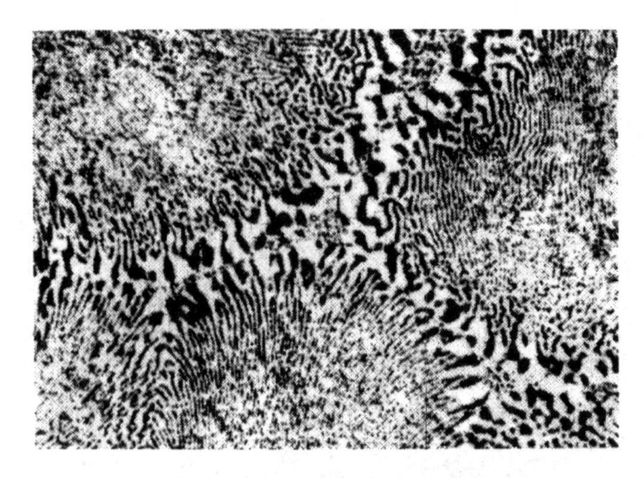

图 6-10　含 Sn 为 61.9% 的 Pb-Sn 合金显微组织

（3）合金Ⅲ（亚共晶合金：合金成分在 $M \sim E$ 之间）。

以含 Sn 为 50% 的合金为例，对亚共晶合金的结晶过程进行分析，在图 6-6 中当合金Ⅲ缓慢冷却到温度 1 时，从液态合金中结晶出 α 固溶体，在温度 1~2 点之间：L→α，随温度的降低 L↓，α↑，且液相的成分随液相线变化，固相的成分随固相线变化，温度冷却到 2 点时，α 相的相对量为：

$$\alpha = \frac{2E}{ME} \times 100\% = \frac{61.9-50}{61.9-19} \times 100\% = 27.8\%$$

剩余液相的相对量为：

$$L = \frac{M2}{ME} \times 100\% = \frac{50-19}{61.9-19} \times 100\% = 72.2\%$$

表明此时合金中 27.8% 的液相转变为 α 固溶体，剩余液相的量为 72.2%。温度降到 2 点（t_E）时，液相的成分为共晶成分，将发生共晶转变。

$$L_E \overset{t_E}{\Rightarrow} \alpha_M + \beta_N$$

共晶转变结束后，随着温度继续下降，在 2 点（t_E）以下：

$\alpha \rightarrow \beta_{II}$，$\beta \rightarrow \alpha_{II}$。α、β 相的成分分别沿 MF、NG 溶解度线而变化。

室温组织：$\alpha + \beta_{II} + (\alpha_F + \beta_G)$，其中 α 为初晶，$(\alpha_F + \beta_G)$ 为共晶组织，β_{II} 为次生相。结晶过程如图 6-11 所示。含 Sn 为 50% 的 Pb-Sn 合金显微组织如图 6-12 所示。

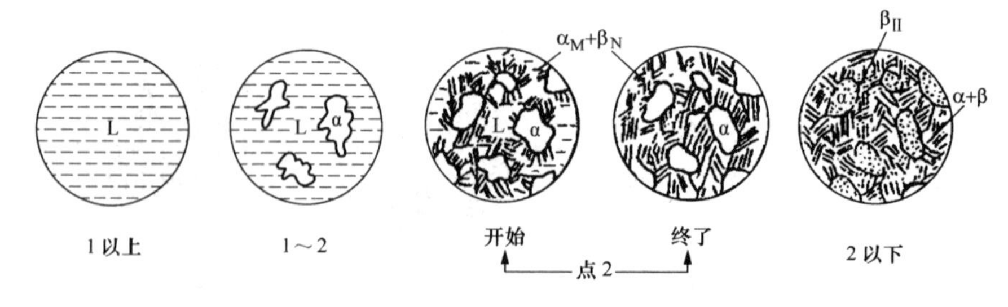

图 6-11　含 Sn 为 50% 的 Pb-Sn 合金平衡结晶示意图

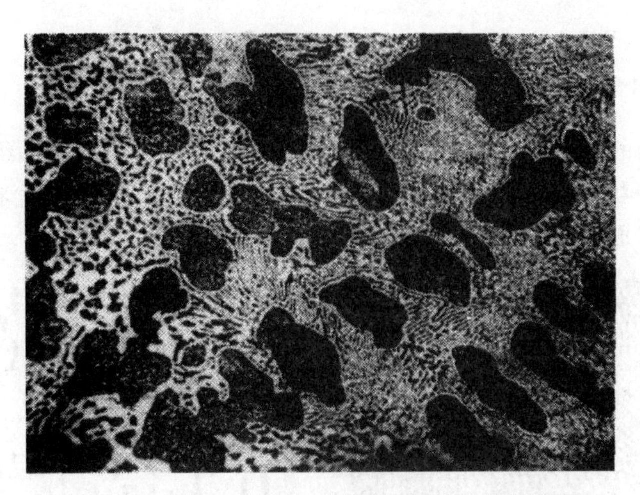

图 6-12 含 Sn 为 50%的 Pb-Sn 合金显微组织

（4）合金Ⅳ（过共晶合金，成分在 $E \sim N$ 之间）。

结晶过程与亚共晶相似，温度在 1~2 点时：L→β，当温度达到 2（t_E）点时：

$$L_E \xRightarrow{t_E} \alpha_M + \beta_N$$

温度在 2 点以下时：

$$\beta \rightarrow \alpha_{\text{II}};$$
$$\alpha \rightarrow \beta_{\text{II}}。$$

室温组织：$\beta + \alpha_{\text{II}} + (\alpha + \beta)$。含 Sn 为 70% 的 Pb-Sn 合金显微组织如图 6-13 所示。

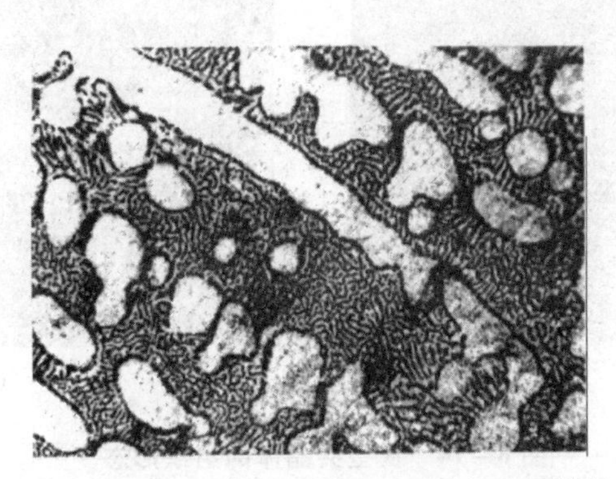

图 6-13 含 Sn 为 70%的 Pb-Sn 合金显微组织

综上所述，可将 Pb-Sn 合金的组织与含量的关系归纳成表，见表 6-1。

表 6-1 Pb-Sn 合金的组织组成物与含 Sn 量的关系

合金类型	含 Sn 量/%	组织
固溶体	<19	$\alpha + \beta_{\text{II}}$
亚共晶	19~61.9	$\alpha + \beta_{\text{II}} + (\alpha + \beta)$
共晶	61.9	$(\alpha + \beta)$
过共晶	61.9~97.5	$\beta + \alpha_{\text{II}} + (\alpha + \beta)$
固溶体	>97.5	$\beta + \alpha_{\text{II}}$

3. 共晶体的组织形态

由于共晶组成相的本质、冷却速度以及两相相对含量的不同，共晶组织的形态是多种多样的，如层片状、棒状（条状或纤维状）、球状（短棒状）、针状（片状）、螺旋状等。几种典型共晶体的组织形态如图 6－14 所示。

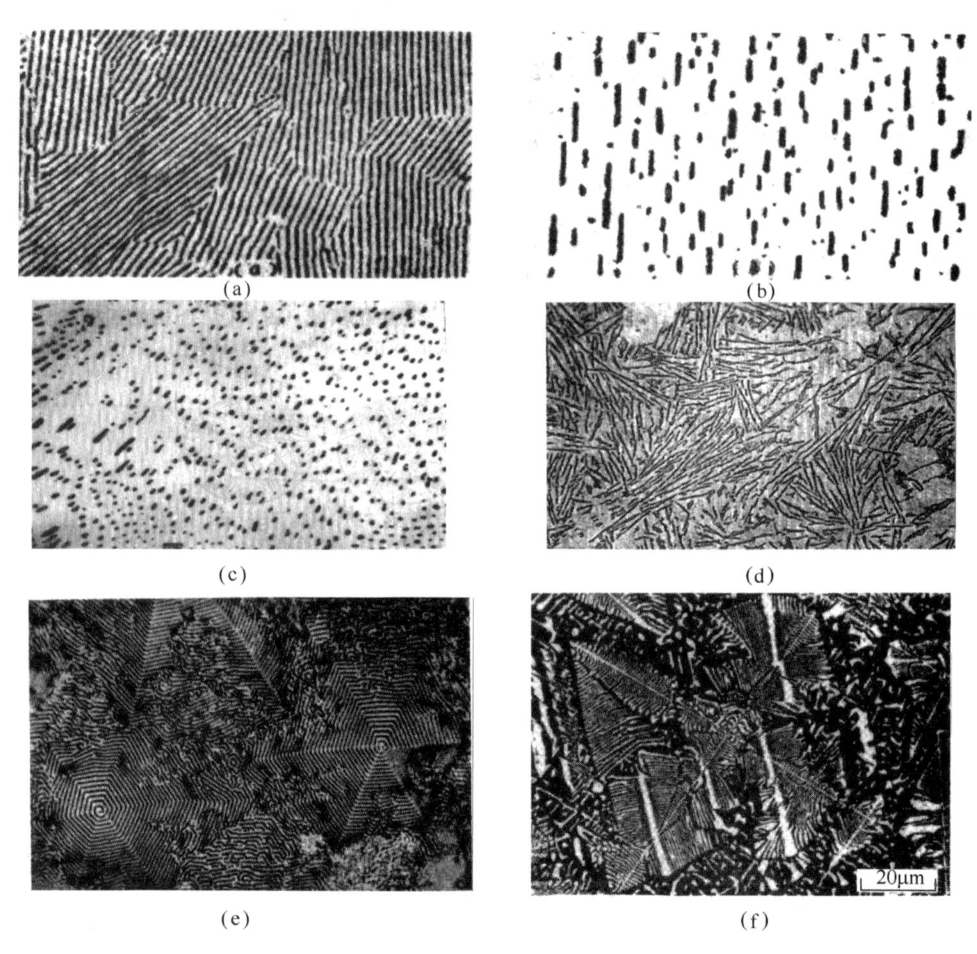

图 6－14　典型共晶体的组织形态

（a）层片状；（b）棒状；（c）球状（$Cu-Cu_2O$）；（d）针状；
（e）螺旋状；（f）蛛网状

6.3.3　不平衡结晶

1. 伪共晶

在缓慢冷却平衡状态下，只有共晶成分的合金可获得共晶组织，但在较快冷却的情况下，共晶组织就可在较宽的成分范围和更低温度下获得，如图 6－15 阴影线所示，非共晶成分的合金具有共晶组织的特征，这样的组织称为伪共晶。全部形成共晶组织的成分和温度范围称为伪共晶区。

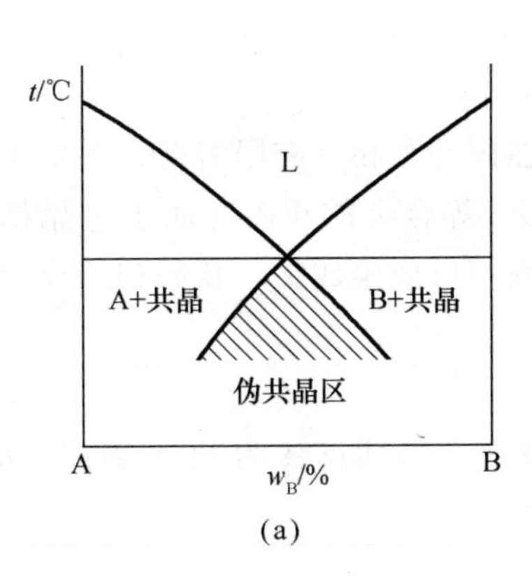

(a)

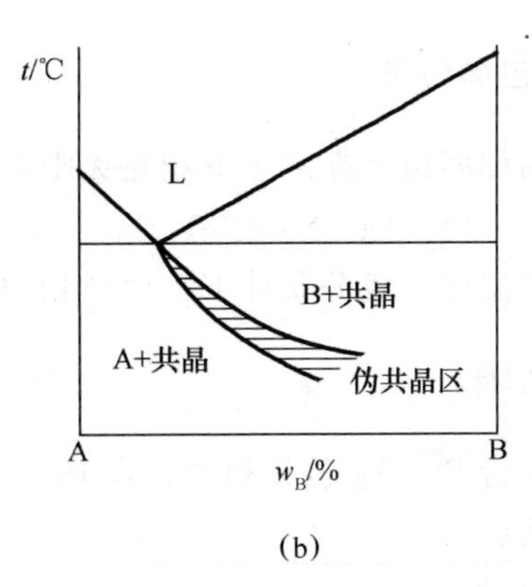

(b)

图6-15 非共晶区

(1) 对于二组元熔点接近、共晶点居中的合金系具有对称形态，如图6-15 (a)；对于二组元熔点相差较大的合金系，则共晶点偏向低熔点一侧，伪共晶区就偏移一边，如图6-15 (b)。

(2) 若二组元的结晶速度接近，同时接晶形成伪共晶组织，伪共晶区具有对称形态，如图6-15 (a)；若二相结晶速度相差较大，则结晶较快的相成为先共晶的初生相，使得伪共晶区偏移，显然以低熔点组元为基的相有较大的结晶速度，伪共晶区偏向高熔点组元一侧。例，Al-Si合金中含Si为12.6%的共晶合金，平衡时为共晶组织，快冷时为亚共晶组织。

2. 离异共晶

当合金成分远离共晶点，初晶相数量较多，共晶组织较少时，共晶组织中与初晶相同的那一相会依附于初晶长大，把另一相推到晶界上，共晶的形貌消失，这种共晶称为离异共晶。例，钢 FeS-Fe 共晶，其中 FeS 分布于晶界上。

3. 比重偏析

亚共晶或过共晶合金结晶时，若初晶的比重与液相的比重有很大差别，比重小的固相上浮，而比重大的固相下沉，这种由于比重不同而引起的偏析称为比重偏析。比重相差越大，结晶温度间隔越宽，冷却速度越慢，比重偏析越严重。

消除比重偏析的方法如下。

(1) 加快冷却速度。

(2) 当初晶与液相比重相差不大，在浇注时加以搅拌。

(3) 加入某些元素，使其形成与液相比重相近的化合物首先结晶形成树枝骨架，阻止偏析相的沉浮。例：$w_{Sb}=15\%$的 Pb-Sb 合金，先共晶相 Sb 密度小于液相而上浮，共晶体 (Pb+Sb) 的密度大于液相而下沉，形成比重偏析，加入1.5%的 Cu 形成树枝骨架的 Cu_2Sb 化合物，可以有效防止比重偏析。

6.3.4 包晶相图

包晶相图即两组元在液态下相互无限溶解，在固态下相互有限溶解，并发生包晶转变的二元合金相图。Pt－Ag、Sn－Sb、Cu－Sn、Cu－Zn 等合金的相图都属于包晶相图。包晶转变是指在一定温度、成分条件下，由液相与一个固相反应生成另一新固相的反应。

1. 相图分析

图 6－16 为 Pt－Ag 包晶相图，在 Pt－Ag 相图中，特性点 *A* 为 Pt 的熔点，*B* 为 Ag 的熔点，*D* 为包晶点。

（1）特性线：

液相线：*ACB*；

固相线：*APDB*；

固溶线：*PE*、*DF*；

包晶线：*PDC*。

（2）相区：

三个单相区：L、α、β；

三个两相区：L＋α、L＋β、α＋β；

一个三相区（包晶线）：包晶转变：$L_C + \alpha_P \overset{t_D}{\Rightarrow} \beta_D$。

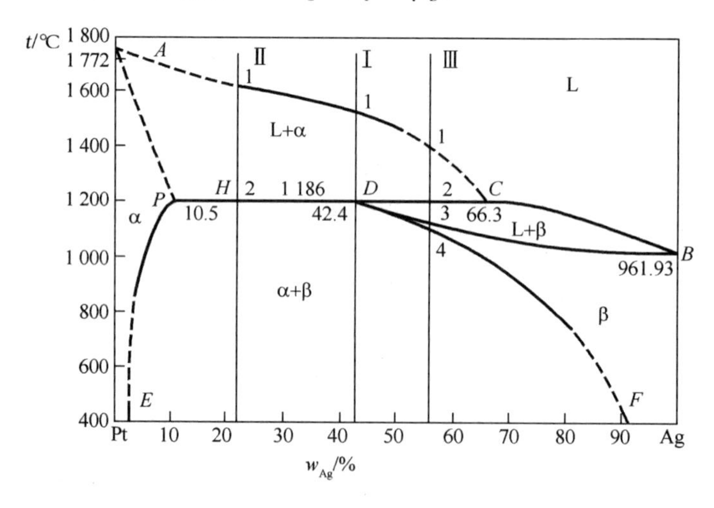

图 6－16　Pt－Ag 包晶相图

2. 典型合金的平衡结晶及其组织

（1）合金Ⅰ（含 Ag 为 42.4% 的 Pt－Ag 合金）。

温度在 1 点以上：系统为单一液相 L。

温度在 1～*D* 点之间：液相结晶出固相 α，即 L→α。

温度在 *D* 点（1 186 ℃）时，初晶成分为 P，液相成分为 C，两相相对量：

$$Q_L=\frac{PD}{PC}\times100\%=\frac{42.4-10.5}{66.3-10.5}\times100\%=57.1\%$$

$$Q_\alpha=\frac{DC}{PC}\times100\%=\frac{66.3-42.4}{66.3-10.5}\times100\%=42.9\%$$

此时发生包晶转变：$L_C+\alpha_P\overset{t_D}{\Rightarrow}\beta_D$；

在包晶转变结束后，液相 L 和固溶体 α 全部转变成 β 固溶体。

D 以下：$\beta\rightarrow\alpha_{II}$。

室温组织：$\beta+\alpha_{II}$。

合金的平衡结晶过程示意图，如图 6－17 所示。

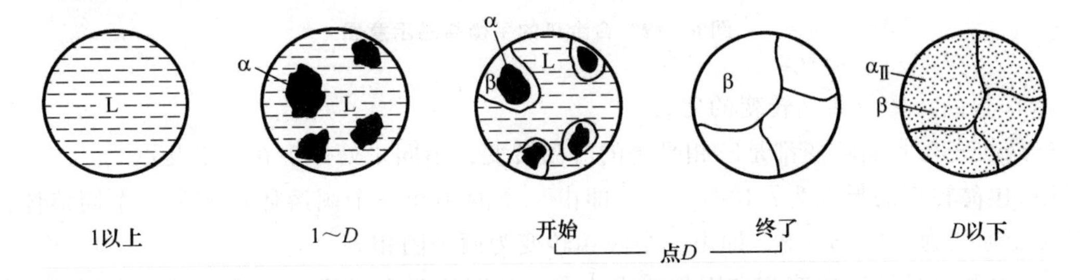

图 6－17　合金 I 含 Ag 为 42.4%的平衡结晶示意图

在包晶转变时，β 相依附于初晶 α 固溶体的表面形核，并消耗液相，固相 α 长大。

(2) 合金Ⅱ（含 Ag 为 10.5% ~42.4% 的合金）。

温度在 1 点以上：系统为单一液相 L。

温度在 1 ~2 点之间：液相结晶出固相 α，即 L→α。

温度在 2 点时：$L_C+\alpha_P\overset{t_D}{\Rightarrow}\beta_D$（α 的相对量大于包晶转变所需要的相对量，α 剩余）。

温度在 2 点以下：$\beta\rightarrow\alpha_{II}$、$\alpha\rightarrow\beta_{II}$。

室温组织：$\alpha+\beta+\alpha_{II}+\beta_{II}$。

结晶过程示意图，如图 6－18 所示。

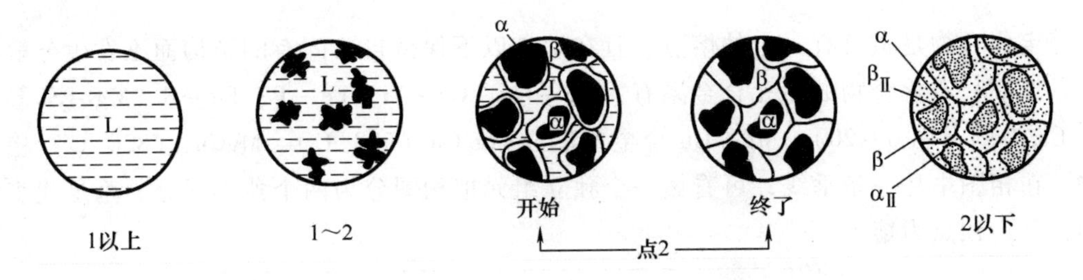

图 6－18　合金Ⅱ的平衡结晶示意图

(3) 合金Ⅲ（含 Ag 为 42.4% ~66.3% 的合金）。

温度在 1 点以上：系统为单一液相 L。

温度在 1 ~2 点之间：液相结晶出固相 α，即 L→α。

温度在 2 点时：$L_C+\alpha_P\overset{t_D}{\Rightarrow}\beta_D$（液相的相对量大于包晶转变所需的转变量，液相剩余）。

温度在 2 ~3 点之间：液相结晶出固相 L→β。

温度在 3～4 点之间：系统为单一固相 β。

温度在 4 点以下：$\beta \rightarrow \alpha_{II}$。

室温组织：$\alpha_{II} + \beta$。

结晶过程示意图，如图 6－19 所示。

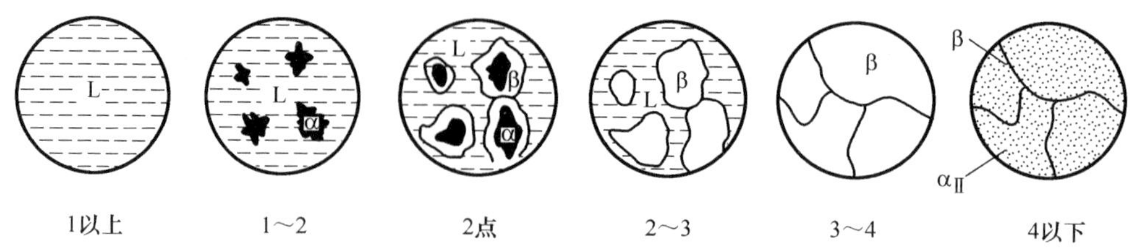

图 6－19　合金Ⅲ的平衡结晶示意图

（4）包晶转变与共晶转变的比较。

包晶转变与共晶转变都是三相平衡的等温转变，不同之处体现在以下几点。

1）包晶转变的形式为：$L + \alpha \rightarrow \beta$，即由一个液相和一个固溶体形成另一个固溶体；而共晶转变形式为：$L \rightarrow \alpha + \beta$，即由一个液相转变为两个固相。

2）参与包晶转变的液相和固相的成分点，分别位于水平线的两端，而生成相则位于水平线中间；共晶转变中液相成分点位于水平线的中间，而两个生成相的成分点分别位于水平线的两端。

3）包晶转变后的合金在包晶线以下还有液相，所有共晶转变后的合金，形成两固相混合物，无液相存在。

4）包晶转变水平线上的中间两条线分叉向下，而共晶转变水平线上的中间两条线的分叉向上。这是判别包晶转变和共晶转变的关键。

6.3.5　其他类型的二元相图

1. 形成稳定化合物的相图

稳定化合物是指具有一定的熔点，且在熔点以下保持自己固有的结构而不发生分解的化合物，形成稳定化合物的二元合金系有：Mg－Cu、Cu－Ti、Fe－P、Fe－B、Mg－Si 等，以 Mg－Cu 为例（图 6－20）。Mg－Cu 合金可形成 Mg_2Cu（568 ℃）、$MgCu_2$（820 ℃）稳定化合物，在相图中是一条垂线，可看做一个独立组元把相图分为两个独立部分。垂足代表化合物的成分，顶点为熔点。

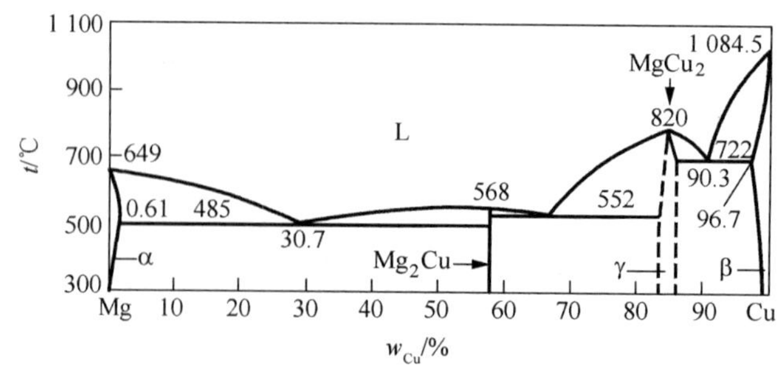

图 6－20　Mg－Cu 二元合金相图

例：Mg_2Cu，若化合物对组元有一定的溶解度，即形成以化合物为基础的固溶体，在相图中为一个相区。

2. 形成不稳定化合物的相图

不稳定化合物是指加热到一定温度时，会发生分解的化合物。

如：Al－Mn、Be－Ce、Mn－P等，以K－Na相图为例（图6－21）。

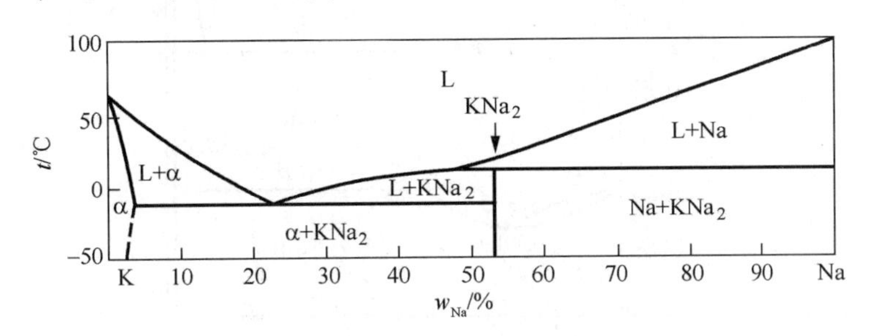

图6－21　K－Na二元合金相图

含w_{Na}为54.4%的K－Na合金形成不稳定化合物KNa_2，加热到6.9 ℃时会分解，将发生包晶转变：$L + Na \rightarrow KNa_2$。

特性线：

AE、*BDE* 为液相线；

AG、*GEH*、*CF*、*FB* 为固相线；

GP 为相的固溶线；

DCF 为包晶线；

GEH 为共晶线。

3. 具有固态相变的相图

（1）具有共析转变的相图。

一定成分的固相，在一定温度下分解为另外两个一定成分的固相的转变过程，称为共析转变。

在相图上，这种转变与共晶转变相似，都是由一个相分解为两个相的三相恒温转变，三相成分点在相图上的分布也一样，所不同的只是共析转变的反应相是固相，而不是液相。例如$Fe-Fe_3C$相图中的*PSK*线即为共析线，点*S*是共析点，其反应式为：

$$\gamma_s \xrightleftharpoons{727\ ℃} \alpha_P + Fe_3C$$

由于是固相分解，其原子扩散比较困难，容易产生较大的过冷，所以共析组织远比共晶组织细密。共析转变对合金的热处理强化有重大意义，钢铁及钛合金的热处理就是建立在共析转变的基础上的。

（2）具有包析转变的相图。

包析转变是一个固溶体包围着另一个固相而形成第三个固相的转变。图6－22为具有包析转变的相图，可以看出，当合金冷却至包析转变温度时，将发生包析转变：$\gamma + Fe_2B \longrightarrow \alpha$。

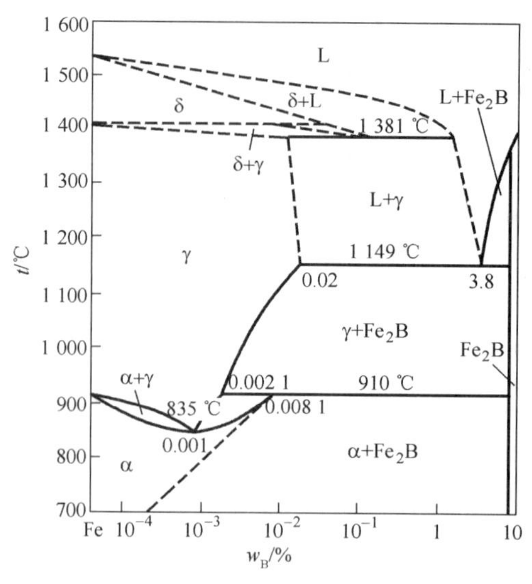

图 6-22　Fe-B 相图

包析转变和包晶转变的相图形状、结晶过程相似，所不同的是，包析转变是一个固相和另一个固相相互作用而形成第三个固相的转变。而包晶转变则是由一个液相包围一个固相而形成另外一个固相的转变。

6.3.6　二元合金相图的基本类型及特征

在二元合金相图中，由若干条曲线、水平线及垂直线将其分隔成若干个单相区和多相区。曲线是单相区和两相区的分界线，也是溶解度线，当曲线为液相线时它是熔点线。垂直线表示二组元生成化合物，这种化合物又分稳定和不稳定两种，利用表示稳定化合物的垂直线又可将相图分为几个部分，便于分别分析和讨论。在水平线所处的温度下表示有相变过程或相变反应发生。相变反应可分为两种基本类型。

1. 分解类型

共晶反应：由液相分解为两个固相。固相可能是纯组元，也可能是固溶体或化合物。
共析反应：由固溶体或固体化合物分解成两个固相的反应。
熔晶反应：由一固相分解成一个液相和另一组成的固相。
偏晶反应：由一液相分解成一个固相和另一组成的液相。

2. 化合类型

包晶反应：液相与固相化合成为另一固相。
包析反应：由两个固相化合成另一固相。
二元合金相图的类型虽然很多，但可总结为匀晶、共晶、包晶三大类，它们的特征列入表 6-2。

表6－2　二元合金相图的分类及其特征

相图类型	图形特征	转变特征	转变名称	相图形式	转变式
匀晶型	Ⅰ Ⅱ	Ⅰ⇋Ⅱ	匀晶转变	L α	L⇋α
			固溶体同素异晶转变	L γ α	γ⇋α
共晶型	Ⅰ Ⅱ Ⅲ	Ⅰ⇋Ⅱ＋Ⅲ	共晶转变	L α β	L⇋α＋β
			共析转变	γ α β	γ⇋α＋β
			熔晶转变	δ γ L	δ⇋L＋γ
			偏晶转变	L_1 α L_2	L_1⇋L_2＋α
包晶型	Ⅰ Ⅱ Ⅲ	Ⅰ＋Ⅱ⇋Ⅲ	包晶转变	L β α	L＋β⇋α
			包析转变	γ β α	γ＋β⇋α

6.3.7　二元相图的规律和分析方法

有的二元相图，线条多，看似复杂，细心分析规律离不开匀晶、共晶、包晶等简单相图，只要掌握各类简单相图的基本特点，根据相图所遵循的规律进行分析即可化繁为简，比较容易地分析二元相图。

1. 二元相图所遵循的规律

（1）两个单相区只能交于一点，不能相交成一条线。

（2）两个单相区之间，必定有一个由这两个单相组成的两相区隔开；两个两相区必定以单相区或三相共存线隔开。即相邻相区的相数差为 1（点接触处除外）。

（3）三相共存时必定是一水平线，每一水平线必定与三个两相区相邻，还分别和三个单相区成点接触，其中两点在两端，另一点在线中间。

2. 二元合金相图的分析方法

在分析比较复杂的二元合金相图时，可按下列步骤进行。

（1）根据三相水平线分析其特征，确定相图类型，共晶型的水平线分叉开口向上，包晶型的水平线分叉开口向下，只要把水平线的性质分析清楚，则复杂相图可分解为几个简单相图。

（2）看有没有稳定的化合物（熔点、组成一定），若有稳定化合物存在，以稳定化合物为独立组元把相图分为几个独立部分。

（3）根据相区接触法则，分清各相区的组成相。二元相图中相邻相区的相数差为 1（点接触处除外）。两个单相区之间，必定有一个两相区，两个两相区之间必然有一条三相共存水平线。

3. 复杂二元合金相图的分析举例

运用上述分析方法，分析复杂的二元合金相图实例如下。

（1）分析 Cu - Zn 合金相图。图 6 - 23 为 Cu - Zn 合金相图，图中有六条水平线，包晶转变：①、②、③、④、⑤。共析转变：⑥。这样就将原来比较复杂的相图，分解成几个简单的相图，以便进一步进行分析。

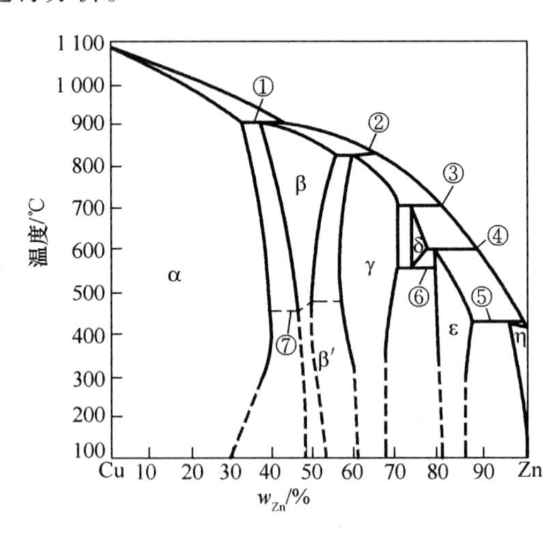

图 6 - 23　Cu - Zn 合金相图

（2）分析 Mg - Sn 合金相图。图 6 - 24 为 Mg - Sn 合金相图。单相区的确定：①、②、③、④为单相区，其组织分别为 L、α、β、Sn，β 是一条垂直线，可以将其视为一个组元来看待。该直线把相图分为左右两个共晶相图，可以分别加以分析。双相区的确定：⑤、⑥、⑦、⑧、⑨、⑩、⑪为双相区，分别为：L + α、L + β、L + β、L + Sn、α + β、α + β、β + Sn。三相水平线的分析，两条水平线⑫、⑬为共晶线，分别发生 L - α + β、L - Sn + β 的共晶转变。

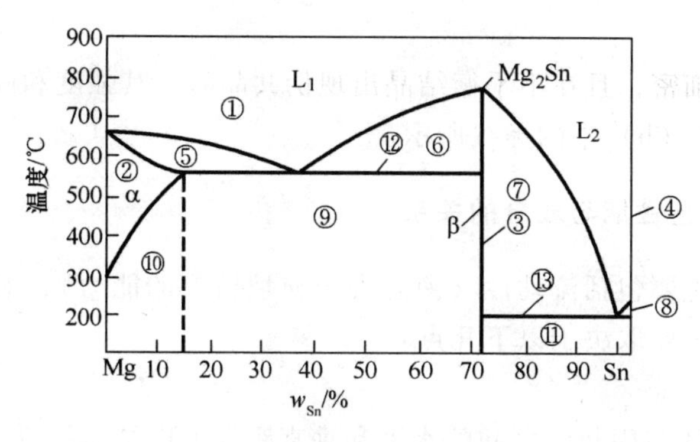

图 6 - 24 Mg - Sn 合金相图

6.4 合金的性能与成分的关系

6.4.1 合金的机械性能、物理性能与成分的关系

相图与合金在平衡态下的性能有一定联系。图 6 - 25 为合金相图与机械性能和物理性能间的关系。由图可以看到，固溶体合金的强度、硬度一般均高于纯组元的，而且随溶质组元含量的增加而提高，但塑性则随溶质组元含量的增加却呈曲线关系略有降低。

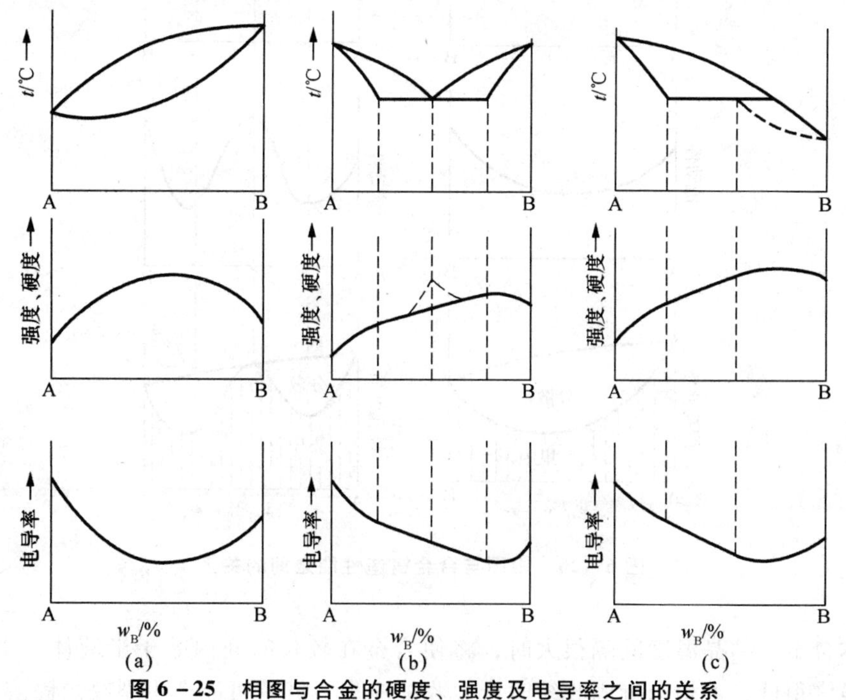

图 6 - 25 相图与合金的硬度、强度及电导率之间的关系

(a) 匀晶系合金；(b) 共晶系合金；(c) 包晶系合金

固溶体合金的电导率与成分的变化关系与强度、硬度相似，均呈曲线变化。固溶体合金与纯金属相比具有很高的电阻系数，而且随着溶质组元的增加会使合金的电阻系数增加，同理，也使合金的导热系数降低。

共晶相图和包晶相图在两相区性能与成分呈直线关系，在有限固溶体区性能与成分呈曲线关系。

若共晶组织十分细密，且在不平衡结晶出现伪共晶时，其强度和硬度将偏离直线关系而出现峰值，如图 6－25（b）中的虚线所示。

6.4.2　合金的工艺性能与成分的关系

合金的铸造性能主要包括流动性（液态合金充填铸型的能力）、缩孔、偏析及热裂倾向等。合金的铸造性能主要取决于以下几点。

（1）合金的结晶特点。

（2）相图中液相线与固相线之间的水平和垂直距离，即结晶的成分间隔与温度间隔。

固溶体合金的流动性不如纯金属，并随溶质成分的增加而呈曲线关系降低。结晶的成分间隔越大，越有利于枝晶的发展，流动性也就越差。

随着溶质成分的增加，枝晶愈发展，液体被枝晶分得越开。枝晶间的液体在凝固收缩时得不到液体补充，将形成较多的分散缩孔。反之，则分散缩孔少，主要表现为集中缩孔。如图 6－26 所示。

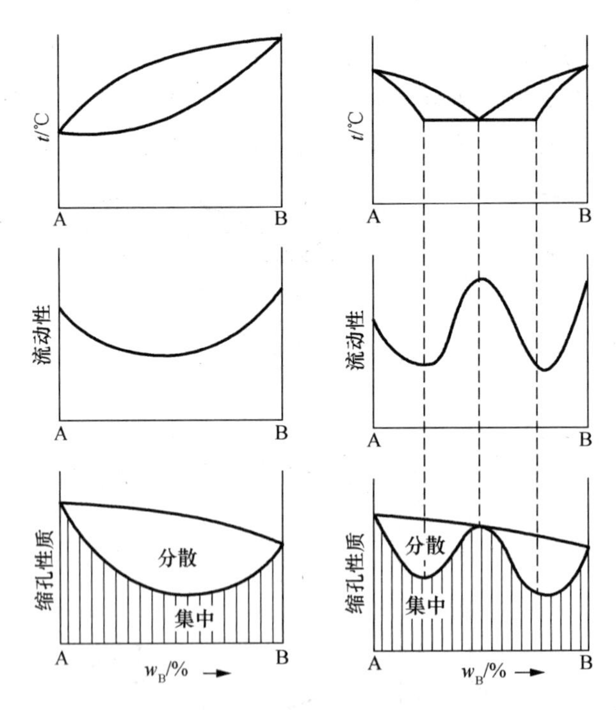

图 6－26　相图与合金铸造性能之间的关系

固溶体合金的结晶温度间隔很大时，将使合金在较长时间内处于半液体、半固体状态。此时合金强度很低，不均匀凝固收缩时产生收缩应力，就有可能产生裂纹。固溶体合金的热裂倾向略大于纯金属，但并不太大。枝晶偏析与相固中液相线和固相线之间的间距有关。它们之间的距离越大，偏析越严重。

共晶成分的合金，由于结晶温度低，结晶温度间隔小，因此它们的流动性好，偏析的倾向小，易形成集中缩孔，不容易形成分散缩孔，铸件比较致密。

思考与练习

1. 何谓固溶体？根据溶质原子在溶剂晶格中占据的位置，固溶体可以分为哪几类？

2. 试阐述固溶体和化合物在结构、性能上有何主要差别。

3. 不论是置换固溶体还是间隙固溶体都会引起其强度、硬度升高，试分析其原因。

4. 共晶、包晶、共析、包析有何转变特征和图形特征？

5. 共晶转变的产物一般有哪几种基本形态？

6. 在亚共晶合金和过共晶合金的结晶过程中，若初晶是固溶体或纯金属时，其形态一般呈何状态？若初晶是亚金属和非金属（Pb、Bi、Si 等）或化合物时，其形态一般呈何状态？

7. 分析 K－Na 合金相图（图 6－21）中 w_{Na} 为 52% 的合金的结晶过程。

第 7 章　铁－碳合金相图

本章简介：铁－碳合金相图是由三个基本相图组成的一个较复杂的二元合金相图，通过本章的学习，要求了解和掌握铁－碳合金相图的基本特征和钢铁材料的成分、组织、性能间关系及其变化规律，以便为制订钢铁材料的各种热加工工艺打下基础。

重点：铁的同素异晶转变，铁－碳合金的基本相，铁－碳合金相图的分析。

难点：铁－碳合金的平衡结晶过程和室温组织，铁－碳合金平衡相和组织相对量的计算。

碳钢和铸铁都是铁－碳合金，是应用最广泛的金属材料。铁－碳合金相图是研究铁碳合金的重要工具，了解与掌握铁－碳合金相图，对于钢铁材料的研究和使用、各种热加工工艺的制订以及工艺废品原因的分析都有很重要的指导意义。

$Fe-Fe_3C$（渗碳体）相图是一个典型的二元合金相图。在 $Fe-Fe_3C$ 相图中包含了二元系相图典型的包晶、共晶、共析反应，同时还有一个稳定化合物 Fe_3C，掌握铁－碳合金相图的分析方法，对我们学习二元合金相图具有重要的帮助。

7.1　铁－碳合金中的组元和基本相

7.1.1　铁的同素异晶转变

铁是化学元素周期表上的第 26 个元素，相对原子质量为 55.85，属于过渡族元素。熔点为 1 538 ℃，2 738 ℃气化。在 20 ℃时的密度为 7.87 g/cm^3。

图 7－1 是铁的冷却曲线。由图可以看出，纯铁具有同素异构转变，常压下纯铁的同素异构转变可表示如下：

$$\underset{\text{(体心立方)}}{\alpha-Fe} \xrightarrow{912\ ℃} \underset{\text{(面心立方)}}{\gamma-Fe} \xrightarrow{1\ 394\ ℃} \underset{\text{(体心立方)}}{\delta-Fe}$$

铁在 1 538 ℃结晶为 δ－Fe，它具有体心立方晶格。当温度继续冷却至 1 394 ℃时，δ－Fe 转变为面心立方晶格的 γ－Fe，当温度继续降至 912 ℃时，面心立方晶格的 γ－Fe 又转变为体心立方晶格的 α－Fe，在 912 ℃以下，铁的结构不再发生变化，这样一来，铁就具有三种同素异晶状态 δ－Fe、γ－Fe 和 α－Fe。铁的多晶型转变具有很大的实际意义，它是钢的合金化和热处理的基础。

7.1.2　铁－碳合金中的基本相

Fe 和 Fe_3C 是组成 $Fe-Fe_3C$ 相图的两个基本组元。在 $Fe-Fe_3C$ 二元合金系中，由于铁和碳之间相互作用不同，铁与碳既可形成固溶体，也可形成金属化合物。

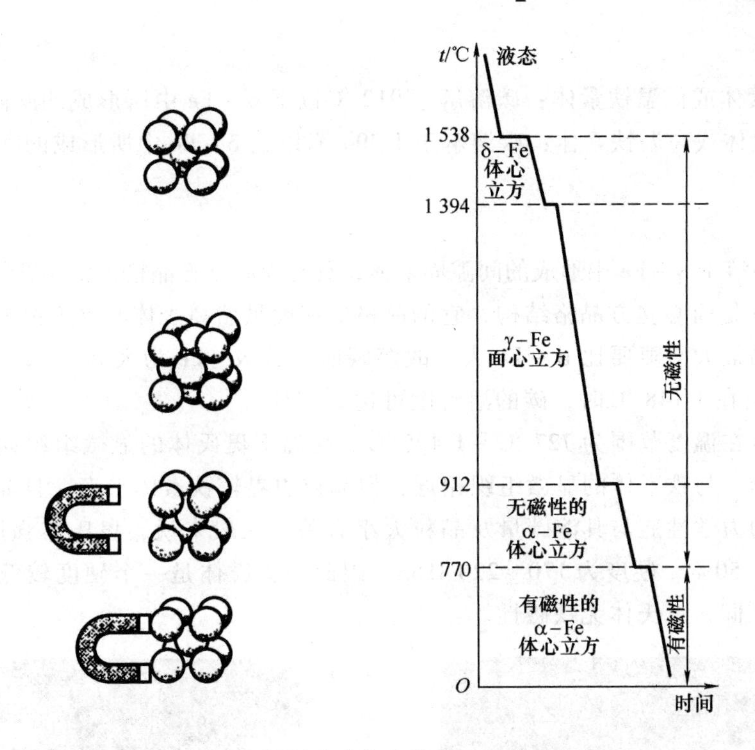

图7－1 纯铁的冷却曲线及晶体结构变化

碳溶解于体心立方晶格的α－Fe中所形成的间隙固溶体称为铁素体；碳溶解于面心立方晶格γ－Fe中形成的间隙固溶体称为奥氏体；碳与铁形成的间隙化合物称为渗碳体。铁素体、奥氏体和渗碳体是铁－碳合金的三个基本相。

1. 铁素体

铁素体是碳溶于α－Fe中形成的间隙固溶体，具有体心立方晶格，常用符号F或α表示。

由于α－Fe的晶格间隙很小，因而溶碳能力极差，在727 ℃时溶碳量最大，仅为0.021 8%。随着温度的下降溶碳量是逐渐减小的，在600 ℃时溶碳量约为0.005 7%；在室温时溶碳量为0.000 8%。因此，其力学性能几乎和纯铁相同，其力学性能数值如下：

抗拉强度σ_b： 180～230 N/mm^2；

屈服强度$\sigma_{0.2}$： 100～170 N/mm^2；

延伸率δ： 30%～50%

断面收缩率ψ： 70%～80%

冲击韧性α_k： 160～200 J/cm^2；

硬度HB： 50～80 HB；

700 ℃以下具有铁磁性，770 ℃以上失去铁磁性。

铁素体显微组织呈外形不规则的晶粒如图7－2所示。其性能表现为强度和硬度低，塑性和韧性好。

体心立方晶格的Fe存在于低于912 ℃和1 394 ℃～1 538 ℃的两个温度范围，故铁素体有以下两种。

（1）α 铁素体或低温铁素体：碳溶解于 912 ℃以下 α－Fe 中所形成的间隙固溶体。

（2）δ 铁素体或高温铁素体：碳溶解于 1 394 ℃以上 δ－Fe 中所形成的间隙固溶体。

2. 奥氏体

奥氏体是碳溶于 γ－Fe 中形成的间隙固溶体，具有面心立方晶格，常用符号 *A* 或 γ 表示。

由于 γ－Fe 是面心立方晶格结构，它的晶格致密度虽然高于体心立方晶格的 α－Fe，但由于其晶格间的最大空隙要比 α－Fe 大，故溶碳能力较 α－Fe 为大。在 727 ℃时碳的溶解度为 0. 77%，而在 1 148 ℃时，碳的溶解度可达 2. 11%。

奥氏体的存在温度范围为 727 ℃～1 495 ℃。高温下奥氏体的显微组织如图 7－3 所示，其晶粒呈多边形，与铁素体的显微组织相近，但晶粒边界较铁素体平直，且晶粒内常有孪晶出现。奥氏体的力学性能与其溶碳量及晶粒大小有关。一般来说，奥氏体强度低，塑性高，伸长率为 40%～50%，硬度为 170～220 HBS。因此，奥氏体是一个硬度较低而塑性较高的相。与 γ－Fe 相同，奥氏体无铁磁性。

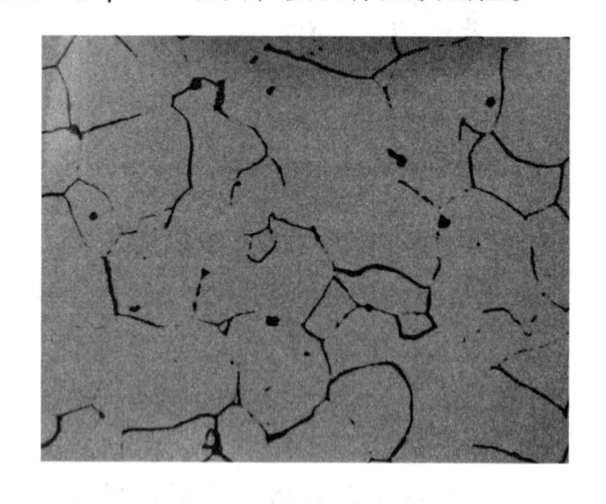

图 7－2　铁素体的显微组织

图 7－3　奥氏体的显微组织

显微组织为多边形、边界较平直、常有孪晶出现，性能表现为塑性较高、硬度较低、易于锻压变形。其力学性能数值如下：

硬度 HB：　　　　40～50 HB；

冲击韧性 α_k：　　　170～220 J/cm^2。

3. 渗碳体

渗碳体是铁与碳形成的间隙化合物，其含碳量为 6.69%。用“C”表示，化学式为 Fe_3C。渗碳体是铁－碳相图中的重要基本相。渗碳体属于正交晶系，晶体结构十分复杂，三个晶格常数分别为 $a=0.451\ 5$ nm，$b=0.507\ 7$ nm，$c=0.674\ 3$ nm。图 7－4 是渗碳体晶胞的立体图，其中含有 12 个铁原子和 4 个碳原子，

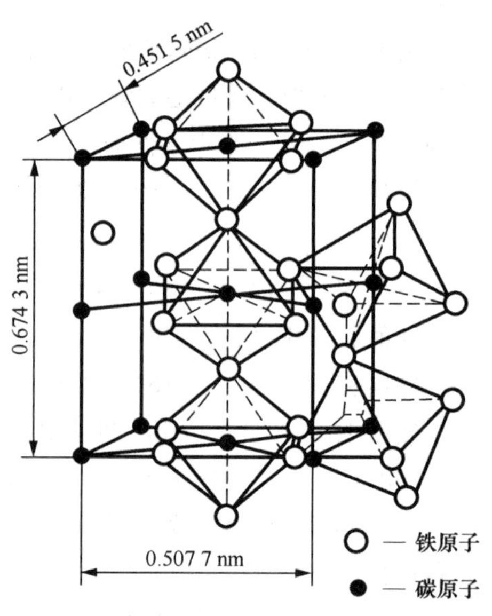

图 7－4　渗碳体的晶体结构

符合Fe∶C =3∶1 的关系，故用 Fe_3C 来表示。

渗碳体具有很高的硬度，约为 800 HB，但塑性很差，延伸率接近于零。渗碳体于低温下具有一定的铁磁性，但是在 230 ℃以上，铁磁性就消失了，所以 230 ℃是渗碳体的磁性转变温度，称为 A_0转变。根据理论计算，渗碳体的熔点为 1 227 ℃。其显微组织呈白亮色，呈片状、粒状、网状等形态，形态对性能有较大影响。

7.2 铁 – 碳合金相图的分析

7.2.1 铁 – 碳合金相图中的特性点

图 7 – 5 为 Fe – Fe_3C 相图，图中各特性点的温度、碳含量及意义示于表 7 – 1 中。

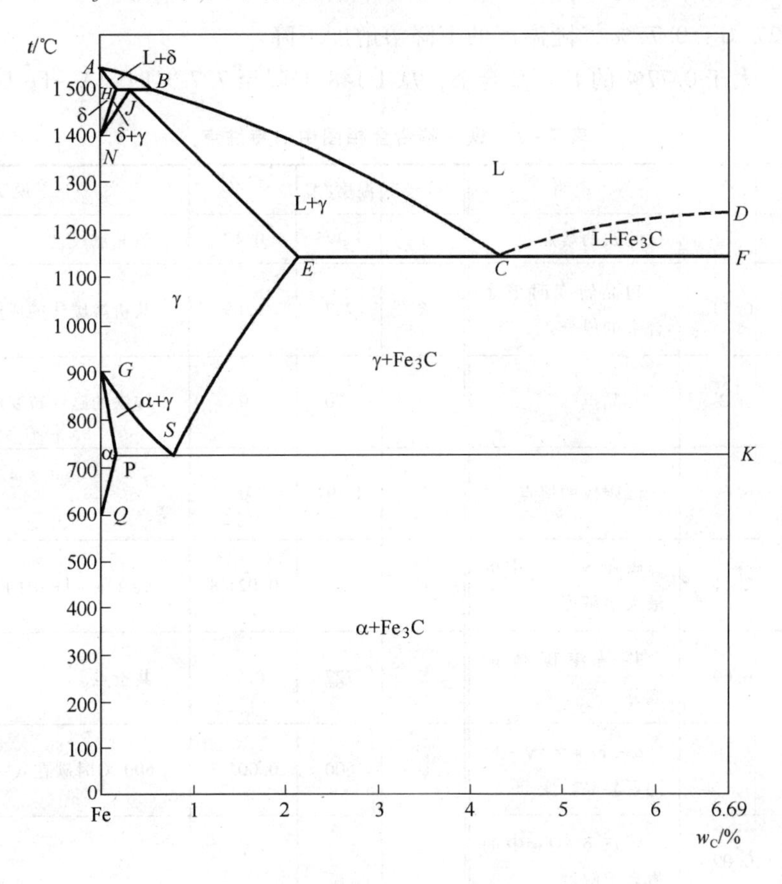

图 7 – 5 Fe – Fe_3C 相图

7.2.2 碳合金相图中的特性线

1. 液相线：*ABCD*

   固相线：*AHJECF*

2. 三条水平线

(1) *HJB*：包晶水平线。

$\delta_{0.09} + L_{0.53} \xrightarrow{1\,495\ ℃} A_{0.17}$

（2）共晶转变线：*ECF*。

$L_{4.3} \xrightarrow{1\,148\ ℃} A_{2.11} + Fe_3C$

（$A + Fe_3C$）称为莱氏体，记为 L_d。

（3）共析转变线：*PSK*。

$A_{0.77} \xrightarrow{727\ ℃} F_{0.021\,8} + Fe_3C$；

（$F + Fe_3C$）称为珠光体，记为 P。

3. 两条固溶度曲线

（1）碳在奥氏体中的固溶度曲线：*ES*。

1）1 148 ℃：2.11%；

2）727 ℃：0.77%，随温度的下降溶解度下降。

3）w_C 大于 0.77% 的 Fe－C 合金，从 1 148 ℃降至 727 ℃时：$A \rightarrow Fe_3C_{II}$。

表 7－1　铁－碳合金相图中的特性点

符号	温度/℃	w_C/%	说明	符号	温度/℃	w_C/%	说明
A	1 538	0	纯铁的熔点	*J*	1 495	0.17	包晶点
B	1 495	0.53	包晶转变时液态合金的成分	*K*	727	6.69	共析渗碳体的成分
C	1 148	4.3	共晶点	*M*	770	0	纯铁的磁性转变温度
D	1 227	6.69	渗碳体的熔点	*N*	1 394	0	$\gamma - Fe \rightleftharpoons \delta - Fe$ 同素异晶转变点
E	1 148	2.11	碳在 $\gamma - Fe$ 中的最大溶解度	*P*	727	0.021 8	碳在 $\alpha - Fe$ 中的最大溶解度
F	1 148	6.69	共晶渗碳体的成分	S	727	0.77	共析点
G	912	0	$\alpha - Fe \rightleftharpoons \gamma - Fe$ 同素异晶转变点	*Q*	600	0.005 7	600 ℃时碳在 $\alpha - Fe$ 中的溶解度
H	1 495	0.09	碳在 $\delta - Fe$ 中的最大溶解度				

（2）碳在铁素体中的溶解度：*PQ*。

727 ℃：0.021 8%；

600 ℃：0.005 7%；

室温：0.000 8%；

当温度从 727 ℃降至室温时 $F \rightarrow Fe_3C_{III}$。铁碳合金相图中的特性线及其含义归纳于表 7－2 中。

表7－2 铁碳合金相图中的特性线

特性线	性质
ABCD	铁碳合金的液相线
AHJECF	铁碳合金的固相线
HN	碳在δ－Fe中的溶解度曲线
JN	δ固溶体向奥氏体转变终了温度线（A_4）
GS	奥氏体向铁素体转变开始温度线
PQ	奥氏体向铁素体转变终了温度线
ES	碳在奥氏体中的溶解度曲线
HJB	包晶转变线 $\delta_{0.09}+L_{0.53}\rightleftharpoons A_{0.17}$
ECF	共晶转变线 $L_{4.3}\rightleftharpoons A_{2.11}+Fe_3C$
PSK	共析转变线 $A_{0.77}\rightleftharpoons F_{0.0218}+Fe_3C$
MO	铁素体的磁性转变线
230 ℃水平点化线	渗碳体的磁性转变线

7.2.3 铁碳合金相图中的相区

相图中有四个单相区，分别是：液相区（*ABCD*线以上）、δ固溶体区（*AHNA*）、奥氏体区（*NJESGN*）、铁素体区（*GPQG*）。

有七个两相区（分别存在于两个相邻的单相区之间），即L＋δ、L＋A、L＋Fe_3C、δ＋A、A＋F、A＋Fe_3C、F＋Fe_3C。

7.3 铁－碳合金的平衡结晶和室温组织

7.3.1 铁－碳合金的分类

根据相变特征和室温组织的不同，铁碳合金可分成工业纯铁、钢和白口铸铁三种。典型铁碳合金的成分与室温组织见表7－3。

表7－3 典型铁碳合金的成分与室温组织

种类	名称	含碳量/%	室温组织
工业纯铁	工业纯铁	<0.0218	$F+Fe_3C_{III}$
钢	亚共析钢	0.0218～0.77	F＋P
	共析钢	0.77	P
	过共析钢	0.77～2.11	$P+Fe_3C_{II}$
白口铸铁	亚共晶白口铸铁	2.11～4.3	$P+Fe_3C_{II}+L'_d$
	共晶白口铸铁	4.3	L'_d
	过共晶白口铸铁	4.3～6.69	$Fe_3C_I+L'_d$

7.3.2 铁－碳合金的平衡结晶和室温组织

典型铁－碳合金的结晶过程，如图7－6所示。

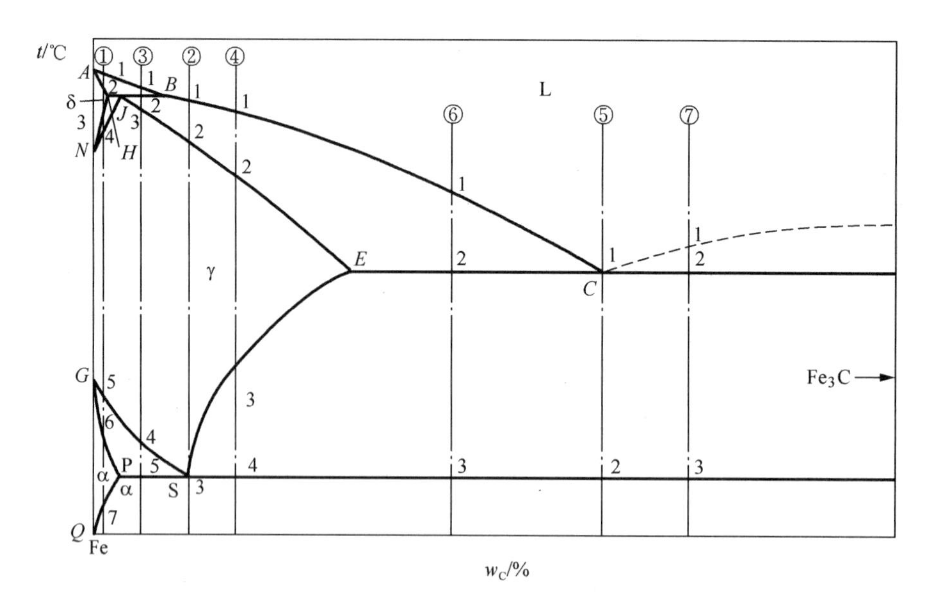

图 7－6　典型铁－碳合金的结晶过程

1. 工业纯铁的结晶过程及其组织转变（以含碳为 0.01% 的合金为例）

（1）结晶过程如下：

1 点以上：L

1～2 点：L→δ

2～3 点：δ

3～4 点：δ→A

4～5 点：A

5～6 点：A→F

6～7 点：F

7 点以下：F→$Fe_3C_{Ⅲ}$（从铁素体中析出的渗碳体称为三次渗碳体）

（2）结晶过程示意如图 7－7 所示。

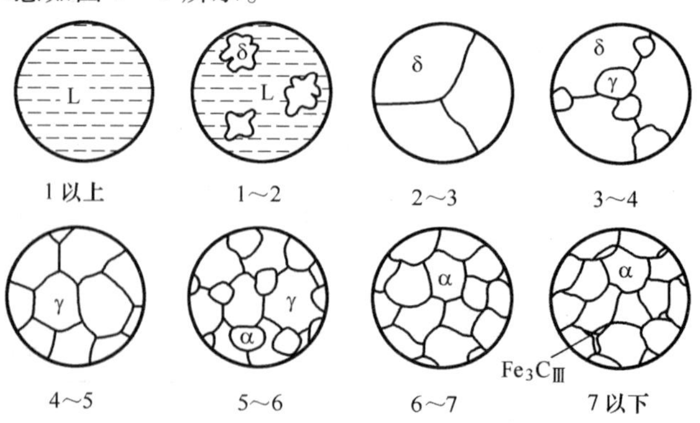

图 7－7　工业纯铁的平衡结晶示意图

1）室温组织：$F + Fe_3C_{Ⅲ}$；

2）铁素体和三次渗碳体的相对量可由杠杆定律求出，含碳为0.021 8%的合金冷却到室温时析出的三次渗碳体最多。即

$$Q_{Fe_3C_{Ⅲ}} = \frac{0.021\ 8}{6.69} \times 100\% = 0.33\%$$

工业纯铁的显微组织，如图7－8所示。

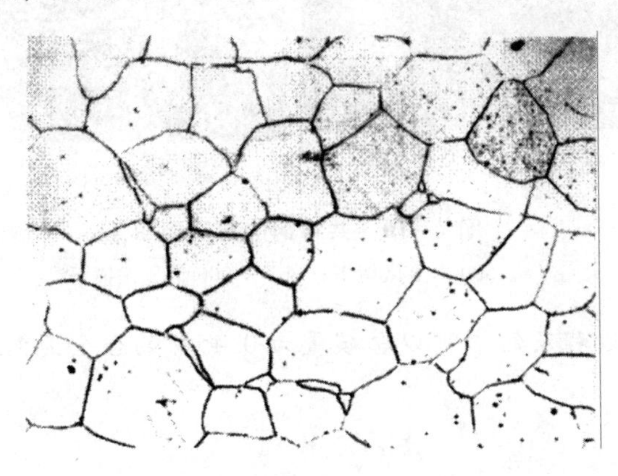

图7－8 工业纯铁的显微组织

2. 共析钢的结晶过程及其组织转变（含碳量为0.77%）

1点以上：L

1～2点：L→A

2～3点：$A_{0.77}$

3点：$A_{0.77} \xrightarrow{727\ ℃} (F_{0.021\ 8} + Fe_3C)$

$(F_{0.021\ 8} + Fe_3C)$ 为共析组织，称为珠光体，用P表示。珠光体中的Fe_3C称为共析渗碳体，结晶过程如图7－9所示。

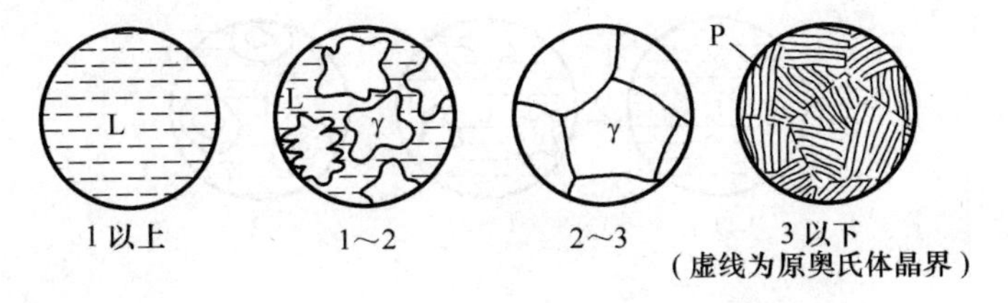

图7－9 共析钢的平衡结晶示意图

室温组织：P珠光体中铁素体和渗碳体相对量，即

$$F_P = \frac{6.69 - 0.77}{6.69} \times 100\% = 89\%$$

$$Fe_3C = 1 - F_P = 11\%$$

共析钢的显微组织，如图7－10所示。

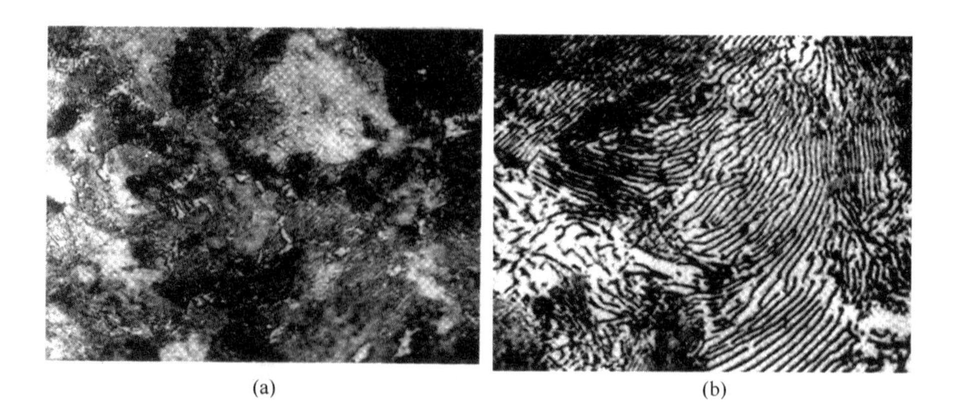

(a) (b)

图 7-10 共析钢的显微组织

(a) 500 倍显微镜下；(b) 1 000 倍显微镜下

3. 亚共析钢的结晶过程及组织（以含碳量为 0.45% 的合金为例）

1 点以上：L（液态）

1~2 点：L→δ

2 点：L+δ→A　发生包晶转变，包晶转变结束后，除 A 外，还有 L 剩余；

2~3 点：L→A

3~4 点：$A_{0.45}$

4~5 点：A→F　A 的量减少，奥氏体的含碳量沿 *GS* 线变化，

F 的量增加，先共析 F 的含碳量沿 *GP* 线变化。

5 点（727 ℃）：$A_{0.77}$→（F+Fe_3C）先共析 F 的含碳量为 0.021 8%，奥氏体的含碳量为 0.77%，发生共析转变，共析转变物为珠光体，记为 P。

5 点以下：F→$Fe_3C_{Ⅲ}$（量少，可忽略）

亚共析钢的室温组织：F+P，结晶过程如图 7-11 所示。

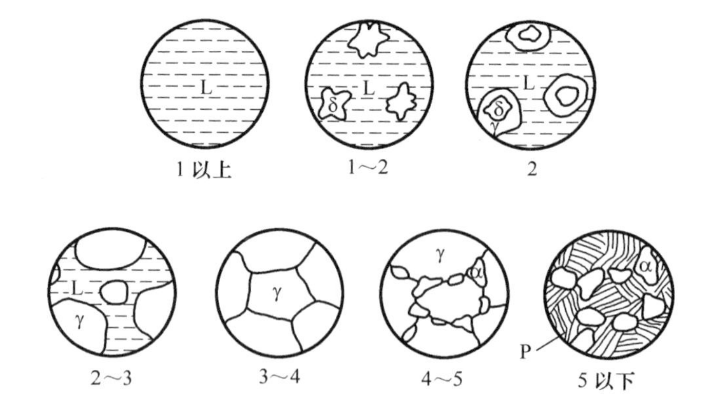

图 7-11 亚共析钢的平衡结晶示意图

铁素体和珠光体的相对量可由杠杆定律求出：

$$Q_F = \frac{0.77-0.45}{0.77-0.021\ 8} \times 100\% = 42.7\%$$

$$Q_P = A_{0.77} = \frac{0.45 - 0.0218}{0.77 - 0.0218} \times 100\% = 57.3\%$$

所有亚共析钢的室温组织都为 F + P，含碳量越高，珠光体越多，铁素体越少。

常用共析钢的显微组织来估算含碳量：钢的含碳量 = $P \times 0.77\%$，（P 为珠光体的面积百分比）。

用杠杆定律也可求相组成物的相对量：

$$Q_F = \frac{6.69 - 0.45}{6.69 - 0.0218} \times 100\% = 93\%$$

$$Q_{Fe_3C} = \frac{0.45 - 0.0218}{6.69 - 0.0218} \times 100\% = 7\%$$

亚共析钢的显微组织，如图 7－12 所示。

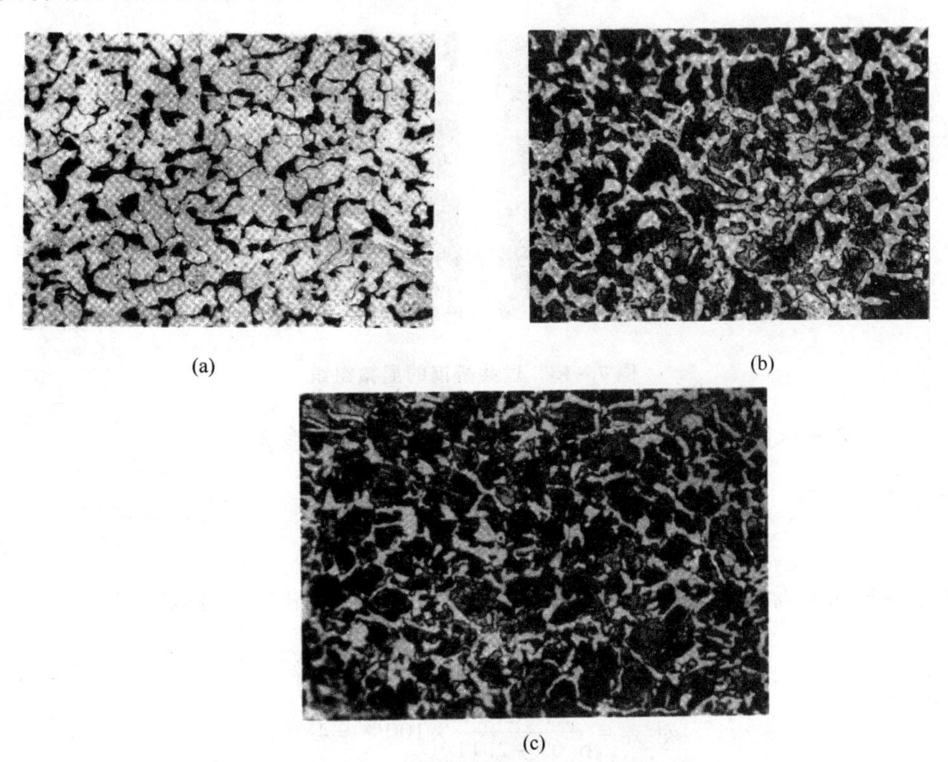

(a) (b) (c)

图 7－12　亚共析钢的显微组织

(a) 含碳 0.2%；(b) 含碳 0.4%；(c) 含碳 0.6%

4. 过共析钢的结晶过程及组织（以含碳量为 1.2% 的合金为例）

1 点以上：L

1～2 点：L→A

2～3 点：A

3～4 点：A→Fe_3C_{II}

（从奥氏体中析出的渗碳体称为二次渗碳体，二次渗碳体呈网状分布，析出渗碳体后，奥氏体的含碳量沿 ES 变化）

4 点：$A_{0.77} \rightarrow F + Fe_3C$

室温组织：$P + Fe_3C_{Ⅱ}$

过共析钢的显微组织，如图 7－13 所示。

珠光体、二次渗碳体的相对量，可由杠杆定律求出：

$$Q_{Fe_3C_{Ⅱ}} = \frac{1.2 - 0.77}{6.69 - 0.77} \times 100\% = 7.3\%$$

$$Q_{P_{0.77}} = A_{0.77} = \frac{6.69 - 1.2}{6.69 - 0.77} \times 100\% = 92.7\%$$

当含碳量为 2.11% 时二次渗碳体的量最大：

$$Q_{Fe_3C_{Ⅱ}最大} = \frac{2.11 - 0.77}{6.69 - 0.77} \times 100\% = 22.6\%$$

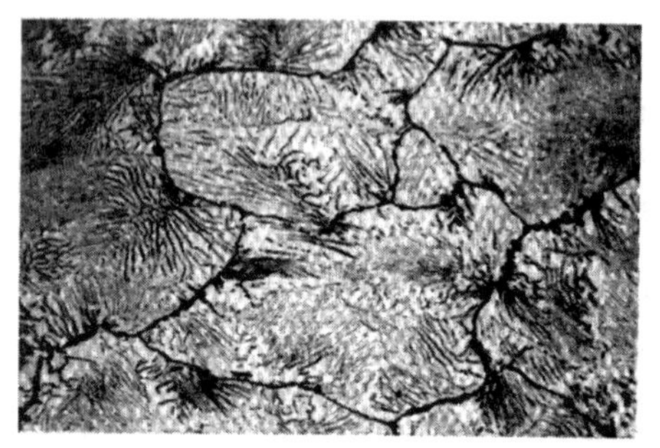

图 7－13　过共析钢的显微组织

5. 共晶白口铸铁的结晶过程及组织（含碳量为 4.3% 的合金）

1 点：共晶转变

$$L_{4.3} \xrightarrow{1\,148\ ℃} (A_{2.11} + Fe_3C)$$

$(A_{2.11} + Fe_3C)$ 称为莱氏体，记为 L_d，莱氏体组织中 A 和 Fe_3C 的相对量：

$$Q_{A_{2.11}} = \frac{6.69 - 4.3}{6.69 - 2.11} \times 100\% = 52\%$$

$$Q_{Fe_3C} = \frac{4.3 - 2.11}{6.69 - 2.11} \times 100\% = 48\%$$

1～2：　　$A \rightarrow Fe_3C_{Ⅱ}$

A 的含碳量沿 *ES* 降低，A 的量减少，Fe_3C 的量增加，温度 2 点时莱氏体中 A 和 Fe_3C 的相对量为：

$$Q_{A_{0.77}} = \frac{6.69 - 4.3}{6.69 - 0.77} \times 100\% = 40\%$$

$$Q_{Fe_3C} = \frac{4.3 - 0.77}{6.69 - 0.77} \times 100\% = 60\%$$

组织为：高温莱氏体 $A + Fe_3C_{Ⅱ} + Fe_3C_{共晶}$。

2 点：$A_{0.77} \xrightarrow{727\ ℃} (F + Fe_3C)$　　A 的含碳量为 0.77%，发生共析转变。

室温组织：低温莱氏体 $P + Fe_3C_{Ⅱ} + Fe_3C_{共晶}$

结晶过程如图 7－14 所示。

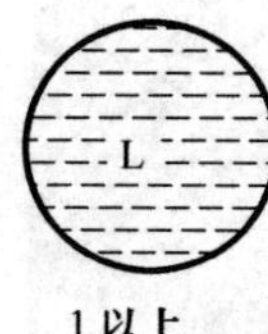

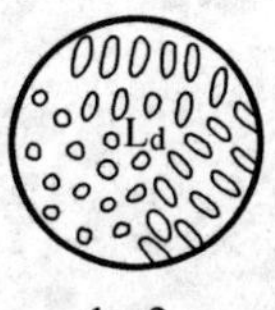

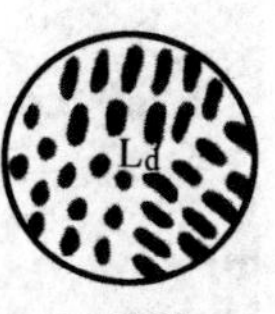

图7－14 共晶白口铸铁的平衡结晶示意图

6. 亚共晶白口铸铁的结晶过程及组织（以含碳量为3%的合金为例）

1点以上：L

1～2点：L→A（初生奥氏体）　　$A_{初生}$含碳量沿 *JE* 变化；液相含碳量沿 *BC* 变化。

2（1 148 ℃）：$L_{4.3} \xrightarrow{1\ 148\ ℃} (A_{2.11} + Fe_3C)$　　$A_{初生}$含碳量为2.11%；液相含碳量为4.3%。

共晶转变结束后组织为：$A_{2.11} + L_d$（$A_{2.11} + Fe_3C_{共晶}$）。

其相对量为：

$$Q_{A_{2.11}} = \frac{4.3 - 3.0}{4.3 - 2.11} \times 100\% = 59\%$$

$$Q_{L_d} = \frac{3.00 - 2.11}{4.3 - 2.11} \times 100\% = 41\%$$

2～3：$A \rightarrow Fe_3C_{II}$

组织为：$A + Fe_3C_{II}$ +（$A + Fe_3C_{II} + Fe_3C_{共晶}$）

3点（727 ℃）：$A_{0.77} \xrightarrow{727\ ℃} (F + Fe_3C)$

A的含碳量为0.77%，发生共析转变A→P。

室温组织：$P + Fe_3C_{II}$ +（$P + Fe_3C_{II} + Fe_3C_{共晶}$）

组织中各组成物的相对量为：

$$Q_{L_d} = \frac{3.00 - 2.11}{4.3 - 2.11} \times 100\% = 41\%$$

$$Q_P = \frac{6.69 - 2.11}{6.69 - 0.77} \times 59\% = 46\%$$

$$Q_{Fe_3C_{II}} = \frac{2.11 - 0.77}{6.69 - 0.77} \times 59\% = 13\%$$

结晶过程如图7－15所示。亚共晶白口铸铁的显微组织如图7－16所示。

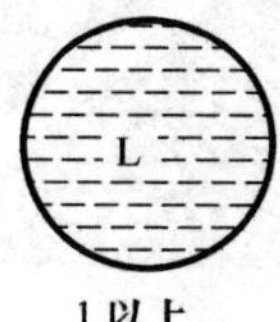

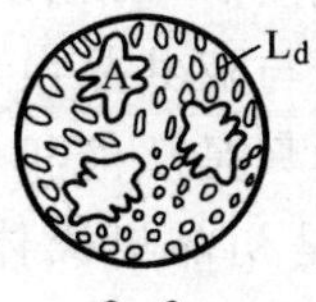

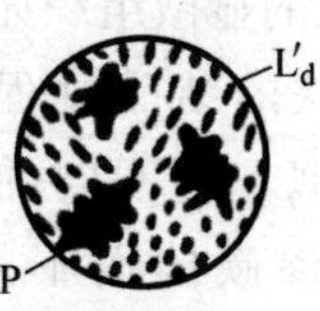

图7－15 亚共晶白口铸铁的平衡结晶示意图

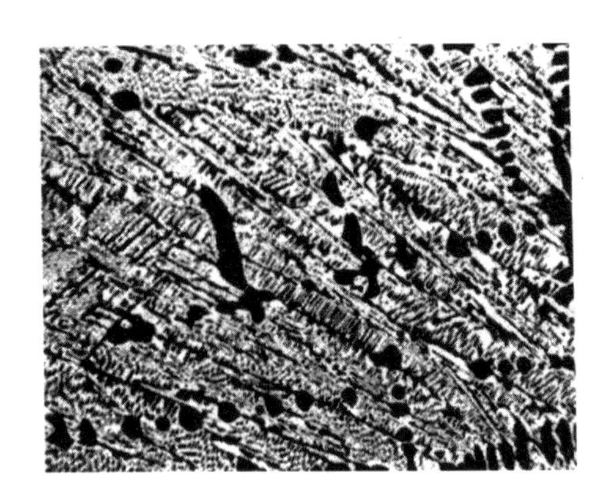

图 7-16　亚共晶白口铸铁的显微组织

7. 过共晶白口铸铁的结晶过程及组织（以含碳量为 5% 的合金为例）

1 点以上：L

1～2 点：$L \rightarrow Fe_3C_I$　L 相的含碳量降低，沿 1C 变化；

2 点（1 148 ℃）：共晶转变 $L_{4.3} \xrightarrow{1\ 148\ ℃} (A_{2.11} + Fe_3C)$ $L_{剩}$发生；

2～3 点：$A \rightarrow Fe_3C_{II}$

3 点（727 ℃）：共析转变　$A_{0.77} \xrightarrow{727\ ℃} (F + Fe_3C)$

室温组织：Fe_3C_I + $(P + Fe_3C_{II} + Fe_3C_{共晶})$

结晶过程如图 7-17 所示。

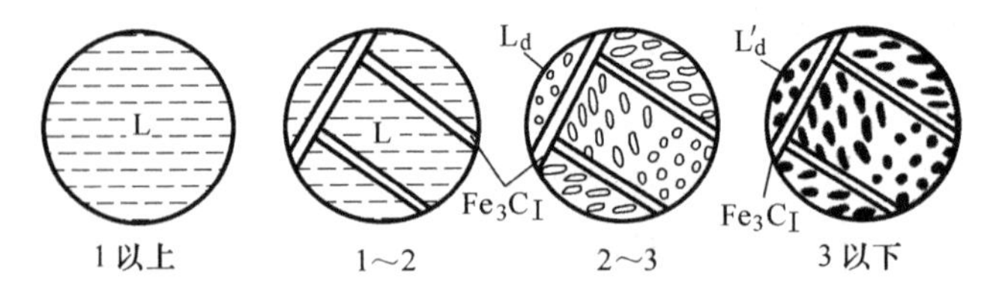

图 7-17　过共晶白口铸铁的平衡结晶示意图

初生奥氏体和低温莱氏体的相对量为：

$$Q_{Fe_3C_I} = \frac{5.00 - 4.3}{6.69 - 4.3} \times 100\% = 29\%$$

$$Q_{L'_d} = \frac{6.69 - 5.0}{6.69 - 4.3} \times 100\% = 71\%$$

过共晶白口铸铁的显微组织如图 7-18 所示。

图 7-18　过共晶白口铸铁的显微组织

过共晶白口铸铁的结晶过程与亚共晶白口铸铁的结晶过程相似，所不同的只是从液相中先结晶出的是一次渗碳体而不是初晶奥氏体。所有过共晶白口铸铁的结晶过程和最后组织都相同，只是当合金碳的质量分数越接近 6.69%，组织中莱氏体数量越少，一次渗碳体量越多。

将上述各类铁－碳合金结晶过程中的组织变化，填入铁－碳合金相图中，则得到按组织分区的铁－碳合金相图，如图7－19所示。

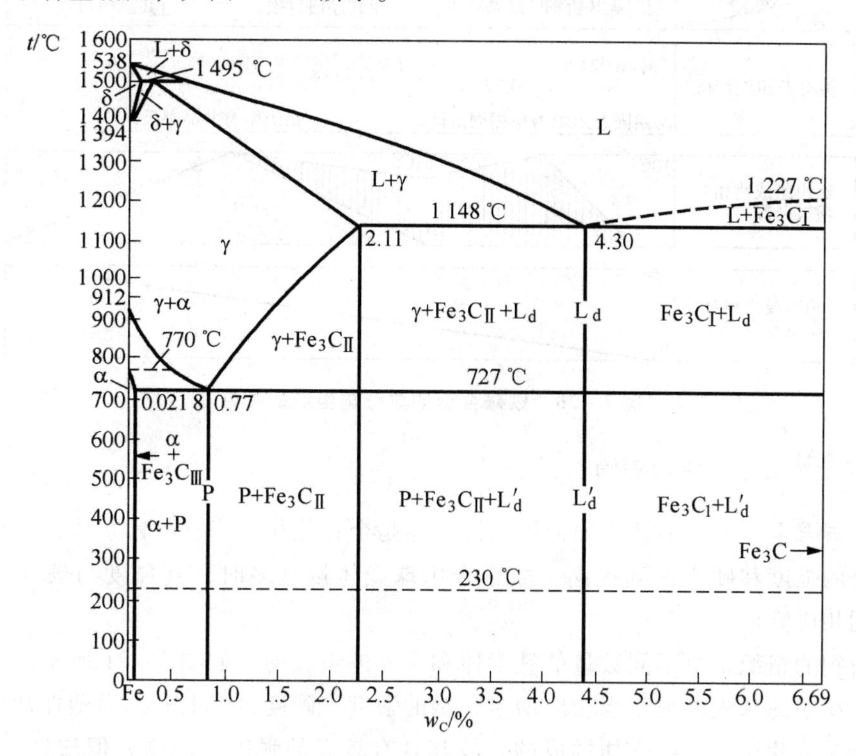

图7－19 按组织区分的铁－碳合金相图

从图上可以看出，在常温下，亚共析钢的组织是：铁素体和珠光体；共析钢的组织是：珠光体；过共析钢的组织是：珠光体和二次渗碳体；亚共晶白口铸铁的组织是：珠光体、低温莱氏体和二次渗碳体；共晶白口铸铁的组织是：低温莱氏体；过共晶白口铸铁的组织是：低温莱氏体和一次渗碳体。

7.3.3 含碳量对铁碳合金平衡组织和性能的影响

1. 含碳量对平衡组织的影响

根据相图运用杠杆定律，可以把不同成分的铁－碳合金缓冷后的室温组织中相组成物及组织组成物间的定量关系计算出来，其结果归纳总结于图7－20中。

含碳量的变化，不仅引起铁素体和渗碳体相对量的变化，而且要引起组织的变化，这是由于成分的变化，引起不同性质的结晶过程，从而使相发生变化。随着含碳量的增加，铁－碳合金的组织变化顺序为：

$$F \rightarrow F + P \rightarrow P \rightarrow P + Fe_3C_{II} \rightarrow P + Fe_3C_{II} + L_d' \rightarrow L_d' \rightarrow L_d' + Fe_3C_{I}$$

含碳量增高，组织中Fe_3C的数量增加，且Fe_3C的存在形式也在变化，由分布在铁素体的基体内，变为分布在奥氏体的晶界上，最后当形成莱氏体时，Fe_3C已作为基体出现。这就是说，不同含碳量的铁碳合金具有不同的组织，这也正是决定它们具有不同性质的原因。

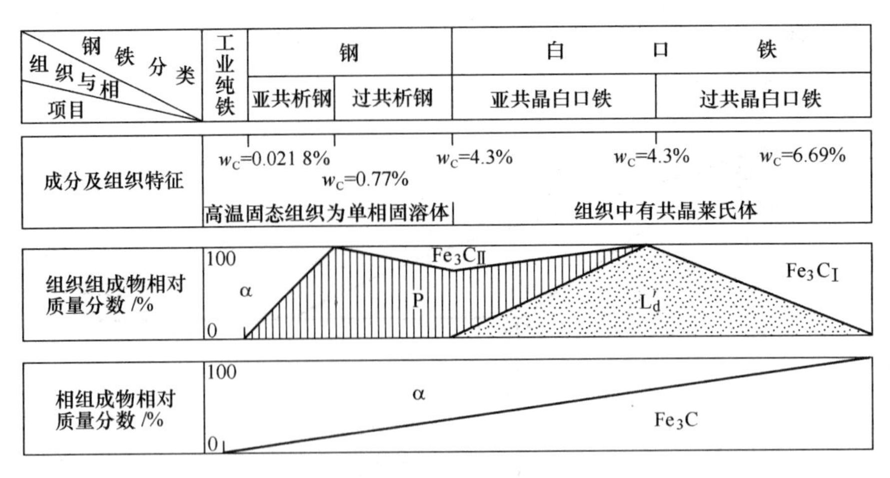

图 7－20　铁碳合金的成分与组织的关系

2. 含碳量对力学性能的影响

在铁－碳合金中，一般认为硬而脆的渗碳体是个强化相。当它与铁素体构成片层状珠光体时，合金的强度和硬度得到提高，故合金中珠光体量越多时，其强度与硬度越高，而塑性、韧性则相应降低。

亚共析钢的组织是由不同数量的铁素体和珠光体组成的。如图 7－21 所示，随着含碳量的增加，组织中的珠光体数量也相应增多，钢的强度、硬度直线上升，而塑性和韧性逐渐降低。共析钢是由片层状的珠光体构成的。故其具有较高的强度、硬度，但塑性、韧性较低。过共析钢的组织是由珠光体和二次渗碳体构成，随着含碳量的增加，二次渗碳体的数量逐渐增加，并呈网状分布，从而使钢的脆性增加而强度下降。因此，当钢中碳的质量分数 w_C 大于 0.9% 以后，随着钢中含碳量不断增加，在其塑性和韧性逐渐降低的同时，其强度也逐渐降低。为了保证工业上使用的钢具有足够的强度，并有一定的塑性和韧性，钢中碳的质量分数 w_C 一般都不超过 1.3% ～1.4% 。

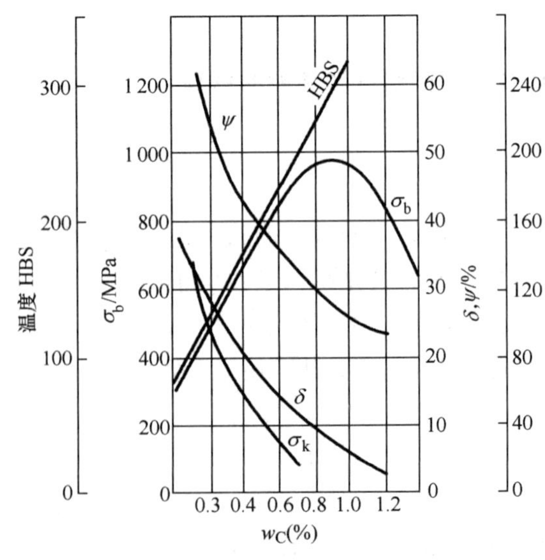

图 7－21　含碳量对力学性能的影响

3. 含碳量对切削加工性能的影响

含碳量对切削加工性能有一定影响。低碳钢（$w_C<0.25\%$）中铁素体较多，塑性好，且切削时产生切削热较大，容易粘刀，切削时不易断屑，影响表面粗糙度，切削加工性能不好。高碳钢（$w_C\geqslant0.6\%$）中渗碳体较多，并且 $w_C>0.77\%$ 后，二次渗碳体呈网状分布，切削抗力大，刀具磨损严重，切削加工性能也差。中碳钢（$0.25\%<w_C<0.6\%$）中铁素体与渗碳体的比例适当，硬度和塑性适中，其切削性能较好。白口铸铁中由于具有较多的渗碳体，性能硬而脆，难以切削加工，因而生产中应用不广。

7.3.4 铁－碳合金相图应用

铁－碳合金相图反映了铁碳合金组织随温度和成分变化的规律，利用它可以分析不同成分的铁－碳合金的性能，指导选择材料，同时，它还是制订各种热加工工艺的重要依据。

1. 在选材方面的应用

根据成分—组织—性能的规律，若需要塑性、韧性高的材料应选用低碳钢；若需要强度、塑性及韧性都较好的材料应选用中碳钢；若需要硬度高、耐磨性好的材料应选用高碳钢。

一般低碳钢和中碳钢主要用来制造机器零件或建筑结构，高碳钢用来制造各种工具。

白口铸铁具有很高的硬度和脆性，抗磨损能力高，可用做需要耐磨而不受冲击载荷的工件，如拔丝模、犁铧、球磨机的铁球等。此外，白口铸铁可作炼钢的原料，也可作为生产可锻铸铁的原始坯料。

2. 在铸造生产方面的应用

按照铁－碳合金相图可以确定碳钢和铸铁的浇注温度。浇注温度一般在液相线以上 50 ℃～100 ℃。铸铁有共晶转变，铸造性能比钢好。以共晶成分的白口铸铁和纯铁的铸造性能为最好。因为它们的结晶温度区间为零，故流动性好，分散缩孔较少，有可能得到致密的铸件。所以铸铁的成分应尽量选择在共晶点附近。钢的结晶温度区间随含碳量的增加而增大，但结晶开始温度却随含碳量增加而降低，故生产上将铸钢的成分规定在适当的范围内，一般碳的质量分数 $w_C>0.15\%\sim0.55\%$，因此，这时力学性能较好，结晶温度区间相对较小，铸造性能也较好（但比铸铁差得多）。

3. 在压力加工工艺方面的应用

钢处于奥氏体状态时，强度较低，塑性较好，便于塑性变形。因此，钢材的轧制或锻造必须选择在单相奥氏体区的适当温度范围内进行。其选择原则是开始轧制或锻造温度不得过高，以免钢材氧化严重和发生奥氏体晶界熔化，一般始锻（轧）温度控制在固相线以下 100 ℃～200 ℃。而终锻（轧）温度对亚共析碳钢应控制在稍高于 *GS* 线以上，对于过共析钢应控制在稍高于 *PSK* 线以上，温度不能过低，以免使钢材塑性差而导致产生裂纹。低碳钢由于塑性较好，终锻温度可在 800 ℃左右。各种碳钢合适的压力加工温度范围，如图 7－22 所示。

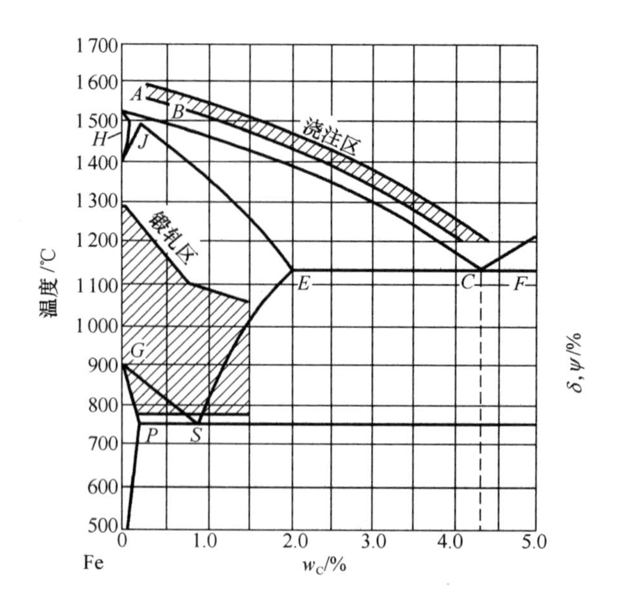

图 7-22　$Fe-Fe_3C$ 合金相图与热加工温度之间的关系

4. 在热处理方面的应用

各种热处理方法的加热温度也与 $Fe-Fe_3C$ 合金相图有密切的关系。退火、正火、淬火的温度选择都是以 $Fe-Fe_3C$ 合金相图为依据，这将在后续章节中详细讨论。

5. 在焊接工艺方面的应用

焊接时，由焊缝到母材各区域的加热温度是不同的，由 $Fe-Fe_3C$ 合金相图可知，在不同加热温度下，会获得不同的高温组织，随后的冷却也就可能出现不同的组织与性能，这就需要在焊接后采用合适的热处理方法加以改善。

必须指出，使用 $Fe-Fe_3C$ 相图时还要考虑多种杂质或合金元素的影响。同时铁－碳合金相图不能说明快速加热或冷却时铁－碳合金组织的变化规律。相图上各相的相变温度都是在所谓的平衡（即非常缓慢加热和冷却）条件下得到的，所以实际生产过程中当钢铁材料冷却和加热速度较快时，不能完全用 $Fe-Fe_3C$ 合金相图来分析问题，还必须借助其他的理论知识。

思考与练习

1. 解释下列名词并说明其性能特点：铁素体、奥氏体、珠光体、莱氏体、渗碳体。
2. 画出 $Fe-Fe_3C$ 相图，并注明各点的符号、温度、成分，填出各相区的组织组成物。
3. 写出 $Fe-Fe_3C$ 相图中三条水平线的转变式，并注明含碳量及温度。
4. 比较 $Fe_3C_Ⅰ$、$Fe_3C_Ⅱ$、$Fe_3C_Ⅲ$，Fe_3C 共晶、Fe_3C 共析的异同之处。
5. 分析 w_C 为 0.01%、0.45%、0.77%、1.2%、3.5% 的铁－碳合金的结晶过程及室温组织。

6. 计算 w_C 为0.01%、0.45%、1.2%的铁碳合金在室温时铁素体与渗碳体两相的相对量及它们的组织组成物的相对量。

7. 有两种－铁碳合金，其中一种合金的显微组织中珠光体量占75%，铁素体量占25%；另一种合金的显微组织中珠光体量占92%，二次渗碳体量占8%，问这两种合金各属于哪一类合金？其含碳量各为多少？

8. w_C =0.25%的钢在平衡状态下，珠光体和铁素体各占多少？若 w_C =0.77%的钢在平衡状态下硬度为240 HBS，纯铁的硬度为80 HBS。试估算 w_C =0.25%钢的硬度为多少？

9. 同样形状和大小的两块铁碳合金，一块是低碳钢，另一块是白口铸铁，如何迅速用简易的方法区别出来？

10. 随着钢中碳的质量分数 w_C 的增加，钢的力学性能有何变化？为什么？

11. 说明下列现象的原因：

（1）含碳量越高的钢，其硬度越高（退火态）。

（2）在退火状态下，w_C 为0.77%的钢比 w_C 为1.2%的钢强度高。

（3）在1 100 ℃时，w_C 为0.4%的钢能进行锻造，而 w_C 为4.0%的铸铁不能锻造。

（4）钢铆钉一般用低碳钢制成。

（5）钳工锯T8、T12等钢料比锯10、20钢费力且锯条易磨损，说明其原因。

12. 根据Fe－Fe_3C 相图，将三种成分合金在给定温度下的显微组织填于下表：

含碳量/%	温度/℃	显微组织	温度/℃	显微组织
0.25	800		900	
0.77	700		800	
1.2	680		800	

第8章　钢的热处理

本章简介：热处理是将固态金属或合金采用适当的加工程序进行加热、保温和冷却，从而获得所需要的组织和性能的一种工艺方法。本章主要介绍了热处理的基本概念及分类；钢的加热与冷却转变，C曲线和影响因素；过冷奥氏体的等温冷却转变和连续冷却转变的组织变化及其性能特点；常用热处理工艺；其他热处理方法。

重点：（1）钢的奥氏化过程及奥氏体的晶粒度。

（2）等温转变与连续转变产物的组织与性能。

（3）各种热处理工艺及选用。

难点：（1）过冷奥氏体的等温冷却转变和连续冷却转变组织变化及其性能特点。

（2）淬透性与淬硬性概念；

（3）普通热处理工艺的特点及选用。

8.1　概述

8.1.1　热处理的基本概念及分类

钢的热处理是指在固态下对钢材实施加热、保温和冷却的操作，以改变钢材的内部组织结构，从而达到改善钢材性能的一种热加工工艺，其工艺曲线如图8－1所示。

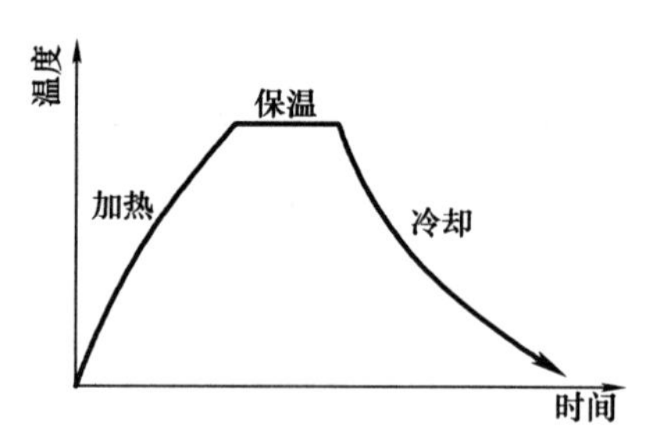

图8－1　热处理工艺曲线

热处理是一种重要的金属热加工工艺，在机械制造工业中应用广泛，例如汽车中需热处理的零件占70%～80%，各种工具、模具及轴承等零件需100%的热处理，如果把预备热处理也包括进去，几乎所有的零件都需要热处理。正确的热处理不仅可以改善钢材的工艺性能和使用性能，充分挖掘材料潜力，延长零件的使用寿命，提高产品质量，节约资源，还可以消除材料内在缺陷、细化晶粒、降低内应力等。

钢材之所以能进行热处理，是由于钢在固态下具有相变，对于在固态下不发生相变的金属是不能用热处理的方法强化的。

热处理根据不同情形分为以下两种情况。

（1）在进行热处理时，根据工艺安排先后可分为以下两大类。

1）预备热处理——为随后的加工（冷拔、冲压、切削）或进一步热处理做准备的热处理。

2）最终热处理——赋予工件所要求的使用性能的热处理。

（2）根据加热和冷却方式的不同分类，如图8－2所示。

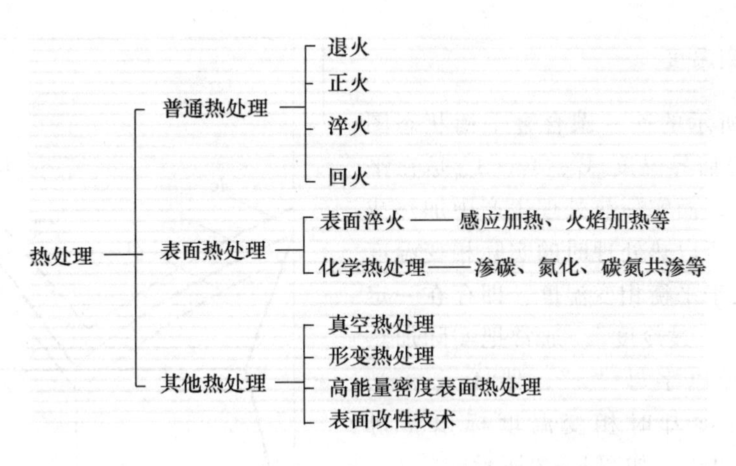

图 8-2 热处理的分类

8.1.2 热处理设备的分类

目前的热处理设备种类很多，一般按它们在热处理生产过程中所起的作用分为：主要设备和辅助设备两大类。

1. 主要热处理设备

主要设备是完成热处理主要工序所用的设备，包括加热和冷却设备，以加热设备最为重要，加热设备有各种加热炉和加热装置。热处理设备按其特点分类如下。

（1）按加热方式，可分为加热电阻炉、直接加热电阻炉。

（2）按热源，可分为电阻炉、燃料炉和各种表面加热装置。

（3）按加热介质，可分为自然气氛炉、浴炉、真空炉等。

（4）按工作温度，可分为低温炉、中温炉和高温炉。

（5）按功能不同，可分为淬火炉、退火炉、回火炉、渗碳炉、氮化炉等。

（6）按炉型结构，可分为箱式炉、井式炉、台车式炉、推杆式炉等。

（7）按作业规程，可分为周期作业炉、连续作业炉。

2. 辅助设备

辅助设备是完成各种工序过程中起辅助作用的设备及各种工夹具，主要包括清洗设备、起重运输设备、控制气氛制备设备和各种工夹具等。

8.2 钢在加热时的组织转变

加热是热处理的第一道工序，加热的目的主要是奥氏体化（钢加热 Ac_3 至 Ac_1 或以上，以全部或部分获得奥氏体组织的操作，称为奥氏体化）。钢进行奥氏体化的保温温度和保温时间分别称为奥氏体化温度和奥氏体化时间。

8.2.1 相变温度

如图 8-3 所示的铁-碳合金平衡状态图上钢的组织转变临界温度 A_1、A_3、A_{cm} 是在平衡条件下得到的，而实际热处理生产中加热或冷却都比较快，所以热处理时的实际相变温度总要稍高或稍低于平衡相变温度，即存在一定的“过热度”或“过冷度”。通常把实际加热时的相变温度标以字母“c”，郡 Ac_1、Ac_3、Ac_{cm}；而把实际冷却时相变温度标以字母“r”，Ar_1、Ar_3、Ar_{cm}，如图 8-3 所示。

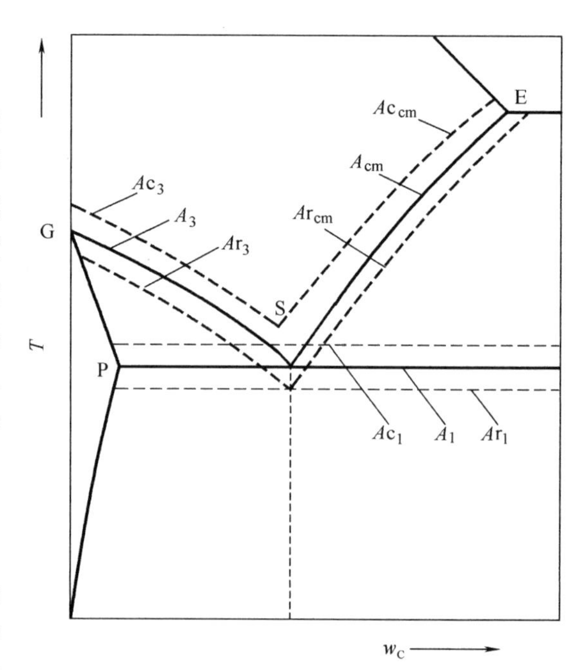

图 8-3 临界温度

8.2.2 奥氏体（共析钢）的形成过程

共析钢在室温时的平衡组织为 100% 的珠光体，当加热到 Ac_1 以上温度时，珠光体将转变为碳质量分数为 0.77% 的奥氏体。奥氏体的形成可分为四个过程，具体如图 8-4 所示。

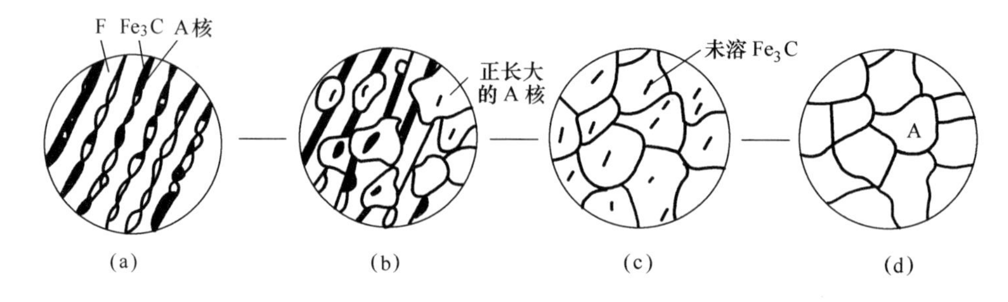

图 8-4 共析钢的奥氏体形成过程

1. 奥氏体晶核的形成

当温度升至 Ac_1 时，首先在铁素体与渗碳体的相界上形成奥氏体晶核。

2. 奥氏体晶核的长大

奥氏体晶核周围的铁素体逐渐转变为奥氏体，使奥氏体不断长大。

3. 残余渗碳体的溶解

铁素体在成分和结构上比渗碳体更接近于奥氏体，因而先于渗碳体消失，而残余渗碳体则随保温时间延长不断溶解直至消失。

4. 奥氏体成分均匀化

渗碳体溶解后，其所在部位碳的质量分数仍比其他部位高，需通过较长时间的保温使奥氏体成分逐渐趋于均匀。

由此可见，热处理加热后的奥氏体化时间，不仅为了使零件热透和相变完全，而且还为了获得成分均匀的奥氏体，以便冷却后获得良好的组织和性能。

对于亚共析钢，加热至 Ac_1 以上，原室温组织中的珠光体转变成奥氏体，而铁素体只有加热至 Ac_3 以上时，才会全部转变成为奥氏体。

对于过共析钢，加热至 Ac_1，原室温组织中的珠光体发生奥氏体转变，随着温度的升高，$Fe_3C_{Ⅱ}$（二次渗碳体）逐渐溶入奥氏体，但只有加热到 Ac_{cm} 温度以上时，$Fe_3C_{Ⅱ}$ 才会完全溶入奥氏体，形成单一均匀的奥氏体组织，因此钢的加热过程实质上是奥氏体化过程。

8.2.3 奥氏体的晶粒大小及其影响因素

钢在加热时所获得的奥氏体晶粒大小将直接影响到冷却后的组织和性能。

1. 奥氏体的晶粒度

晶粒度是表示晶粒大小的尺度，通常国家标准采用晶粒度等级图来对比表示，如图 8-5 所示。通常是在放大 100 倍的金相显微镜下进行晶粒度的观察，进行评定，将其与标准晶粒度等级图比较来判定，1 级晶粒度晶粒最粗大，8 级最细小。晶粒度等级 N 与每平方英寸（6.45 cm^2）面积的晶粒数 n 的关系为：

$$n = 2^{N-1}$$

根据上述关系就可以计算出每平方英寸（6.45 cm^2）面积的晶粒数 n，例如 8 级晶粒度对应的晶粒数约为 128 个。对于更大或更细小的晶粒，晶粒度还可以向两边扩展，只要符合上述公式即可。

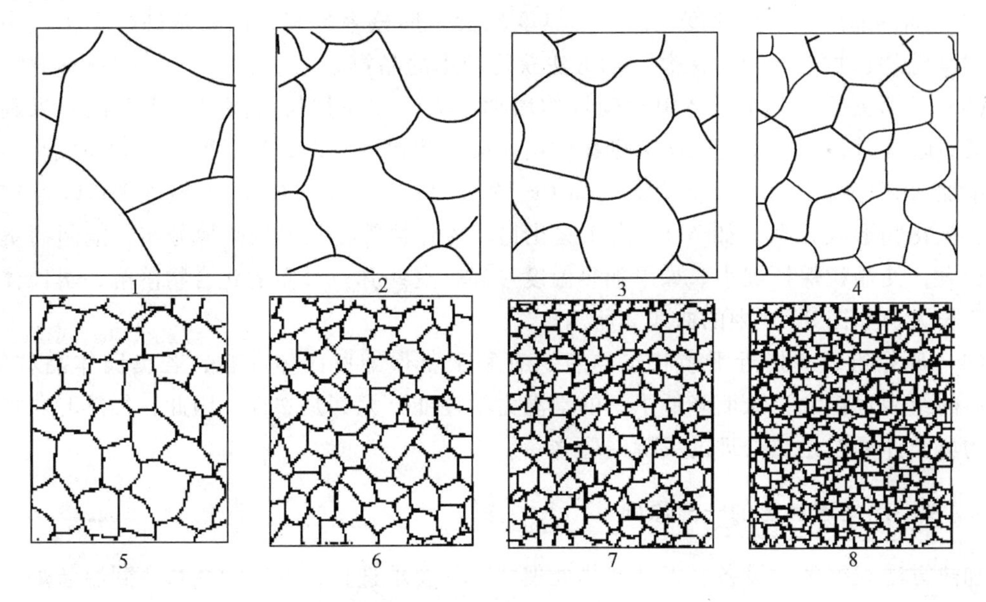

图 8-5 晶粒度等级图

2. 奥氏体晶粒的长大

奥氏体转变刚结束时的晶粒细小而均匀，此时奥氏体晶粒大小称为奥氏体的起始晶粒度。随加热温度升高或保温时间延长，奥氏体晶粒逐渐长大，如图 8－6 所示。图中表示出不同的钢在加热到临界温度后，随着加热温度的升高，奥氏体晶粒长大倾向不同，曲线 1 属于容易长大的钢材，曲线 2 则不易长大，只有加热到更高的温度 930 ℃～950 ℃，晶粒才开始显著长大。

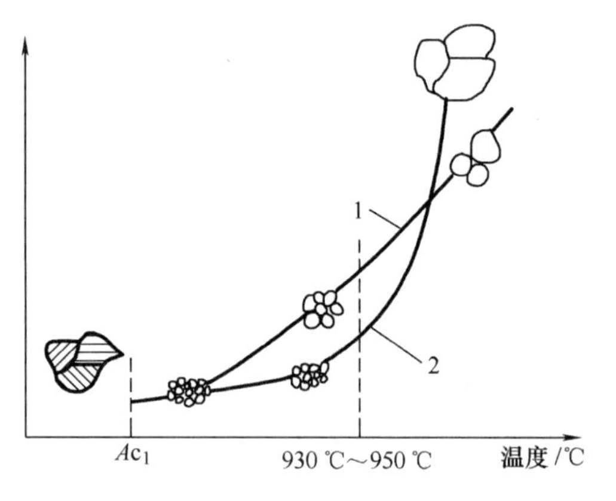

图 8－6　钢的奥氏体晶粒长大倾向示意图

凡是奥氏体晶粒容易长大的钢称为“粗晶粒钢”，曲线 1 就属于这类，曲线 2 则属于“细晶粒钢”。晶粒长大的倾向与钢的化学成分和冶炼时的脱氧方法有关，含有 Ti、V、W、Mo、Nb、Al 等合金元素的钢，大多属于细晶粒钢，当加热温度很高时，这些合金元素形成的化合物微粒发生聚集或溶入奥氏体中以后，失去了阻碍晶界迁移的作用，晶粒就会急剧长大。冶炼时只用 Mn、Si 脱氧的钢，则为粗晶粒钢，而用 Al 脱氧的钢则为细晶粒钢。

3. 影响奥氏体晶粒大小的因素

奥氏体的实际晶粒度是指在某一具体加热条件下所得到的奥氏体晶粒的大小。其影响因素如下。

（1）加热温度和保温时间。在影响奥氏体长大的各因素中，加热温度的影响最显著，加热温度高、保温时间长，奥氏体晶粒粗大，即使是细晶粒钢，当加热温度过高而超过一定值时，奥氏体晶粒也会迅速粗化。

（2）加热速度。加热速度越快，过热度越大，形核率越高，晶粒越细。在生产中，常采用“高温快速加热＋短时保温”的方法获得细小的晶粒。

（3）合金元素。随奥氏体中含碳量的增加，奥氏体晶粒长大倾向变大，但如果碳含量超过某一限度时，钢中出现二次渗碳体，由于其阻碍晶界移动，反而使长大倾向减小。同样在钢中加入碳化物形成的合金元素（如 Cr、W、Mo、V、Ti、Nb 等，但除 Mn 以外）和氮化物、氧化物形成元素（如 Al），由于碳化物、氧化物等在晶界的弥散分布，能阻碍奥氏体晶粒长大，使晶粒保持细小。如果加热温度过高，这些弥散分布的化合物溶解，奥氏体晶粒会迅速长大，如图 8－6 中的曲线 2 所示。

（4）原始组织。接近平衡状态的组织有利于获得细奥氏体晶粒，若奥氏体晶粒粗大，冷却后的组织也粗大，从而降低了钢的常温力学性能，尤其是塑性。因此，加热时获得细而均匀的奥氏体晶粒是热处理的关键问题之一。

8.2.4　热处理加热的一般原则

加热方法根据加热设备、工件与热处理特点的要求选择，有冷炉装料、到温装炉、高温装炉和低温装炉四种方法，冷炉装料的加热特点是加热速度小，装炉方便，适于形状复杂的高合金钢件和大型铸锻件等；到温装炉的加热特点是加热速度大，操作方便，应用较广；高温装炉的加热特点是炉温比加热温度高 100 ℃～150 ℃，因而加热速度大，可截面温差大，操作较难，适于锻件退火和正火、小型工件淬火等；低温装炉的加热特点是加热速度稍大，温差较小，适于热处理温度较低的工件和经过预热的工件等。

1. 加热温度的确定

各种钢（国家标准中列出的）的加热温度是以临界点 Ac_1、Ac_3 来确定，可由国家标准中查出，生产中的经验公式主要用于碳素钢和低合金钢，如表 8－1。

表 8－1　加热温度的经验公式

热处理工艺	亚共析钢	共析、过共析钢
退火加热温度/℃	Ac_3 +（20～50）	Ac_1 +（20～50）
正火加热温度/℃	Ac_3 +（30～50）	Ac_{cm} +（30～50）
淬火加热温度/℃	Ac_3 +（30～50）	Ac_1 +（30～50）

目前已建立了临界点与成分之间的数学模型，如下所示：

Ac_1（℃）$=723-18Ni-14Cu-12Mn+8W+16Mo+20Cr+26Si+55V$

Ac_3（℃）$=910-203C-15Ni-30Mn-11Cr-20Cu+13W+32Mo+45Si+104V+700P$

Ac_{cm}（℃）$=723+340(C-0.8)-30Ni-15Mn-18Cu+11W+22Mo+30Si+80V+60Cr$

要说明的是，加热温度还与原始组织、工件尺寸形状等因素有关，需要综合考虑各因素，才能确定适当的加热温度。

2. 加热速度的选择

由于零件的成分、尺寸、原始组织及热处理工艺要求的不同，加热速度的选择也就不同，实际生产中，应注意以下几点。

（1）塑性高的钢材加热速度可选大些，而脆性大的加热速度要选小些；尺寸小的碳钢、低合金钢等零件可以加大其加热速度，而大尺寸的零件应采用较小的加热速度。

（2）导热性差的钢材（如高速钢等）应选较小的加热速度，否则内外温差大会导致变形开裂。

（3）对于形状复杂、截面尺寸相差大、存在较大残余应力和组织不均匀等工件，加热速度也应小一些。

（4）由于钢中成分偏析严重、夹杂物等原因造成材料组织不均匀，钢中各个部位导热不一致，特别是大块夹杂物的尖端热应力集中，极易引起开裂，应缓慢加热。

3. 加热时间的确定

一般热处理工艺中的加热时间包括升温、均热与保温三部分，在实际生产中，钢件的加热时间应根据工件的有效厚度来确定，通常通过经验数据或经验计算法得出。

（1）升温时间：指工件装入炉后，其表面加热到加热温度的时间。

（2）均热时间：指工件表面达到加热温度后中心温度升高至接近表面温度的时间。

（3）保温时间：指均热后，为满足组织转变及碳化物溶解等工艺要求而持续保持恒温的时间。

当然薄的工件可不考虑均热时间，对于尺寸特别大的工件或装炉量十分大时，均热时间才予以考虑。

8.3 钢在冷却时的组织转变

实践证明：同一化学成分的钢在加热到奥氏体状态后，若采用不同的冷却方法和冷却速度进行冷却，将得到形态不同的各种组织，从而获得不同的性能（表 8－2）。这种现象已不能用 Fe－Fe_3C 状态图来解释了。因为 Fe－Fe_3C 状态图只能说明平衡状态的相变规律，而实际生产过程冷却速度远大于平衡状态。因此研究钢在冷却时的相变规律，对制订热处理工艺有着重要的意义。

表 8－2　45 钢加热到 840 ℃，以不同冷却速度冷后的力学性能

冷却方法	σ_b/MPa	σ_s/MPa	δ/%	ψ/%	硬度
炉内缓冷	530	280	32.5	49.3	160～200 HBS
空气冷却	670～720	340	15～18	45～50	170～240 HBS
水冷却	1 000	720	7～8	12～14	52～58 HRC

在一定冷却速度下进行冷却时，奥氏体要过冷到 A_1 温度以下才能完成转变。在共析温度以下存在的奥氏体称为过冷奥氏体，也称亚稳奥氏体，它有较强的相变趋势。

常用的冷却方式通常有两种，即等温冷却和连续冷却，见图 8－7。等温冷却即将钢件奥氏体化后，冷却到临界点（Ar_1 或 Ar_3）以下等温，待过冷奥氏体完成转变后再冷到室温的一种冷却方式，如图 8－7 中的曲线 1，等温退火、等温淬火属于等温冷却；连续冷却即将钢件奥氏体化后，以不同的冷却速度连续冷却到室温，使过冷奥氏体在温度不断下降的过程中完成转变，如图 8－7 中的曲线 2。

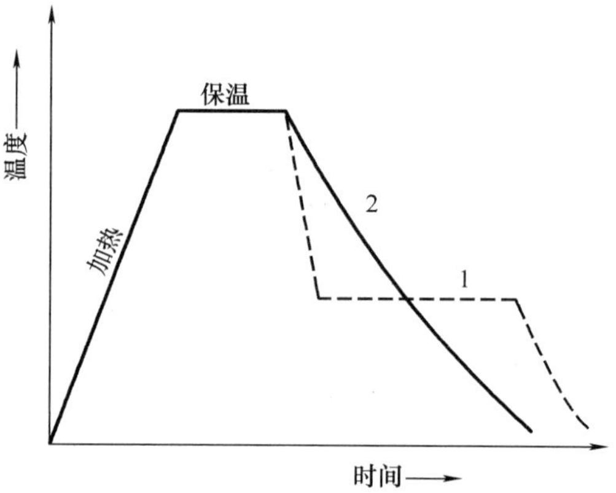

图 8－7　连续冷却曲线和等温冷却曲线

1—等温冷却；2—连续冷却

8.3.1 共析钢过冷奥氏体等温冷却转变曲线

1. 过冷奥氏体的等温转变图

（1）过冷奥氏体等温转变图的建立。

以共析钢为例其等温转变图的建立顺序如下。

1）取一批小试样并进行奥氏体化。

2）将试样分组放入低于 A_1 点的不同温度的盐浴中，隔一定时间取一试样淬入水中。

3）测定每个试样的转变量，确定各温度下转变量与转变时间的关系。

4）将各温度下转变开始时间及终了时间标在温度－时间坐标中，并分别连线，转变开始点的连线称转变开始线，转变终了点的连线称转变终了线。

图8－8即为共析钢过冷奥氏体等温转变图，A_1－M_s间及转变开始线以左的区域为过冷奥氏体区。转变终了线以右及M_f以下为转变产物区。两线之间及M_s与M_f之间为转变区。（M_s—马氏体转变开始温度，M_f—马氏体转变终了温度，又称马氏体点）。

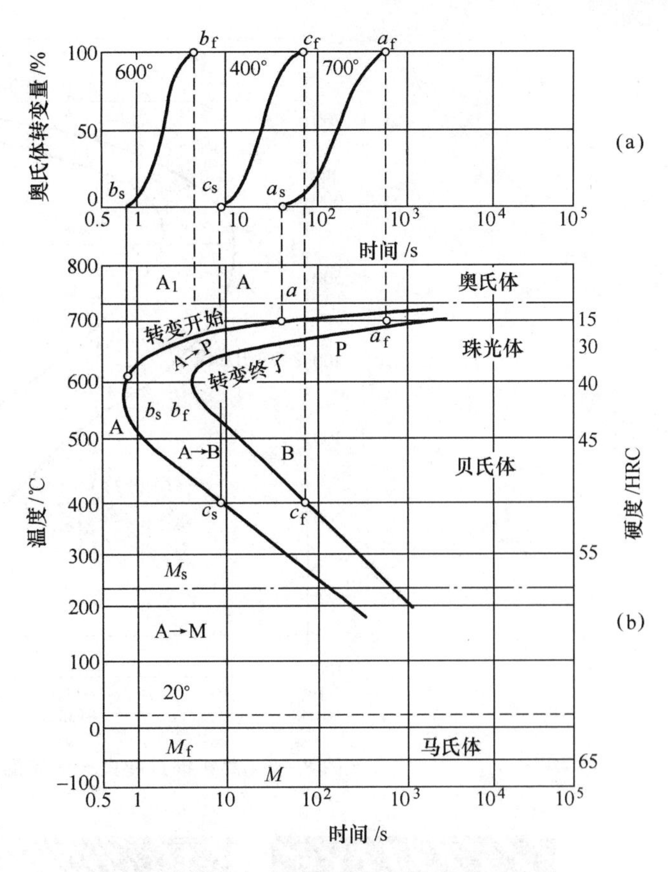

图8－8 共析钢的等温转变曲线－TTT曲线

该曲线像字母“C”通常称“C曲线”，也称TTT曲线。由于过冷奥氏体在各个温度上等温转变时，都要经过一段孕育期，孕育期的长短反映了过冷奥氏体稳定性的不同，大约550 ℃处，孕育期最短，在这个温度上等温转变时，奥氏体最不稳定，将发生珠光体转变，此处被称为C曲线的“鼻子”。水平线M_s为马氏体转变开始线，水平线M_f为马氏体转变终了线，因此，M_s与M_f之间为马氏体转变温度区。

（2）过冷奥氏体等温冷却转变曲线分析。

C曲线表示奥氏体急速冷却到临界点A_1以下在各不同温度下的保温过程中转变量与转变时间的关系曲线，如图8－9所示为共析钢过冷奥氏体等温冷却转变的曲线。

在不同过冷度下对共析钢进行等温冷却，有以下三种类型的组织转变。

1）珠光体型转变（高温组织转变）。

过冷奥氏体在A_1至550 ℃温度范围内的组织转变称为珠光体型转变，又称高温转变。其组织转变的产物是珠光体型组织。当转变温度为A_1～650 ℃之时，得粗片状珠光体，组织形态接近平衡状态下的珠光体，仍称为珠光体，用字母P表示；转变温度在650 ℃～600 ℃时得到细片状珠光体，称为索氏体，用字母S表示；转变温度在600 ℃～550 ℃时得到极细片状珠光体，称为托氏体或屈氏体，用字母T表示。

过冷度越大，珠光体的片层越细，其强度和硬度越高。珠光体、索氏体、托氏体三种组织本质上无区别，只是形态上的粗细之分，如图8－10所示。

2）贝氏体型转变（中温组织转变）。

当过冷奥氏体的转变温度在550 ℃至M_s点（过冷奥氏体开始发生马氏体相变温度）时，发生贝氏体型转变，又称中温转变。其转变产物为贝氏体组织，用字母B表示，贝氏体是铁素体与极细渗碳体的机械混合物。当转变温度较高（550 ℃～350 ℃）时，得到极细

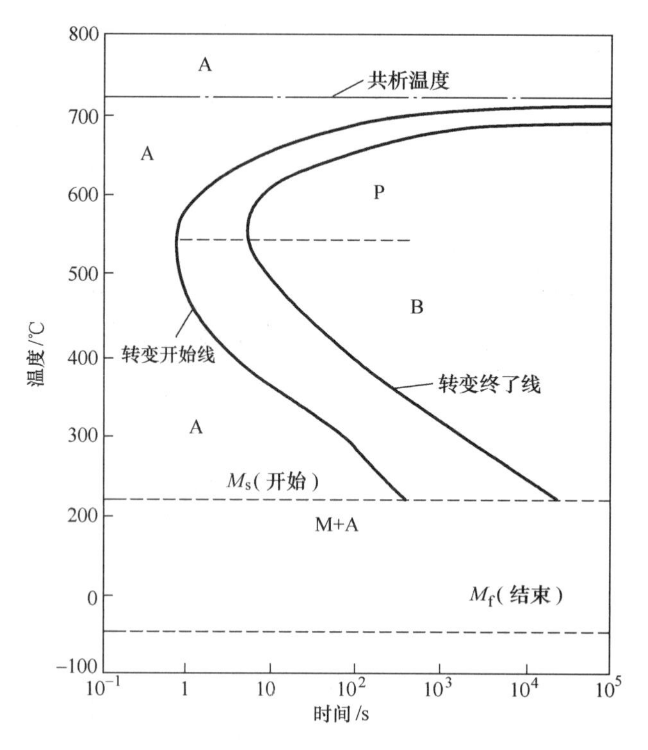

图 8－9　共析钢过冷奥氏体等温冷却转变的曲线

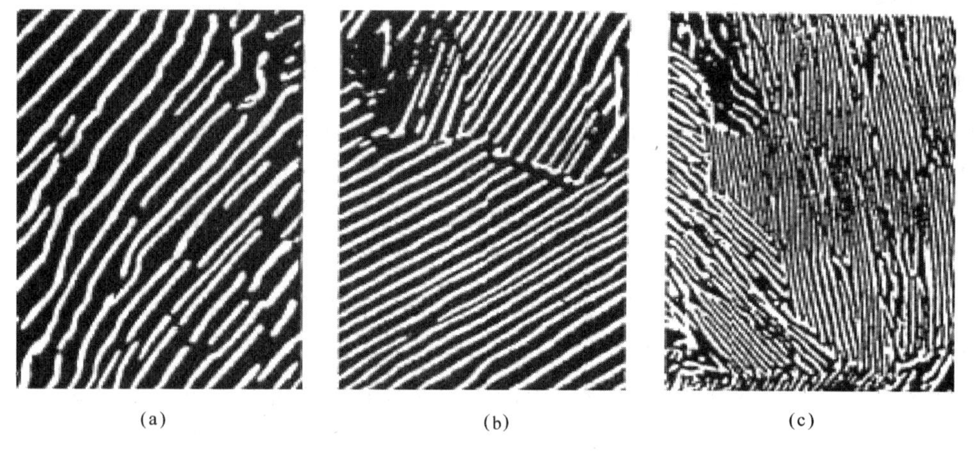

图 8－10　珠光体型转变的三种组织比较

（a）珠光体；（b）索氏体；（c）屈氏体或托氏体

渗碳体分布于铁素体针之间的羽毛状组织，称为上贝氏体（$B_{上}$）；当转变温度较低（350 ℃ ~ M_s）时，得到铁素体针内保留有极细渗碳体的竹叶状组织，称为下贝氏体（$B_{下}$）。下贝氏体除了具有较高的强度和硬度外，还具有较大的塑性和韧性，而上贝氏体却具有较大的脆性，如图 8－11 所示，因此，在生产中常采用等温淬火得到下贝氏体组织。

3）马氏体型转变（低温组织转变）。

当过冷奥氏体在 M_s ~ M_f 温度范围时，将转变为马氏体组织（用字母 M 表示），该转变属于低温区的变温转变，又称为马氏体型转变，将在 8.3.2 中介绍。

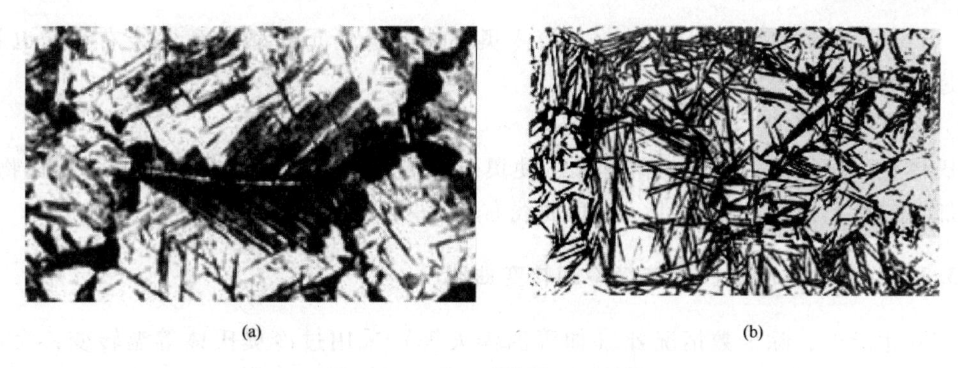

(a) (b)

图 8-11 上贝氏体和下贝氏体

(a) 上贝氏体；(b) 下贝氏体

2. 影响C曲线的因素

(1) 成分的影响。

1) 含碳量的影响。如图 8-12 所示，共析钢的过冷奥氏体最稳定，C曲线最靠右。M_s 与 M_f 点随含碳量增加而下降。与共析钢相比，亚共析钢和过共析钢C曲线的上部各多一条先共析相的析出线。

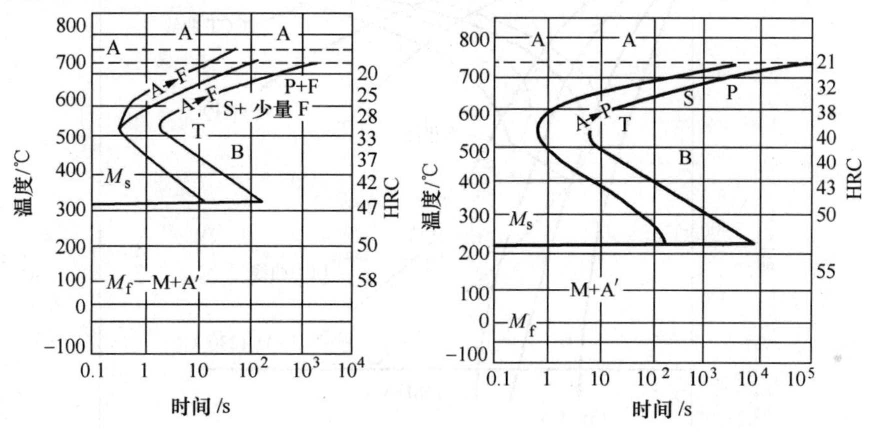

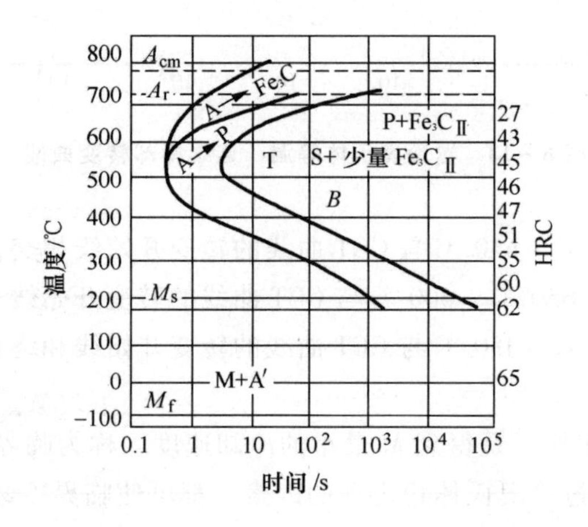

图 8-12 亚共析钢和过共析钢C曲线与共析钢相比较

2）合金元素的影响。除 C_0 外，凡溶入奥氏体的合金元素都使 C 曲线右移，也就是说增加了过冷奥氏体的稳定性。

（2）奥氏体化条件的影响。

奥氏体化温度提高和保温时间延长，使奥氏体成分均匀、晶粒粗大、未溶碳化物减少，从而增加了过冷奥氏体的稳定性，使 C 曲线右移。

8.3.2 共析钢过冷奥氏体连续冷却转变曲线

在实际生产中，除少数情况外（如等温淬火等）采用过冷奥氏体等温转变，大量热处理采用的是不同冷却速度的连续冷却转变，过冷奥氏体连续冷却转变比等温转变复杂，如图 8－12 所示，共析钢连续冷却时没有贝氏体转变区，在珠光体转变区之下多了一条转变终止线，这种曲线我们称为 CCT 曲线。当连续冷却曲线碰到转变终止线时，珠光体转变终止，余下的奥氏体一直保持到 M_s 以下转变为马氏体。

图 8－13 中，虚线为共析钢过冷奥氏体等温转变曲线，实线为连续冷却转变曲线。

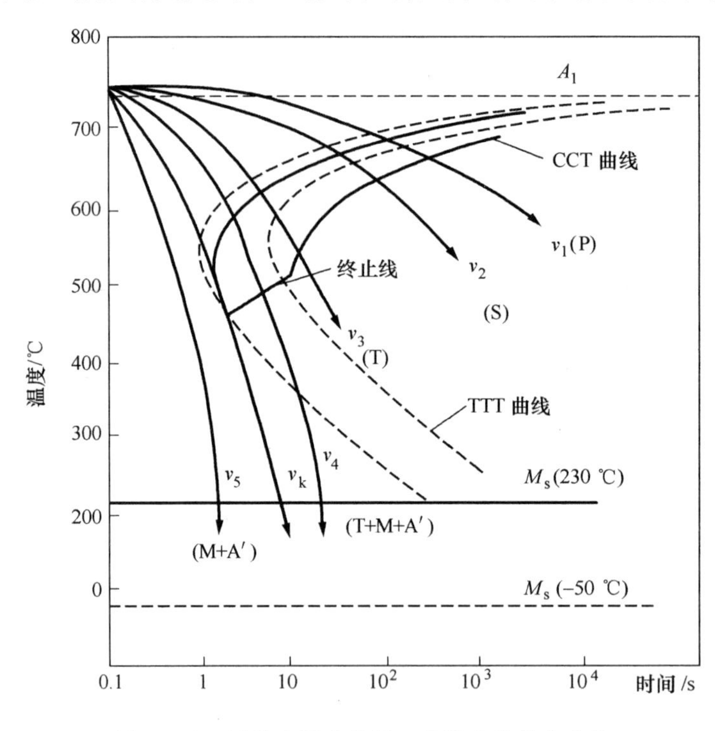

图 8－13 过冷奥氏体等温、连续冷却转变曲线

（1）v_1 炉冷，在 700 ℃～650 ℃与 CCT 曲线的转变开始线相交，得到 P 组织。

（2）v_2 和 v_3 空冷，在 650 ℃～600 ℃与 CCT 曲线的转变开始线相交，得到 S 和 T 组织。

（3）v_4 油冷，在 600 ℃～450 ℃与 CCT 曲线的转变开始线和终止线相交，得到 T＋M＋A′组织。

（4）v_K 与 CCT 曲线相切，是得到 M 最小的冷却速度，称为临界冷却速度，其大小受很多因素的影响，凡能增加过冷奥氏体稳定性的因素，都可使临界冷却速度 v_K 变小；

（5）v_5 水冷，过冷奥氏体一直连续冷却到 M_s 以下转变为 M，得到 M＋A′组织。

在实际生产中，过冷奥氏体连续冷却转变对于确定热处理工艺及选材更具有实际意义。马氏体转变是钢件热处理强化的主要手段，几乎所有的要求高强度的钢都是通过淬火来实现，因此了解马氏体相变特点、相变过程及其相变后材料的性能变化对利用相变来控制材料的组织，获得所要求的性能具有重要的理论和实际意义。

1. 马氏体转变的条件

若将过冷奥氏体激冷至 M_s 点以下，此时由于温度极低，过冷度很大，转变速度非常快，此相变即为马氏体转变，其转变产物为马氏体组织，用字母 M 表示，马氏体转变必须具备以下两个条件。

（1）过冷奥氏体必须以大于临界冷却速度（获得全部马氏体组织的最小冷却速度）冷却，以避免过冷奥氏体发生珠光体和贝氏体转变。

（2）过冷奥氏体必须迅速过冷到 M_s 温度以下。

2. 马氏体的晶体结构

奥氏体为面心立方晶体结构，当过冷至 M_s 温度以下时，其晶体结构将由面心立方转变为体心立方。由于转变温度很低、转变速度很大，致使所有溶解在原奥氏体中的碳原子来不及析出而保留下来，晶格由原来的立方晶格转变成正方晶格，接近于 α - Fe 的晶体结构，见图 8 - 14。因此，马氏体定义为：碳溶入 α - Fe 中所形成的过饱和间隙式固溶体。

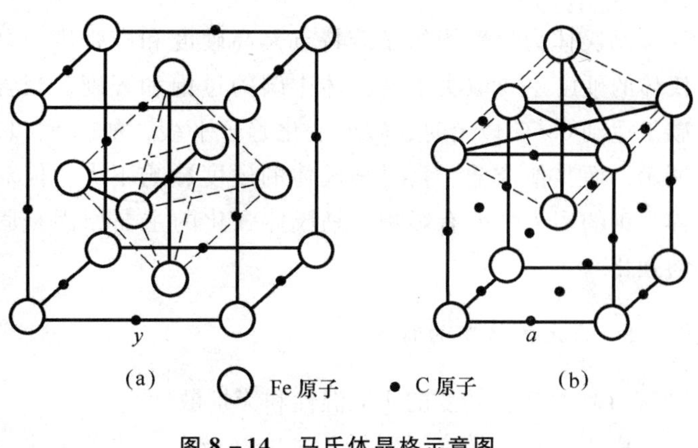

图 8 - 14 马氏体晶格示意图

3. 马氏体的组织形态

钢中马氏体组织形态主要有：板条状马氏体和针片状马氏体两种类型，如图 8 - 15、图 8 - 16 所示。马氏体的组织形态主要取决于马氏体中的含碳量。当碳的质量分数低于 0.2% 时，得到板条状马氏体，见图 8 - 15；当马氏体中碳的质量分数大于 0.6% 时得到针片状马氏体，见图 8 - 16；当马氏体中碳的质量分数介于 0.2% ~0.6% 时，则得到板条马氏体和片状马氏体的混合组织。

板条状马氏体组织由相互平行的、尺寸大致相同的一束束长条晶体组成，且内部存在大量位错，所以板条状马氏体也称为位错马氏体，马氏体形成时出现显微裂纹的可能性就小。

片状马氏体在光学显微镜下呈针状或竹叶状，内部存在大量孪晶，也称为孪晶马氏体，马氏体的长大受晶界、第二相以及先形成的马氏体的阻碍影响，特别是后形成的马氏体对先形成的马氏体有撞击作用，因此易产生微裂纹，这种显微裂纹在应力作用下会逐渐扩展，互相连通，发展成宏观裂纹，导致工件脆性开裂。

图 8-15　板条状马氏体

图 8-16　片状马氏体

4. 马氏体的性能

马氏体力学性能的显著特点是高硬度和高强度。马氏体的硬度主要取决于马氏体中碳的过饱和程度，当含碳量达到 0.6% 以上时，硬度变化趋于平缓，如图 8-17 所示，而其他合金元素对马氏体的硬度影响不大，但对淬火钢的回火性能有影响，马氏体强化的主要原因是固溶强化。

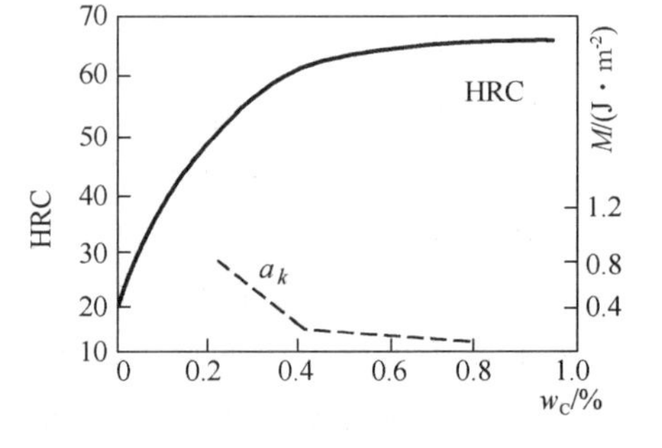

图 8-17　马氏体硬度、韧性与含碳量的关系

5. 马氏体转变的特点

（1）马氏体转变的非恒温性和无扩散性。

由于马氏体转变温度低，过冷度极大，故奥氏体中的铁、碳原子不能进行扩散，只进行 γ-Fe→α-Fe 的晶格切变，属于无扩散型转变。为使转变继续进行，必须继续降低温度，所以马氏体转变是在不断降温的条件下才能进行。马氏体转变量是温度的函数，与转变时间无关。M_s、M_f 与冷速无关，主要取决于奥氏体中的合金元素含量（包括碳含量），如图 8-18 所示。

（2）马氏体转变的共格切变和表面浮凸。

既然马氏体转变无扩散，其成分不发生任何改变，因而它必然以某种原子集体位移的方式进行，这就是切变位移，预先磨光表面的试样，在马氏体相变后表面产生突起，这种现象称为表面浮突现象（图 8-19），在加热升温到一定温度时会消失。

（3）马氏体转变具有不完全性。

马氏体转变不能 100% 地进行到底，总有一部分奥氏体保留下来，称为残余奥氏体，用字符 A 表示，如图 8-20 所示。残余奥氏体的存在影响零件的淬火硬度和尺寸稳定，对于某些精密零件常进行冷处理（-80 ℃以下），尽量减少残余奥氏体含量，保证零件尺寸的长期稳定性。

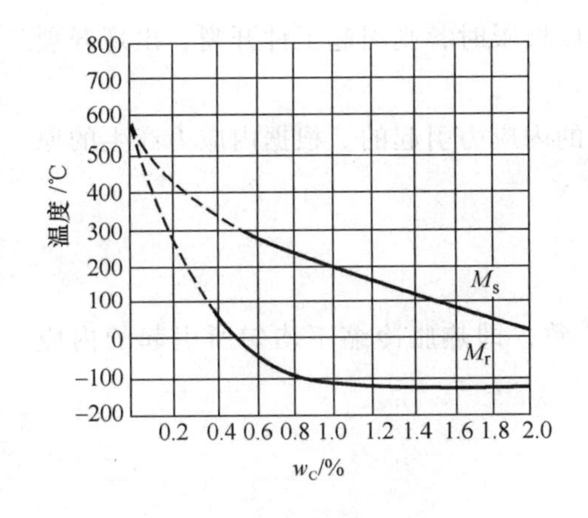

图8-18 马氏体转变温度与含碳量的关系

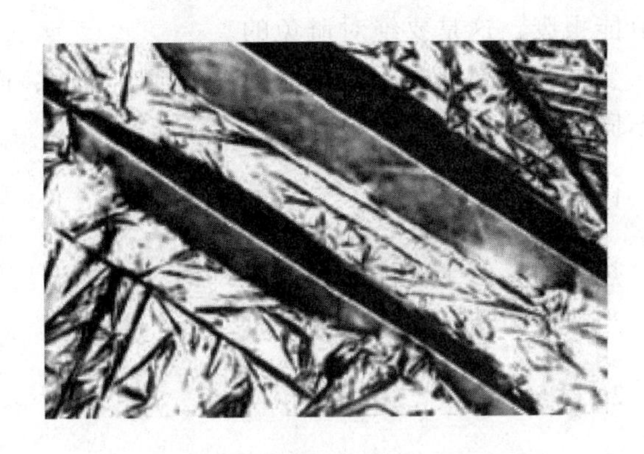

图8-19 马氏体相变后表面浮突现象

(4) 生长速度极快。

一片马氏体在 $5\times10^{-7}\sim5\times10^{-5}$ 秒内生成，即使在 −20 ℃ ~ −196 ℃以下也是同样快速，因此，瞬间形成瞬间长大，一旦形成不再长大。

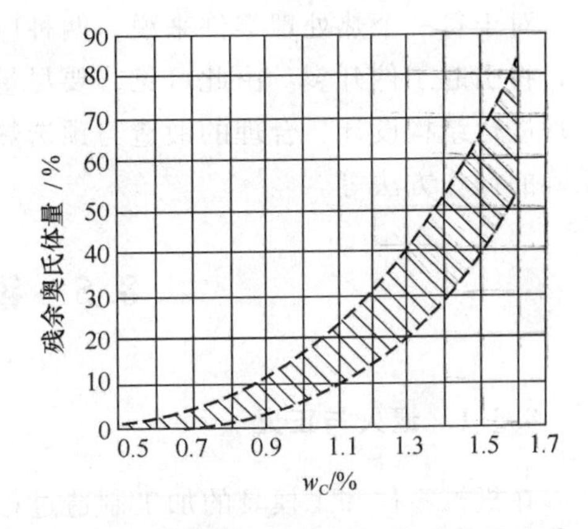

图8-20 残余奥氏体含量与含碳量的关系

8.4 常见的热处理缺陷

8.4.1 欠热、过热与过烧

钢在加热时，由于加热温度过低或加热时间过短，造成未充分奥氏体化而引起的组织缺陷，称为欠热，也称加热不足。过共析钢淬火时，由于欠热，组织中出现较多未溶碳化物，使得基体的碳浓度不够，造成钢淬火后硬度不足等问题。

零件热处理时，若加热温度过高或保湿时间过长，使奥氏体晶粒显著长大的现象成为过热，过热一般可用正火来消除。若加热温度接近开始熔化的温度，不但使奥氏体晶粒粗化，并使晶界处熔化或氧化的现象称为过烧。一旦出现过烧则无法挽救，只能报废。

8.4.2 氧化与脱碳

加热时，工件表层的铁被加热介质中的氧化性气体如 O_2、CO_2、H_2O 等氧化，使其表面形成氧化皮的现象称为氧化。工件表层的碳被加热介质中的氧化性气体 O_2 或 CO_2、还原性气体 H_2 等烧损，使其表层碳质量分数下降的现象称为脱碳。

氧化与脱碳不仅降低工件的表层硬度和疲劳强度，且增加淬火开裂的倾向，因此要尽量避免和防止。在现代热处理生产中，常采用可控气氛热处理和真空热处理可防止氧化和脱碳。用箱式或井式电炉加热，高温时氧化脱碳现象较为严重，盐浴炉加热时大大减轻。

8.4.3 变形与开裂

热处理过程中，工件的尺寸和形状发生变化则称为变形。这个问题较难解决，一般是将变形量控制在一定范围内。当变形超过工件材料的强度极限时，则引起工件开裂，出现开裂就只能报废，这是要绝对避免的。

变形与开裂都是因为热处理加热或冷却时，产生的内应力引起的。根据内应力产生的原因不同又分为热应力和组织应力。

1. 热应力

热应力是由于工件加热和冷却时，内外温度不一致，即热胀冷缩不均匀所引起的内应力，当热应力超过材料的强度时，会产生裂纹。

2. 组织应力

组织应力是由于相变时，零件各部分组织转变前后不一致而引起的内应力，因为相变应力产生于温度较低的情况，工件此时的塑性低，变形困难而导致工件的开裂。

对于每一个热处理零件来说，两种应力都同时存在，当内应力超过工件材料的强度极限时，将引起工件开裂。由此可见，要尽量防止和减少变形与开裂，可以采取正确选用钢材、合理进行结构设计、合理的锻造与预选热处理、合理的热处理工艺、冷热加工密切的配合及正确的操作方法等。

8.5 钢的热处理工艺

8.5.1 退火与正火

在机械零件和工模具的加工制造过程中，退火与正火是应用很广泛的热处理工艺，作为预先热处理工序，一般安排在毛坯生产（铸、锻、焊）之后，用来消除冶金及热加工过程中产生的某些缺陷（残余应力、晶粒粗大、成分偏析、硬度偏高或偏低等），并为随后的工序（切削加工、最终热处理等）作准备。对于某些性能要求不高的零件，也可作为最终热处理。

1. 退火

退火是将钢加热到适当温度，保温一定时间后，缓慢冷却（炉冷、坑冷、灰冷）的热处理工艺。

退火的目的是降低硬度，提高塑性，改善切削加工性能；细化晶粒，消除组织缺陷，均匀组织和成分；消除或减小内应力，稳定尺寸，防止变形和开裂以及为最终热处理作准备。

根据钢的成分和退火目的不同，有完全退火、等温退火、球化退火、均匀化退火、去应力退火等，如图 8-21 所示。

（1）完全退火。完全退火的工艺是把钢件加热到 Ac_3 + （20 ~ 50）℃，保温后随炉缓冷至 600 ℃以下出炉空冷，其组织为“珠光体 + 铁素体”。

完全退火主要用于亚共析钢的铸、锻件及热轧型材，目的在于改善毛坯组织、细化晶粒、降低硬度、提高塑性，消除内应力，为切削加工和淬火做好组织准备。

完全退火不能用于过共析钢，因为缓冷时二次渗碳体会以网状形式沿奥氏体晶界析出，

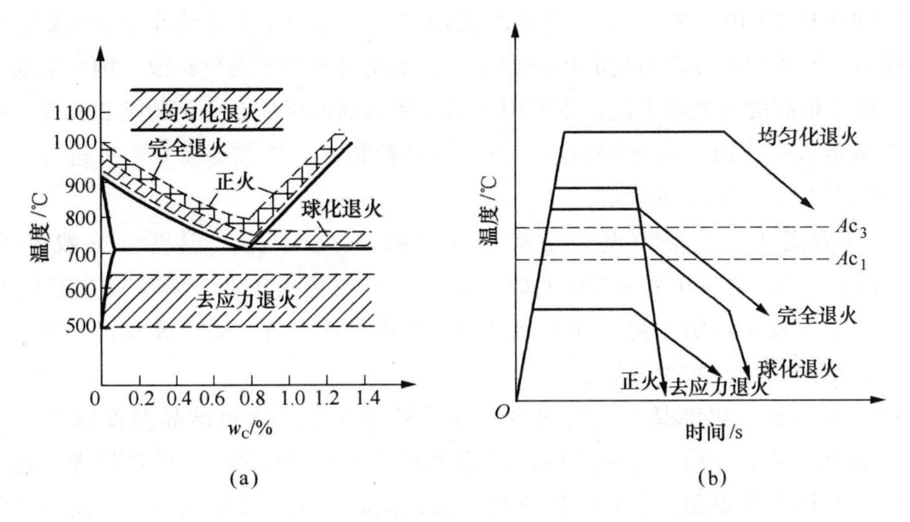

图 8-21 常用退火、正火工艺示意图

(a) 加热温度范围；(b) 工艺曲线

严重的削弱了晶粒与晶粒之间的结合力，使钢的强度和韧性大大降低。

(2) 等温退火。作为完全退火的特例，等温退火是将钢件加热到 Ac_3 + (20～50)℃ (亚共析钢) 或 Ac_1 + (20～50)℃ (过共析钢)，保温后以较快速度冷却到 Ar_1 以下某一温度，并在此温度下停留一段时间，使奥氏体转变为珠光体型组织，然后出炉空冷的退火工艺。

等温退火可以大大缩短退火时间，而且由于组织转变时工件内外处于同一温度，故能得到均匀的组织和性能。主要用于处理高碳非合金钢、合金工具钢和高合金钢。

(3) 球化退火 (也称为不完全退火)。球化退火是使片状珠光体中的渗碳体成为颗粒状 (球状)，这实际上是一种不完全退火。球化退火主要用于共析钢、过共析钢和合金工具钢，其目的是降低硬度，改善切削加工性，并为淬火作组织上的准备。

该工艺是把钢件加热到 Ac_1 + (20～30)℃，采用随炉加热，一般保温时间 2～4 h，然后随炉缓冷，或在 Ac_1 以下 20 ℃左右进行长时间的等温处理，使那些细小的二次渗碳体成为珠光体相变的结晶核心而形成球化组织，这样基体上弥撒分布着颗粒状渗碳体，称为球状珠光体，冷却到大约 600 ℃时出炉空冷，如图 8-22 所示。

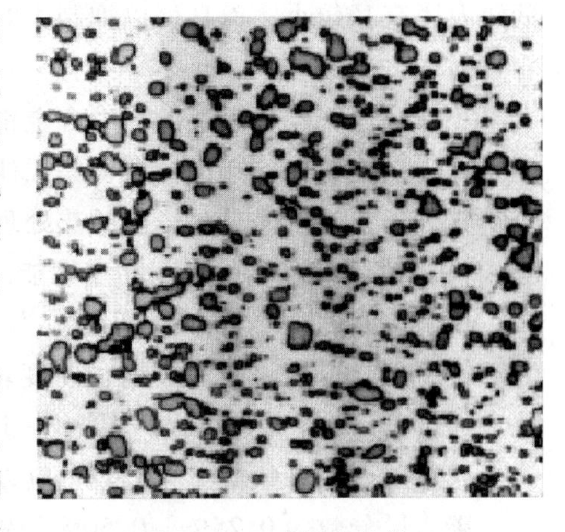

图 8-22 球状珠光体

球化退火与钢中的含碳量有关，随着含碳量的增加，在加热过程中未溶的碳化物就越多，形核率大，易于球化，因此高碳钢较低碳钢易于球化。但需特别注意，对于组织中存在着严重网状二次渗碳体的过共析钢，在球化退火前，必须先进行正火处理，以消除网状渗碳体利于球化。

(4) 均匀化退火 (扩散退火)。均匀化退火是将钢加热到略低于固相线的温度 1 050 ℃～

1 150 ℃，长时间保温 10～20 h，然后随炉缓慢冷却，其目的是为了消除金属铸锭、铸件或锻坯的枝晶偏析，使化学成分均匀化的热处理工艺，实质是使原子充分扩散，因此它是一种耗费能量很大，成本很高的热处理工艺，主要用于质量要求高的优质合金钢铸锭和铸件。

由于扩散退火在高温下长时间加热，奥氏体晶粒粗大，扩散退火后需再进行完全退火或正火，以细化晶粒、消除过热缺陷。

（5）去应力退火。去应力退火是将钢加热到 Ac_1 以下某一温度（一般是 500 ℃～650 ℃），保温后缓冷至 300 ℃～200 ℃以下出炉空冷的退火工艺。由于加热温度低于 Ac_1，钢在退火过程中不发生组织变化。其主要目的是消除工件在铸、锻、焊和切削加工过程中产生的内应力，稳定尺寸，减少变形。

（6）再结晶退火。再结晶退火是把冷形变后的金属加热到再结晶温度以上保持适当时间，使变形晶粒重结晶为均匀等轴晶粒，以消除形变强化和残余应力的热处理工艺。钢材冷变形加工后，晶格发生扭曲，晶粒破碎或被拉长，同时产生加工硬化现象，使钢的强度、硬度升高，塑性、韧性降低，切削加工性和成型性变差。经过再结晶退火，消除了加工硬化，钢的机械性能恢复到冷变形前的状态。

再结晶温度与化学成分和冷塑性变形量有关。一般而言，形变量越大，再结晶温度越低，再结晶退火温度也越低，不同的钢都有一个临界变形量（为产生再结晶所需的最小变形量称为临界变形量）。

8.5.2 正火

正火是将钢件加热到 Ac_3（亚共析钢）或 Ac_{cm}（过共析钢）以上 30 ℃～50 ℃，保温后在空气中冷却的热处理工艺，对于大件可采用鼓风或喷雾等方法冷却。

与退火相比，正火冷却速度较快，获得的组织细小，一般为索氏体组织，因此钢的硬度和强度也较高。对亚共析钢来说，珠光体数量较多且细小（伪共析转变：含碳量低于 0.77%而发生共析转变），对过共析钢而言，若与完全退火相比较，正火的不仅珠光体的片间距及团直径较小，而且可以抑制先共析网状渗碳物的析出，而完全退火则有网状渗碳物的存在。

正火只适于碳素钢及低、中合金钢，而不适于高合金钢。因为高合金钢的奥氏体非常稳定，即使在空气中冷却也会获得马氏体组织，故正火不适用于高合金钢件。

正火工艺是较简单、经济的热处理方法，主要应用于以下几个方面。

（1）改善低碳钢的切削加工性能。

由于金属的最佳切削硬度范围为 170～230 HBS。如图 8－23 所示，碳质量分数低于 0.25%的非合金钢和低合金钢，硬度较低，切削加工时容易粘刀，且加工的表面粗糙度很差，通过正火，可使硬度提高至 140～190 HBS，改善了钢的切削加工性能。中碳以上的合金钢多采用退火，高碳钢类和工具钢应以球化退火为宜。

碳质量分数为 0.25%～0.50%的钢或 0.25%以下的钢，一般采用正火。

碳质量分数为 0.50%～0.75%的钢，一般则采用完全退火工艺。

碳质量分数为 0.75%～1.0%的钢，若用于制作弹簧，则用完全退火作为预备热处理，若用于制造工具，则采用球化退火作预备热处理。

碳质量分数大于1.0%的钢，一般都用来制造工具，均采用球化退火作为预备热处理。

含较多合金元素的钢，过冷奥氏体特别稳定，C曲线右移，在缓慢冷却条件下就能得到马氏体和贝氏体组织，因而应采用高温回火来消除应力，降低硬度，改善切削加工性能，如低碳高合金钢18Cr2Ni4WA没有珠光体转变，即使在极缓慢的冷却速度下退火，也不可能得到珠光体型组织，一般需用高温回火来降低硬度，以便于进行切削加工。

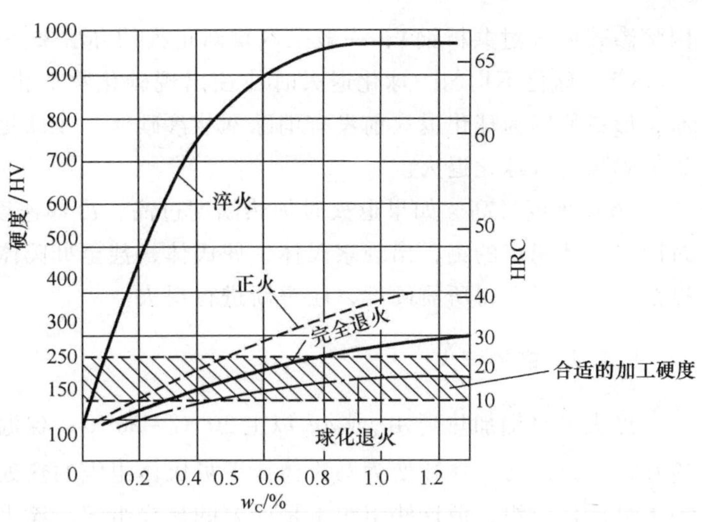

图8－23 合适的加工硬度

(2) 消除网状渗碳体以便于球化退火。

(3) 消除中碳钢热加工缺陷，并为淬火做好组织准备。中碳钢铸件、锻件、轧件、焊接件，在热加工后出现的魏氏组织、带状组织、晶粒粗大等过热缺陷，通过正火可细化晶粒，均匀组织，消除内应力。

(4) 提高普通结构零件的力学性能，一些受力不大、性能要求不高的中碳非合金钢和中碳合金钢零件采用正火处理，能达到一定的综合力学性能，对于形状复杂的零件或大型铸钢件则宜采用退火。

8.5.3 退火、正火的热处理缺陷

退火和正火由于加热或冷却不当，会出现一些缺陷，常见缺陷如下。

(1) 过热和过烧。由于加热温度过高、保温时间过长、炉温不均等都有可能造成过热，可用完全退火细化晶粒来消除。当加热温度更高时，出现晶界氧化甚至局部熔化，产生过烧，则工件报废。

(2) 黑脆。碳素工具钢或低合金工具钢在退火后，有时硬度虽然很低，但脆性却很大，断口呈灰黑色，因而称为“黑脆”。由于退火温度过高，保温时间过长，冷却缓慢，部分渗碳体转变成石墨，发现黑脆的工具不能返修，只能报废。

(3) 魏氏组织。由于加热温度过高会出现粗大的魏氏组织，所谓魏氏组织是指：在亚共析钢中，当奥氏体缓慢冷却过程中（$Ar_3 \sim Ar_1$ 温度区间），先析相的铁素体沿奥氏体晶界析出，呈块状，如果冷却速度加快，则铁素体沿奥氏体晶界析出长大，还形成许多片状铁素体插向奥氏体晶粒内部，铁素体片之间的奥氏体最后转变成珠光体，它会降低钢材的冲击韧性，属于显微的组织缺陷。一般情况下，奥氏体晶粒粗大、冷却速度较快，容易出现魏氏组织。不仅亚共析钢，过共析钢也会形成魏氏组织（渗碳体）。

为了消除魏氏组织，可以采用稍高于Ac_3的加热温度，使先共析相完全溶解，又不使奥氏体晶粒粗大，再根据钢的化学成分采用较快或较慢的冷却速度冷却。

(4) 网状组织。加热温度过高，冷却速度过慢，往往析出网状铁素体（亚共析钢）或

网状渗碳体（过共析钢），一般采取重新正火的办法来消除。

（5）球化不均匀。球化退火时往往出现碳化物球化不均匀，二次渗碳体呈粗大块状分布，形成原因为球化退火前没有消除网状渗碳体，在球化退火时集聚而成。消除办法是进行正火和再一次球化退火。

（6）硬度过高。如果退火时加热温度过高，冷却速度较快，特别是对合金元素含量高、过冷奥氏体稳定的钢，出现索氏体、屈氏体，甚至贝氏体、马氏体组织，硬度高于切削的硬度范围。为了获得所需硬度，应重新进行退火。

8.5.4 钢的淬火

淬火是将钢加热到 Ac_3 或 Ac_1 以上 30 ℃ ~50 ℃，保温后以大于临界冷却速度的速度迅速冷却，使过冷奥氏体转变为马氏体或下贝氏体组织的热处理工艺。淬火的目的是获得马氏体或下贝氏体组织，但这些组织不是所要的最终组织，淬火必须与回火适当配合，才能满足提高强度、硬度和耐磨性等要求。

钢件淬火后，再重新加热到 A_1 以下某一温度，保温一定时间后冷却到室温的热处理工艺称为回火。

淬火与回火在生产中是应用最广泛的热处理工艺，且是紧密的配合在一起，赋予工件最终的使用性能，是强化钢材，提高零件使用寿命的重要手段。通过淬火和适当温度的回火，可获得不同的组织和性能。满足各类零件或工具对使用性能的不同要求。

1. 钢的淬火

淬火的质量取决于淬火的加热温度和冷却方式。

（1）淬火的加热温度。影响钢的淬火加热温度的主要因素是化学成分，如图 8－24 所示。

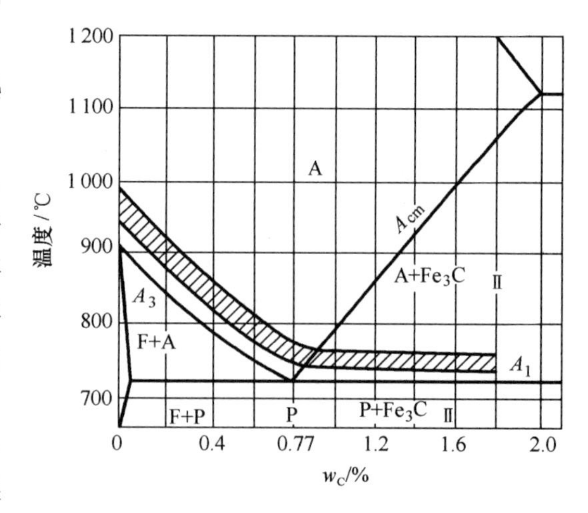

图 8－24 非合金钢的淬火加热温度范围

一般情况下，亚共析钢的淬火加热温度为，Ac_3 +（30 ~50）℃，属于完全淬火。若将亚共析钢加热到 Ac_3 以下，则原始组织中的铁素体未全部转变为奥氏体，淬火后会保留在马氏体中，使钢的淬火组织出现软点，达不到预期的硬度，造成硬度不足。

共析钢和过共析钢的淬火加热温度为，Ac_1 +（30 ~50）℃，属于不完全淬火，使淬火组织中保留一定数量的细小弥散的碳化物颗粒，以提高耐磨性。如果淬火温度过高，渗碳体溶解过多，得到粗片状马氏体，残余奥氏体增多，钢的硬度反而下降，且变形开裂倾向加大。

合金钢中由于大多数合金元素在钢中均阻碍奥氏体晶粒长大，因此，为了使合金元素能充分溶解和均匀化，淬火温度要比非合金钢高。

2. 淬火冷却

冷却是整个淬火过程的重要环节之一，影响冷却过程的主要因素就是淬火冷却介质。

淬火要得到马氏体，理想的淬火冷却曲线如图8-25所示，在整个冷却过程中：在650 ℃以上时，过冷奥氏体比较稳定，冷却速度应慢，可降低零件内部温差引起的热应力；在C曲线的“鼻子”附近650 ℃~550 ℃的温度范围，由于过冷奥氏体最不稳定，必须快冷，冷却速度大于v_k，从而在M_s点附近300 ℃~200 ℃必须慢冷，此时过冷奥氏体进入马氏体转变区，零件内部主要是相变应力，可减少内应力引起的零件变形和开裂。

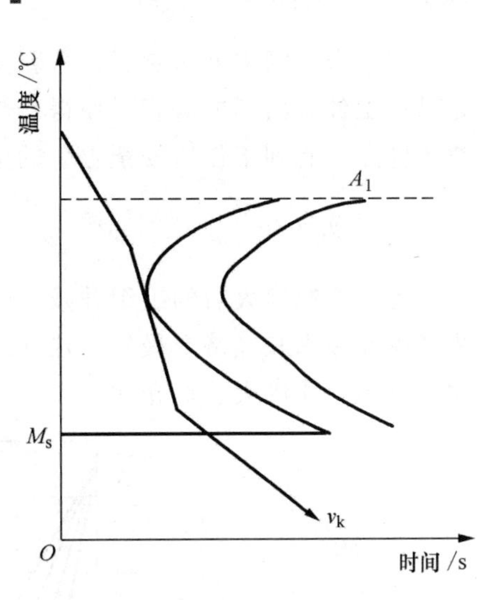

图8-25 理想的淬火冷却曲线

目前还未找到一种符合要求的理想淬火介质，常用的淬火介质是液体介质，有水、盐水和油等，见表8-3。

表8-3 部分常用淬火介质的冷却能力

淬火冷却介质	冷却能力/℃	
	650~550	300~200
水（18 ℃）	600	270
10% NaCl水溶液（18 ℃）	1 100	300
10% NaOH水溶液（18 ℃）	1 200	300
矿物机油	150	30

（1）水。水是最常用的淬火介质，适用于截面尺寸不大、形状简单的碳钢工件淬火冷却。其特点是冷却能力较强、来源广、价格低、成分稳定。但其冷却特性不理想，在需要快冷的C曲线的“鼻尖”处（500 ℃~600 ℃），冷却速度较小，会形成“软点”；而在需要慢冷的马氏体转变温度区（300 ℃~100 ℃），冷却又太快，易使马氏体转变速度过快而产生很大的内应力，致使工件变形和开裂。此外，水温对水的冷却特性影响很大，水温升高，冷却能力急剧下降，易使工件产生软点，淬火水温一般不应超过30 ℃。

（2）盐水和碱水。在水中加入适量的食盐和碱，可使高温区的冷却能力显著提高，零件淬火后能获得较高的硬度。其缺点是介质的腐蚀性较大，且在低温区（300 ℃~200 ℃）的冷却速度也很快。因此适用于形状简单、截面尺寸较大的碳钢及低合金结构钢工件的淬火，使用温度不应超过60 ℃，淬火后应及时清洗并进行防锈处理。

（3）矿物油。矿物油是一种应用广泛的冷却介质。油的冷却能力小，油温过高易着火，一般控制在60 ℃~80 ℃。油在低温危险区由于冷却速度缓慢，有利于减小零件的变形和开裂倾向。但是，油的高温冷却能力也低，达不到碳钢淬火所需要的冷却速度。所以油只能用于过冷奥氏体较稳定的各类合金钢的淬火冷却。

多年来，国内外研制了许多新型聚合物水溶液（PVA、PVP、PAG 等）淬火介质，特点是易在工件表面形成薄膜，使得冷却均匀，减少变形和开裂，且无毒、无烟、无腐蚀、不燃烧等优点，有利于创造安全卫生的生产环境。

2. 淬火方法

为了控制淬火后的组织并减少变形和开裂，淬火已发展了各种淬火工艺方法，生产中优先考虑在技术和经济上最好的热处理工艺。淬火工艺方法一般按冷却方式的不同进行分类，主要有单介质淬火、双介质淬火、分级淬火和等温淬火等，如图 8－26 所示。

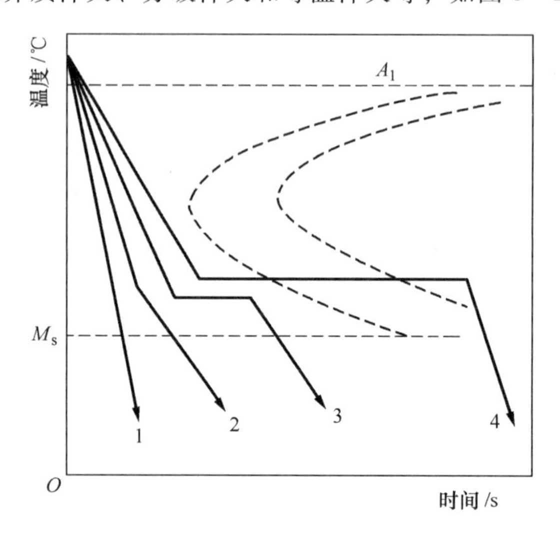

图 8－26　常用淬火方法

1—单介质淬火；2—双介质淬火；3—分级淬火；4—等温淬火

（1）单介质淬火。单介质淬火也称单液淬火，是将工件直接放入某一淬火介质中一直冷却到室温。这种淬火方法操作简单，缺点就是冷却速度受冷却介质特性的限制而影响淬火质量。一般情况下，碳素钢淬水，合金钢淬油。单介质淬火适用于形状简单的非合金钢和合金钢工件。

生产中为减小淬火应力，有时可采用“延时淬火”方法，即先在空气中或预冷炉冷却一定时间，再置于淬火介质中冷却。延时过程降低了工件进入淬火介质前的温度，减小了工件与淬火介质间的温差，因而可以减小淬火时的热应力和组织应力，从而减小工件淬火变形和开裂的倾向。

（2）双介质淬火。双介质淬火也称双液淬火，是将加热的工件先放入一种冷却能力较强的淬火介质中冷却，避免发生珠光体转变，然后转入另一种冷却能力较弱的淬火介质中冷却，让其发生马氏体转变的淬火方法。

这种淬火方法利用了两种介质的冷却特性优点，即可以保证工件得到马氏体，又减小淬火内应力，从而防止工件淬火变形和开裂。这种淬火方法操作复杂，必须准确掌握钢件由第一种介质转入第二种介质中的温度。常用先水冷后油冷或先水冷后空冷等方法。

双介质淬火适用于形状较复杂的高碳非合金钢零件和大型合金钢工件。

(3) 分级淬火。分级淬火是将奥氏体化后的工件淬入温度略高于 M_s 点（150 ℃ ~ 260 ℃）的盐浴或碱浴中停留一定时间，待工件表层和心部温度基本一致后，取出空冷至室温，完成马氏体转变的淬火工艺。

由于分级温度的控制，使得工件内外温度均匀后空冷完成马氏体转变，不仅减小了淬火热应力，而且显著降低组织应力，因而更有效地减小或防止工件淬火变形和开裂。但由于盐浴或碱浴的冷却能力有限，因此只适于变形要求高的合金钢工件以及小尺寸形状复杂的零件。

(4) 等温淬火。等温淬火是将工件淬入温度稍高于 M_s 点（260 ℃ ~400 ℃）的盐浴或碱浴中保持足够的时间，使过冷奥氏体等温转变为下贝氏体组织，然后取出在空气中冷却的淬火方法。

这种淬火方法获得下贝氏体组织，因而零件强度高、塑性和韧性好，具有良好的综合力学性能，同时淬火应力小，变形小，可显著减小工件变形和开裂的倾向。

这种方法适用于形状复杂、尺寸较小、强韧性要求高的各种中高碳以及低合金钢工件。

(5) 冷处理。为了最大限度地减少残余奥氏体的含量，进一步提高工件淬火后的硬度和防止工件在将来的使用过程中因残余奥氏体的分解而引起变形，因此生产中，把淬火冷至室温的钢件继续冷却到 -70 ℃ ~ -80 ℃（或更低温度），保持一段时间，使残余奥氏体充分转变为马氏体，这种方法称为冷处理。

冷处理必须在工件冷至室温后立即进行，一般规定间隔时间不超过0.3 ~1 h。

(6) 其他淬火方法。

1) 真空加热气冷淬火。工件在真空炉加热后进入气冷室，利用气体冷却介质进行淬火。常用的淬火气体有氮、氩、氦等。真空加热气体淬火的优点是零件变形小，表面光亮无氧化脱碳现象。

2) 锻造余热淬火。零件在高温奥氏体状态锻造后，利用锻造余热进行直接淬火，该方法既节能，且钢的淬透性和强韧性显著提高。

3) 加压淬火。容易变形的零件如齿轮、锯片、钢板、弹簧等，为有效地防止变形常在加压状态下淬火。一般都在淬火压床、淬火压力校正机上进行。

4) 局部淬火。某些零件按工作条件只要求局部高硬度，可进行局部淬火。

3. 钢的淬透性与淬硬性

(1) 概念。钢的淬透性是指钢淬火时，获得马氏体的能力，与钢的过冷奥氏体稳定性有关，其大小用钢在一定条件下淬火获得的有效淬硬层深度来表示。

如图 8 -27 和图 8 -28 所示，实际上淬火时工件截面上各处的冷却速度不同，表面的冷却速度较大，而心部冷却速度最小，如果心部的冷却速度小于临界冷却速度，则心部会有非马氏体组织。实际生产中，一般规定为由钢的表面至半马氏体区（即马氏体和非马氏体组织各占50%的区域）的距离作为有效淬硬层的深度。显然，有效淬硬层深度越深，表明钢的淬透性越好。

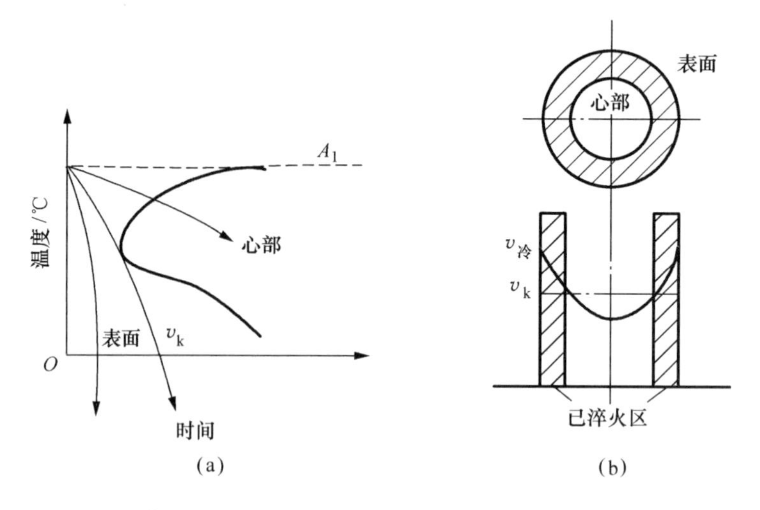

图 8－27　零件淬透性与冷却速度的关系示意图

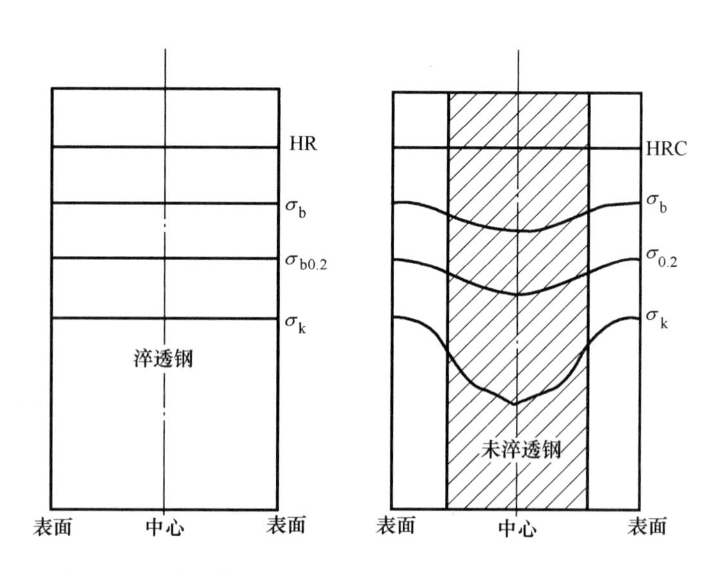

图 8－28　淬透性的大小对钢的热处理后的力学性能的影响

必须注意，淬透性与淬硬性是两个不同的概念。淬硬性是指钢在正常淬火条件下形成的马氏体组织所能达到的最高硬度。它主要取决于马氏体中碳的质量分数，碳质量分数越高，硬度就越高。淬硬性好的钢，其淬透性并不一定好。淬透性是钢材本身的固有属性，与外部因素无关，例如同一种钢制成同样大小的零件，水淬比油淬得到的有效淬硬层深度大，但就不能说水淬比油淬的淬透性好。

（2）影响淬透性的因素。钢的淬透性表示钢淬火时获得马氏体的能力，它反映钢的过冷奥氏体稳定性，即与钢的临界冷却速度有关。C 曲线右移，v_k 越小的钢，淬透性越好。而影响 v_k 的基本因素是钢的化学成分和奥氏体化条件。

1）化学成分。钢的化学成分影响 C 曲线的位置，C 曲线越靠右，临界冷却速度越小，淬透性就越好。除钴以外的合金元素加热后溶入奥氏体中，均使 C 曲线右移，所以合金钢的淬透性比碳钢好。

2）加热条件。适当提高奥氏体化的温度和延长保温时间，可使奥氏体晶粒越粗大，成分更均匀，增加过冷奥氏体的稳定性，C曲线越向右移，v_k 减小，淬透性越好。

在上述影响淬透性的诸因素中，主要影响淬透性的因素是钢的化学成分，尤其是钢中的合金元素。

（3）淬透性在生产中的应用。钢的淬透性对其力学性能影响很大，若钢件被淬透，回火后整个截面上的性能均匀一致；若钢的淬透性差，钢件心部未淬透，经过淬火回火后的钢件性能就表里不一，心部强度和韧性较低，则不能充分发挥材料的性能潜力。因此，选材时必须对钢的淬透性有所了解。

对于截面尺寸较大、形状复杂和截面力学性能要求均匀的重要工件，如在动载荷条件下服役的重要零件，以及承受拉力和压力的连杆螺栓、锻模等重要零件，为了增加有效淬硬层深度，必须选择高淬透性的钢材。

对于承受弯曲、扭转应力的零件（如轴类）以及表面要求耐磨并承受冲击载荷的一些模具，因应力集中在工件表层，故不需要全部淬透，淬硬层深度一般为工件半径或厚度的1/2～1/3。则可选用淬透性较低的钢。

焊接件一般不选用淬透性高的钢，否则会在焊缝区及热影响区出现淬火组织，导致焊件变形开裂。

4. 淬火应力与变形、开裂

淬火过程中，由于冷却速度过大，导致工件产生内部应力，以致变形甚至开裂等问题，因此有必要了解其原因。

（1）淬火时工件变形的原因。

1）热应力。在淬火冷却过程中，工件是有一定尺寸的，表面与心部有温差，存在温度梯度，因而沿工件截面热膨胀将不同，产生热应力。冷却刚开始时，表面冷却快，收缩多而心部温度高，冷得慢，收缩小，这时表面与心部收缩不均相互牵制而产生内应力。开始时工件表层受拉，心部受压，最后留下的残余应力则是表层受压，心部受拉。

因此淬火冷却时产生的热应力是由于冷却时工件截面温差所造成的，冷却速度越大，产生的热应力越大，在相同的冷却条件下，工件加热温度越高、尺寸越大、钢材热传导系数越小，则热应力就越大。

2）相变应力。

淬火快冷时，当表层冷至 M_s 点时，产生马氏体转变，引起体积膨胀，由于心部转变滞后，表层受到心部阻碍受压，心部则受拉，当心部冷至 M_s 点时，也要发生马氏体转变，引起体积膨胀，这时心部受已经转变结束的表层牵制而受压，表层则受拉。由于M塑性较低，变形困难，所以相变应力更易导致工件的开裂。

在淬火过程中，由于工件各部位相变不同引起的应力称为相变应力或组织应力。

（2）影响因素。

1）化学成分。马氏体中含碳量越高，工件的体积膨胀就越大，但残余奥氏体量越多，体积膨胀就越少，因此，低碳钢淬火时体积变化较小，淬火变形常以热应力为主。中碳钢淬火时体积变化较大，淬透性较低碳钢大，且 M_s 点也升高，故零件尺寸较小时淬火变形以相变应力变形为主，当尺寸较大时，变形则逐步过渡到以热应力变形为主。高碳钢淬火时由于残余奥氏体量增多，抵消了一部分 M 转变的膨胀作用，变形以热应力变形为主。对于含有多种合金元素的合金钢来说，由于淬透性的提高，降低了临界冷却速度，淬火应力也小，淬火变形的倾向就减小。

总之实践表明，碳素钢淬火水冷时，以热应力占主要，淬火开裂的危险尺寸为 $\phi8 \sim \phi15$ mm；合金钢油淬时，相变应力为主导，淬火开裂的危险尺寸为 $\phi25 \sim \phi40$ mm。

2）热处理工艺。一般淬火在 M_s 点以下快冷是产生淬火裂纹的主要因素，因此采用分级淬火可减少淬火变形的有效方法。

3）零件尺寸。工件尺寸越大，淬透层越浅，因而热应力的影响作用就越大。反之以相变应力变形为主工件截面形状不同，淬火时个部位冷却速度不同，从而引起变形。

4）原始组织。淬火前原始组织不同，体积膨胀就不同，也会引起工件变形。

（3）淬火裂纹。淬火过程中马氏体相变基本结束的后期，因工件中存在应力超过钢材的强度而引起脆性破坏——裂纹。淬火零件产生的不同裂纹主要取决于零件所受的应力分布状态，因此淬火后及时回火是减少内应力的有效方法。

5. 淬火工艺的发展

由于透射电镜和电子衍射技术的应用，各种实验测试技术的不断进步完善，在研究马氏体形态、亚结构及其与力学性能的关系方面都取得了很大的进展，淬火新工艺也层出不穷。

（1）循环快速加热淬火。淬火、回火钢的强度与奥氏体晶粒大小有关，晶粒越细，强度越高，因此如何获得高于 10 级晶粒度的超细晶粒是提高钢的强度的重要途径之一。

我们知道钢经过多次相变重结晶可使晶粒不断细化；提高加热速度，增多结晶中心也可使晶粒细化。根据这个原理，利用循环快速加热淬火，获得超细晶粒从而达到强化。

（2）高温淬火。低碳钢和中碳钢若用较高的淬火温度（高于正常淬火温度），则可得到板条状马氏体，或增加板条马氏体的数量，从而获得良好的综合力学性能。

由于普通低碳钢淬透性极差，若要获得马氏体，除了合金化提高过冷奥氏体的稳定性外，只有提高奥氏体化温度和加强淬火冷却方可。中碳钢经高温淬火可使奥氏体成分均匀，得到较多的板条状马氏体，以提高其综合性能。

（3）高碳钢低温、快速、短时加热淬火。因为高碳低合金钢的淬火加热温度一般仅稍高于 Ac_1 点，碳化物的溶解、奥氏体的均匀化，靠延长时间来达到。如果采用快速、短时加热，奥氏体中含碳量低，因而可以提高韧性。

一般高合金工具钢采用比 Ac_1 点高得多的淬火温度，若降低淬火温度，使奥氏体中含碳量及合金元素含量降低，则可提高韧性。例如用 W18Cr4V 高速钢制冷作模具，采用 1 190 ℃ 低温淬火，其强度和耐磨性比其他冷作模具钢高，并且韧性也较好。

（4）亚共析钢的亚温淬火。亚共析钢在 $Ac_1 \sim Ac_3$ 的温度加热淬火称为亚温淬火，即比正常淬火温度低的温度下淬火。其目的是提高冲击韧性值，降低冷脆转变温度及回火脆倾向性。

用亚温淬火（不是作为中间处理的再加热淬火）对 45Cr、40Cr 及 60Si2 钢进行热处理，

在 Ac_3 以下 5 ℃～10 ℃处淬火时，钢的硬度、强度及冲击值都达到最大值，且略高于普通正常淬火。而在稍高于 Ac_1 的某个温度淬火时冲击值最低。这可能是由于淬火组织为大量铁素体及高碳马氏体之故。

8.5.5 钢的回火

回火是把已淬火的钢件重新加热到 Ac_1 以下某一温度，保温后进行冷却的热处理工艺。回火是紧接着淬后进行的（除等温淬火外），目的是合理调整钢材的强度和硬度，稳定组织，降低或消除工件的淬火内应力，减少变形和开裂。

1. 钢在回火时的组织转变

（1）马氏体中碳原子的偏聚。马氏体是碳在 α－Fe 中的过饱和的间隙固溶体，碳原子位于体心正方点阵的扁八面体间隙位置中心，这使晶体产生较大弹性变形，这部分弹性变形能就储存在马氏体晶体内，加之晶体点阵中的微观缺陷较多，因此，使马氏体的内能较高，处于不稳定状态。

1）低碳位错型马氏体中碳原子的偏聚。在 20 ℃～100 ℃的温度范围内，碳原子可以通过扩散发生偏聚，碳原子从间隙位置迁出，迁入微观缺陷比较集中的地方，这样可以使马氏体的内能降低，是一个自发的过程。由于板条状马氏体晶内存在大量的位错，因此碳原子倾向于在位错线附近偏聚，组成碳原子偏聚区。这样间隙位置的弹性变形减小，能量降低。

2）高碳片状马氏体中碳原子的富集区。高碳片状马氏体由于亚结构是孪晶，所以，碳原子在片状孪晶马氏体中不能形成偏聚区。但碳原子可以在马氏体的某一晶面上富集，形成碳浓度比平均碳浓度高的碳原子富集区。从能量角度来看，富集区的能量高于偏聚区的能量，稳定性较差，它的存在将使马氏体点阵发生畸变，随富集区的数量增加，畸变量也增加，硬度将有所提高。

（2）马氏体的分解。当回火温度超过 80 ℃时，马氏体发生分解，片状马氏体在 100 ℃～250 ℃回火时，将析出 ε－Fe_xC 碳化物；含碳量低于 0.2% 的板条状马氏体，碳原子在位错线附近聚集，在 200 ℃以下时没有 ε－Fe_xC 碳化物析出；高碳钢在 350 ℃以下回火时，马氏体分解后形成的 α 相和弥散的 ε－Fe_xC 碳化物组成的混合物称为回火马氏体 $M_{回}$，如图 8－29 所示，回火马氏体中的 α 相仍保持针状组织。

图 8－29 回火马氏体 $M_{回}$

(3) 残余奥氏体转变。随回火温度的升高，马氏体的分解，在 200 ℃ ~300 ℃时，残余奥氏体发生分解，可能转变为回火马氏体或下贝氏体。通常若回火温度低于 M_s点，残余奥氏体转变为马氏体，然后分解为回火马氏体；若回火温度高于 M_s点（贝氏体转变温度区），残余奥氏体将转变为下贝氏体。

(4) 碳化物的转变。回火温度达 250 ℃ ~400 ℃时，马氏体中过饱和的碳几乎全部析出，将形成稳定的碳化物渗碳体 Fe_3C，此时回火马氏体转变成保持马氏体形态的铁素体基体上分布着极细小的渗碳体颗粒，这种组织成为回火托氏体 $T_回$，如图 8 -30 所示。

图 8 -30　回火托氏体 $T_回$

(5) α 相的回复与再结晶及碳化物聚集长大。

回火温度在 400 ℃以上时，将发生 α 相的恢复与再结晶及碳化物聚集长大的回火转变，这种由颗粒渗碳体和等轴 α 相组成的组织称为回火索氏体 $S_回$，如图 8 -31 所示。当温度高于 650 ℃以上时，细粒状的渗碳体会迅速聚集粗化，获得球状珠光体组织。

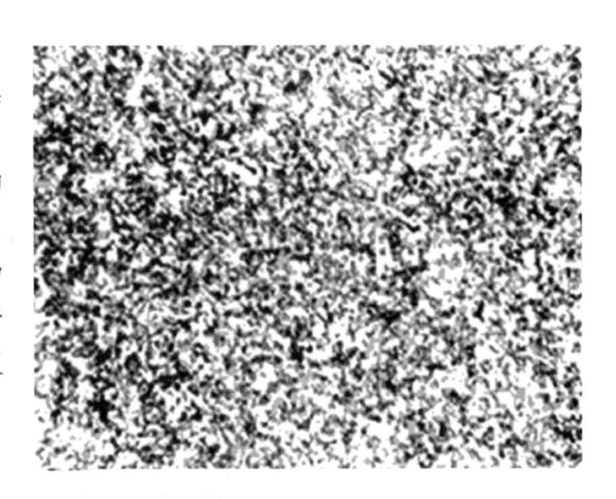

图 8 -31　回火索氏体 $S_回$

2. 回火过程中性能的变化

在回火过程中，随着组织的变化，力学性能也发生变化，总的变化趋势是随回火温度的升高，硬度和强度降低，塑性和韧性提高。如图 8 -32 所示。

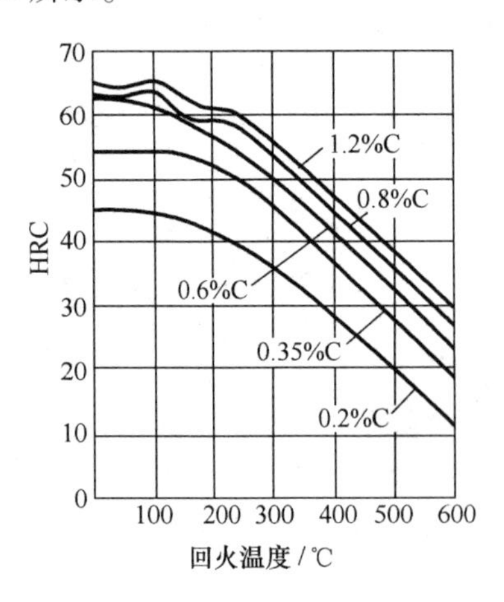

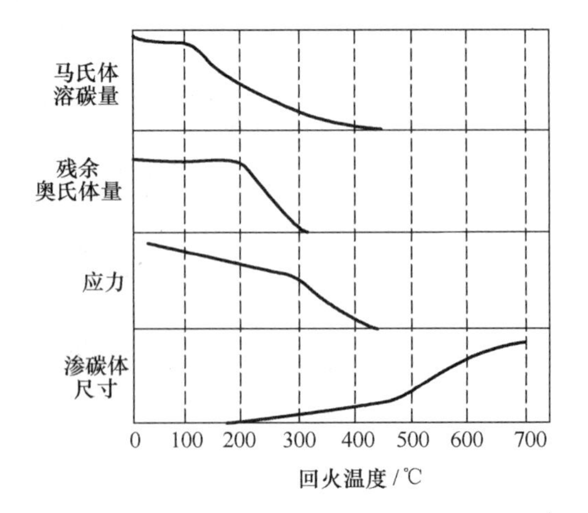

图 8 -32　淬火钢回火时组织与应力的变化

合金元素可使钢的回火转变向高温区推移，减小了回火过程中硬度下降的倾向，提高了钢的回火稳定性。同时在高温回火时，强碳化物形成元素还可析出弥散的特殊碳化物，使得钢的硬度不降反而升高，这就是二次硬化现象，有些钢中残余奥氏体在加热和保温过程中不分解，再随后的回火冷却过程中转变为马氏体或下贝氏体，这种现象称为二次淬火，也是二次硬化的原因之一。

回火后得到的回火托氏体 $T_{回}$、回火索氏体 $S_{回}$ 和球状珠光体组织与过冷奥氏体等温冷却获得的托氏体 T、索氏体 S 和珠光体的力学性能不同，由于回火组织中的渗碳体呈球状，而过冷奥氏体等温冷却获得的珠光体型组织呈片状，在受力时，片状渗碳体会产生应力集中导致微裂纹产生、扩展和断裂。因此重要的结构零件都需要进行淬火和回火处理。

3. 回火的种类及应用

（1）回火的种类及应用。淬火钢回火后的组织和性能主要取决于回火温度，根据回火温度不同，把回火分为三类。

1）低温回火。回火温度为 150 ℃～250 ℃，回火组织为回火马氏体。

低温回火的目的是降低淬火应力及脆性，保持钢淬火后具有高硬度（58～64HRC）和高耐磨性。常用于处理各种切削刃具、量具、模具、滚动轴承、渗碳件及表面淬火件等。

对于一些精密量具、轴承、丝杠等零件为了减少在最后加工中形成的附加应力，增加尺寸稳定性，可增加一次 120 ℃～250 ℃保温几十小时的低温回火，这种方法称为人工时效或稳定化处理。

2）中温回火。回火温度为 350 ℃～500 ℃（不低于 350 ℃），回火组织为回火屈氏体，硬度为 35～45 HRC。

中温回火目的是使钢具有较高的屈服强度和弹性极限，以及一定的韧性。主要处理各种弹簧和热作模具。

3）高温回火。回火温度为 500 ℃～650 ℃，回火组织为回火索氏体，硬度为 25～35 HRC。目的是为了获得具有较高强度的同时，还具有良好的塑性和韧性的综合力学性能。通常把淬火后高温回火的热处理工艺称为调质处理，广泛用于处理各种重要的结构零件，尤其是在交变载荷下工作的连杆、螺栓、齿轮及轴类等，也可作为要求较高的精密零件的预备热处理。

高碳高合金钢的高温回火时，发生二次硬化现象，为消除由于残余奥氏体转变为马氏体所产生的应力，需要多次回火。

（2）回火脆性。淬火钢回火时，其韧性并不总是随回火温度的升高而提高，在某些回火温度范围内回火时，出现冲击韧性显著下降的现象称为回火脆性，如图 8－33 所示。

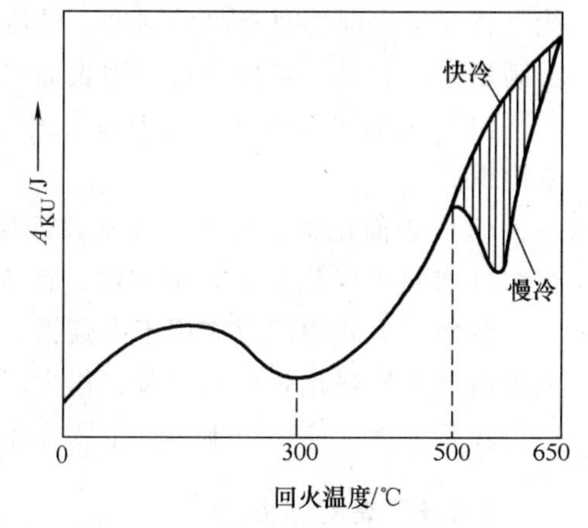

图 8－33　击韧性与回火温度的关系

钢淬火后在 250 ℃～350 ℃回火时产生的回火脆性称为第一类回火脆性，又称低温回火脆性。几乎所有淬火后形成马氏体的钢在此温度范围内回火时，都不同程度地产生这种脆性，目前尚无有效办法消除这类回火脆性，一般只有避开此回火温度范围。

钢淬火后，在 500 ℃ ~650 ℃范围内回火时，缓慢冷却便出现的脆性称为第二类回火脆性。又称高温回火脆性。这种回火脆性主要发生在含 Cr、Ni、Si、Mn 等合金元素的结构钢中。

回火脆性的防止办法：

1）回火后快冷，如果回火后快速冷却，脆性现象便消失或受拟制。所以产生这类回火脆性，可以将钢在高于脆性温度范围的再次回火后快速冷却来消除。

2）加入合金元素 W（约 1%）、Mo（约 0.5%）可抑制这类脆性的产生，该法更适用于大截面的零部件。

3）加入能细化奥氏体晶粒的元素，如 Nb、V、Ti 等，增加晶界面积，降低杂质元素在单位面积上的偏聚量。

(3) 回火冷却方式。回火时间一般指从工件入炉后炉温升到回火温度开始计算。回火时间应保证工件热透、组织转变充分及淬火应力得到消除，回火时间一般为 1 ~3 h。

经加热保温后的工件，回火时一般在空气中冷却，对于要求较高的工件，可进行油冷或水冷，具有第二类回火脆性的钢件，应采用油冷抑制回火脆性。

(4) 淬火和回火的工艺安排。在实际生产中，通常把淬火回火零件分为淬硬件和调质件。对于淬硬件，热处理工艺是淬火后低温回火或中温回火，由于硬度较高（一般大于 30 HRC），切削困难，通常安排在精加工后处理再磨削达到精度要求。对于调质零件，热处理工艺安排在半精加工后。

(5) 回火缺陷与预防。生产中由于回火温度过低（或回火时间过短）、过高或炉温不均匀造成回火硬度过高、过低或不均匀的缺陷，这类问题可调整回火温度、装炉量来解决；回火后工件产生变形，主要由于回火前工件的内应力不平衡，避免这种变形的情况，需采用多次矫正多次加热等措施。

8.6 钢的表面热处理

对于一些承受弯曲、扭转、冲击、摩擦等动载荷的零件，如齿轮、曲轴、凸轮轴等，性能上就要求表面层具有高的强度、硬度、耐磨性和疲劳极限，而心部应具有足够的韧性。为了满足这一要求，可以进行多种表面强化处理方法，热处理工艺上有两种方法。

(1) 表面淬火处理。对表面层进行淬火处理，目的是使表面层组织为 $M_{回}$ 而心部保持原来组织。

(2) 表面化学热处理。改变表面层的化学成分（渗碳等）再进行热处理和改变表面层组织（渗氮形成化合物）的方法，使表面强化。

表面淬火处理广泛应用于中碳钢、中碳合金或调质钢、球墨铸铁制造的机械零件。低碳钢表面淬火后强化效果不显著，很少用；高碳钢表面淬火后，虽然表面硬度提高，但心部韧性仍较差，因此应用也不多，主要应用于交变载荷下的工具、量具等零件。

8.6.1 表面淬火

表面淬火是一种不改变钢件表层化学成分和心部组织的前提下，改变表面层组织的局部淬火方法，目的是使零件表层在一定深度范围内获得高硬度和高耐磨性的回火马氏体，而心部仍为淬火前的原始组织，保持足够的强度和韧性。表面淬火工艺简单、生产效率高、强化效果显著，热处理后变形小，生产中容易实现自动化，应用较广。

由于表面淬火时，零件的表面层加热速度较快，过热度大，奥氏体晶粒可细化，同时加热时间较短，使得奥氏体成分不均，淬火后马氏体成分也不均匀，因此表面淬火前进行预先热处理（调质或正火）有利于碳化物或铁素体分布均匀且细小，同时奥氏体成分也易均匀化，对于性能要求较高的重要零件要选用调质处理，一般要求的可正火处理。

根据加热方法的不同，表面淬火可分为感应加热表面淬火、火焰加热表面淬火、电接触加热表面淬火、激光与电子束表面淬火、高频脉冲加热表面淬火等。生产中最常用的是感应加热表面淬火和火焰加热表面淬火。

1. *感应加热表面淬火*

感应加热表面淬火是以交变电磁场作为加热介质，利用电磁感应现象，由工件在交变磁场中所产生的感应电流（涡流），使工件表层迅速被加热到淬火温度，随后立即进行快速冷却的一种淬火方法。

（1）感应加热表面淬火的基本原理。

如图8－34所示，将工件放入由空心铜管制成的感应器内，感应器通入一定频率的交流电产生交变磁场，工件内就会产生同频率的感应电流，感应电流在工件内形成回路，称为涡流。涡流在被加热工件内沿截面的分布是不均匀的，由表层至心部呈指数规律衰减。因此，表层电流密度较大，而心部几乎没有电流通过。这种现象称为集肤效应。由于集肤效应使工件表层被迅速（几秒内）加热到淬火温度，随即喷水冷却，合金钢则需浸油冷却。

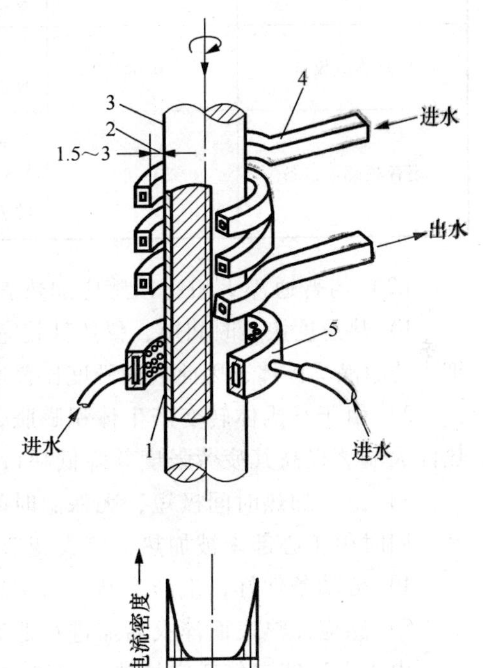

图8－34 感应加热表面淬火

1—加热淬火层；2—间隙；3—工件
4—加热感应圈；5—淬火喷水套

感应加热的深度取决于交流电的频率，交流电频率越高，感应加热深度越浅，即淬硬层越浅，而交流频率太低，消耗的功率较大，因此在生产中必须根据钢件的表面淬硬层深度要求来选择合适的感应加热设备。

目前，感应加热设备按输出电流频率的大小不同可分为高频、中频、低频和超音频四种，见表8－4，最佳频率公式为

$$\text{最佳感应交流频率} f\ (\text{Hz}) = \frac{6\times 10^4}{\delta^2}$$

式中 δ——淬硬层深度，mm。

实践表明，钢的轴类零件淬硬层深度一般为其半径的1/10就可以了，小直径的（10～20 mm）的钢类零件淬硬层深度可为其半径的1/5。

为了保证工件表面淬火后的表面硬度和心部的强韧性，一般选用中碳非合金钢和中碳合

金钢，其表面淬火前的原始组织应为调质态或正火态。表面淬火后，进行低温回火以降低残余应力和脆性，保证表面的高硬度和高耐磨性。

一般来说，增加淬硬层深度可提高零件的耐磨性，但零件的塑性、韧性会降低，因此确定淬硬层深度，除了耐磨性要考虑外，还应考虑零件的综合力学性能。

表 8－4　感应表面加热设备及应用

感应加热设备	频率范围/kHz	应用范围
高频感应设备	100～500	应用较广，淬硬层深度为 0.5～2 mm，适用于中小模数（$m<5$）齿轮及中小轴类等零件的表面淬火
中频感应设备	1～10	淬硬层深度 2～10 mm，适用于大模数齿轮、较大尺寸轴类、钢轨表面及轴承套圈等零件的表面淬火
低频感应设备	0.05	淬硬层深度 10～15 mm，适用于大直径零件、大型轧辊等零件的表面淬火
超音频感应设备	20～40	兼有高频和中频加热的优点，硬层应沿轮廓均匀分布，淬硬层深度 2.5～3.5 mm，适用于中小模数齿轮、花键表面、凸轮轴和曲轴等零件的表面淬火

（2）与普通淬火相比，感应加热表面淬火的特点。

1）热速度快，时间短，仅数秒就完成，使表层获得细小的奥氏体，淬火后表层得到非常细小的隐晶马氏体，因此表面硬度比普通淬火提高 2～3 HRC，故其耐磨性也比普通淬火高。

2）由于马氏体转变产生体积膨胀，使工件表面产生很大的残余压应力，因此，感应加热淬火显著提高其疲劳强度并降低缺口敏感性。

3）由于加热时间极短，无保温时间，工件一般不会产生氧化，脱碳等缺陷，表面质量好，同时由于心部未被加热，淬火变形小。

4）劳动条件好，生产率高，易实现机械化与自动化，适于大批量生产。

5）感应加热表面淬火后需进行低温回火或自回火。

由于上述特点使感应加热表面淬火技术在生产中获得了广泛的应用，但由于设备比较昂贵，维修保养技术要求高，零件形状复杂的感应器制造困难，因而不适于单件小批生产。

2. 火焰加热表面淬火

如图 8－35 所示，火焰加热表面淬火是利用乙炔－氧或煤气－氧等混合气体燃烧的火焰，对工件表面加热到淬火温度，并随即喷水快速冷却，而获得表面硬化层的表面淬火方法。乙炔－氧火焰温度可达 3 100 ℃，煤气－氧火焰温度可达 2 000 ℃。

火焰加热表面淬火的淬硬层深度一般为 2～6 mm，过深的淬硬层深度要求会引起钢件表层严重过热，而产生淬火裂纹。淬火后的工件需立即回火，以消除应力防止开裂，回火温度一般 180 ℃～200 ℃，回火保温时间为 1～2 h。

根据喷嘴与零件的相对运动情况，火焰加热表面淬火可固定工件或旋转工件进行加热处理，也可固定工件让火焰喷嘴一起移动等方法进行加热。火焰加热表面淬火与感应加热表面淬火相比，具有操作简单，工艺灵活，无需特殊设备，成本低等优点。但加热温度和淬硬层深度不易控制，淬火质量不稳定，容易使工件表面产生过热，因此，适于单件、小批量生

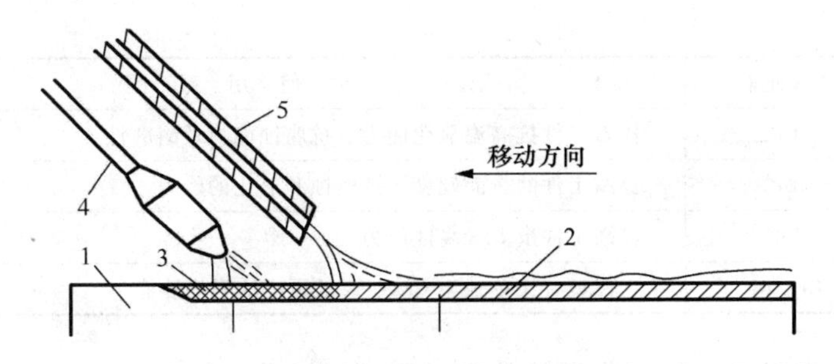

图8-35　火焰加热表面淬火

1—工件；2—淬硬层；3—加热层；4—烧嘴；5—喷水管

产、大型零件的表面淬火和需要局部淬火的零件。

8.6.2　化学热处理

化学热处理是将工件置于某种介质中进行加热和保温，使介质中分解析出的某些元素的活性原子渗入工件表层，从而改变工件表层的化学成分和组织以获得所需性能的一种热处理工艺，也称表面合金化。

与表面淬火等其他表面改性技术相比，它不仅使表层的组织发生变化，而且表层的化学成分也发生变化，因而能更有效地提高表面层的性能，并能获得许多新的性能。同时，它能使渗层分布与钢件轮廓形状相似，性能不受原始成分的限制。因此，在许多情况下，可以用廉价的非合金钢或低合金钢，经过适当的化学热处理，代替昂贵的高合金钢。化学热处理是目前发展最快的一种热处理工艺，且得到越来越广泛的应用。一般根据所渗入元素的不同来命名化学热处理的种类，如渗碳、渗氮（氮化）、碳氮共渗、渗金属等，常用化学热处理方法及其使用范围见表8-5。

表8-5　常用化学热处理方法及其使用范围

名称	渗入元素	使用范围
渗碳	C	提高材料的表面硬度、耐磨性、疲劳强度。用于低碳钢零件，渗层较深，一般为1 mm左右
氮化	N	提高材料的表面硬度、耐磨性、耐蚀性、疲劳强度。用于中碳钢耐磨结构零件，不锈钢、模具钢、铸铁等也广泛采用氮化，渗层为0.3 mm左右。氮化层有较高的热稳定性
碳氮共渗	C、N	提高工具的表面硬度、耐磨性、疲劳强度。高温碳氮共渗以渗碳为主，低温碳氮共渗以渗氮为主
渗硫	S	提高工件减磨性和抗咬合磨损能力
硫氮共渗	S、N	兼有渗硫和氮化的性能。适用范围及钢种与氮化相同
硫氮碳共渗	S、N、C	兼有渗硫和碳氮共渗的性能。适用范围及钢种与碳氮共渗相同
渗硼	B	提高工件的表面硬度、耐磨性及红硬性
碳氮硼共渗	C、N、B	高硬度、高耐磨性及一定的耐腐蚀性，适用于各种非合金钢、合金钢及铸铁
渗铝	Al	提高工件高温抗氧化能力和抗含硫介质腐蚀能力

续表

名称	渗入元素	使 用 范 围
渗铬	Cr	提高工件抗高温氧化能力、抗腐蚀能力及耐磨性
渗硅	Si	提高工件的表面硬度、抗腐蚀和氧化的能力
渗锌	Zn	提高工件抗大气腐蚀能力
铬铝共渗	Cr、Al	工件具有比单独渗 Cr 或渗 Al 更好的耐热性能

化学热处理种类很多，任何化学热处理过程都经过分解、吸收以及扩散三个基本过程完成。渗剂在一定温度下通过化学反应分解出渗入元素的活性原子，活性原子由钢的表面进入铁的晶格中，即被工件表面吸收。继而由工件表面向内部进行扩散迁移，形成一定深度的扩散层。在这三个基本过程中，扩散是最慢的一个过程，整个化学热处理速度受扩散速度所控制。

1. 钢的渗碳

渗碳是将工件（一般是低碳非合金钢和合金钢）置于渗碳的活性介质中加热和保温足够长的时间，使得碳原子渗入工件表层，并形成一定浓度梯度的高碳层的化学热处理工艺。

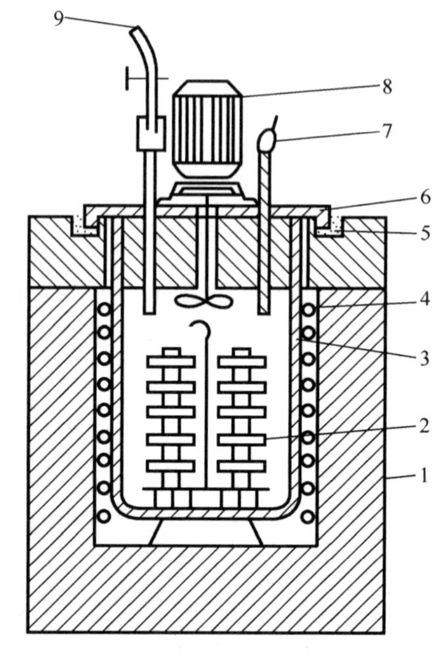

图 8－36　井氏气体渗碳示意图

1—炉体；2—工件；3—耐热罐；4—电阻丝；5—砂封；6—炉盖；7—废气火焰；8—风扇电动机；9—煤油

渗碳处理的目的就是使低碳钢或低碳合金钢工件的表层有高的碳质量分数，心部仍是低碳钢的化学成分，这样通过淬火、低温回火之后，就可使工件表层获得高硬度和高耐磨性，而心部仍保持强而韧的性能特点。这样，工件就能承受服役条件下的复杂应力的使用性能要求。

与高频表面淬火相比，渗碳件的表面硬度较高，因而具有更高的耐磨性。同时，心部也具有比高频表面淬火件高的强度和塑性。因此渗碳件有更高的弯曲疲劳强度，且能承受更高的挤压应力。零件服役过程中表层不崩裂、不压陷、不点蚀。而心部则保持良好的强韧性。因此，渗碳是应用最广泛的一种化学热处理工艺，各种机器设备上许多重载荷、耐磨损的零件，如汽车、拖拉机的传动齿轮、内燃机的活塞销、轴类等，都要进行渗碳处理。

渗碳用钢一般选用碳质量分数为 0.1% ~0.25% 的低碳非合金钢和低碳合金钢，如 15、20、20Cr、20CrMnTi、20SiMnVB、18Cr2Ni4WA、20CrMnMoVBA 钢等。

（1）渗碳方法。根据渗碳剂状态的不同，渗碳方法分为固体渗碳、液体渗碳和气体渗碳三种，其中气体渗碳由于生产率高，渗碳过程容易控制，故在生产中广泛应用。

1）气体渗碳。如图 8－36 所示，工件放入密封的专用井式渗碳炉或贯通式渗碳炉内，通入渗碳剂，加热到 900 ℃ ~950 ℃，使工件在高温的渗碳气氛中进行。

目前，气体渗碳法有两种工艺：滴注式和通气式。滴注式渗碳法就是滴入有机液体如煤油、乙醇、丙酮或甲醇等渗碳剂；通气式渗碳法就是通入煤气、丙烷、丁烷及天然气等。

在高温下渗剂裂解形成渗碳气氛，并产生活性碳原子，活性碳原子被工件表面吸收，溶入奥氏体中，并向内部扩散迁移形成一定深度的渗碳层，从而达到渗碳的目的。

渗碳层的厚度在一定渗碳温度下取决于保温时间。保温时间越长，渗碳层越深。如表 8-6 所示，生产中一般按每小时 0.100～0.150 mm 估算或用试棒实测而定。

表 8-6 920 ℃温度下渗碳时渗碳层深度与时间的关系

渗碳时间/h	3	4	5	6
渗碳层深度/mm	0.4～0.6	0.6～0.8	0.8～1.2	1.0～1.4

气体渗碳具有生产效率高，渗层质量好，便于直接淬火，劳动条件好，易实现机械化与自动化等优点，但需专用设备，设备投资大。不宜单件小批生产。

2）固体渗碳和液体渗碳。

固体渗碳就是将工件埋入四周填满固体渗碳剂（木炭、焦灰和碳酸盐）的渗碳箱中，加盖并用耐火泥封住，加热到 900 ℃左右，保温一定时间后出炉。该方法操作简单，但劳动条件太差且渗碳质量不易控制，故基本已淘汰。

液体渗碳就是把零件浸入液体渗剂中加热渗碳，20 世纪 50 年代的液体渗剂采用 NaCN、KCN 等，这些渗剂有毒，虽然改进的液体渗剂——盐浴（$NaCl + KCl + Na_2CO_3 + (NH_3)_2CO_3$ + 木炭粉）无毒，但盐浴中仍产生有毒物质污染环境，且渗碳质量不稳定，故液体渗碳方法已被淘汰。

（2）渗碳后的组织。低碳钢经渗碳后，表层碳的质量分数为 0.9% 左右，从表面到心部含碳量逐渐减少，心部则为原来低碳钢的碳质量分数。因此，低碳钢渗碳后缓冷至室温，由表层至心部的组织依次为：过共析组织→共析组织→亚共析组织。

目前，一般低碳钢的渗碳层深度是指从表面到 $w_C = 0.4\%$ 处的深度，合金钢的渗碳层深度则指从表面一直到基体原始组织为止。

工件经过渗碳热处理（淬火 + 低温回火）后的最终组织：表面为针叶状回火马氏体及二次渗碳体，还有少量的残余奥氏体，表面硬度可达 58～62 HRC。心部组织随钢的淬透性而决定，碳钢心部组织一般为珠光体和铁素体，合金钢一般为低碳马氏体和铁素体。

（3）渗碳后的热处理。工件渗碳后必须进行淬火和低温回火，才能有效地发挥渗碳层的作用，中、高合金钢渗碳淬火后还要求进行冷处理。

（4）渗碳件的淬火工艺。渗碳件的淬火工艺有多种。如图 8-37 所示。

1）直接淬火（曲线 *a*）。工件渗碳后出炉预冷到 800 ℃～850 ℃淬火，然后低温回火 150 ℃～200 ℃。这种方法最简便，生产效率高，但由于渗碳后奥氏体晶粒长大，淬火后马氏体较粗大，残余奥氏体也较多，因此只用于组织、性能和变形要求不高、承载较低的零件，以及不易长大的细晶粒钢。

2）一次淬火（曲线 *b*）。渗碳件出炉缓冷（或空冷）后，再重新加热淬火并低温回火。目的是为了细化心部组织和消除表层网状渗碳体。

3）二次淬火（曲线 *c*）。渗碳件出炉缓冷（或空冷）后，再二次加热，二次淬火，二次淬火加热温度为 Ac_1 以上 30 ℃～50 ℃，这样可以细化表层组织，获得较细的马氏体和均匀分布的粒状二次渗碳体组织，然后低温回火 150 ℃～200 ℃。由于二次淬火工艺复杂，零

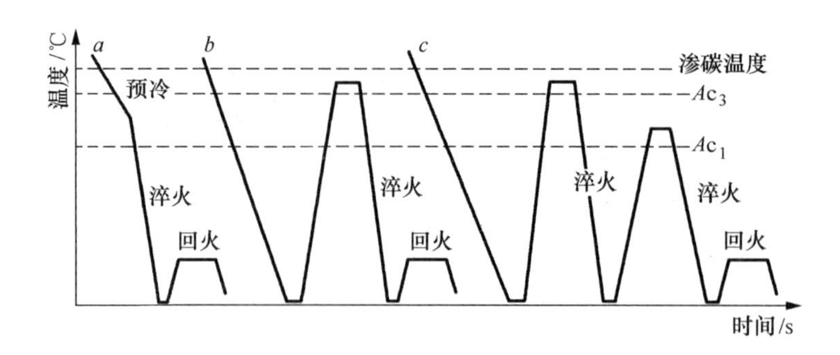

图 8-37　渗碳后的热处理工艺

a—直接淬火；*b*——次淬火；*c*—二次淬火

件变形大，故只用于表面要求高耐磨性、心部高韧性的零件。

2. 钢的氮化

氮化是将工件放入渗氮介质中，在一定温度下（480 ℃ ~580 ℃），保温一定时间，使活性氮原子渗入工件表层的一种化学热处理工艺。

渗氮主要通过氮与钢中的合金元素作用形成弥散的氮化物，起到了强化的作用，因此渗氮工艺主要应用于耐磨性要求高、疲劳强度好和热处理变形小的精密零件，如精密机床的主轴、丝杠、镗杆、精密齿轮以及阀门等零件。

氮化可以使钢获得优异的性能，极高的表面硬度（1 000 ~1 200 HV）和很高的耐磨性，并可保持到相当高的温度（600 ℃ ~650 ℃）而不明显下降。高的抗咬合性，很高的疲劳强度，低的缺口敏感性，相当好的耐蚀性，且热处理变形极小等。但其最大的缺点是工艺时间太长，要得到 0.3 ~0.5 mm 的氮化层，需要 30 ~50 h，甚至长达 100 h，且渗氮层脆性大，所以，渗氮零件不能承受较大的接触应力和较大的冲击载荷，

（1）氮化方法。根据氮化介质的状态，氮化方法有气体氮化、离子氮化等。

1）气体氮化是将工件放入通有氨气流的井式氮化炉内，在 500 ℃ ~570 ℃温度使氨气分解出活性氮原子，反应式为：$2NH_3 = 3H_2 + 2[N]$。活性氮原子被工件表面吸收，并向内部扩散迁移形成一定深度的氮化层。

根据氮化的目的，有抗磨氮化和抗蚀氮化。抗磨氮化又称“硬氮化”或“强化氮化”，氮化温度不宜过高，一般在 500 ℃ ~570 ℃进行，且采用专门的氮化钢，应用最多的是 38CrMoAlA 钢。抗蚀氮化是使工件表面形成厚度为 0.015 ~0.06 mm 的 ε 相致密层，以提高工件对自来水、湿空气、过热蒸气以及碱性溶液的耐蚀性，但不耐酸液腐蚀。为加速氮化过程，也为使 ε 相致密，氮化温度可提高到 590 ℃以上，最高可达 720 ℃。抗蚀氮化可应用于低合金钢、碳钢以及铸铁件等，代替镀镍、镀锌等处理。

2）离子氮化是利用稀薄气体的辉光放电现象进行氮化的，在电场的作用下，被电离的氮离子以极高的速度轰击零件表面，使工件表面温度升高到所需的氮化温度（450 ℃ ~650 ℃），一方面氮离子在阴极上夺取电子后还原成氮原子渗入工件表面，并逐渐扩散形成氮化层。另一方面，工件表面的铁离子与氮离子形成 FeN、Fe_2N、Fe_3N 等化合物形成氮化层。

离子氮化比气体氮化优越，首先氮化速度快，生产周期仅为气体氮化的 1/4 ~ 1/2，其次氮化层质量高，对材料的适应性强，故适用于各种齿轮、活塞销、气门、曲轴等零件，尤其对氮化层要求较薄的零件。

（2）氮化用钢。氮化用钢是含有 Al、Cr、Mo、V、Ti 等合金元素的钢，最典型的氮化钢是 38CrMoAlA 钢，还有 35CrMo、18CrNiW 等钢，合金元素 Al、Cr、Mo、V 等极易与氮元素形成细密、分布均匀、硬度很高和稳定的氮化物颗粒，对提高氮化层的性能起着决定性的作用。

结构零件氮化前，一般要进行调质处理，以改善零件心部的力学性能。对于铸铁件，渗氮铸铁件宜选用合金铸铁制造，渗氮前，如果铸铁的组织是珠光体或索氏体，则进行去应力退火，如果组织中含有块状铁素体组织，则采用正火处理，消除块状的铁素体组织。

3. 钢的碳氮共渗

碳氮共渗是将碳原子和氮原子同时渗入工件表层的一种化学热处理工艺。目前碳氮共渗的方法主要是气体碳氮共渗。按处理温度分为高温（900 ℃ ~ 950 ℃）碳氮共渗、中温（780 ℃ ~ 880 ℃）碳氮共渗和低温（500 ℃ ~ 600 ℃）氮碳共渗。高温碳氮共渗以渗碳为主；低温碳氮共渗以氮化为主，而渗碳次之，又称软氮化。

（1）气体碳氮共渗。以渗碳为主，其工艺与渗碳相似，常用渗剂为“煤油 + 氨气”，加热温度为 820 ℃ ~ 860 ℃，与渗碳相比，加热温度低，零件变形小，生产周期短，渗层具有较高的硬度、耐磨性和疲劳强度。但由于共渗层薄，故生产中主要用于要求变形小，耐磨及抗疲劳的薄件、小件，如自行车，缝纫机及仪表零件，以及汽车、机床变速齿轮和轴类。

（2）气体氮碳共渗（软氮化）。以氮化为主，目的是提高钢的耐磨性和抗咬合性。所用渗剂为“尿素 + 氨气 + 渗碳气体”的混合气体，共渗温度为 520 ℃ ~ 570 ℃，由于活性碳原子和氮原子同时存在，使渗入速度大为提高，一般仅 1 ~ 3 h 就能达到 0.01 ~ 0.02 mm 的渗层深度。与一般氮化相比，渗层硬度较低（400 ~ 700 HV），脆性小，适用于任何钢种及铸铁件。但由于渗层薄，对在重载条件下工作的零件不适用。常用于处理于高速刃具、各种模具及球墨铸铁曲轴等零件。

8.7 其他热处理简介

随着科学技术和生产的不断发展，对机械零件的质量、性能和可靠性等方面的要求更高，传统的热处理技术已不能完全满足生产需求，使得新技术以及计算机技术不断应用于热处理生产中，产品的质量和性能不断地改进和提高。

8.7.1 真空热处理

真空热处理是在 1.33 ~ 0.013 3 Pa 的真空环境中加热与保温，然后在油或气体中淬火冷却的热处理技术，实质上也属于一种可控气氛热处理，几乎全部热处理工艺均可进行真空热处理。真空热处理与常压下的热处理之区别如下。

（1）工件基本不发生氧化脱碳和合金元素的蒸发，就使零件表面清洁光亮，提高了产品质量。

（2）真空加热可以脱出钢材中的 H_2，减小氢脆作用。

（3）真空热处理在生产过程中不会产生任何污染环境的物质，从而被公认属于清洁生产技术范畴。可以毫不夸张地说，真空热处理已成为当前先进热处理生产技术的主要标志。

（4）由于真空主要靠热辐射传热，因此加热时间缓慢。

（5）真空热处理设备庞大且价格较贵。

8.7.2 形变热处理

将塑性变形与热处理有机地结合起来，以提高材料力学性能的复合热处理工艺，即形变强化与相变强化的综合作用，称为形变热处理。它是一种既可以提高强度，又可以改善塑性和韧性的最有效的工艺。目前已成为提高钢强韧性的有效手段，在生产中得到广泛的应用。

形变热处理的强化剂机理是将钢加热至单相奥氏体状态进行塑性变形，可细化奥氏体晶粒，淬火后钢中碳化物变细且分布均匀，这样得到的工件性能较高，强度、塑性和韧性都高于普通压力加工得到的性能。典型的形变热处理工艺可以分为低温形变热处理和高温形变热处理。

1. 低温形变热处理

低温形变热处理是将钢加热到 Ar_3 以上后，快速冷却到 Ar_1 温度以下 M_s 点以上某一温度（一般为500 ℃～600 ℃），过冷奥氏体呈亚稳定状态，进行大量塑性变形（70%～50%）后进行淬火，如图8－38（a）所示。这种形变热处理最突出的优点是在保持塑性、韧性不降低的情况下，大幅度提高钢的强度和抗磨损能力。已发表的数据表明，与普通淬火回火工艺相比，低温形变热处理可提高抗拉强度30～70 MPa，此外，还明显提高钢的疲劳强度。

低温形变热处理由于变形温度较低，钢的变形抗力较大，需要专门的设备，因此，它的应用受到了一定的限制，对形状比较复杂的零件进行低温形变热处理尚有困难，零件低温形变热处理后，切削加工和焊接也有困难，这些问题尚待进一步解决。目前低温形变热处理主要用于强度要求较高和具有高韧性的零件，如高速钢刀具、弹簧、飞机起落架等。

2. 高温形变热处理（高温形变淬火）

将钢加热到稳定的奥氏体区并保温一定时间，在该状态下进行塑性变形，随后淬火回火的一种热处理工艺即是高温形变热处理，如图8－38（b）所示。

高温形变热处理对材料没有特殊的要求，一般非合金钢、低合金钢均可应用，与普通热处理相比较，高温形变热处理使得材料的抗拉强度提高10%～30%，塑性提高40%～50%，可提高的综合力学性能，此外高温形变淬火还可降低钢材韧脆转变温度及缺口敏感性，使之在低温破断时呈现韧性断口。

高温形变热处理的形变温度高，变形抗力小，可在热加工（如轧、锻）条件下进行，比低温形变具有许多优点，如锻造余热淬火，可节省能源，因此近年来发展较快。

8.7.3 高能量密度表面热处理

高能量密度表面热处理利用超高能量对工件表面进行超高速加热，迅速达到淬火温度，

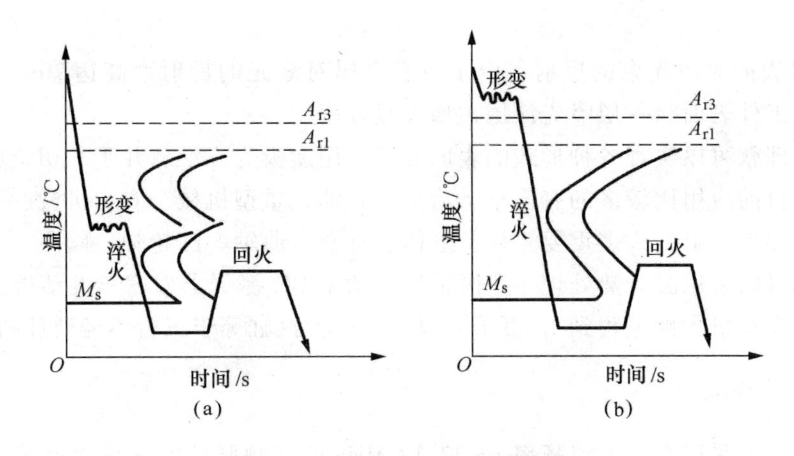

图 8-38　形变热处理工艺示意图

(a) 低温形变热处理；(b) 高温形变热处理

然后立刻切断热源，工件能自激冷进行淬火实现表面淬火硬化的工艺方法，符合这种加工的热源主要有激光束、高频脉冲电流、电子束等，也就有激光热处理、高频脉冲电流淬火和电子束加热表面淬火。

1. 激光热处理

激光热处理是利用高功率密度的激光束对金属进行表面处理的方法，它可以对材料实现激光相变硬化（或称表面淬火、表面非晶化、表面重熔淬火）、激光表面合金化、激光表面熔融（表层熔化重凝）、激光涂敷（表面加涂料处理）等表面改性处理，产生用其他表面淬火方法达不到的表面成分、组织、性能的改变。

基本原理是用高能激光束对工件表面进行扫描，被扫描的部位急骤升温到相变温度，激光束离开后，被加热的部位又很快通过母体冷却而形成自淬火，使表面得到呈超细化的组织结构，硬度比淬火前提高约 2.5 倍，比普通淬火的硬度提高 15% ~20%，从而提高工件的耐磨性能 3 ~5 倍。工业上激光表面改性多用于耐磨铸铁件和高碳钢件以提高表面的硬度、耐磨、耐蚀等性能，也用于在铝合金表面熔入镍形成镍铝金属间化合物使硬度大幅度提高。

激光热处理技术与其他热处理如高频淬火、渗碳、渗氮等传统热处理工艺相比，具有以下特点。

(1) 快速加热和快速冷却。激光加热金属时的速度非常高，可达 100^{10} ℃/s，由于金属材料的良好导热性，冷却速度甚至可达 10^{2} ℃/s。

(2) 处理层和基体结合强度高。激光表面处理的改性层和基体材料之间是致密的冶金结合，而且处理层表面是致密的冶金组织，具有较高的硬度、耐磨性和疲劳强度。

(3) 被处理工件变形极小。由于激光功率密度高，与零件的作用时间很短（10^{-2} ~10 s），故零件的加热变形和整体变形都很小。故适合于高精度零件的处理，作为材料和零件的最后处理工序。

(4) 精确的局部加热。利用灵活的导光系统可随意将激光导向需要处理的部分，从而可方便地处理深孔、内孔、盲孔和凹槽等，可进行选择性的局部处理。可以实现一台激光器多工作台同时使用，采用计算机编程实现对激光热处理工艺过程的控制和管理，实现生产过程的自动化。

(5) 金属表面对激光束的反射。由于所有金属对激光的反射率高达70% ~80%，因此淬火前需要在工件表面涂一层吸光涂层，增加吸收率。

激光热处理就可以实现各种形式的表面处理，用途极为广泛，几乎一切金属表面热处理都可以应用。目前应用比较多的有汽车、冶金、石油、重型机械、农业机械、航天、航空等高新术产品。如汽车上的许多重要零件，缸体、缸套、曲轴、凸轮轴、阀座、摇臂、铝活塞环槽等几乎都可以采用激光热处理。我国采用大功率 CO_2激光器对汽车发动机进行缸孔强化处理，可延长发动机大修里程到15万千米以上，一台汽缸等于三台不经处理的汽缸。

2. 高频脉冲淬火

高频脉冲淬火采用交变电流频率 $f=27.12$ MHz 的高频脉冲对金属表面进行加热，在若干毫秒的时间内温度达到淬火温度，然后靠加热后的金属内部热传导的作用自激冷，实现工件表面淬火硬化的工艺方法。其生产过程比高频淬火快10倍。由于超高速加热，使得奥氏体晶粒超细化，在淬火后得到的极细小的隐晶马氏体，在2万倍的电镜下也不能完全看清楚晶粒的形貌，因此淬硬层具有很高的硬度（900 ~1 200 HV）和韧性，而零件的寿命可提高3倍。

脉冲淬火的缺点是受冲击能量的限制，因此不能应用于大型零件和导热性差的合金钢零件的表面硬化，目前多用于切削刀具、照相机、钟表、仪器等小型零件的局部淬火。

3. 电子束加热表面淬火

电子束加热表面淬火是利用电子枪发射的电子束轰击金属表面，电子流碰撞工件表面使得温度上升到淬火温度，电子流停止轰击后，热量快速向冷基体金属传播，使加热表面自行淬火。若轰击时间长、温度较高，则加热深度也增加。

电子束可以聚焦和转动，因而与激光加热特性相同，但电子束热效率高，消耗能量是所有表面加热中最小的，激光加热的电效率低，成本也高，仅优于渗碳。

8.7.4 表面改性技术

很多零部件在使用过程中，对其表面和内部的性能要求往往是不同的。对表面常常是要求耐磨、耐蚀和抗氧化性能等，而对内部则要求韧性好，抗冲击（从经济角度考虑，零部件内部材料的价格要便宜，成型要容易）。为了满足这样的性能要求，除了采用传统的表面渗碳、表面热处理等手段外，目前还可以借助许多新技术，如离子束、激光、等离子体等改变材料的表面的化学成分、物理结构和相应的使用性能，或者获得新的薄膜材料，这就是表面改性。近年来，表面改性技术发展很快，已经发展为很多种类，包括：离子注入、离子束沉积、物理气相沉积、化学气相沉积、等离子体化学气相沉积和激光表面改性等。

1. 气相沉积技术

气相沉积技术是利用气相之间发生物理、化学的反应，在工件表面沉积单层或多层薄膜，从而使材料或制品获得所需的各种优异性能的一种新工艺，这种技术可在工件表面沉积

Si、Ni、TiC 和 TiN 等覆盖层，满足耐热、耐腐蚀、耐磨等方面性能的要求。气相沉积技术大致上可分为两大类。

（1）化学气相沉积。化学气相沉积是利用气态物质在固体表面上进行化学反应，生成固态沉积物，从而强化表面的一种工艺过程。化学气相沉积可控制薄膜的各种组成及合成新的结构，可制备半导体外延膜，SiO_2、Si_3N_4等绝缘膜，金属膜及金属的氧化物、碳化物硅化物等。化学气相沉积原先主要用于半导体，后来扩大到金属各种基材上，成为制备薄膜的一种重要手段。

化学气相沉积的优点是沉积速率高，每小时可沉淀数十微米以上。通过调节参数可以控制沉积层的化学组成、形貌、晶体结构和晶向等，还可以利用中等温度和高气压的反应气体源，来沉积高熔点的相。化学气相沉积的不足之处是基体材料要加热，往往引起基体材料中的相变、晶粒的长大和组分的扩散。气相反应剂的腐蚀性常常会影响基体材料，导致沉积层多孔、黏着力低和化学污染。此外，化学气相沉积是平衡过程，不能得到亚稳态材料。

图 8－39 所示为在钢表面沉积 TiC 涂层的化学气相沉积反应装置。化学气相沉积是利用高温热激活化学反应进行气相生长的方法，此法可在硬质合金和工模具钢的基体表面上形成由碳化物、氮化物、氧化物等构成的，具有冶金结合的几个微米厚的超硬耐磨涂层或耐蚀涂层，能使硬质合金刀片的寿命提高 1～5 倍以上，而冷制模具的寿命可提高 3～10 倍。

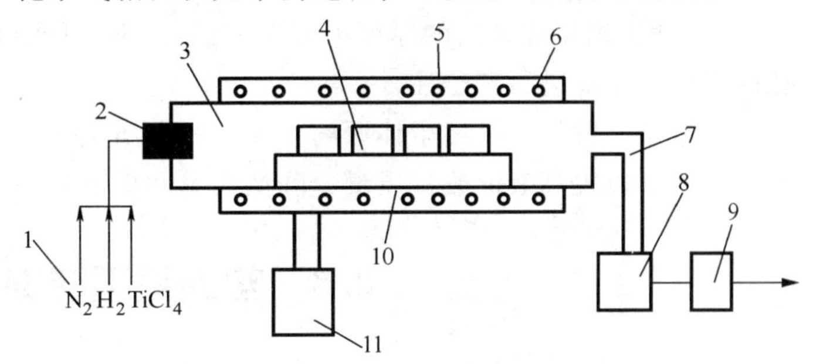

图 8－39 化学气相沉积装置示意图

1—反应气体；2—进气系统；3—反应室；4—工件；5—加热炉体；6—加热炉丝；7—排气管；8—机械泵；9—废气处理系统；10—夹具；11—加热炉电源及测温仪表

（2）物理气相沉积。物理气相沉积是在真空条件下，通过蒸发、电离等过程产生金属离子，直接沉积到基体表面形成金属涂层或反应形成化合物，从而强化工件表面的工艺技术。

与化学气相沉积相比，物理气相沉积可以得到高纯度和密合性好的涂层，同时物理气相沉积温度低于 600 ℃，沉积速度较快，可以得到与加工后的表面同等精度密度的表面，成膜后不必对工件表面再进行加工，而且没有污染，适用于钢铁材料和陶瓷、玻璃、塑料等非金属材料，应用十分广泛。

近十年来，表面沉积技术发展得很快，各种气相沉积新技术层出不穷，应用范围涉及宇航、核能、机械、电子、声、光、瓷器件及精饰品等多方面。

2. 离子注入表面改性技术

离子注入就是在真空中把所需物质的离子，如 N^+、C^+、Ni^+、Ti^+、Ag^+等，在电场中加速成高速粒子后，直接注入到表面一定深度的真空处理工艺。

离子注入技术可改变材料表面（包括近表面数十到数千埃的深度）的成分和结构，可提高工件表面的硬度、耐磨性和耐蚀性，因此离子注入在微电子技术、生物工程、宇航、医疗等高技术领域获得了比较广泛的应用，尤其是工具和模具制造工业的应用效果突出，同时该技术已扩展到高分子材料和陶瓷材料。

金属材料离子注入的特点如下。

1）离子注入技术不同于任何热扩散方法，注入元素的种类、剂量和能量均可以选择，几乎所有的元素都可以注入，不受浓度和扩散系数的影响，而且可得到高的表面浓度，获得非平衡结构和合金相。例如，虽然铜和钨不互溶，却可以将钨通过离子注入铜基体中。氮在钢中溶解度很低，通过氮离子注入的方法可以使钢表面氮浓度很高，并形成亚稳的氮化物。

2）离子注入一般在室温下进行，不需要把待处理的部件加热，从而可保持其外形、尺寸和表面粗糙度不变，可作为最终工艺。

3）离子注入的深度和浓度易于控制，可控性好。

4）注入层和基体之间结合力强，界面连续。

5）通常离子注入层的厚度不大于1 μm，离子只能直线运动，因此对于形状复杂和有内孔的零件，不能进行离子注入。

近年来又发展了等离子体源离子注入和金属蒸气真空弧离子源离子注入等离子注入表面改性技术，以提高表面改性质量、降低成本和提高效率。

8.8　热处理工艺的制订

热处理是改善金属或合金性能的主要方法之一，在机械制造过程中应用非常广泛，各种机械零件几乎都要经过热处理后才能使用，热处理工艺应用正确与否，直接关系到机械零件的使用性能、使用寿命和制造成本。因此，在机械零件的设计制造中，合理地进行零件结构设计并在零件加工工序之间经济合理地安排热处理工序及热处理工序的位置是非常重要的。

8.8.1　热处理零件结构的工艺性

在设计需要热处理的零件时，需考虑热处理工艺对零件结构的要求，从而避免在热处理过程中因结构形状不合理给热处理操作带来不便，或者造成工件的变形与开裂等热处理缺陷。有时虽未开裂，但由于变形严重，无法返修而造成废品。因此，在设计热处理零件结构时应尽量考虑以下几点原则。

（1）避免尖角与棱角。零件上的尖角与棱角部分是应力集中的地方，常成为淬火开裂的起点。因此要尽量避免，一般应以圆角、倒角过渡，如图8－40（a）所示。

（2）避免厚薄悬殊的截面。截面厚薄悬殊的零件在热处理淬火冷却时，易产生变形和开裂。故在设计时可采取适当的措施使零件截面厚薄尽量一致或过渡平缓。如图8－40（b）所示。

（3）采用对称，封闭结构。零件结构不对称，将造成热处理时应力分布不均匀，易引起工件变形。如图8－40（c）所示的镗杆，原设计时只在一侧开槽，这样变形太大，若在另一侧再开一槽（不影响使用性能），使之对称，这样就可减小热处理的变形。对某些易变形的零件，可采用封闭结构。如图8－40（d）所示的弹簧夹头，待热处理后再将槽切开。

（4）采用组合结构。对某些形状复杂、尺寸过大的零件，在可能条件下，应采用组合结构。如图8-40（e）所示的山字形零件，做成整体，热处理后将产生变形，若将整体改为组合拼接，则热处理变形可不考虑，热处理后单件磨制加工后，经钳工组装即可。

上述几例说明了热处理工艺对热处理零件结构形状的影响。若当改进零件形状后仍不能达到热处理要求时，就应采取其他措施来防止或减少热处理缺陷。例如，合理安排工艺路线、修改技术条件、根据变形规律调整公差、预留加工余量、更换材料、降低零件表面粗糙度值等措施来解决。

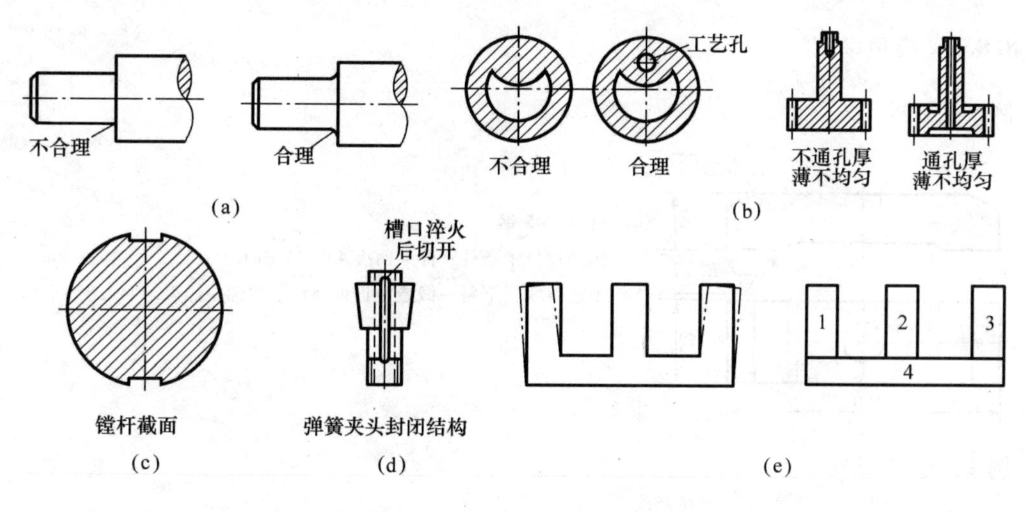

图8-40　热处理结构工艺性示意图

8.8.2　热处理工序位置的安排

机械零件在加工成成品的过程中，要经历各种冷热加工，合理安排热处理工序的位置，对于保证零件质量和改善切削加工性具有重要意义。根据热处理目的和工序位置的不同，热处理分为预先热处理和最终热处理，一般按如下规律安排。

1. 预先热处理

预先热处理的作用是消除前一工序造成的某些缺陷，为最终热处理工序作准备，并改善切削加工性。预先热处理的工序位置一般在毛坯生产之后，切削加工之前，或者粗加工之后，精加工之前。

（1）正火和退火的工序安排。主要安排在毛坯生产出来之后，切削加工之前。对于精密度高的零件，为了消除切削加工引起的残余应力，一般要在切削加工工序之间，安排去应力退火。对于过共析钢，若存在网状渗碳体组织，还需要在球化退火前进行正火处理。

（2）调质的工序安排。调质处理是为了提高零件的综合力学性能或为淬火做好组织准备，安排调质处理在粗加工之后，半或精加工之前。

2. 最终热处理

最终热处理是最后获得零件某些力学性能作的热处理，经过这类热处理后硬度较高，除磨削加工外，一般不能进行其他切削加工。因此一般安排在半精加工之后，磨削加工之前。

(1)“淬火＋回火”的工序安排。“淬火＋回火”（包括表面淬火）常常作为最终热处理。

(2) 稳定化处理（时效）。对于精密零件在“淬火＋低温回火”后，安排稳定化处理（时效）在粗磨和精磨之间。

(3) 化学热处理的安排。各种化学热处理属于最终热处理，除精磨或研磨外，不再进行其他切削加工，一般安排化学热处理在半精加工之后，磨削加工之前。

8.8.3 应用举例

例1：压板

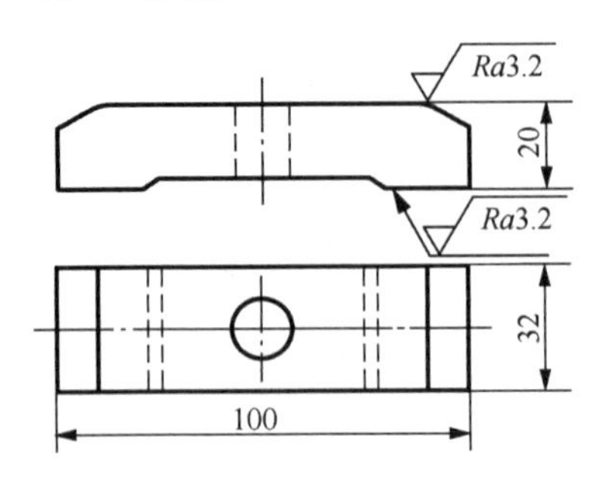

材料：45钢

热处理技术条件：淬火回火40～45 HRC

工艺路线：下料→锻造→正火→切削加工→淬火→回火

例2：连杆螺栓

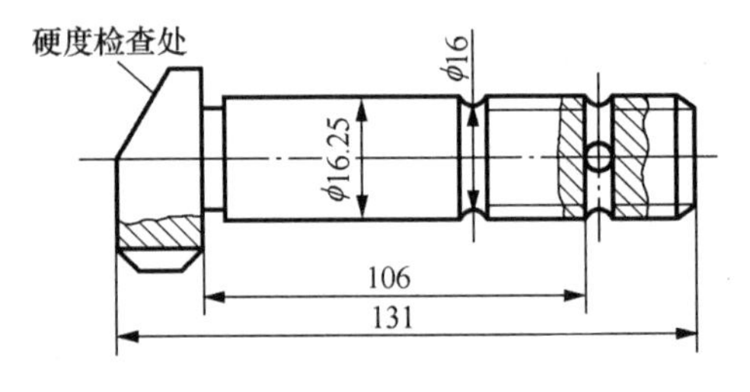

材料：40Cr钢

热处理技术条件：263～322 HBS

组织：回火索氏体，不允许有块状铁素体

工艺路线：下料→锻造→退火（或正火）→粗加工→调质→精加工

例3：蜗杆

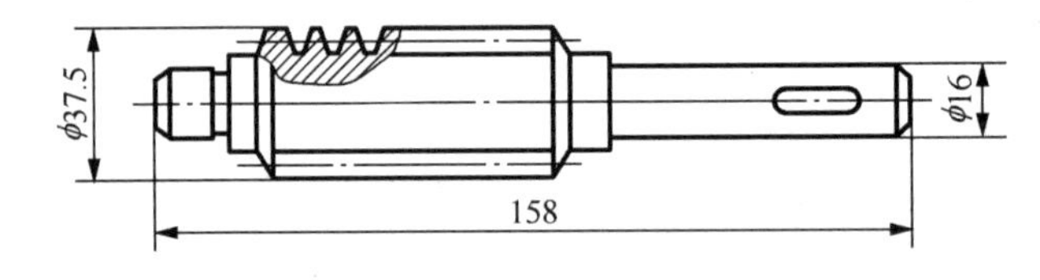

材料：45钢

热处理技术条件：220～250 HRB

工艺路线：下料→锻造→正火→粗加工→调质→精加工

例4：锥度塞规

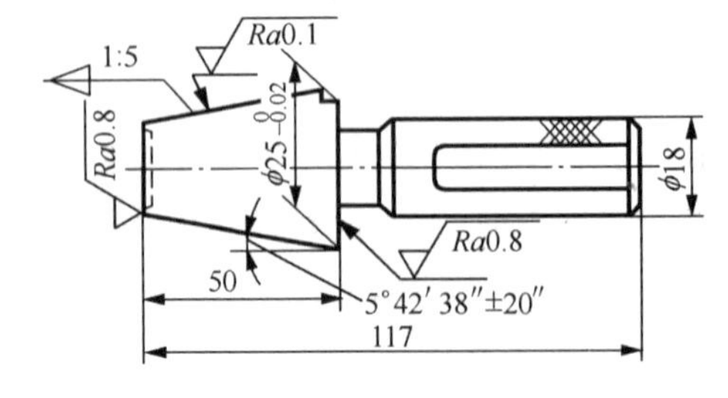

材料：T12A钢

热处理技术条件：淬火回火HRC62

工艺路线：下料→锻造→球化退火→粗加工、半精加工→淬火→回火→人工时效→粗磨→人工时效→精磨

例5：车床齿轮

齿轮材料：45钢。

性能要求：齿面耐磨。

热处理技术条件：整体调质，硬度220~250 HBS，齿面表面淬火，硬度50~54 HRC。

加工工艺路线：下料→锻造→正火→粗加工→调质→精加工→高频感应加热表面淬火、低温回火→精磨。

思考与练习

1. 解释下列名词

（1）奥氏体的起始晶粒度，实际晶粒度，本质晶粒度。

（2）珠光体、索氏体、屈氏体、贝氏体、马氏体。

（3）奥氏体、过冷奥氏体、残余奥氏体。

（4）退火、正火、淬火、回火，冷处理。

（5）临界淬火冷却速度 v_k、淬透性、淬硬性。

2. 研究奥氏体晶粒大小有何意义？奥氏体化后冷却速度对奥氏体晶粒大小有何影响？为什么？

3. 将碳质量分数为0.2%和0.6%的非合金钢加热到860 ℃，保温相同时间后，问哪一种钢奥氏体晶粒易粗大？为什么？

4. 板条马氏体和片状马氏体在组织与力学性能方面有什么不同？

5. 20、45、65、T8、T10、T12钢的淬火加热温度怎样确定？

6. 分级淬火与等温淬火的主要区别是什么？举例说明它们的应用。

7. 说明淬火钢回火的必要性和可能性。

8. 分析以下说法是否正确，并改正之。

（1）马氏体硬而脆。

（2）过冷奥氏体的冷却速度越快，冷却后钢的硬度越高。

（3）钢中合金元素的含量越高，淬火后的硬度也越高。

（4）本质细晶粒钢加热后的实际晶粒一定比本质粗晶粒钢细。

（5）同一钢材在相同加热条件下，总是水淬比油淬的淬透性好；小件比大件淬透性好。

9. 现有20钢齿轮和45钢齿轮两种，齿轮表面硬度要求52~55 HRC，采用何种热处理可满足上述要求。比较它们在热处理后的组织与力学性能的差别。

10. 用热处理基本工艺曲线形式表示均匀化退火、完全退火、球化退火、淬火、回火等工艺。

11. 说明下列零件的淬火及回火温度，并说明回火后获得的组织和硬度。

（1）45钢小轴（要求有较好的综合力学性能）。

（2）60钢弹簧。

（3）T12钢锉刀。

12. 用20钢制造的 ϕ20 mm的小轴，在930 ℃，经5 h渗碳后，表层碳的质量分数增至1.2%。分析经下列热处理后表层及心部的组织。

（1）渗碳后缓冷到室温。

（2）渗碳后直接淬火，然后低温回火。

(3) 渗碳后预冷到 820 ℃，保温后淬火，低温回火。

(4) 渗碳后缓冷到室温，再加热到 880 ℃后淬火，低温回火。

(5) 渗碳后缓冷到室温，再加热到 780 ℃后淬火，低温回火。

13. 常用的热处理工艺有哪些？简述热处理在机械制造中的作用。

14. 简述目前常用的钢铁表面强化处理技术，并说明其应用范围。

第9章　非合金钢（碳钢）与铸铁

本章简介：本章重点介绍了工业用非合金钢（碳钢）与铸铁的分类、编号、性能和应用。

重点：（1）熟悉非合金钢（碳素钢）与铸铁的分类。

（2）了解铸铁的石墨化过程及影响因素。

（3）掌握（优质）碳素结构钢、碳素工具钢等与常用铸铁的牌号、组织、性能和用途。

难点：铸铁的石墨化过程。

9.1　非合金钢（碳钢）的分类及编号

非合金钢（碳素钢）是指 $w_C < 2.11\%$，并含有少量硅、锰、硫、磷等杂质元素的铁碳合金。其冶炼成本低，性能可满足一般机械零件、工程构件及工具的需要，在工业生产中应用十分广泛。

9.1.1　分类

碳素钢的种类多，分类方法也很多，在此介绍常用的分类方法。

1. 按钢中含碳量分类

（1）低碳钢 $w_C < 0.25\%$。

（2）中碳钢 $0.25\% \leqslant w_C \leqslant 0.60\%$。

（3）高碳钢 $w_C > 0.60\%$。

2. 按钢的用途分类

（1）碳素结构钢：主要用于制造机械零件和工程结构，一般属于低、中碳钢。

（2）碳素工具钢：主要用于制造各种加工工具，如刃具、量具和模具，一般属于高碳钢。

3. 按钢的质量等级（品质）分类

主要是根据钢中S、P等杂质元素的含量分为：

（1）普通质量碳素钢：$w_S \leqslant 0.045\%$，$w_P \leqslant 0.045\%$。

（2）优质碳素钢：$w_S \leqslant 0.040\%$，$w_P \leqslant 0.040\%$。

（3）高级优质碳素钢：$w_S \leqslant 0.030\%$，$w_P \leqslant 0.035\%$。

9.1.2 常用碳素钢的牌号表示方法

1. 普通质量碳素结构钢

这类钢主要是保证机械性能，一般情况下都不进行热处理，在供应状态下直接使用。

其牌号由屈服点“屈”字的汉语拼音字母“Q”、屈服点数值、质量等级符号（A、B、C、D）、脱氧方法符号（F、Z、b、TZ）四部分按顺序组成。

其中，质量等级符号 A、B、C、D 表示硫、磷含量的不同，从 A 到 D 硫、磷含量不断减少，A、B、C 为普通级，D 为优质级；脱氧方法符号中 F、Z 分别表示沸腾钢、镇静钢，b 表示半镇静钢；TZ 表示特殊镇静钢，通常 Z 与 TZ 可省略不标。例如 Q255AF 表示 6 s 为 255 MPa 的 A 级碳素结构钢，属沸腾钢。

2. 优质碳素结构钢

这类钢主要保证其化学成分和机械性能，一般都要经过热处理以提高其机械性能，它的产量大，价格便宜，应用广泛。

牌号用两位数字表示，数字表示钢的平均含碳量的万分数。例如 45 钢表示钢中平均含碳量 $w_C = 0.45\%$ 的优质碳素结构钢。

若钢中锰的质量分数较高（w_{Mn} 为 $0.7\% \sim 1.2\%$），则在牌号后标出元素符号 Mn，如 65Mn 表示平均 $w_C = 0.65\%$ 的含有较多锰的优质碳素结构钢；若是沸腾钢，则在钢号后加 F，镇静钢可省略，如 08F 表示平均 $w_C = 0.08\%$ 的优质碳素结构钢，属沸腾钢。

3. 碳素工具钢

碳素工具钢经过热处理（淬火 + 低温回火）后具有更高的硬度和耐磨性，因此，用于制作各种工具，如刃具、量具和模具等。

碳素工具钢的钢号以 T 加数字表示。T 表示钢的类别为碳素工具钢，数字表示碳的质量分数的千分数。例如 T8、T12 分别表示碳的质量分数为 $w_C = 0.8\%$、$w_C = 1.2\%$ 的碳素工具钢；若钢号尾再加 A，表示硫与磷的含量更少，即高级优质碳素工具钢，如 T13A。

9.1.3 常存元素对非合金钢组织和性能的影响

钢中的常存元素主要有锰、硅、硫、磷等，是由炼铁、炼钢的原料带入的。

1. 锰的影响

锰是由炼钢时使用锰铁脱氧带入的，锰在钢中是一种有益元素，Mn 能溶入 α 固溶体中，形成置换固溶体，对钢材可起到强化作用。

锰具有很好的脱氧能力，可消除钢中 FeO 夹杂物，降低钢的脆性。锰在钢中能溶解于铁素体中，对钢有一定的强化作用。锰与钢中的硫作用形成 MnS（熔点达 1 625 ℃），可减小硫的有害作用，改善钢的热加工性能。碳素钢中锰的质量分数一般在 0.8% 以内。

2. 硅的影响

硅在钢中也是一种有益元素。硅比锰具有更强的脱氧能力。硅能溶于铁素体中使铁素体强化，能显著提高钢的强度和硬度，但塑性和韧性均会降低。所以，碳素钢中硅的质量分数一般不应超过0.4%。

3. 硫的影响

硫是炼钢时由原材料矿石和燃料带入的，固态下，硫在铁中的溶解度极小，主要以化合物 FeS 的形式存在。FeS 的塑性较差，使含硫量高的钢的脆性增大。FeS 与 Fe 形成低熔点（985 ℃）共晶体分布在奥氏体晶界上，在钢加热至1 000 ℃ ~1 200 ℃进行热加工时，由于晶界上共晶体的熔化，晶粒间的结合遭到破坏，导致钢材出现沿晶界开裂，这种现象称为热脆。因此，硫在钢中是有害元素，其含量应严格限制。

4. 磷的影响

磷是炼钢时由原材料矿石和燃料带入的，磷能溶入铁素体中产生固溶强化作用，使钢的强度和硬度提高，但塑性和韧性也明显降低，这种脆化现象在低温时更加严重，称为冷脆现象。冷脆对在低温条件和高寒地带工作的构件有较大的危害。因此，磷在钢中也是有害元素，同时磷的存在使钢的焊接性能变坏，也应严格控制其含量。

5. 氮的影响

一般认为，钢中的氮是有害元素，其有害作用主要是通过淬火时效和应变时效造成的，使钢的强度硬度提高，塑性韧性明显下降。通常向钢中加入铝、钛等形成氮化物，减弱或消除时效脆化现象。

6. 氢的影响

氢对钢的危害较大。氢常以原子或分子状态聚集，使钢的塑性韧性急剧下降引起氢脆，并导致钢材内部出现细微裂纹缺陷，俗称“白点”。

7. 氧的影响

氧在钢中的溶解度非常小，以氧化物夹杂的形式存在于钢中，破坏钢基体的连续性，降低钢材的力学性能，尤其是塑性韧性和疲劳强度。

9.2 碳素结构钢

碳素结构钢包含两大类：普通碳素结构钢和优质碳素结构钢。

9.2.1 普通碳素结构钢

1. 特点

生产中的工程结构件，如桥梁、船舶、建筑、车辆等的工作特点是承受长期静载荷，在一定的环境温度和介质条件下工作，因此，要求构件用钢具有较高的刚度，足够的抗塑性变形和抗断裂的能力，冷脆倾向性较小、耐蚀性好，良好的冷变形性和焊接性。

普通碳素结构钢含碳量较低，有害杂质和非金属夹杂物较多，但由于易于冶炼、价格低廉、工艺性好，性能也基本满足了一般工程构件的要求，因而在工程上用量很大，这种钢一般不用热处理或热处理较简单，成本低，可直接切削加工后使用。普通碳素结构钢一般在热轧空冷状态下使用。

2. 牌号、性能及用途

普通碳素结构钢以屈服强度表示钢的牌号，冠以字母"Q"，以钢中的杂质元素S、P含量的高低来划分质量等级，见表9-1。

牌号有：Q195、Q275（不分等级）、Q215、Q255（分A、B两级）、Q235（分A、B、C、D四级），C、D级相当于优质碳素结构钢。

Q195、Q215：由于含碳量少，有一定的强度，塑性和焊接性能较好，通常轧制成薄板、钢筋供应市场。可用于桥梁、建筑等结构用钢，也可用于制作铆钉、螺钉、地脚螺栓、开口销及轻负荷的冲压零件和焊接结构件等。

Q235、Q255：钢强度较高，是应用较多的碳素结构钢，可制作螺栓、螺母、销子、吊钩和不太重要的机械零件以及建筑结构中的螺纹钢、型钢、钢筋等。质量较好的Q235C、Q235D级可作为重要焊接结构用材。

Q275：钢强度高，塑性和韧性也好，制作桥梁、建筑等工程上质量要求高的焊接结构件，以及可部分代替优质碳素结构钢25钢、30钢、35钢使用，制作摩擦离合器、主轴、刹车钢带、吊钩等。

9.2.2 优质碳素结构钢

1. 特点

优质碳素结构钢主要用于制造各种机械零件，如：轴类、齿轮、弹簧等，要求能满足机械零件承受动载荷的要求，一般这类钢都要经过热处理，以提高其机械性能。

优质碳素结构钢中含S、P的含量较低，杂质也少，按含碳量范围可分为以下几类。

（1）低碳钢（$w_C < 0.25\%$）：特点是塑性、韧性、焊接性好，主要用于轧制薄板、钢带、型钢、钢丝等，其中08F用于冲压件，15、20、20Mn用做渗碳钢，可制造表层硬度高、心部强度要求不高的渗碳件。

（2）中碳钢（$0.25\% < w_C < 0.60\%$）：强度比低碳钢高，塑性韧性比低碳钢低，经过调质处理后用于制造轴类零件，其中45钢应用最广。

（3）高碳钢（$w_C > 0.6\%$）：有较高的强度、硬度和耐磨性，多用于生产易磨损件和弹簧等。

2. 牌号及使用

优质碳素结构钢的牌号以两位数表示含碳量的万分数，钢中含锰量较高（$w_{Mn} = 0.8\% \sim 1.2\%$）时，则在数字后加Mn，见表9-2。

表 9－1　碳素结构钢的牌号、化学成分和力学性能

牌号	等级	化学成分（质量分数/%）					脱氧方法	拉伸试验											
		C	Mn	Si	S	P		屈服点 σ_s/MPa						抗拉强度 σ_b/MPa	断后伸长率 δ/%					
				≤				钢材厚度（直径）/mm							钢材厚度 δ（直径 d）/mm					
								≤16	>16～40	>40～60	>60～100	>100～150	>150		≤16	>16～40	>40～60	>60～100	>100～150	>150
								≥							≥					
Q195	—	0.06～0.12	0.25～0.50	0.30	0.050	0.045	F、b、Z	(195)	(185)	—	—	—	—	315～430	33	32	—	—	—	—
Q215	A	0.09～0.15	0.25～0.55	0.30	0.050	0.045	F、b、Z	215	205	195	185	175	165	335～450	31	30	29	28	27	26
	B				0.045															
Q235	A	0.14～0.22	0.30～0.65	0.30	0.050	0.045	F、b、Z	235	225	215	205	195	185	375～500	26	25	24	23	22	21
	B	0.12～0.20	0.30～0.70		0.045															
	C	≤0.18	0.35～0.80		0.040	0.040	Z													
	D	≤0.17			0.035	0.035	TZ													
Q255	A	0.18～0.28	0.40～0.70	0.30	0.050	0.045	F、b、Z	255	245	235	225	215	205	410～550	24	23	21	21	20	19
	B				0.045															
Q275	—	0.28～0.38	0.50～0.80	0.35	0.050	0.045	b、Z	275	265	255	245	235	225	490～630	20	19	18	17	16	15

表 9－2　碳素结构钢的牌号、化学成分和力学性能

牌号	化学成分（质量分数/%）						热处理	力学性能						
	C	Si	Mn	Cr	Ni	Cu	试样尺寸 25 mm	σ_s/MPa	σ_b/MPa	δ/%	ψ/%	A_{KU}/J	HBW≤	
				≤				≥					未热处理钢	退火钢
08F	0.05～0.11	≤0.03	0.25～0.50	0.15	0.25	0.25	正火	175	295	35	60	—	131	—
08	0.05～0.12	0.17～0.37	0.35～0.65	0.10	0.25	0.25		195	325	33	60	—	131	—
10F	0.07～0.14	≤0.07	0.25～0.50	0.15	0.25	0.25		185	315	33	55	—	137	—
10	0.07～0.14	0.17～0.37	0.35～0.65	0.15	0.25	0.25		205	335	31	55	—	137	—
15F	0.12～0.19	≤0.07	0.25～0.50	0.25	0.25	0.25		205	355	29	55	—	143	—
15	0.12～0.19	0.17～0.37	0.35～0.65	0.25	0.25	0.25		225	355	27	55	—	143	—
20	0.17～0.24	0.17～0.37	0.35～0.65	0.25	0.25	0.25		245	410	25	55	—	156	—
25	0.22～0.30	0.17～0.37	0.50～0.80	0.25	0.25	0.25		275	450	23	50	71	170	—
30	0.27～0.34	0.17～0.37	0.50～0.80	0.25	0.25	0.25		295	490	21	50	63	179	—
35	0.32～0.40	0.17～0.37	0.50～0.80	0.25	0.25	0.25		315	530	20	45	55	187	—
40	0.37～0.44	0.17～0.37	0.50～0.80	0.25	0.25	0.25		335	570	19	45	47	217	187
45	0.42～0.50	0.17～0.37	0.50～0.80	0.25	0.25	0.25		355	600	16	40	39	241	197
50	0.47～0.55	0.17～0.37	0.50～0.80	0.25	0.25	0.25		375	630	14	40	31	241	207
55	0.52～0.60	0.17～0.37	0.50～0.80	0.25	0.25	0.25		380	645	13	35	—	255	217
60	0.57～0.65	0.17～0.37	0.50～0.80	0.25	0.25	0.25		400	675	12	35	—	255	229
65	0.62～0.70	0.17～0.37	0.50～0.80	0.25	0.25	0.25		410	695	10	30	—	255	229
20Mn	0.17～0.24	0.17～0.37	0.70～1.00	0.25	0.25	0.25		275	450	24	50	—	197	—
35Mn	0.32～0.40	0.17～0.37	0.70～1.00	0.25	0.25	0.25		335	560	19	45	55	229	197
45Mn	0.42～0.50	0.17～0.37	0.70～1.00	0.25	0.25	0.25		375	620	15	40	39	241	217
60Mn	0.57～0.65	0.17～0.37	0.70～1.00	0.25	0.25	0.25		410	95	1	35	—	269	229

08F钢含碳量很低，强度很低，塑性很好，主要用于制造冷冲压件和焊接件，仪器仪表的外壳、普通容器等。

10钢~25钢属于低碳钢，强度、硬度不高，塑性、韧性及焊接性能较好，主要用于制造冷冲压件、焊接件和渗碳件，如一般使用的螺钉、螺母、压力容器、法兰盘等。

30钢~55钢属于中碳钢，这类钢经调质处理后，具有良好的综合力学性能，主要用于制造受力较大或受力复杂的零件，如齿轮、轴、连杆等，其中40钢和45钢应用最广。

60钢以上的钢属于高碳钢，这类钢经热处理后，具有较高的强度和硬度，但焊接性能和切削加工性能较差，主要用于制造各种弹性元件及耐磨零件，如各种弹簧、低速齿轮等。

含锰量较高的优质碳素结构钢，由于锰的作用，其强度优于相应的普通含锰量的钢，可用于制造强度要求更高或截面更大的弹性零件。

9.3 低合金高强度结构钢

低合金高强度结构钢是在碳素结构钢的基础上加入少量（不超过3%）的合金元素而制成的工程结构用钢。虽然合金元素含量较少，但其强度明显高于相同含碳量的碳钢（屈服强度不低于275 MPa），因此低合金高强度结构钢也成为高强度低合金钢，见表9-3。

表9-3 碳素结构钢、低合金高强度结构钢和合金结构钢中合金元素规定含量的界限值（部分）

合金元素	规定含量的界限值（质量百分数/%）			合金元素	规定含量的界限值（质量百分数/%）		
	碳素结构钢	低合金高强度结构钢	合金结构钢		碳素结构钢	低合金高强度结构钢	合金结构钢
Al	<0.10	—	≥0.10	Co	<0.10	—	≥0.10
B	<0.000 5	—	≥0.000 5	Cu	≤0.10	0.10~0.50	≥0.50
Bi	<0.10	—	≥0.10	Mn	<1.00	1.00~1.40	≥1.40
Cr	<0.30	0.30~0.50	≥0.50	Mo	<0.05	0.05~0.10	≥0.10
Ni	<0.30	0.30~0.50	≥0.50	W	<0.10	—	≥0.10
Nb	<0.02	0.02~0.06	≥0.06	V	<0.04	0.04~0.12	≥0.12
Pb	<0.40	—	≥0.04	Ti	<0.05	0.05~0.13	≥0.13
Si	<0.50	0.50~0.90	≥0.90	Se	<0.10	—	≥0.10

使用低合金高强度结构钢代替碳素结构钢可在相同承载力的条件下，减轻结构自重，节约钢材25%~30%，成本与使用普通碳素结构钢相近，因而用低合金结构钢代替碳素结构钢，在经济上具有重大意义，在工程结构钢中，低合金高强度结构钢占60%以上。

9.3.1 低合金高强度结构钢的成分特点

低合金结构钢的成分特点是含碳量低（$w_C<0.25\%$），合金元素少量多元（合金元素总量$\sum w_{Me}<3\%$，常加的有Mn、Si、Ti、Nb、V等）。含碳量低是为了获得高的塑性、良好的焊接性和冷变形能力；合金元素Mn、Si主要溶于铁素体，起固溶强化作用，Ti、Nb、V等在钢中形成细小碳化物，起细化晶粒和弥散强化作用，从而提高钢的强韧性。

由于低合金高强度结构钢以使用性能为主要验收交货标准，因此，表 9－3 所列的各种合金元素含量也没有太严格的界限。

9.3.2 低合金高强度结构钢的牌号、性能及用途

低合金高强度结构钢是一类可焊接的低碳低合金工程结构用钢，牌号表示方法与普通碳素结构钢相同，有 Q295、Q345、Q390、Q420、Q460，其中 Q345 应用最为广泛。

低合金高强度结构钢具有高的强度，良好的塑性、韧性，良好的焊接性、耐蚀性和冷成型性，低的韧脆转变温度，适于冷弯和焊接，广泛用于桥梁、车辆、船舶、锅炉、高压容器和输油管等。

常用低合金高强度结构钢的牌号、力学性能及用途见表 9－4。

表 9－4 低合金高强度结构钢的牌号、化学成分和力学性能

牌号	质量等级	力学性能				用途举例
		σ_b/MPa	δ/%	σ_s/MPa	冲击吸收功 A_{KV}/J	
Q295	A	390～570	23	295	—	用于建筑结构钢，低、中压化工容器，低压锅炉锅筒，车辆冲压件，管道，油罐等
	B	390～570	23	295	34（20 ℃）	
Q345	A	470～630	21	345	—	用于桥梁、船舶、管道、锅炉、压力容器石油储罐、起重运输机械、电站设备、厂房钢架等承受较高载荷的工程和焊接结构件
	B	470～630	21	345	34（20 ℃）	
	C	470～630	22	345	34（0 ℃）	
	D	470～630	22	345	34（－20 ℃）	
	E	470～630	22	345	27（－40 ℃）	
Q390	A	490～650	19	390	—	
	B	490～650	19	390	34（20 ℃）	
	C	490～650	20	390	34（0 ℃）	
	D	490～650	20	390	34（－20 ℃）	
	E	490～650	20	390	27（－40 ℃）	
Q420	A	520～680	18	420	—	用于大型船舶，桥梁，电站设备，中、高压锅炉锅筒，中、高压石油化工容器，车辆，起重机械，矿山机械及其他承受较高载荷的大型焊接构件
	B	520～680	18	420	34（20 ℃）	
	C	520～680	19	420	34（0 ℃）	
	D	520～680	19	420	34（－20 ℃）	
	E	520～680	19	420	27（－40 ℃）	
Q460	C	550～720	17	460	34（0 ℃）	在本钢类中强度最高，经过热处理后综合力学性能较好，主要用于各种大型工程结构和强度要求高、载荷大的轻型结构
	D	550～720	17	460	34（－20 ℃）	
	E	550～720	17	460	27（－40 ℃）	

9.4 碳素工具钢

9.4.1 特点

碳素工具钢含碳量较高，碳的质量分数在 0.65% $< w_C <$ 1.35%，经热处理后，具有高的硬度和耐磨性，主要用于制造各种低速切削刃具、精度要求不高的量具和对热处理变形要求不高的一般模具，如图 9－1 所示。

图 9－1 机修钳工使用的丝锥

9.4.2 牌号与性能

碳素工具钢的钢号以 T 再加数字表示，数字表示碳质量分数的千分数。例如 T8、T10 分别为碳的平均质量分数 w_C = 0.80%、w_C = 1.00%；若钢号尾再加 A，表示硫与磷的含量更少（原规定称高级优质碳素工具钢）。碳素工具钢的牌号、化学成分、力学性能及用途见表 9－5。

表 9－5 碳素工具钢的牌号、化学成分和力学性能

牌号	化学成分（质量分数/%）					硬度			用途举例
	C	Mn	Si	S	P	退火状态	试样淬火		
			≤			HBW ≤	淬火温度/℃，淬火介质	HRC ≥	
T7	0.65～0.74	≤0.40	0.35	0.030	0.035	187	800～820，水	62	淬火、回火后，常用于制造能承受振动、冲击，并在硬度适中切削力不高情况下有较好韧性的工具，如小尺寸风动工具（冲头、凿子）、木工工具、钳工工具、钻头等
T8	0.75～0.84	≤0.40	0.35	0.030	0.035	187	780～800，水		淬火、回火后，常用于制造要求有较高硬度和耐磨性的工具，如加工木材用的铣刀、斧、圆锯片、软金属切削刀具、弹簧片、夹子等

续表

牌号	化学成分（质量分数/%）					硬度			用途举例
	C	Mn	Si	S	P	退火状态	试样淬火		
			≤			HBW ≤	淬火温度/℃，淬火介质	HRC ≥	
T8Mn	3.80～0.90	0.40～0.60	0.35	0.030	0.035				性能与用途与 T8 相同，但由于加入锰，提高了淬透性，故可用于制造截面较大的工具
T9	0.85～0.94	≤0.40	0.35	0.030	0.035	192	760～800，水		用于制造一定硬度和韧性的工具，但不承受强烈冲击振动的工具，如冲模、冲头、木工工具等
T10	0.95～1.04	≤0.40	0.35	0.030	0.035	197			用于制造切削条件较差、耐磨性要求较高，不受剧烈振动，具有一定韧性及锋利刃口的各种工具，如刨刀、车刀、钻头、丝锥、板牙、锯条等
T11	1.05～1.14	≤0.40	0.35	0.030	0.035	207		62	用途与 T10 钢基本相同，一般习惯上采用 T10 钢
T12	1.15～1.24	≤0.40	0.35	0.030	0.035	207	760～800，水		用于制造冲击小、切削速度不高、要求高硬度的各种工具，如铣刀、车刀、铰刀、丝锥、刮刀、锉刀等，以及小尺寸的冲孔模和冷切边模
T13	1.25～1.35	≤0.40	0.35	0.030	0.035	217			适用于不受振动，要求极高硬度的各种工具，如剃刀、刮刀、刻字刀、锉刀等

碳素工具钢一般经淬火、低温回火后使用，各钢号硬度都能达到 62 HRC 以上，但随着含碳量的增加，耐磨性增加、韧性降低。选用时，可根据制作工具所承受的冲击力大小来确定钢号，一般 T7、T8 钢能用做承受冲击的工具；T9、T10、T11 可用于制作不受剧烈冲击的工具；而 T12、T13 则可制作不受冲击的工具。

9.5 铸钢

有些形状复杂的机械零件，受力较大且机械性能要求较高，采用铸铁不能满足使用要求，而该零件难于通过锻造和切削加工成型，如大型水压机的汽缸、大齿轮、轧辊等，因此采用铸钢件。如图 9－2 所示。

在铸造凝固过程中，不经过共晶转变的铁基合金，我们称为铸钢，铸钢的种类有：铸造碳钢、铸造合金钢等。

图 9－2　铸钢加工的车轮

9.5.1　铸造碳钢

铸造碳钢就是以碳为主要合金元素并含少量其他元素的铸钢，按含碳量的高低，铸造碳钢分为铸造低碳钢、铸造中碳钢、铸造高碳钢。

1. 牌号、化学成分及力学性能

铸造碳钢的代号以“ZG”表示，后面有两组数字，第一组为最低屈服强度值（MPa），第二组为最低抗拉强度（MPa），见表 9－6、表 9－7。

表 9－6　一般工程用铸造碳钢

<table>
<tr><th rowspan="2">牌号</th><th colspan="10">元素最高含量（质量分数/%）</th></tr>
<tr><th>C</th><th>Si</th><th>Mn</th><th>S</th><th>P</th><th>Ni</th><th>Cr</th><th>Cu</th><th>Mo</th><th>V</th></tr>
<tr><td>ZG200－400</td><td>0.20</td><td rowspan="3">0.50</td><td>0.80</td><td rowspan="5">0.04</td><td rowspan="5">0.04</td><td rowspan="5">0.30</td><td rowspan="5">0.35</td><td rowspan="5">0.30</td><td rowspan="5">0.20</td><td rowspan="5">0.05</td></tr>
<tr><td>ZG230－450</td><td>0.30</td><td rowspan="4">0.90</td></tr>
<tr><td>ZG270－500</td><td>0.40</td></tr>
<tr><td>ZG310－570</td><td>0.50</td><td rowspan="2">0.60</td></tr>
<tr><td>ZG340－640</td><td>0.60</td></tr>
</table>

表 9－7　铸造碳钢的力学性能

<table>
<tr><th rowspan="2">牌号</th><th colspan="3">最小值</th><th colspan="2">根据合同选择</th></tr>
<tr><th>$\sigma_{0.2}$/MPa</th><th>σ_b/MPa</th><th>δ/%</th><th>φ/%</th><th>冲击性能 α_k/（$J \cdot cm^{-2}$）</th></tr>
<tr><td>ZG200－400</td><td>200</td><td>400</td><td>25</td><td>40</td><td>6.0</td></tr>
<tr><td>ZG230－450</td><td>230</td><td>450</td><td>22</td><td>32</td><td>4.5</td></tr>
<tr><td>ZG270－500</td><td>270</td><td>500</td><td>18</td><td>25</td><td>3.5</td></tr>
<tr><td>ZG310－570</td><td>310</td><td>570</td><td>15</td><td>21</td><td>3</td></tr>
<tr><td>ZG340－640</td><td>340</td><td>640</td><td>10</td><td>18</td><td>2</td></tr>
</table>

2. 铸造碳钢的特点与适用范围

(1) 比铸铁的强度、韧性高，还可利用热处理调整材料的力学性能。

(2) 按铸造低碳钢、铸造中碳钢和铸造高碳钢的顺序，含碳量逐步增加，其强度也逐渐增强，但韧性和焊接性逐渐下降。

(3) 随着铸造零件的截面尺寸增加，铸件心部的力学性能逐步下降，因为铸件内部晶粒组织及热处理方法对力学性能影响较大。

(4) 铸钢的吸振性、耐磨性、铸造性比铸铁差，为改善铸造的流动性，需提高浇注温度，以及采取加大浇注冒口外，还须控制材料的含碳量，一般铸钢的含碳量控制在 0.15% ~0.6% 范围内，适用范围见表 9-8。

表 9-8 铸造碳钢的性能特点及适用范围

牌号	性能特点	适用范围
ZG200-400	铸造低碳钢，强度和硬度相对较低（但比铸铁高），韧性和塑性好，低温冲击韧性高，焊接性能良好，但铸造性能差	用于受力不大、要求冲击韧性的各种机械零件，如机座、变速箱壳、连杆座等
ZG230-450		用于受力不大、要求冲击韧性的各种机械零件，如轴承盖、外壳、阀体、配重块等
ZG270-500	铸造中碳钢，强度和硬度较高，有一定的韧性和塑性好，可加工性良好，焊接性能尚可，铸造性能稍好	用于承受一定的载荷，具有一定耐磨性要求的各种机械零件，如轧钢机机架、轴承座、连杆、横梁、缸体等
ZG310-570		用于载荷较高的耐磨零件，如辊子、缸体、制动轮、大齿轮、支撑座等
ZG340-640	铸造低碳钢，强度和硬度相对较低（但比铸铁高），韧性和塑性好，低温冲击韧性高，导电、电磁、焊接性能良好，但铸造性能差	用于载荷高的耐磨零件，如轧辊、齿轮、车轮、棘轮等

9.6 铸铁

铸铁是碳的质量分数大于 2.11% 的铁-硅合金。在工业生产中实际应用的铸铁是以铁、碳、硅为主的多元铁基合金。从成分上看，铸铁与钢的主要区别在于铸铁比钢的碳和硅含量更高，同时杂质元素硫、磷含量也较高。一般常用铸铁的成分范围是：$w_C=2.5\%\sim4.0\%$，$w_{Si}=1.0\%\sim2.5\%$，$w_{Mn}=0.5\%\sim1.4\%$，$w_p\leq0.3\%$，$w_S\leq0.15\%$。还可向铸铁中加入一定量的合金元素形成合金铸铁，提高铸铁的力学性能或物理、化学性能。

常用的铸铁具有优良的铸造性能，同时减震性、耐磨性和切削加工性较好，且生产工艺简便，成本低，应用广泛。铸铁是工业生产中重要的工程材料，例如汽车中铸铁约占 50% ~70%（质量百分数）。如图 9-3 和图 9-4 所示。

图 9-3 球墨铸铁加工的核燃料储存运输容器

图 9-4 蠕墨铸铁制作的制动鼓

9.6.1 铸铁的石墨化和分类

1. 铁碳合金的双重相图和石墨化过程

碳在铸铁中主要以两种形式存在：与铁结合形成化合物渗碳体（Fe_3C）和游离态石墨（常用符号 G 表示），而石墨才是一种稳定相，铸铁中碳以石墨形态析出的过程叫做铸铁的石墨化。

铁碳合金结晶时，碳更容易形成渗碳体，但在具有足够扩散时间（冷却速度缓慢）的条件下，碳也会以石墨析出；石墨还可通过渗碳体在高温下的分解获得，因此，渗碳体是一种亚稳相：

$$Fe_3C \longrightarrow 3Fe + G$$

液态铸铁随着冷却条件的不同，可从液态和奥氏体中直接结晶出 Fe_3C，也可析出石墨，一般缓慢冷却的情况下结晶出石墨，快冷时结晶出 Fe_3C，而 Fe_3C 在一定的条件下又可分解为铁素体和石墨 G。这样，对于 Fe-C 合金的结晶过程来说，存在着两种相图，如图 9-5 所示。为了比较和应用，通常将两个相图画在一起，因此，成为铁-碳合金双重相图。

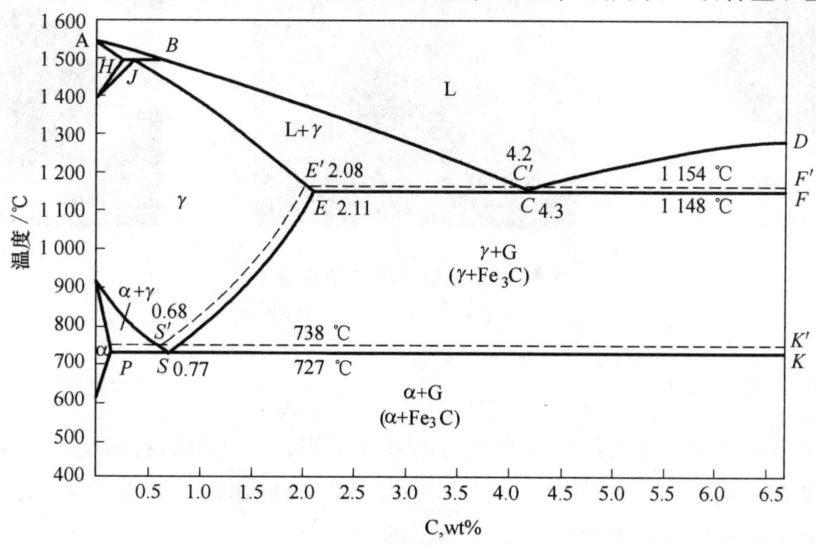

图 9-5 铁碳合金双重相图

（虚线为 Fe-G 相图，实线为 Fe-Fe_3C 相图）

根据铁－碳合金双重相图和结晶条件的不同，铸铁结晶析出石墨的过程分为以下三个阶段。

第一个阶段：从液态中直接结晶出一次石墨，以及通过共晶反应形成共晶石墨，这个阶段温度在高于 1 154 ℃或 1 148 ℃ ~1 154 ℃时进行，这个阶段需要缓慢冷却。

第二阶段：在 1 154 ℃ ~738 ℃范围内进行，从奥氏体中析出石墨，需要缓慢冷却。

第三阶段：在 738 ℃时通过共析反应，即 $A_{0.68} \longrightarrow F_{0.021} + G$，此时析出的石墨量很少。

表 9－9　石墨化程度与铸铁的显微组织

石墨化进行程度		铸铁的显微组织	铸铁类型
第一阶段石墨化	第二阶段石墨化		
完全进行	完全进行	F + G	灰口铸铁
	部分进行	F + P + G	
	未进行	P + G	
部分进行	未进行	L′e + P + G	麻口铸铁
未进行	未进行	L′e	白口铸铁
注：（1）铸铁中的石墨可以在结晶过程中直接析出，也可以由渗碳体加热时分解得到；（2）L′e 表示低温莱氏体。			

铸铁在结晶过程中，随着温度的下降，各温度阶段都有石墨析出，石墨化过程是一个原子扩散的过程，温度越低，原子扩散越困难，越不易石墨化。由于石墨化程度不同，铸态下铸铁将获得三种不同的组织：铁素体基体＋石墨，铁素体－珠光体基体＋石墨，珠光体基体＋石墨，见图 9－6。

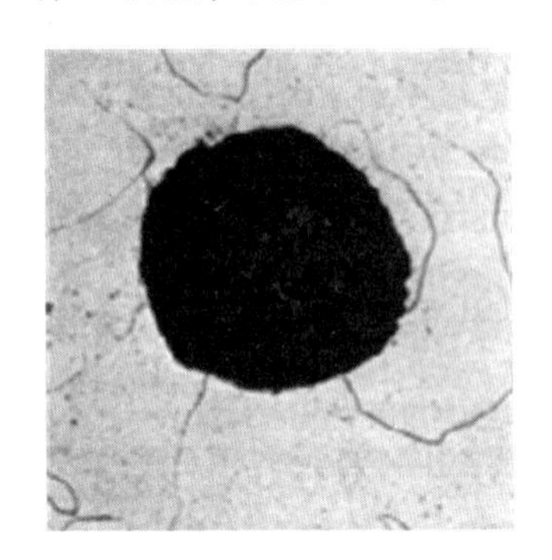

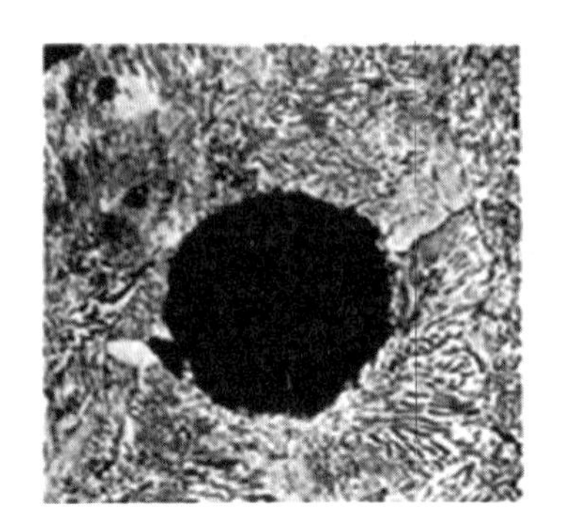

图 9－6　铸铁基体组织示意图

(a) F + G; (b) P + G; (c) F + P + G

2. 影响石墨化的因素

铸铁的性能取决于石墨化的程度和所得的基体组织，因此影响石墨化的因素尤为重要。

（1）化学成分的影响。根据化学成分对石墨化的不同影响，可把影响石墨化的元素分为促进石墨化元素和阻碍石墨化的元素两类，即：

促进石墨化元素　　O　　阻碍石墨化元素

Al、C、Si、Ti、Cu、Ni、P、Nb、W、Mn、Mo、S、Cr、V、B

由此可以看出，Nb是中性的，即对石墨化不起作用。

C和Si对铸铁的石墨化起决定性作用。C是形成石墨的基础，增大铸铁中C的浓度，有利于形成石墨。Si是强烈促进石墨化的元素，Si含量越高，石墨化进行得越充分，越易获得灰口组织。通常把C和Si含量控制在 $w_C=2.5\%\sim4.0\%$，$w_{Si}=1\%\sim2.5\%$ 范围内。

S是强烈阻碍石墨化的元素。S使C以渗碳体的形式存在，促使铸铁白口化。此外，S还会降低铸铁的力学性能和流动性。因此，铸铁中含S量越少越好。

Mn是阻止石墨化的元素，它促进白口化。但Mn与S化合形成MnS，可减弱S对石墨化的不利影响，故铸铁中允许含有适量的Mn。

P是微弱促进石墨化的元素，它能提高铸铁的流动性。但含量过高，会增加铸铁的冷裂倾向，因此通常要限制P的含量。

但磷含量高时易在晶界上形成硬而脆的磷共晶，降低铸铁的强度，只有耐磨铸铁中磷含量偏高（达0.3%以上），如图9-7所示。

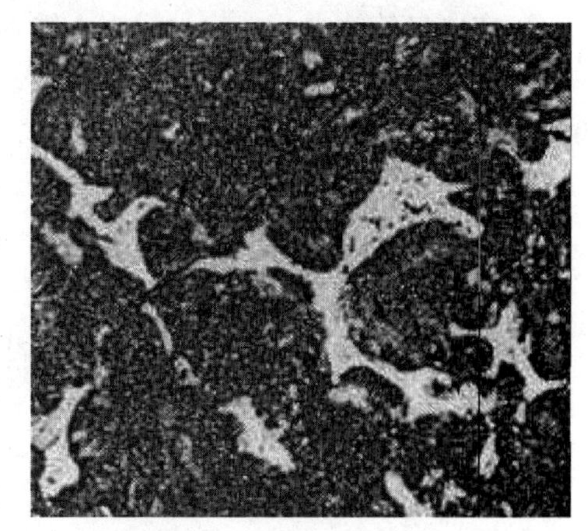

图9-7 铸铁中的磷共晶

（2）冷却速度的影响。缓慢冷却时碳原子扩散充分，易形成稳定的石墨，即有利于石墨化。铸造生产中凡影响冷却速度的因素均对石墨化有影响。如铸件壁越厚，铸型材料的导热性越差，越有利于石墨化。

化学成分和冷却速度对石墨化的影响如图9-8所示。由图中可见，铸件壁厚越薄，C、Si含量越低，越易形成白口组织。因此，调整C、Si含量及冷却速度是控制铸铁石墨化的关键。

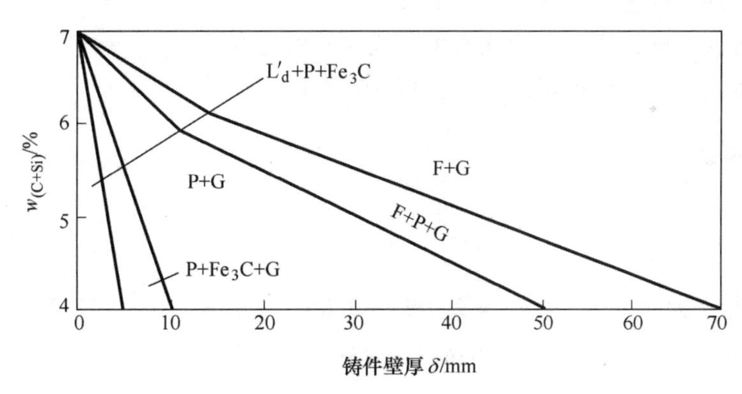

图9-8 化学成分和冷却速度对石墨化的影响

3. 铸铁加工性能特点

（1）铸造性能。铸铁的熔点低，属于共晶转变区域，铸造流动性较好，又由于铸铁在结晶过程中产生大量的石墨，补偿了基体的收缩，因此铸铁的收缩量较小，一般为0.5%～1.0%，减少了铸件的内应力，防止了铸件的变形和开裂。

（2）机械加工性能。由于石墨强度低，起着裂纹和空洞的作用，同时还割裂了金属基体的连续性，而石墨又起润滑作用，因此，铸铁的切削加工性较好。

9.6.2 常用的铸铁

根据碳的存在形式，铸铁可分为以下几类。

1. 白口铸铁

在白口铸铁中，碳除少量溶入铁素体外，绝大部分以渗碳体的形式存在。其断口呈银白色，故称白口铸铁。白口铸铁硬而脆，难以切削加工，工业上很少直接用来制造机械零件，主要用做炼钢原料、可锻铸铁的毛坯，以及不需要切削加工、但要求硬度高和耐磨性好的零件，如轧辊、犁铧及球磨机的磨球等。

2. 灰铸铁

在灰铸铁中，碳主要以石墨的形式存在，断口呈灰色。这类铸铁是工业上应用最广泛的铸铁。

3. 麻口铸铁

在麻口铸铁中，其组织介于白口铸铁与灰铸铁之间，即碳的一部分以石墨存在，另一部分以渗碳体存在，断口呈黑白相间，这类铸铁的脆性较大，故很少使用。

工业上最常用的灰铸铁，根据其石墨的存在形式不同，可分为如下四类性能不同的铸铁件。

（1）灰铸铁：碳主要以片状石墨形式存在的铸铁。

（2）球墨铸铁：碳主要以球状石墨形式存在的铸铁。

（3）可锻铸铁：碳主要以团絮状石墨形式存在的铸铁。

（4）蠕墨铸铁：碳主要以蠕虫状石墨形式存在的铸铁。

9.6.3 灰铸铁

1. 灰铸铁的成分

灰铸铁的成分大致范围为 $w_C = 2.7\% \sim 3.6\%$，$w_{Si} = 1.0\% \sim 2.2\%$，$w_{Mn} = 0.5\% \sim 1.3\%$，$w_P = 0.05\% \sim 0.3\%$，$w_S = 0.02\% \sim 0.15\%$。

2. 灰铸铁的组织

灰铸铁的组织可看成是碳钢的基体加片状石墨。按基体组织的不同，灰铸铁分为三类：即铁素体基体灰铸铁；铁素体 - 珠光体基体灰铸铁；珠光体基体灰铸铁。其显微组织如图 9 - 9 所示。

3. 灰铸铁的性能

（1）力学性能。灰铸铁的力学性能与基体的组织和石墨的数量、大小、形态和分布有

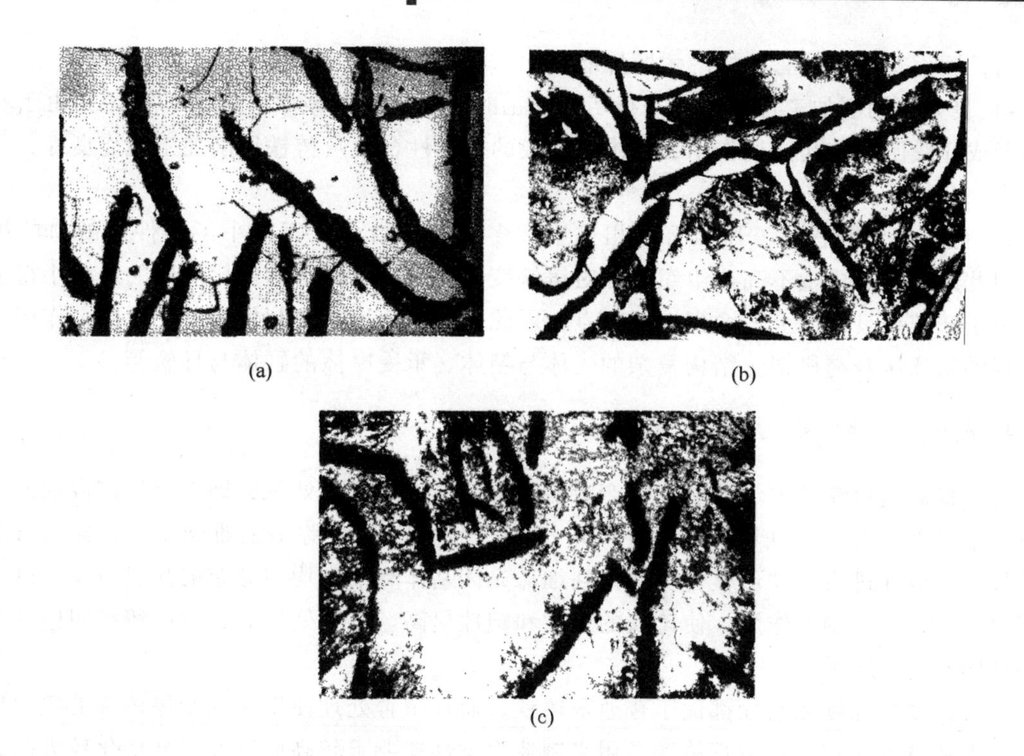

(a) (b) (c)

图 9－9 灰铸铁的显微组织

（a）铁素体基体灰铸铁；（b）铁素体－珠光体基体灰铸铁；（c）珠光体基体灰铸铁

关。由于石墨的力学性能几乎为零，可以把铸铁看成是布满裂纹或空洞的钢。一方面，石墨不仅破坏了基体的连续性，减少了金属基体承受载荷的有效截面积，使实际应力大大增加。另一方面，在石墨尖角处易造成应力集中，使尖角处的应力远大于平均应力。因此，灰铸铁的抗拉强度、塑性和韧性远低于钢。石墨片的数量越多、尺寸越大、分布越不均匀，对力学性能的影响就越大。但石墨的存在对灰铸铁的抗压强度影响不大，由于抗压强度主要取决于灰铸铁的基体组织，灰铸铁的抗压强度比抗拉强度高 3～4 倍，因此，常用于制造基座类支撑件。

基体组织对铸铁的力学性能也有一定的影响，不同基体组织的灰铸铁性能是有差异的。铁素体基体灰铸铁的石墨片粗大，强度和硬度最低，故应用较少；珠光体基体灰铸铁的石墨片细小，有较高的强度和硬度，主要用来制造较重要铸件。铁素体－珠光体基体灰铸铁的石墨片较珠光体灰铸铁稍粗大，性能不如珠光体灰铸铁。故工业上较多使用的是珠光体基体的灰铸铁。

（2）其他性能。石墨虽然降低了灰铸铁的力学性能，但却给灰铸铁带来一系列其他的优良性能。

1）良好的铸造性能。灰铸铁铸造成型时，不仅其流动性好，而且还因为在凝固过程中析出比容较大的石墨，减小凝固收缩，容易获得优良的铸件，表现出良好的铸造性能。

2）良好的减振性。石墨对铸铁件承受振动能起缓冲作用，减弱晶粒间振动能的传递，并将振动能转变为热能，所以灰铸铁具有良好的减振性。

3）良好的耐磨性能。石墨本身也是一种良好的润滑剂，脱落在摩擦面上的石墨可起润滑作用，因而灰铸铁具有良好的耐磨性能。

4）良好的切削加工性能。在进行切削加工时，石墨起着减摩、断屑的作用；由于石墨脱落形成显微凹穴，起储油作用，可维持油膜的连续性，故灰铸铁切削加工性能良好，刀具磨损小。

5）低的缺口敏感性。片状石墨相当于许多微小缺口，从而减小了铸件对缺口的敏感性，因此表面加工质量不高或组织缺陷对铸铁疲劳强度的不利影响要比对钢的影响小得多。

由于灰铸铁具有以上一系列性能特点，因此，被广泛地用来制作各种受压应力作用和要求消振的机床床身与机架、结构复杂的壳体与箱体、承受摩擦的缸体与导轨等。

4. 灰铸铁的孕育处理——孕育铸铁

为了提高灰铸铁的力学性能，生产上常对灰铸铁进行孕育处理，即在浇注前向铁液中加入少量孕育剂（如硅－铁和硅－钙合金），形成大量的、高度弥散的难熔质点，成为石墨的结晶核心，以促进石墨的形核，从而得到细珠光体基体和细小均匀分布的片状石墨，以减小石墨对基体组织的割裂作用，使铸铁的强度和塑性提高。孕育处理后得到的铸铁叫做孕育铸铁，如图 9－10 所示。

孕育铸铁的强度和韧性都优于普通灰铸铁，而且孕育处理使得不同壁厚铸件的组织比较均匀，性能基本一致。故孕育铸铁常用来制造力学性能要求较高而截面尺寸变化较大的大型铸件。如汽缸、曲轴、机床床身等。

(a)

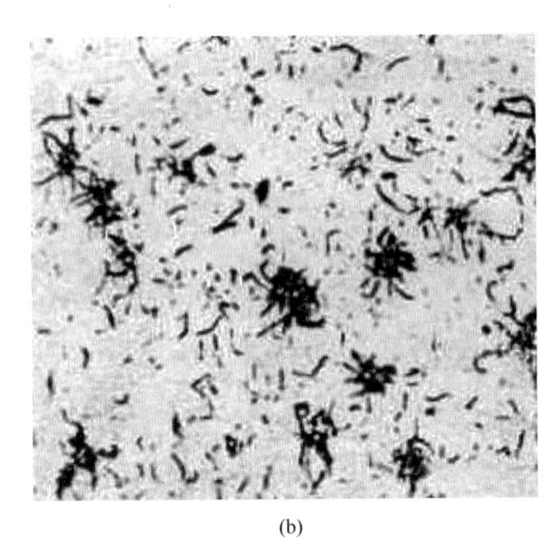
(b)

图 9－10　灰铸铁的孕育处理

（a）孕育前；（b）孕育处理后

5. 灰铸铁的热处理

灰铸铁的力学性能在很大程度上受到石墨相的支配，而热处理只能改变基体的组织，不能改变石墨的形态和分布，也不能改善片状石墨对基体组织割裂的有害作用，因而通过热处理方法不可能明显提高灰铸铁件的力学性能，灰铸铁的热处理主要用于消除铸件内应力和白口组织，稳定尺寸，提高表面硬度和耐磨性等。灰铸铁常用的热处理方法有以下几种。

（1）去应力退火。用以消除铸件在凝固过程中因冷却不均匀而产生的铸造应力，防止铸件产生变形和裂纹。其工艺是将铸件加热到500 ℃ ~600 ℃，保温一段时间后随炉缓冷至150 ℃ ~200 ℃以下出炉空冷，有时把铸件在自然环境下放置很长一段时间，使铸件内应力得到松弛，这种方法叫做自然时效。大型灰铸铁件可以采用此法来消除铸造应力。

（2）石墨化退火。以消除白口组织，降低硬度，改善切削加工性能。其方法是将铸件加热到850 ℃ ~900 ℃，保温2 ~5 h，然后随炉缓冷至400 ℃ ~500 ℃出炉空冷，使渗碳体在保温和缓冷过程中分解而形成石墨。

（3）表面淬火。可提高表面硬度和延长使用寿命。如对于机床导轨表面和内燃机汽缸套内壁等灰铸铁件的工作表面，需要有较高的硬度和耐磨损性能，可以采用表面淬火的方法。常用的表面淬火方法有高（中）频感应加热表面淬火和接触电阻加热表面淬火。

6. 灰铸铁的牌号及用途

灰铸铁的牌号是由“HT”（“灰铁”两字汉语拼音字首）和最小抗拉强度 σ_b 值（用 ϕ30 mm试棒的抗拉强度）表示。例如牌号HT250表示 ϕ30 mm试棒的最小抗拉强度值 σ_b = 250 MPa的灰铸铁。设计铸件时，应根据铸件受力处的主要壁厚或平均壁厚选择铸铁牌号。灰铸铁的牌号、力学性能及用途见表9 -10。

表9 -10 灰铸铁的牌号、力学性能及用途

铸铁类别	牌号	铸件壁厚/mm	力学性能		用途举例
			σ_b/MPa≥	HBS	
铁素体基体灰铸铁	HT100	2.5 ~10	130	110 ~166	适用于载荷小、对摩擦和磨损无特殊要求的不重要铸件，如防护罩、盖、油盘、手轮、支架、底板、重锤、小手柄等
		10 ~20	100	93 ~140	
		20 ~30	90	87 ~131	
		30 ~50	80	82 ~122	
铁素体－珠光体基体灰铸铁	HT150	2.5 ~10	175	137 ~205	承受中等载荷的铸件，如机座、支架、箱体、刀架、床身、轴承座、工作台、带轮、端盖、泵体、阀体、管路、飞轮、电机座等
		10 ~20	145	119 ~179	
		20 ~30	130	110 ~166	
		30 ~50	120	105 ~157	
珠光体基体灰铸铁	HT200	2.5 ~10	220	157 ~236	承受较大载荷和要求一定的气密性的铸件，如机床立柱、刀架、齿轮箱体、多数机床床身、滑板、箱体、泵体、阀体、轴承盖、机座、飞轮等
		10 ~20	195	148 ~222	
		20 ~30	170	134 ~200	
		30 ~50	160	129 ~192	
	HT250	4.0 ~10	270	175 ~262	床身、汽缸体、汽缸套、活塞、齿轮箱、刹车轮、联轴器盘、中等压力阀体等
		10 ~20	240	164 ~247	
		20 ~30	220	157 ~236	
		30 ~50	200	150 ~225	
孕育铸铁	HT300	10 ~20	290	182 ~272	承受高载荷、耐磨和高气密性重要铸件，如重型机床床身、多轴机床主轴箱、泵体、大型卷筒、轧钢基座、轴承支架等
		20 ~30	250	168 ~251	
		30 ~50	230	161 ~241	

续表

铸铁类别	牌号	铸件壁厚/mm	力学性能		用途举例
			σ_b/MPa≥	HBS	
孕育铸铁	HT350	10～20 20～30 30～50	340 290 260	199～298 182～272 171～257	轧钢滑板、辊子、圆筒混合机齿圈、支承轮座等

9.6.4 球墨铸铁

1. 球墨铸铁的生产

球墨铸铁是通过对铁液的球化处理获得的。球墨铸铁生产中能使石墨结晶成球状的物质称为球化剂，将球化剂加入铁液的处理称为球化处理。目前常用的球化剂有镁、稀土元素和稀土镁合金三种，其中稀土镁合金球化剂由稀土、硅铁、镁组成，性能优于镁和稀土元素，应用最为广泛，加入量为铁水的1%～1.6%。Mg的密度小、沸点低，若直接加入到铁水中，将会沸腾易出事故。20世纪60年代，我国研制的稀土镁球墨铸铁，即在铁水中加入适量的稀土－硅铁－镁，是目前一种较好的球化剂。

由于镁及稀土元素都强烈阻碍石墨化，因此，在进行球化处理的同时（或随后），必须加入孕育剂进行孕育处理，其作用是削弱白口倾向，以免出现白口组织，孕育剂加入量为铁水总量得0.5%～1.0%，要求获得铁素体基体时，加入量为0.8%～1.6%。

同时，孕育处理可以改善石墨的结晶条件，使石墨球径变小，数量增多，形状圆整，分布均匀，从而提高了铸铁的力学性能。

2. 球墨铸铁的组织和性能

球墨铸铁的组织可看成是碳钢的基体加球状石墨。按基体组织的不同，常用的球墨铸铁有：铁素体基体球墨铸铁、铁素体－珠光体基体球墨铸铁、珠光体基体球墨铸铁和下贝氏体基体球墨铸铁等。如图9－11所示。

球状石墨对基体的割裂作用明显减小，应力集中减轻，因此能充分发挥基体的性能，基体强度的利用率可达70%以上，而灰铸铁只有30%左右，所以球墨铸铁的强度、塑性与韧性都大大优于灰铸铁，可与相应组织的铸钢相媲美。球墨铸铁中石墨球越圆整、球径越小、分布越均匀，其力学性能越好。

球墨铸铁不仅力学性能远远超过灰铸铁，而且同样具有灰铸铁的一系列优点，如良好的铸造性、减振性、减摩性、切削加工性及低的缺口敏感性等。球墨铸铁的缺点是凝固收缩较大，容易出现缩松与缩孔，熔铸工艺要求高，铁液成分要求严格，此外，它的消振能力也比灰铸铁低。

3. 球墨铸铁的热处理

球墨铸铁的力学性能在很大程度上受到基体的支配，铸态下的球墨铸铁基体组织一般为

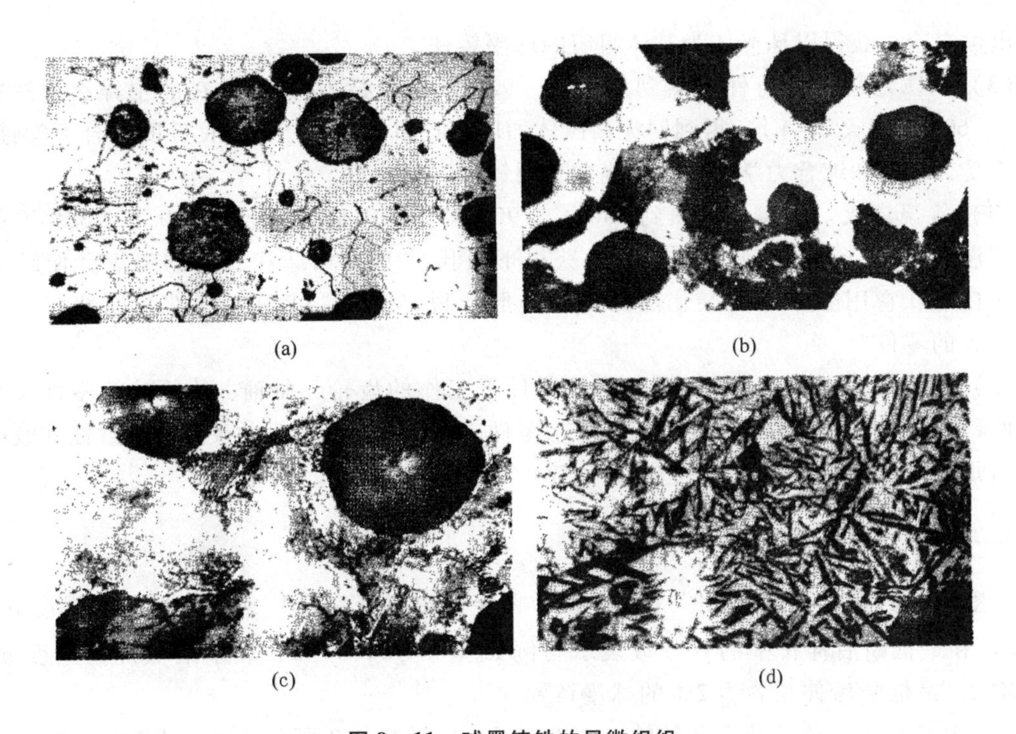

图9-11 球墨铸铁的显微组织

（a）铁素体基体球墨铸铁；（b）铁素体-珠光体基体球墨铸铁

（c）珠光体基体球墨铸铁；（d）下贝氏体基体球墨铸铁

铁素体与珠光体，球墨铸铁常用热处理方法来改变基体组织，从而获得所需的性能。理论上，凡是钢材采用的热处理方法都可以应用于球墨铸铁，在进行球墨铸铁的热处理时，其基体在加热、冷却的过程中的相变，可以近似看成为钢的相变。球墨铸铁常用的热处理方法有以下几种。

（1）退火。球墨铸铁的退火分为去应力退火、低温退火和高温退火。去应力退火工艺与灰铸铁相同。低温退火和高温退火的目的是使组织中的渗碳体分解，获得铁素体基体球墨铸铁，提高塑性与韧性，改善切削加工性能。

1）低温退火。适用于铸铁原始组织为“铁素体+珠光体+石墨”的情况，其工艺过程为：将铸件加热至700 ℃~760 ℃，保温2~8 h，使珠光体中渗碳体分解，然后随炉缓冷至600 ℃左右出炉空冷。

2）高温退火。适用于铸铁原始组织中既有珠光体、又有自由渗碳体的情况，其工艺过程为：将铸件加热到900 ℃~950 ℃，保温2~5 h，使渗碳体分解，然后随炉缓冷至600 ℃左右出炉空冷。

（2）正火。球墨铸铁正火的目的，是增加基体中珠光体的数量，或获得全部珠光体基体，起细化晶粒、提高铸件的强度和耐磨性能的作用。正火分为低温正火和高温正火。

1）低温正火将铸件加热到820 ℃~860 ℃，保温1~4 h，使基体组织部分奥氏体化，然后出炉空冷，获得以铁素体-珠光体为基体组织的球墨铸铁，铸件塑性与韧性较好，但强度较低。

2）高温正火将铸件加热到880 ℃~950 ℃，保温1~3 h，使基体组织全部奥氏体化，然后出炉空冷，获得以珠光体为基体组织的球墨铸铁。

(3) 调质处理。将铸件加热到 860 ℃ ~920 ℃，保温 2 ~4 h 后在油中淬火，然后在 550 ℃ ~600 ℃回火 2 ~4 h，得到回火索氏体加球状石墨的组织，具有良好的综合力学性能，它用于受力复杂和综合力学性能要求高的重要铸件，如曲轴、连杆等。

(4) 等温淬火。将铸件加热到 850 ℃ ~900 ℃，保温后迅速放入 250 ℃ ~350 ℃的盐浴中等温 60 ~90 min，然后出炉空冷，获得下贝氏体基体加球状石墨的组织，使综合力学性能良好，它用于形状复杂，热处理易变形开裂，要求强度高、塑性和韧性好、截面尺寸不大的零件。

(5) 表面淬火。对于在动载荷与摩擦条件下工作的齿轮、曲轴、凸轮轴等零件，要求铸铁件具有良好的综合力学性能外，还要求零件工作表面具有较高的硬度、耐磨性和疲劳强度，因此往往对这类球墨铸铁件进行表面淬火。

4. 球墨铸铁的牌号及用途

球墨铸铁的牌号是由“QT”（“球铁”两字汉语拼音字首）后附最低抗拉强度 σ_b 值（MPa）和最低断后伸长率的百分数表示。例如牌号 QT600 -2，表示最低抗拉强度 σ_b = 600 MPa，最低断后伸长 δ 为 2% 的球墨铸铁。

球墨铸铁的力学性能优于灰铸铁，与钢相近，如图 9 -12 所示。球墨铸铁的强度是碳钢的 70% ~90%。其突出特点是屈强比（$\sigma_{0.2}/\sigma_b$）高，约为 0.7 ~0.8，而钢一般只有 0.3 ~0.5。可用它代替铸钢和锻钢制造各种载荷较大、受力较复杂和耐磨损的零件。如珠光体基体球墨铸铁，常用于制造汽车、拖拉机或柴油机中的曲轴、连杆、凸轮轴、齿轮，机床中的主轴、蜗杆、蜗轮等。而铁素体基体球墨铸铁，多用于制造受压阀门、机器底座、汽车后桥壳等。球墨铸铁的牌号、基体组织、力学性能及用途见表 9 -11。

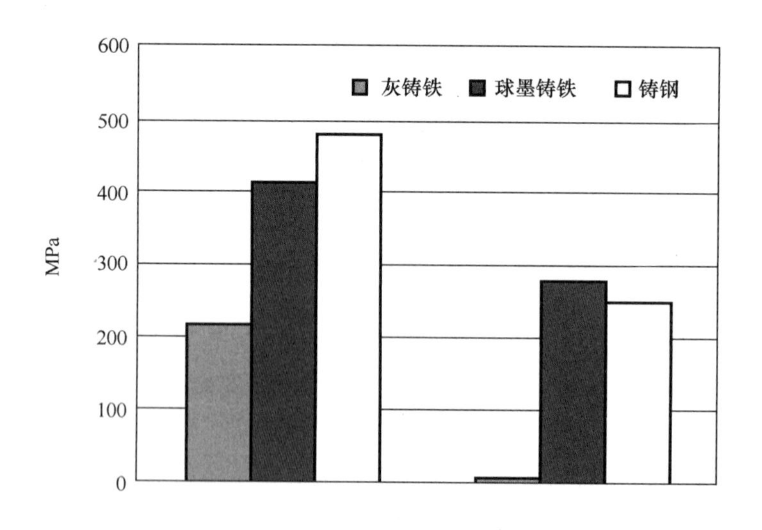

图 9 -12　铸铁与铸钢的强度比较

表 9－11 球墨铸铁的牌号、力学性能及用途

牌　号	基体组织类型	力学性能				用途举例
		σ_b/MPa	$\sigma_{0.2}$/MPa	δ/%	HBW	
		≥				
QT400－18	铁素体	400	250	18	130～180	韧性高，低温性能较好，且有一定的耐蚀性，用于制作承受冲击、振动的零件，如汽车、拖拉机的轮毂、驱动桥壳、差速器壳、拨叉，农机具零件，中低压阀门，上、下水及输气管道，压缩机的高低压汽缸，电动机机壳，齿轮箱，飞轮壳等
QT400－15	铁素体	400	250	15	130～180	
QT450－10	铁素体	450	310	10	160～210	
QT500－7	铁素体＋珠光体	500	320	7	170～230	具有中等强度和韧性，用于制作机器座架、传动轴、飞轮、电动机架，内燃机的机油泵齿轮、铁路机车车辆轴瓦等
QT600－3	珠光体＋铁素体	600	370	3	190～270	具有较高的强度、耐磨性及一定韧性，用于制作载荷大、受力复杂的零件，如汽车、拖拉机的曲轴、连杆、凸轮轴、汽缸套，部分磨床、铣床、车床的主轴，机床蜗杆、蜗轮，轧钢机轧辊、大齿轮，小型水轮机主轴，汽缸体，桥式起重机大小滚轮等
QT700－2	珠光体	700	420	2	225～305	
QT800－2	珠光体或回火组织	800	480	2	245～335	
QT900－2	贝氏或回火马氏体	900	600	2	280～360	具有高强度、耐磨性和较高的弯曲疲劳强度，用于制作汽车后桥螺旋锥齿轮，拖拉机的减速齿轮，内燃机曲轴、凸轮轴等

9.6.5 蠕墨铸铁

1. 蠕墨铸铁的生产特点

蠕墨铸铁是从20世纪60年代迅速发展起来的一种高强铸铁材料，通过对铁液的蠕化处理获得蠕墨铸铁，即浇注前向铁液中加入蠕化剂，促使石墨呈蠕虫状析出，这种处理方法称为蠕化处理。目前常用的蠕化剂有稀土镁钛合金、稀土硅铁合金、稀土钙硅铁合金等。

2. 蠕墨铸铁的组织和性能

蠕墨铸铁的组织中石墨呈蠕虫状，形态介于片状与球状之间，如图9－13所示。石墨的形态决定了蠕墨铸铁的力学性能介于相同基体组织的灰铸铁和球墨铸铁之间，蠕墨铸铁的强

度利用率较高。$\left(\frac{\sigma_{0.2}}{\sigma_b}=0.72\sim0.82\right)$，比球墨铸铁和钢都高。其铸造性能、减振性和导热性优于球墨铸铁，与灰铸铁相近，蠕墨铸铁的耐磨性比灰铸铁提高2倍以上。

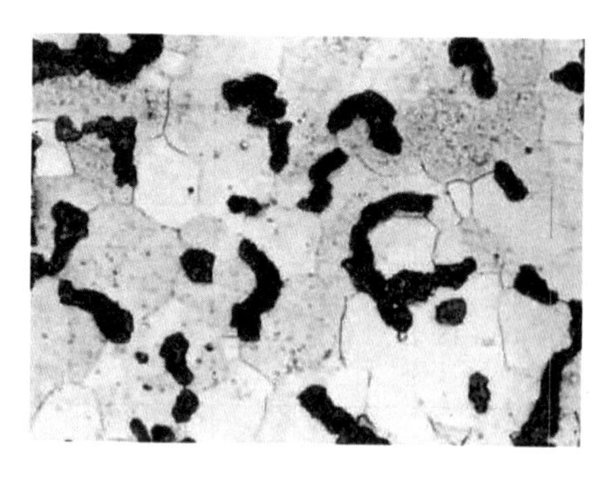

图9-13　蠕墨铸铁的显微组织

3. 蠕墨铸铁的牌号及用途

蠕墨铸铁的牌号是由“RuT”（“蠕铁”两字汉语拼音字首）后附最低抗拉强度 σ_b 值（MPa）表示。例如牌号RuT300，表示最低抗拉强度 $\sigma_b=300$ MPa 的蠕墨铸铁。

蠕墨铸铁主要用于承受热循环载荷、结构复杂、要求组织致密、强度高的铸件，如大马力柴油机的汽缸盖、汽缸套、进（排）气管、钢锭模、阀体等铸件。蠕墨铸铁的牌号、力学性能及用途见表9-12。

表9-12　蠕墨铸铁的牌号、力学性能及用途

牌号	力学性能				基体组织	用途举例
	σ_b/MPa	$\sigma_{0.2}$/MPa	δ/%	HBS		
	不小于					
RuT260	260	195	3.0	121~197	铁素体	强度一般，硬度较低，有较高的塑性、韧性和导热性，适于制造受冲击和热疲劳的零件，如增压器废气进气壳体、汽车底盘零件等
RuT300	300	240	1.5	140~217	铁素体+珠光体	强度硬度适中，有一定的塑性和韧性，适于制造要求较高强度并承受热疲劳的零件，如排气管、变速箱体、汽缸盖、液压件、纺织机零件、钢锭模等
RuT340	340	270	1.0	170~249	铁素体+珠光体	强度和硬度较高，具有较高的耐磨性和导热性，适于制造要求较高强度、刚度和耐磨性的零件，如重型机床件、大型齿轮箱体、盖、座，飞轮，起重机卷筒等
RuT380	380	300	0.75	193~274	珠光体	强度和硬度高，具有高的耐磨性和导热性，适用制造强度或耐磨性要求高零件，如活塞环、汽缸套、制动盘、钢珠研磨盘、吸淤泵体等
RuT420	420	335	0.75	200~280	珠光体	

9.6.6 可锻铸铁

1. 可锻铸铁的特点

可锻铸铁俗称玛钢或马铁。可锻铸铁的生产是先获得白口铸铁，再经可锻化退火工艺获得。可锻化退火工艺曲线，如图 9－14 所示。即将白口铸铁加热到 900 ℃～980 ℃，使铸铁组织转变为“奥氏体＋渗碳体”，在此温度下长时间保温，使渗碳体分解为团絮状石墨，这时铸铁组织为“奥氏体＋石墨”，随后按冷却曲线①在 Ar_1 线附近缓慢冷却，使石墨化充分进行，可获得铁素体基体可锻铸铁。按曲线②快速冷却，可获得珠光体基可锻铸铁。

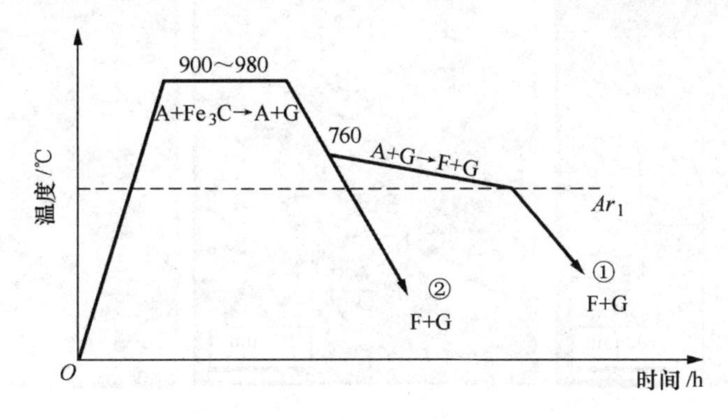

图 9－14 可锻化退火工艺曲线

铁素体基体可锻铸铁的组织是“铁素体基体＋团絮状石墨”，其断口呈黑灰色，俗称黑心可锻铸铁。这种铸铁件的强度与塑性均较灰铸铁的高，主要用于承受冲击载荷和振动的铸件，是最为常用的一种可锻铸铁。如果将白口铸铁件在氧化性介质中退火，表层（大约 1.5～2 mm）完全脱碳，得到铁素体组织，呈暗灰色，而其心部为“珠光体 P＋团絮状 G 组织”，呈白亮色，俗称白心可锻铸铁，在机械工业中很少应用。两种组织如图 9－15 所示。可锻铸铁的基体组织不同，其性能也不一样，其中黑心可锻铸铁具有较高的塑性和韧性，而珠光体可锻铸铁具有较高的强度、硬度和耐磨性。

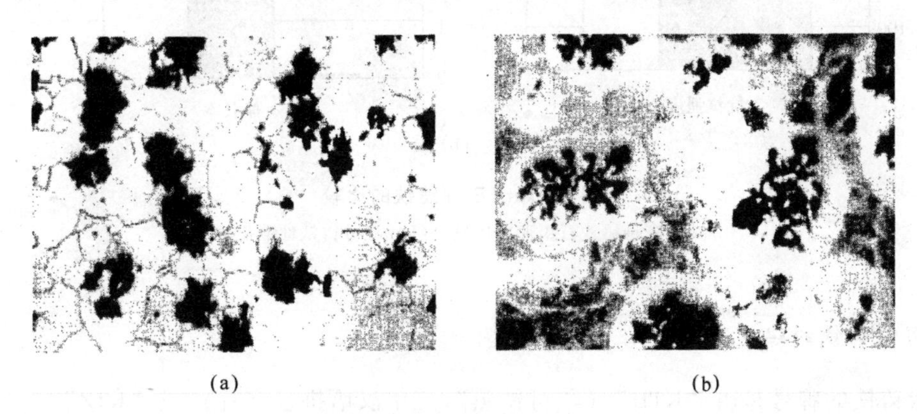

(a) (b)

图 9－15 可锻铸铁的显微组织

（a）铁素体基体可锻铸铁；（b）珠光体基体可锻铸铁

2. 可锻铸铁的性能

可锻铸铁由于石墨呈团絮状，大大减弱了对基体的割裂作用，与灰铸铁相比，具有较高的力学性能，尤其具有较高的塑性和韧性，因此被称为可锻铸铁，但实际上可锻铸铁并不能锻造。

与球墨铸铁相比，可锻铸铁具有质量稳定，铁液处理简易，容易组织流水生产，但生产周期长。在缩短可锻铸铁退火周期取得很大进展后，可锻铸铁具有发展前途，在汽车、拖拉机中得到了广泛应用。如图 9－16 所示，三种铸铁性能比较。

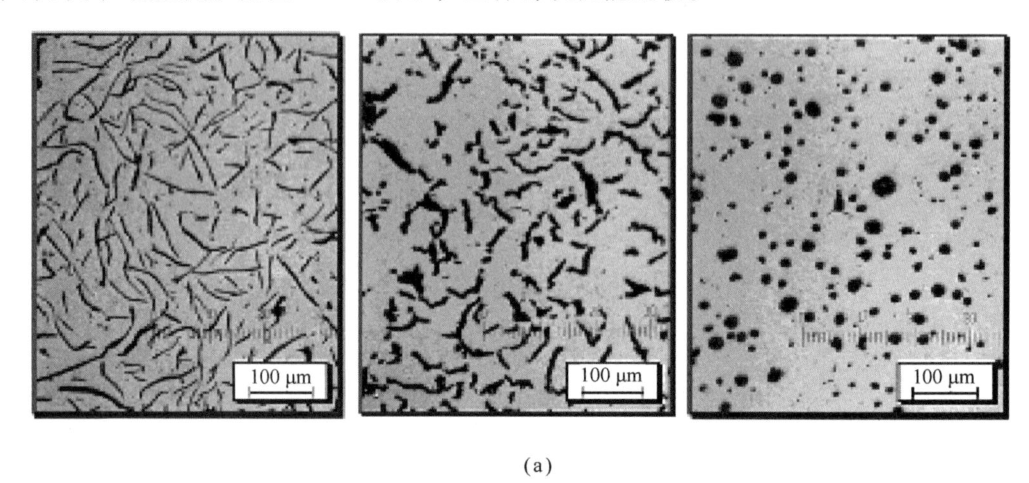

(a)

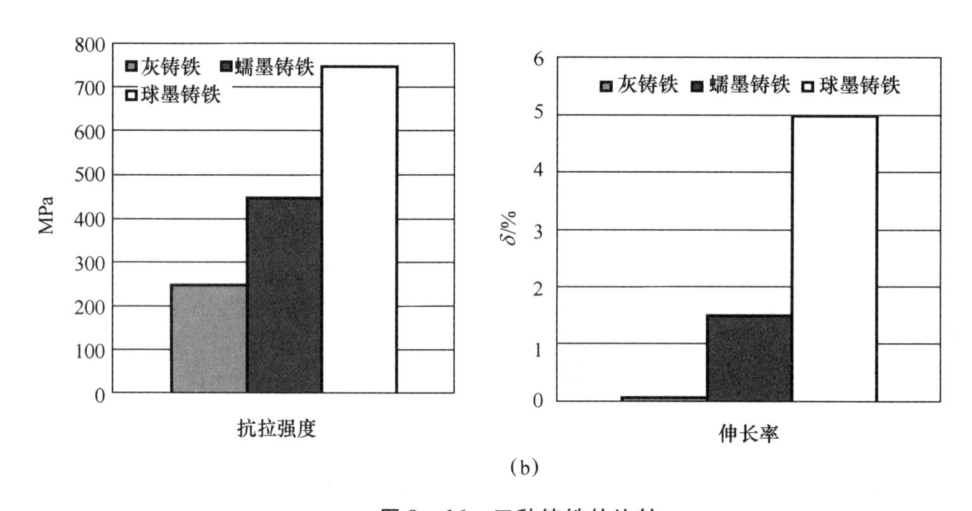

(b)

图 9－16　三种铸铁的比较

(a) 三种铸铁石墨形态比较；(b) 三种铸铁性能比较

3. 可锻铸铁的牌号及用途

可锻铸铁的牌号是由“KTH”（“可铁黑”三字汉语拼音字首）或“KTZ”（“可铁珠”三字汉语拼音字首）后附最低抗拉强度 σ_b 值（MPa）和最低断后伸长率 δ 的百分数表示。例如牌号 KTH350－10，表示最低抗拉强度 $\sigma_b=350$ MPa、最低断后伸长率 $\delta=10\%$ 的黑心可锻铸铁，即铁素体基体可锻铸铁。KTZ650－02 表示最低抗拉强度 $\sigma_b=650$ MPa、最低断后

伸长率 $\delta=2\%$ 的珠光体基体可锻铸铁。

黑心可锻铸铁的强度、硬度低，塑性、韧性好，用于载荷不大、承受较高冲击、振动的零件。珠光体基体可锻铸铁，因具有高的强度、硬度，可用于载荷较高、耐磨损并有一定韧性要求的重要零件。可锻铸铁的牌号、力学性能及用途见表 9－13。

表 9－13　可锻铸铁的牌号、力学性能及用途

种类	牌号	试样直径 /mm	力学性能				用途举例
			σ_b /MPa	$\sigma_{0.2}$ /MPa	δ/%	HBS	
			不小于				
铁素体基体可锻铸铁	KTH300－06	12 或 15	300	—	6	≤150	有一定的韧性和强度、气密性好，适用于承受低动载荷及静载荷、气密性要求好的零件，如弯头、三通管件、中低压阀门等
	KTH330－08		330	—	8		有一定的韧性和强度、气密性好，适用于承受中等动载荷及静载荷的零件，如扳手、犁刀、犁柱、车轮壳等
	KTH350－10		350	200	10		用于制造汽车、拖拉机前后轮壳，减速器壳、转向节壳、制动器及铁道零件等承受较高冲击、振动的零件
	KTH370－12		370	—	12		
珠光体基体可锻铸铁	KTZ450－06	12 或 15	450	270	6	150～200	载荷较高、耐磨损并有一定韧性要求的重要零件，如曲轴、凸轮轴、连杆、齿轮、活塞环、轴套、耙片、万向接头、棘轮、扳手、传动链条等
	KTZ550－04		550	340	4	180～250	
	KTZ650－02		650	430	2	210～260	
	KTZ700－02		700	530	2	240～290	

9.6.7　合金铸铁

随着铸铁被越来越广泛的应用，不仅要求铸铁具有更高的力学性能，有时还要求它具有较高的耐磨性以及耐热性、耐蚀性。为此，在普通铸铁的基础上加入一定量的合金元素，制成特殊性能铸铁，主要包括耐磨铸铁、耐热铸铁和耐蚀铸铁。这些铸铁与相似条件下使用的合金钢相比，熔炼简单、成本低廉、具有良好的使用性能。但它们的力学性能低于合金钢，脆性较大。

1. 耐磨铸铁

耐磨铸铁分为减磨铸铁和抗磨白口铸铁两类。前者用于润滑条件下工作的零件，例如机床导轨、汽缸套及轴承等；后者用于无润滑、干摩擦的零件，例如轧辊、犁铧、抛丸机叶片、球磨机衬板和磨球等。

（1）耐磨铸铁。耐磨铸铁应有较低的摩擦系数和能够很好地保持连续油膜的能力，最适宜的组织形式应是在软的基体上分布有坚硬的强化相，以便使软基体在磨损后形成的沟槽可储存润滑油，而坚硬的强化相可起支撑作用。细层状珠光体灰铸铁就能满足这一要求，其中铁素体为软基体，渗碳体为强化相，同时石墨也起着储油和润滑的作用。

在珠光体灰铸铁中，提高磷的含量，可形成高硬度的磷化物共晶并呈网状分布在珠光体基体上形成坚硬的骨架，可使铸铁的耐磨损能力比普通灰铸铁提高一倍以上，这就是高磷铸铁。在含磷较高的铸铁中，再加入适量的 Cr、Mo、Cu 或微量的 V、Ti 和 B 等元素，则耐磨性能将更好。

耐磨铸铁的牌号为“MT”，后面为合金元素的含量和最低抗拉强度 σ_b（MPa），中间用“-”隔开，如 MTCu1PTi-150，表示耐磨铸铁合金元素及平均含量和最低抗拉强度 σ_b = 150 MPa。耐磨铸铁的牌号和用途见表 9-14。

表 9-14　耐磨铸铁的牌号和用途

牌号	化学成分（质量分数/%）								硬度 HBW	用途
	C	Si	Mn	P	S	Cu	Mo	Cr		
MTCuMo-175	3.00~3.60	1.50~2.00	0.60~0.90	≤0.30	≤0.140	1.00~1.30	0.40~0.60	—	195~260	一般耐磨件
MTCrMoCu-235	3.20~3.60	1.30~1.80	0.50~1.00	≤0.30	≤0.150	0.60~1.10	0.30~0.70	0.20~0.60	200~250	活塞环、机床床身、卷筒、密封圈等

（2）抗磨铸铁。具有较好的抗磨料磨损性能的铸铁称为抗磨铸铁。常用的有抗磨白口铸铁和抗磨球墨铸铁。

标准型抗磨白口铸铁主要以镍铬为主要合金元素或以铬为主要合金元素，由于加入了较多的合金元素形成硬度很高的碳化物和共晶碳化物、二次碳化物等，使铸铁的耐磨性很好。按合金含量和性能特点，又可分为：

1）低铬型：w_{Cr} = 1.0% ~ 4.0%，硬度≥46 HRC，其特点是脆性大，抗磨性差，用于水泥厂及电厂球磨机的磨球、细粉仓板等。

2）中铬型：w_{Cr} = 7.0% ~ 11.0%，硬度≥48 HRC，其特点是具有较高的硬度和耐冲击性，用于水泥厂及电厂球磨机的磨球、衬板等。

3）高铬型：w_{Cr} = 11.0% 以上，硬度≥49 HRC，其特点是加工性较差，焊接易开裂，用于破碎机锤头、磨球、磨煤机的磨辊、衬板、破碎机磨辊等。

4）镍铬型：分低碳镍铬型和高碳镍铬型，硬度可达 53~59 HRC，可制造冶金轧辊、冲击不大的衬板、输送固体、矿浆的管道等。

抗磨铸铁牌号表示：KmTB + 合金成分 + 高碳或低碳拼音字母 GT 或 DT，如 KmTB-Ni4Cr2-DT，Km：抗磨，T：铁，B：白口。见表 9-15 和表 9-16。

表 9-15　几种抗磨白口铸铁的牌号和成分

牌号	化学成分（质量分数/%）								
	C	Si	Mn	Ni	Cu	Mo	Cr	P	S
KmTBNi4Cr2-DT	2.4~3.0	≤0.8	≤2.0	3.3~5.0	-	≤1.0	1.5~3.0	≤0.15	≤0.15
KmTBNi4Cr2-GT	3.0~3.6	≤0.8	≤2.0	3.3~5.0	-	≤1.0	1.5~3.0	≤0.15	≤0.15
KmTBCr2	2.1~3.6	≤1.2	≤2.0	≤1.0	≤1.2	≤1.0	1.5~3.0	≤0.15	≤0.10
KmTBCr15Mo	2.0~3.3	≤1.2	≤2.0	≤2.5	≤1.2	≤3.0	14.0~18.0	≤0.10	≤0.06

表 9－16 几种抗磨白口铸铁的使用特性

牌号	金相组织		使用特性
	铸态或铸态并去应力处理	硬化态或硬化态并去应力处理	
KmTBNi4Cr2－DT	共晶碳化物 M_3C＋M＋B＋A	共晶碳化物 M_3C＋M＋B＋残余 A	可用于中等冲击载荷的耐磨件
KmTBNi4Cr2－GT			可用于较小冲击载荷的耐磨件
KmTBCr9Ni5	共晶碳化物 M_7C_3＋少量 M_3C＋M＋A	共晶碳化物 M_7C_3＋少量 M_3C＋二次碳化物＋残余 A	有很好的淬透性，可用于中等冲击载荷的耐磨件
KmTBCr2	共晶碳化物 M_3C＋P	共晶碳化物 M_3C＋二次碳化物＋M＋残余 A	用于较小冲击载荷的耐磨件
KmTBCr15Mo	共晶碳化物 M_7C_3＋A＋转变产物	共晶碳化物 M_7C_3＋二次碳化物＋M＋残余 A	用于中等冲击载荷的耐磨件

2. 耐热铸铁

在高温下铸铁会发生氧化和生长现象。氧化是指铸铁在高温下受氧化性气氛的侵蚀，在铸铁表面产生氧化皮。生长是指铸铁在高温下产生不可逆的体积长大的现象，其原因是氧气通过石墨片的边界及裂纹间隙渗入铸铁内部，生成密度较小的氧化物，加上高温下渗碳体分解形成比体积较大的石墨，使铸铁的体积不断胀大。

耐热铸铁是指在高温下具有一定的抗氧化和抗生长能力，并能承受一定载荷的铸铁。目前耐热铸铁中主要采用加入 Si、Al、Cr 等合金元素，它们在铸铁表面形成一层致密的稳定性好的氧化膜（SiO_2、Al_2O_3、Cr_2O_3），保护内部金属不被继续氧化。同时，这些元素能提高固态相变临界点，使铸铁在使用范围内不致发生相变，以减少由此而造成的体积胀大和显微裂纹等。

常用的耐热铸铁有硅系、铝系和铬系三类，耐热铸铁具有良好的耐热性，广泛用来代替耐热钢制造耐热零件，如加热炉炉底板、热交换器、坩埚等。

3. 耐蚀铸铁

耐蚀铸铁具有较高的耐蚀性能，一般含有 Si、Al、Cr、Ni、Cu 等合金元素，这些元素可在铸件表面形成牢固的、致密而又完整的保护膜，以阻止腐蚀继续进行，并可提高铸铁基体的电极电位，提高铸铁的耐蚀性。耐蚀铸铁的种类很多，其中应用最广泛的是高硅耐蚀铸铁，这种铸铁在含氧酸类和盐类介质中有良好的耐蚀性，但在碱性介质和盐酸、氢氟酸中，因表面 SiO_2保护膜被破坏，耐蚀性有所下降。耐蚀铸铁广泛用于化工部门，用来制造管道、阀门、泵类、反应锅及盛储器等。

常用的高硅耐蚀铸铁的牌号是由 ST（蚀铁两字汉语拼音第一个字母）、Si 和其他合金元素及数字、RE（稀土代号）组成。国家标准中列出了五个牌号：STSi11Cu2CrRE、

STSi15RE、STSi15M03RE、STSi15Cr4RE、STSi17RE。

思考与练习

1. 什么是非合金钢？

2. (1) 钢中常存的杂质元素有哪些？对其性能有何影响？

   (2) 为什么低合金钢中少不了锰元素？它的作用是什么？

3. 说出下列钢号属于哪类钢，并说明符号和数字的含义。

   Q235 - A. F、08F、45、65Mn、T8A、T10、ZG270 - 500

4. 碳素结构钢和优质碳素结构钢各自有何特点？其主要应用场合有何不同？

5. 碳素工具钢随碳的质量分数的增加，其力学性能和应用场合有何异同？

6. 什么是铸铁？与钢相比，铸铁的成分和性能有何特点？

7. 什么叫铸铁的石墨化？影响铸铁石墨化的因素有哪些？

8. 下列说法是否正确？为什么？

   (1) 可通过热处理来明显改善灰铸铁的力学性能。

   (2) 可锻铸铁因具有较好的塑性，故可进行锻造。

   (3) 白口铸铁硬度高，可用于制造刀具。

   (4) 因为片状石墨的影响，灰铸铁的各项力学性能指标均远低于钢。

9. 说明下列牌号铸铁的类型、数字的含义及用途。

   HT250、QT600 - 3、KTH350 - 10、KTZ550 - 04、RuT260

10. 可锻铸铁是如何获得的？与灰铸铁及球墨铸铁相比，可锻铸铁有何特点？

11. 灰铸铁的热处理工艺有哪些？各有何目的？生产中出现下列不正常现象，应采取什么有效措施予以防止或改善？

    (1) 磨床床身用灰铸铁铸造后，立即进行切削，在切削加工后发生过量的变形；

    (2) 灰铸铁铸件薄壁处出现的白口组织，造成切削加工困难。

12. 球墨铸铁是如何获得的？与钢相比，球墨铸铁在性能上有何特点？

第10章　合金钢

本章简介：通过在碳钢中加入各种合金元素和采用不同热处理的方法，改变了钢材的成分、结构组织、力学性能、工艺性能以及物理化学性能等，从而使合金钢能够更好地满足工业生产和人们生活的性能要求。

重点：合金元素对钢性能的影响，合金钢的分类、性能特点及应用。

难点：合金元素在钢中的作用。

10.1　钢的合金化原理

为了改善和提高钢的力学性能、工艺性能或某些特殊性能，人们总是有目的地在冶炼过程中加入一些合金元素，常用的合金元素有 Mn、Al、B、Co、Cr、Mo、Cu、Ni、Si、Ti、V、W 等，由于合金元素与钢中的铁、碳两个基本组元的作用，促使钢中晶体结构和显微组织发生有利的变化，使得钢的性能得到提高和改善。

10.1.1　合金元素在钢中的存在形式

合金元素加入钢中，一般都在钢中形成各种相：固溶体、非金属夹杂物或中间相，从而影响钢材的使用性能和工艺性能。

1. 合金固溶体

钢中合金元素可分别与 $\alpha-Fe$、$\gamma-Fe$ 和 $\delta-Fe$ 形成铁基固溶体，分别称为 α、γ 和 σ 固溶体，这些固溶体仍保留着铁的同素异构转变的特性，这是大多数合金钢仍能有效地进行热处理的原因之一。

合金钢热处理效果的好坏，可由 α 固溶体和 γ 固溶体稳定存在的温度范围及其成分范围变化所决定。由于钢的室温组织大多是由高温的 γ 固溶体（奥氏体）变化而来，所以，通常把 γ 固溶体（奥氏体）的相对稳定性的大小作为合金元素对铁基固溶体影响的一个重要方面来讨论。我们把那些在 γ 固溶体（奥氏体）有较大溶解度，并能使 γ 固溶体（奥氏体）相对稳定的合金元素称为促成奥氏体的合金元素。所有合金元素都能在加热时溶入奥氏体形成合金奥氏体，并可在随后淬火时形成马氏体；相反，在 α 固溶体中有较大溶解度，并使α固溶体相对稳定的合金元素称为促成铁素体的合金元素。

2. 非金属夹杂物

（1）钢中的碳化物。钢中的碳化物是重要的合金相之一，碳化物的类型、数量、形态、大小及分布，对钢的性能有着很重要的影响。

根据合金元素和碳的相互作用情况，可以把合金元素分为以下两大类。

1）非碳化物形成元素：如 Ni、Si、Al、Cu 等，一般这些元素在钢中大多溶于铁素体或奥氏体中，或以其他相的形式（氮化物）存在于钢中，但不形成单独的碳化物。

2）碳化物形成元素：碳化物形成元素都具有一个未填满的 d 电子层，d 电子层愈是不满，形成碳化物的能力就愈强，形成的碳化物愈稳定。

我们可将合金元素形成碳化物的能力由强至弱排列如图 10-1 所示。

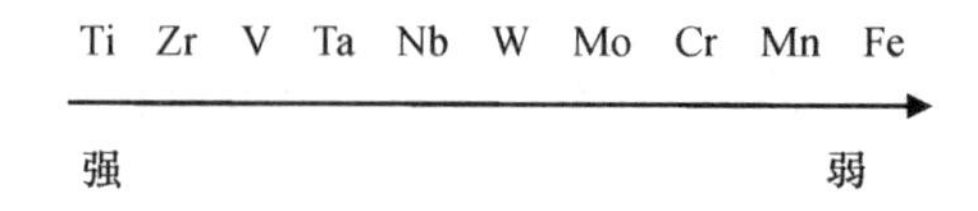

图 10-1　合金元素形成碳化物的能力

强碳化物形成元素和碳有很强的亲和力，易于形成不同渗碳体类型的碳化物，属于特殊碳化物。弱碳化物形成元素，一部分进入固溶体中，另一部分进入渗碳体，取代其中部分铁原子，形成合金渗碳体，当中强碳化物形成元素在钢中的质量分数不大于 0.5%~3% 时，一般倾向于形成合金渗碳体，如 $(Fe, Mn)_3C$，$(Fe, Cr)_3C$ 等，合金渗碳体较渗碳体略为稳定，硬度也较高（71~75 HRC），是一般低合金钢中碳化物的主要存在形式。

除 Mn 以外，当元素含量超过一定限度时，又可形成特殊碳化物，它的晶格与渗碳体完全不同，通常是由中强碳化物元素形成，一类为简单晶格的间隙相碳化物，如 WC、Mo_2C、VC、TiC 等；另一类为复杂晶格的碳化物，如（$Cr_{23}C_6$、FeW_3C、$(Fe, Cr)_7C$、$(Fe, W)_6C$ 等。

特殊碳化物，特别是间隙相碳化物，比合金渗碳体具有更高的熔点、硬度和耐磨性，很稳定，不易分解。在常用的合金钢材中，由于碳化物高硬度的特点，当其一细小的质点均匀分布在固溶体的基体上，增大了基体的形变抗力，而不降低其韧性，这对提高工具的使用性能极为有利，因此，普遍采用碳化物作为第二相来强化钢材。

（2）钢中的氮化物。钢中的氮化物的形成规律及其性能与碳化物相似，常见的氮化物有 FeN、Fe_2N、CrN、Cr_2N、MnN、TiN、VN 等，钢中氮化物几乎不溶解于基体，故一般我们视其为夹杂物，但在氮化钢中，却可利用氮化物来提高钢的表面硬度和耐磨性，提高钢的抗疲劳能力。在低合金高强度钢中，利用正常价非金属化合物 AlN 来细化晶粒。

应当指出，大多数碳化物与氮化物、氮化物与氮化物之间可以互相溶解，同时碳化物与氮化物可以形成复合的碳氮化合物，如 $(Cr, Fe)_{23}$（C，N）、Ti（N，C）等。

（3）中间相（金属化合物）。合金元素与铁或合金元素之间可形成各种中间相（金属化合物），如 Ni_3Al、Ni_2AlTi 等，利用金属化合物从固溶体中脱溶，已成为铁基、镍基、钴基耐热钢与合金以及一些合金化程度较高的合金钢的重要手段。例如，在以金属化合物硬化的高速钢中，由于金属化合物的脱溶，可使钢的硬度由30~40 HRC 增至 70 HRC 以上，即二次硬化的效果使硬度增加 20~30 HRC 以上。

10.1.2　合金元素在钢中的作用

1. 合金元素对铁-碳相图的影响

由于多元相图测试上的困难，所以在很多情况下，往往借助于考察某一合金元素对铁-碳二元系的影响来近似考虑多元系的情况，根据合金元素对铁－碳相图的影响，我们可以把合金元素的影响分为两大类。

（1）扩大 γ 相区的元素。所谓扩大 γ 相区的元素，就是指在铁与合金元素组成的二元相图中，使 *G* 点（A_3：α－Fe↔γ－Fe 同素异晶转变点）温度降低，*N* 点（A_4：γ－Fe↔δ－Fe 同素异晶转变点）温度升高，并在相当宽的温度范围内与 γ－Fe 可以无限固溶或较大的溶解度，这类元素显然是增大奥氏体的相对稳定性，根据对 γ 相区扩大的程度，我们可细分为开启 γ 相区元素和扩大 γ 相区元素两种情况。

1）开启 γ 相区元素。如图 10－2（a）所示，这类元素的存在使得 γ 相区存在的温度范围变宽，相应地 α 相区和 δ 相区缩小，并在一定的温度范围内与铁元素无限互溶。Mn、Co、Ni 与 Fe 组成的二元相图属于此类。钢在室温下的平衡组织为奥氏体时，我们称为奥氏体钢，如高锰钢 ZGMn13，这类钢不能通过淬火来强化。

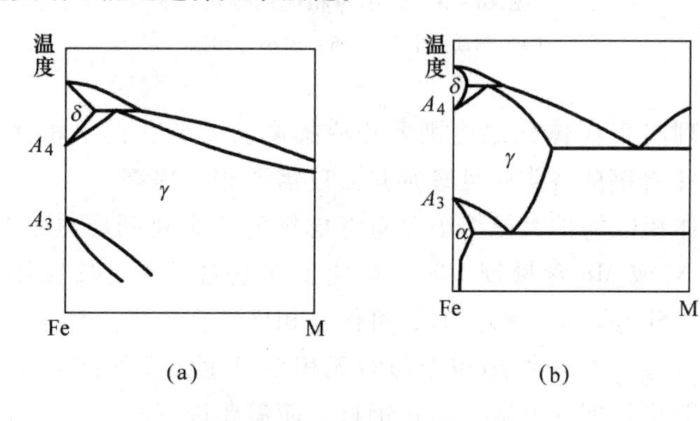

图 10－2　扩大 γ 相区的情况

（a）开启 γ 相区；（b）扩大 γ 相区

2）扩大 γ 相区元素。如图 10－2（b）所示，与开启 γ 相区元素相似，但不能无限固溶。C、N、Cu 等元素属于此类。

（2）缩小 γ 相区的元素。所谓缩小 γ 相区的元素，就是指在铁与这类合金元素组成的二元相图中，使 A_3点温度升高，A_4点温度降低，合金元素在 γ－Fe 中的溶解度较小，这类元素显然是减小奥氏体的相对稳定性，我们可细分为封闭 γ 相区和缩小 γ 相区两种情况，如图 10－3 所示。

1）封闭 γ 相区元素。如图 10－3（a）所示，这类元素的存在使得 γ 相区被 α 相区所封闭，在相图上形成 γ 相圈，V、Cr、Ti、W、Mo、Al、Si、P、Sn、Sb、As 等属于此类元素，若钢中含有大量的 Cr、Si 等缩小 γ 相区的元素，此时，钢在室温下的平衡组织为铁素体，称为铁素体钢，如铁素体不锈钢 1Cr17，这类钢不能通过淬火来强化。

2）缩小 γ 相区元素。如图 10－3（b）所示，与封闭 γ 相区元素相似，但由于在一定浓度出现中间相（金属化合物），使 γ 相可以在相当大的浓度范围内与化合物共存，缩小了 γ 相区。B、Zr、Nb、Ta、S 等元素属于此类。

2. 合金元素对相区临界点的影响意义

（1）临界点 A_3、A_1。临界点 A_3、A_1对钢的热处理和热加工来说非常有指导意义，A_3温

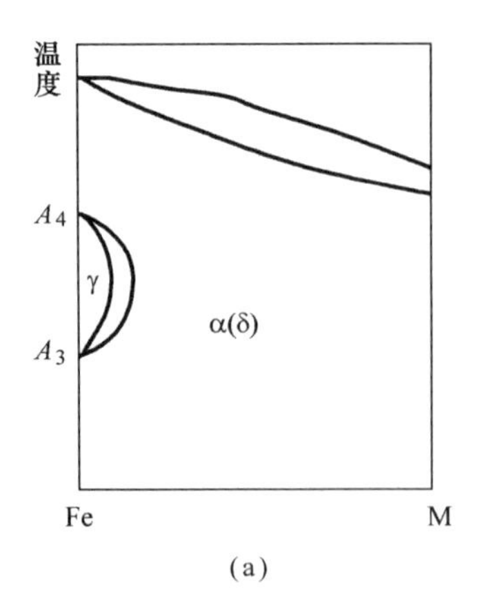

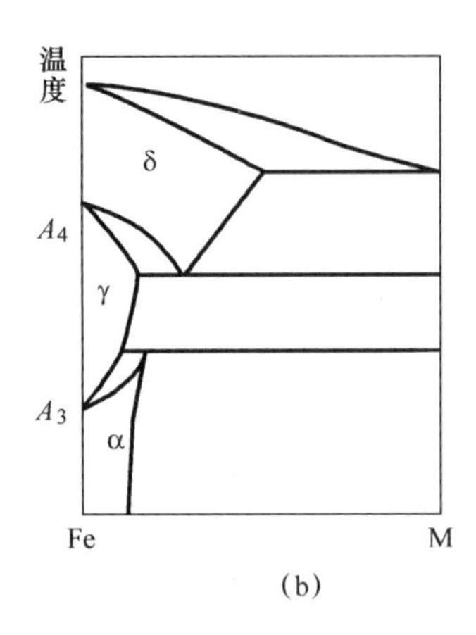

图 10－3 缩小 γ 相区的情况

（a）封闭 γ 相区；（b）缩小 γ 相区

度的升高，说明热处理时奥氏体化温度则要相应提高，才能获得单相奥氏体；A_1（共析转变）温度升高，也意味着钢的各类热处理加热温度需要相应提高。

合金元素对奥氏体相区的扩大或缩小，对考虑钢的合金化问题也是非常重要的。例如，扩大奥氏体区的元素 Ni 或 Mn 含量较多时，可使钢在室温时仍是奥氏体；而缩小奥氏体相区的元素，如 Cr、Ti、Si 等含量足够多时，可使 γ 相区完全消失，使钢在室温和高温都是合金铁素体组织，因此这些钢材在加热和冷却时无相变发生，即始终是奥氏体或始终是铁素体，于是就不能用一般热处理的方法来强化钢材，而需要进行冷变形，改变钢材的组织、晶粒大小等方法来强化钢材。

（2）临界点 S、E 点。大多数合金元素均使 S 点、E 点左移，如图 10－4 所示。

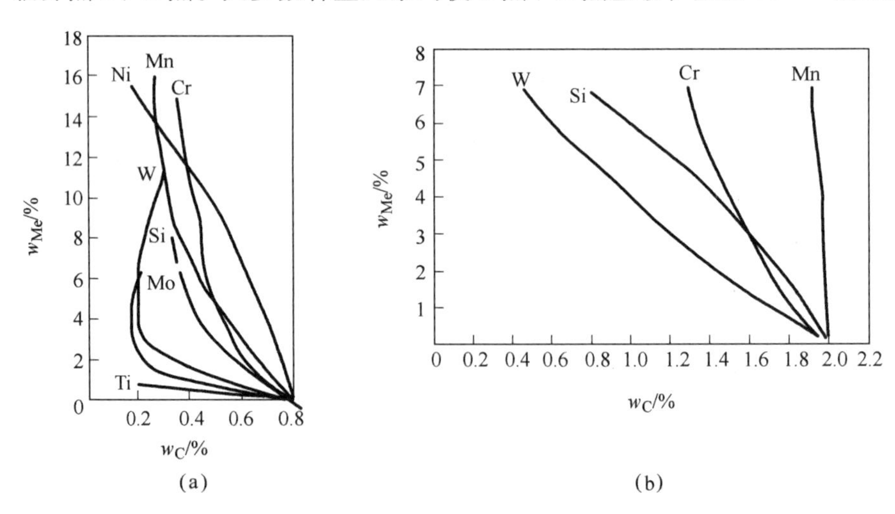

图 10－4 合金元素改变临界点 S、E 点的位置

（a）合金元素对 S 点含碳量的影响；（b）合金元素对 E 点含碳量的影响

S 点的左移，意味着降低了共析转变点的含碳量，在含碳量相同的情况下，可得到更多的珠光体组织。例如 $w_C=0.4\%$ 的碳钢为亚共析组织，当加入 14% Cr 后，由于 S 点的左移，使得该合金钢具有过共析钢的平衡组织。

E点的左移，使出现莱氏体的含碳量降低。例如 $w_C<2.11\%$ 的高速钢，在铸态组织中却出现合金莱氏体，这种钢也称为莱氏体钢。

大多数元素都降低共晶碳浓度（$w_C<4.3\%$），其中影响较强烈的是Si和P，由此可见，由于合金元素的影响，要判断合金钢的相组织，不能单纯地根据Fe-C相图，而应根据多元合金元素的影响及其相图来分析。

3. 合金元素对钢性能的影响

（1）对常温力学性能的影响。几乎所有合金元素都可或多或少地溶入铁素体中，形成合金铁素体，产生固溶强化，使铁素体的强度、硬度提高，但塑性、韧性下降。

钢的力学性能主要由钢中的铁基固溶体（奥氏体或铁素体）和碳化物两种成分各自的性能和两者的相对分布状况所决定。合金元素固溶在铁基固溶体中，将使固溶体的强度、硬度和冷变形硬化率提高，例如Si、Mn、Ni、Co、Mo、W等合金元素溶解于铁基固溶体内，便能起此作用，如图10-5（a）所示（注意：钢淬火后产生的马氏体结构组织的硬度，不论钢中是否有合金元素，即不论是非合金钢还是合金钢，其硬度主要由钢中的含碳量决定）。

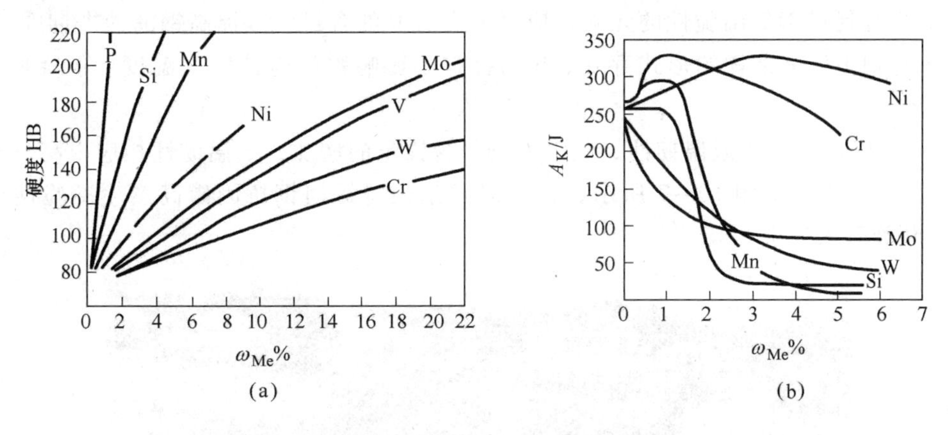

图10-5 不同合金元素含量对铁素体力学性能的影响

（a）固溶强化作用；（b）韧性变化

图10-5（b）所示为不同含量的合金元素溶解于铁素体后，钢产生的冲击韧性变化情况。由图中可以看到，硅、锰能显著地提高铁素体的强度和硬度，但当 $w_{Si}>0.6\%$，$w_{Mn}>1.5\%$ 时，降低了合金的韧性。而合金元素铬和镍含量适当控制，在强化铁素体的同时，可以提高其韧性。

（2）对高温力学性能的影响。随着温度升高，晶粒边界的强度会降低，由于晶界的缺陷多，原子扩散较晶内快，所以晶界强度下降比晶内快，当温度达到一定程度，钢的蠕变极限降低，影响零件的工作稳定性。因此为提高钢的高温蠕变温度，工程上需采用粗晶粒钢或加入硼以强化晶界等措施。

（3）对低温力学性能的影响。C、N、O、P、S、Ni等元素对钢在低温情况下的冲击能力或脆性有不同程度的影响。

1）C在钢中以碳化物出现，是造成钢的脆性的根源。

2）N 对钢脆性转变温度的影响如图 10－6 所示，随着含氮量的增加，材料的冲击韧性下降。

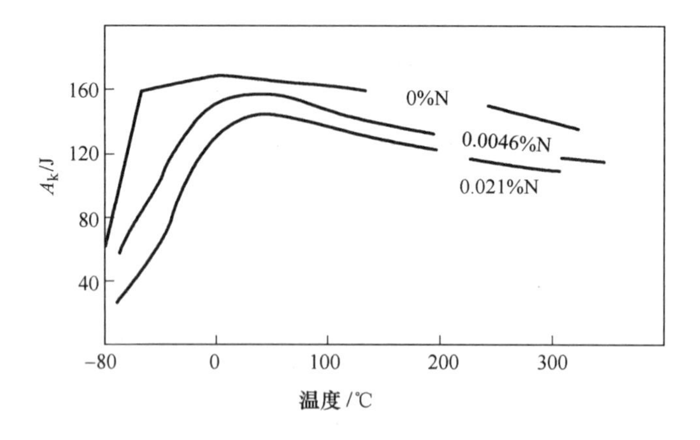

图 10－6　氮含量对钢脆性转变温度的影响

3）O 是造成钢中晶粒间脆化的元素，应尽量减少钢中的氧含量。

4）P 也是促进钢低温脆性的元素，应尽量降低 P 的含量，以提高钢的冲击韧度。

5）S 在钢中以夹杂物的形式存在，S 的存在不影响钢的脆性转变温度，但降低钢的冲击韧度。

6）Ni 可以提高钢的低温韧性，且随着钢中含镍量的增加，低温韧性相应提高。

冷脆现象的危害如图 10－7 所示，比利时阿尔伯特运河钢桥因磷高产生冷脆性于 1938 年冬发生断裂坠入河中。

图 10－7　冷脆现象的危害

（4）合金元素对抗腐蚀性能的影响。大气中，金属材料由于水和氧等的化学作用或电化学作用而引起的腐蚀，就称之为大气腐蚀。每年世界各国的金属腐蚀损失中，约有 50% 是因为大气腐蚀造成的。为了提高钢的抗大气腐蚀，最有效的合金元素是 Cu、P、Cr 等，这些元素提高了铁素体的电极电位或形成致密的钝化膜，从而提高了材料的耐腐蚀性。

（5）对钢焊接性能和切削性能的影响。

1）合金元素对钢的焊接性能影响。钢在一定焊接条件下，形成符合焊接接头使用要求的能力称为钢的焊接性。影响钢的焊接性因素是钢的化学成分和组织，当然也与焊接工艺因素和使用条件相关。

钢的化学成分是决定焊接性的主要因素，钢中碳含量越高，钢的焊接性就越差，钢中其他化学元素可以通过下面的碳当量计算公式，根据计算值来进行估计。国际焊接协会推荐的碳当量的计算公式为：

$$C_{eq} = w_C + \frac{w_{Mn}}{6} + \frac{w_{Ni} + w_{Cu}}{15} + \frac{w_{Cr} + w_{Mo} + w_V}{15}$$

碳当量越低，焊接性能越好。一般认为碳当量在0.35%以下，焊接性能最好。碳当量大于0.40%~0.50%，焊接就困难，母材需预热，焊后需热处理。在实际熔焊中，还不能忽视焊接材料对焊缝金属化学成分变化的影响。尤其不锈钢熔焊，不同化学成分的不锈钢（奥氏体、铁素体、马氏体和双相不锈钢）必须选择成分适宜的专用填充金属，以改善其焊接性。一般而言，凡能提高淬透性的合金元素对钢的焊接性都不利，因为在焊缝热影响区靠近熔合线一侧冷却时易形成马氏体等硬脆组织，有导致开裂的危险。此外，热影响区靠近熔合线处的晶粒因为受热容易粗化，因此适当加入具有细化晶粒作用的元素有益。硅含量高，焊接时会发生严重喷溅；硫含量高容易发生热裂；磷含量高容易导致冷裂。

2）合金元素对钢切削性能的影响。合金元素对钢的切削性能有明显影响。例如，在易切削钢中常用的合金元素有S、Mn、Ca、Te、Cu、Bi、P等，合金元素的作用主要是：

①形成夹杂物。改善钢的切削性。可形成硬度不高且有一定脆性的夹杂物，例如硫与锰、锆、稀土等形成硫化物；铅、钙形成低熔点金属夹杂物等。

②形成固溶体。磷、氮在提高钢固溶体强度的同时，降低其韧性，改善钢的可切削性。

③碳的影响。当钢中的碳含量小于0.15%时，钢的韧性高，车削易形成切屑瘤，钢的可切削性能就差。当碳含量超过一定值时，由于钢材的强度和硬度提高，使得切削性能降低。

4. 合金元素对热处理组织转变的影响

合金钢只有通过热处理才能充分发挥作用，在热处理过程中，合金元素对钢的加热和冷却时的组织转变有着重要的影响。

（1）合金元素对钢加热时转变的影响。

1）大多数合金元素（除Co、Ni外）减缓奥氏体化的过程。合金钢加热时，奥氏体的形成过程与碳钢相似，合金钢的奥氏体化过程主要取决于碳和合金元素的扩散及均匀化分布，由于合金碳化物的稳定性较高、合金元素本身的扩散速度远低于碳原子的扩散速度，因此，合金钢奥氏体的均匀化需要更高的加热温度和较长的保温时间。

2）合金元素（除Mn、P外）阻止奥氏体晶粒长大。合金钢中高度弥散分布的碳化物，能在晶界处阻碍晶界迁移，使得奥氏体晶粒长大困难，起到细化晶粒的作用，但随着加热温度的提高，这些碳化物质点逐渐溶解，阻碍作用就会消失。

（2）合金元素对过冷奥氏体转变的影响。

1）合金元素对过冷奥氏体等温转变的影响。过冷奥氏体向珠光体或贝氏体转变属于扩散型相变，由于合金元素（除Co外）溶入奥氏体后，降低了原子的扩散速度，使得过冷奥氏体的稳定性增加，C曲线右移，同时也影响了C曲线的形状，如图10-8（a）所示，非碳化物形成元素及弱碳化物形成元素，使 C 曲线右移，合金元素含量愈多，C 曲线右移就愈多；如图 10－8（b）所示，碳化物形成元素溶入奥氏体后，使 C 曲线的形状发生变化，出现了两个过冷奥氏体转变区，上部为珠光体转变区，下部为贝氏体转变区，在两转变区之间，过冷奥氏体具有较大的稳定性。

由于合金元素使 C 曲线右移，降低了钢的临界冷却速度，增大了钢的淬透性，因此，合金钢较碳钢的淬透性好。

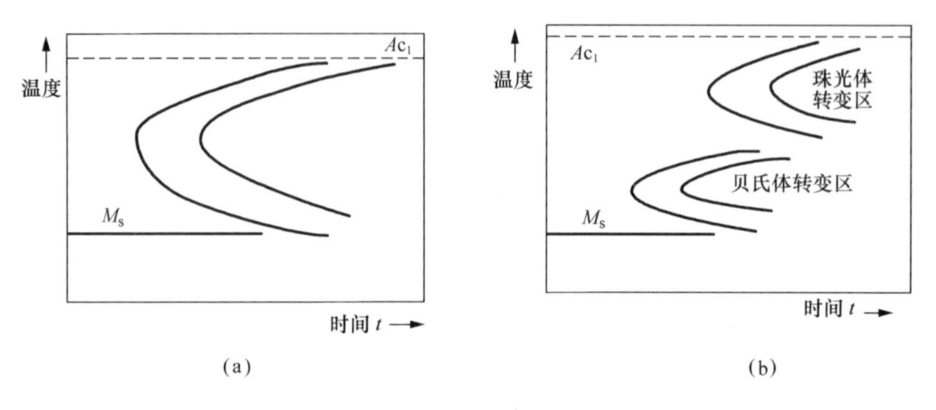

图 10－8　合金元素对 C 曲线的影响

（a）含非碳化物形成元素的钢；（b）含碳化物形成元素的钢

2）合金元素对过冷奥氏体向马氏体转变的影响。合金元素主要影响马氏体的转变温度和转变量，合金元素（除 Co、Al 外）溶入奥氏体后，使马氏体转变温度 M_s 和 M_f 点下降，如图 10－9 所示，而 M_s 点的降低，会使残余奥氏体的数量增加，如图 10－10 所示。

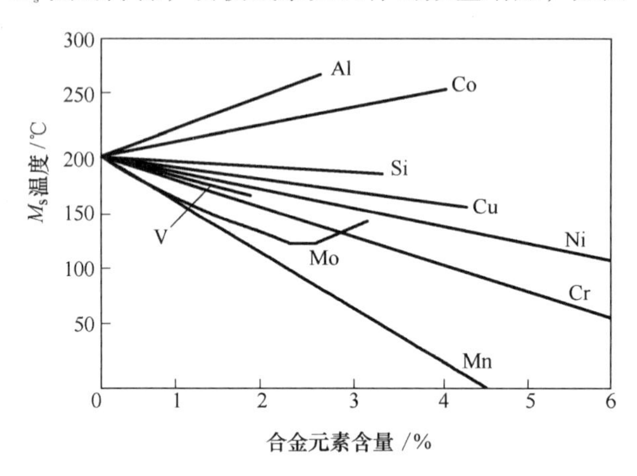

图 10－9　合金元素对 Ms 点的影响

一般合金钢淬火后，残余奥氏体量较碳钢多，淬火钢中的残余奥氏体量的多少，影响着钢的硬度和尺寸稳定性等方面。

（3）合金元素对淬火钢回火转变的影响。经过淬火后的钢材在回火的过程中，发生的转变都是扩散型的转变，合金元素对淬火钢回火的转变一般起到阻碍作用。

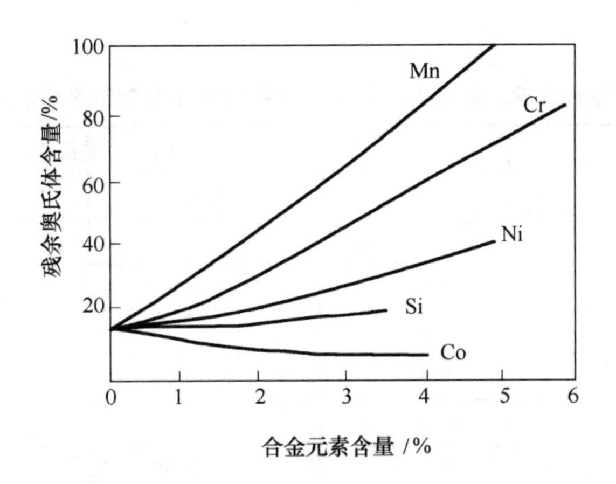

图10－10　合金元素对残余奥氏体量的影响

1）提高了淬火钢的回火稳定性。所谓回火稳定性是指淬火钢在回火时，抵抗硬度下降的能力，当淬火钢在回火过程中，其硬度下降少，则其回火稳定性就高，合金元素能不同程度地减小回火过程中硬度下降的趋势，即提高回火稳定性。

2）产生“二次硬化”现象。一般淬火钢回火时，随着温度的升高，硬度会下降，但有些合金钢在某一温度区间经一次或多次回火后，硬度反而升高，这种现象称为“二次硬化”现象。这种现象的产生是由于特殊碳化物的高度弥散地析出和残余奥氏体转变为马氏体或贝氏体（所谓的“二次淬火”）所致，生产中，利用二次硬化现象提高工具钢的红硬性（高温下保持高硬度的能力）具有特别重要的意义。

3）回火脆性。在某些合金钢中，尤其含有Cr、Ni、Mn等元素的钢材，在450 ℃～650 ℃范围回火后缓冷，容易出现第二类回火脆性，碳素钢一般不出现第二类回火脆性。

在生产中，为防止或减轻第二类回火脆性，通常采取以下方法：

①降低钢中的杂质元素量。

②加入适量的Mo和W来抑制杂质元素向晶界偏聚。

③加入能细化奥氏体晶粒的元素，如Nb、V、Ti等，增加晶界量。

④避免450 ℃～650 ℃范围回火后缓冷，若在此温度范围回火，则应快速冷却。

10.2　合金钢的分类及产品牌号表示

由于合金结构钢是在碳素结构钢中加入了合金元素，使合金钢的淬透性增加，因而提高了钢的综合力学性能。钢的应用较广，种类较多，因此根据钢材使用的某些特性和实际需要，就有不同的角度来划分其类别。

关于钢铁产品牌号的表示方法，我国现有两个推荐的国家标准，即GB/T 221—2008《钢铁产品牌号表示方法》和GB/T 17616—1998《钢铁及合金统一数字代号体系》，前者依然采用汉语拼音、化学元素符号及阿拉伯数字相结合的原则，后者要求凡列入国家标准和行业标准的钢铁产品，应同时列入产品牌号和统一数字代号，相互对照并列使用。

按GB/T 221—2008《钢铁产品牌号表示方法》，将钢分为非合金钢、低合金钢和合金钢，如表 10－1 所示。

表 10－1　非合金钢、低合金钢和合金钢中的部分合金元素规定含量界限值

序号	合金元素	规定含量界限值（质量分数/%）		
		非合金钢<	低合金钢	合金钢≥
1	Al	0.1	——	0.10
2	B	0.000 5	——	0.000 5
3	Bi	0.1	——	0.10
4	Cr	0.3	0.30～0.50	0.50
5	Co	0.10	——	0.10
6	Cu	0.10	0.10～0.50	0.50
7	Mn	1.00	1.00～1.40	1.40
8	Mo	0.05	0.05～0.10	0.10
9	Ni	0.30	0.30～0.50	0.50
10	Nb	0.02	0.02～0.06	0.06
11	Pb	0.40	——	0.04
12	Te	0.10	——	0.10
13	Si	0.50	0.50～0.09	0.90
14	Ti	0.05	0.05～0.13	0.13
15	W	0.10	——	0.10
16	V	0.04	0.04～0.12	0.12
17	Se	0.10	——	0.10
18	Zr	0.05	0.05～0.12	0.12
19	La 系（每一种元素）	0.02	0.02～0.05	0.05

注：(1) 表中“－”表示不规定，不作为划分依据。
(2) 除非合同要求，表中 Bi、Se 等和其他规定元素（S、P、C、N 等除外）的规定界限值可不予考虑。

10.2.1　钢产品分类

(1) 实际应用中，常按用途（表 10－2）或化学成分（表 10－3）进行分类。

表 10－2　按用途分类

分类方法	名称		说明
按用途分	结构钢	工程结构钢	简称建造用钢。它是指用于建筑、桥梁、船舶、锅炉或其他工程上制作金属结构件的钢。这类钢大多为低碳钢，为保证其焊接性能，含碳量不宜过高，一般都是在热轧供应状态或正火状态下使用，属于这一类型的钢主要有： (1) 普通碳素结构钢。这类钢按用途又分为：一般用途的普碳钢和专用普碳钢。 (2) 低合金钢。这类钢按用途又分为：低合金结构钢、耐腐蚀用钢、低温用钢、钢筋钢、钢轨钢、耐磨钢和特殊用途的专用钢

续表

分类方法	名称		说明
按用途分	结构钢	机械制造结构钢	指用于机械设备上作为结构零件的钢。这类钢基本上都是优质钢或高级优质钢，属于这一类型的钢主要有：优质碳素结构钢、合金结构钢、易切削结构钢、弹簧钢、轴承钢、调质结构钢、渗碳钢、冷塑成型用钢（如冷冲压钢）等
	工具钢		用于制造各种工具的钢。这类钢按其化学成分，通常分为：碳素工具钢、合金工具钢和高速钢。 这类钢按其用途，通常分为：刃具钢（或称刀具钢）、模具钢（包括冷作模具钢和热作模具钢）和量具钢
	特殊性能钢		用特殊方法生产，具有特殊物理、化学性能或力学性能的钢。属于这一类型的钢主要有：不锈耐酸钢、耐热钢、高电阻合金钢、低温用钢、耐磨钢、磁钢（包括硬磁钢和软磁钢）、抗磁钢和超高强度钢（指 $\sigma_b = 1\ 400$ MPa 的钢）

表 10－3　按化学成分分类

分类方法	名称	说明
按化学成分	碳素钢	含碳量 $w_C < 2\%$，并含有少量锰、硅、硫、磷和氧等杂质元素的铁碳合金。 按其含碳量的不同，可分为： （1）工业纯铁——含碳量 $w_C < 0.04\%$ 的铁碳合金。 （2）低碳钢——含碳量 $w_C \leqslant 0.25\%$ 的钢。 （3）中碳钢——含碳量 $0.25\% < w_C \leqslant 0.60\%$ 的钢。 （4）高碳钢——含碳量 $w_C > 0.60\%$ 的钢。 此外，按照钢的质量和用途的不同，碳素钢通常又分为：普通碳素结构钢、优质碳素结构钢和工具碳素钢三大类
	合金钢	在碳素钢的基础上，为了改善钢的性能，在冶炼时特意加入一些合金元素（如铬、镍、硅、锰、钼、钨、钒、钛、硼等）而炼成的钢。 按其合金元素的总含量，可分为： （1）低合金钢——这类钢的合金元素总质量分数≤5% （2）中合金钢——这类钢的合金元素总质量分数为 5%～10%。 （3）高合金钢——这类钢的合金元素总质量分数 >10%。

（2）按质量等级分。碳素钢中常见的杂质元素有锰、硅、硫、磷、氧、氮、氢等，它们的含量一般控制在下列范围：w_{Mn}：0.25%～0.8%、w_{Si}：0.17%～0.37%、$W_S < 0.065\%$、$w_P < 0.045\%$；而合金钢中常见的杂质元素有锰、硅、铬、镍、铜、钼、钨、硫、磷、氧、氮、氢等。它们的含量一般控制在下列范围：$w_{Mn} \leqslant 0.5\%$、$w_{Si} \leqslant 0.4\%$、$w_{Cr} \leqslant 0.3\%$、$w_{Ni} \leqslant 0.3\%$、$w_{Cu} \leqslant 0.3\%$、$w_{Mo} \leqslant 0.1\%$、$w_W \leqslant 0.2\%$、$w_P \leqslant 0.025 \sim 0.04\%$、$w_S \leqslant 0.015\% \sim 0.05\%$。这样，同一合金元素既可能为杂质，又可能作为添加的合金元素，若属于前者，则影响钢的质量；若属于后者，则决定钢的组织与性能。

合金钢可以定义为在化学成分上特别添加合金元素用以保证一定的生产和加工工艺以及所要求的组织与性能的铁合金。若干合金元素（如 V、Nb、Ti、Zr、B）当其含量在 0.1%（$w_B = 0.001\%$）时，可显著地影响钢的组织与性能，这类钢则称为微合金化钢。

按钢的质量等级（主要根据硫、磷质量分数）来划分：

1）普通钢　$w_S \leqslant 0.055\%$，$w_P \leqslant 0.045\%$。

2）优质钢　$w_S \leqslant 0.040\%$，$w_P \leqslant 0.040\%$。

3）高级优质钢　$w_S \leqslant 0.030\%$，$w_P \leqslant 0.035\%$。

4）特级优质钢　$w_S \leqslant 0.025\%$，$w_P \leqslant 0.030\%$。

（3）钢铁产品的牌号表示。

1）根据 GB/T 221—2008《钢铁产品牌号表示方法》的规定，我国对钢铁产品的牌号采用汉语拼音、化学元素符号以及阿拉伯数字相结合的原则表示。见表 10－4、表 10－5。

表 10－4　中国钢铁牌号所采用的缩写字母及其含义（本表列出了大部分）

字母	牌号中的位置	含义	缩写字母来源		字母	牌号中的位置	含义	缩写字母来源	
			汉字	拼音				汉字	拼音
A	尾	质量等级符号	——	——	g	尾	锅炉用钢	锅	Guo
B	尾	质量等级符号	——		gC	尾	多层或高压容器用钢	高层	Gao Ceng
b	尾	半镇静钢	半	Ban	H	头	焊接用钢	焊	Han
						尾	保证淬透性钢	——	——
C	尾	质量等级符号	——	——	HP	尾	焊接气瓶用钢	焊瓶	Han Ping
D	尾	质量等级符号	——	——	HT	头	灰铸铁	灰铁	Hui Tie
d	尾	低淬透性钢	低	Di	J	中	精密合金	精	Jing
DR	头	电工用热轧硅钢	电热	Dian Re	JZ	头	机车车轴用钢	机轴	Ji Zhou
DT	头	电磁纯铁	电铁	Dian Tie	K	头	铸造高温合金	——	——
DZ	头	地质钻探管用钢	地质	Di Zhi		尾	矿用钢	矿	Kuang
E	尾	质量等级符号	——	——	KT	头	可锻铸铁	可铁	Ke Tie
F	头	热锻用非调质钢	非	Fei	L	尾	汽车大梁用钢	梁	Liang
	尾	沸腾钢	沸	Fei		头	炼钢用生铁	炼	Lian
G	头	滚动轴承钢	滚	Gun	ML	头	铆螺钢（冷镦钢）	铆螺	Mao Luo

续表

字母	牌号中的位置	含义	缩写字母来源		字母	牌号中的位置	含义	缩写字母来源	
			汉字	拼音				汉字	拼音
GH	头	变形高温合金	高合	Gao He	NH	尾	耐候钢	耐候	Nai Hou
Q	头	屈服点	屈	Qu	NM	头	耐磨生铁	耐磨	Nai Mo
	中	电工用冷轧取向硅钢	取	Qu	NS	头	耐蚀合金	耐蚀	Nai Shi
	头	球墨铸铁用生铁	球	Qu	SM	头	塑料模具钢	塑模	Su Mo
q	尾	桥梁用钢	桥	Qiao	T	头	碳素工具钢	碳	Tan
QT	头	球墨铸铁	球铁	Qiu tie	U	头	钢轨钢	轨	Gui
R	尾	压力容器	容	Rong	W	中	电工用冷轧无取向硅钢片	无	Wu
Y	头	易切削钢	易	Yi	ZG	头	铸钢	铸钢	Zhu Gang

表 10－5 常用钢铁产品的牌号表示方法

产品名称		牌号举例	牌号表示方法说明
1. 生铁	铸造用生铁	Z14、Z30	Z14：14 表示含硅量（质量分数）的千分数；Z 表示铸造用，L表示炼钢用，Q表示球铁用
	铸钢用生铁	L04、L10	
	球墨铸铁用生铁	Q10、Q16	
2. 铸铁	灰铸铁	HT100	以抗拉强度（MPa）表示
	蠕墨铸铁	RuT380	以抗拉强度（MPa）表示
	球墨铸铁	QT400－18	以抗拉强度（MPa）和伸长率（%）组合表示
	可锻铸铁	KTH350－04	以抗拉强度（MPa）和伸长率（%）组合表示
	耐磨铸铁	MTCuMo－175	以抗拉强度（MPa）和化学成分组合表示
	抗磨白口铁	KmTBCr9Ni5	以化学成分表示
	耐热铸铁	RTCr2	以化学成分（%）表示
3. 铸钢	一般工程用铸造碳钢件	ZG200－400	前缀“ZG”＋两组力学性能值
	焊接结构用碳素钢铸件	ZG200－400H	“H”表示焊接
	高锰钢铸件	ZGMn13－2	以合金化学成分平均表示（%），后缀数字 2 表示品种代号
	大型低合金钢铸件	ZG35CrMnSi	数字 35 表示含碳量（质量分数）的万分数
4. 碳素结构钢	普通碳素结构钢	Q195F、Q275	“Q”后面的数字表示屈服强度（MPa），后面可标质量等级符号和脱氧方法

续表

产品名称		牌号举例	牌号表示方法说明
4. 碳素结构钢	优质碳素结构钢	45、40Mn、65	两位数字表示平均含碳量（质量分数）的万分数，Mn 含量较高的优质碳素结构钢应标出“Mn”。
5. 低合金高强度结构钢	低合金高强度结构钢	Q295 Q345A Q390B Q420C Q460E	与普通碳素结构钢的表示相同
6. 碳素工具钢	普通含 Mn 量 较高含 Mn 量	T8 T12Mn	“T”后面的数字表示平均含碳量（质量分数）的千分数
7. 易切削钢	普通含锰量 加铅或加钙	Y12、Y30 Y12Pb、Y45Ca	（1）牌号冠以“Y”，后面的数字表示含碳量的万分数，含锰量较高者，要标出 Mn。 （2）加铅或钙，应在后缀分别标出
8. 合金结构钢	合金结构钢	25Cr2MoVA 30CrMnSi	（1）前面的两位数字表示钢的平均含碳量（质量分数）的万分数。 （2）钢中的主要合金元素的含量（质量分数）一般以百分数表示，当元素平均质量分数 <1.5%，牌号中只标出元素符号，不标明含量；合金元素的平均含量相等时，在元素后应标其取整的含量 2、3、4 等。 （3）高级优质钢应在牌号后缀加注“A”
9. 非调质机械结构钢	非调质结构钢	YF35V F45V	（1）牌号冠以“F”表示热锻用非调质结构钢；冠以“YF”表示易切削非调质结构钢。 （2）字母后面的数字与合金结构钢相同，如 YF35V，平均含碳质量分数为 0.35%，含钒量为 0.06%～0.13%
10. 弹簧钢	弹簧钢	50CrVA 55Si2Mn	（1）碳素弹簧钢牌号基本与优质碳素结构钢相同。 （2）合金弹簧钢基本与合金结构钢相同
11. 轴承钢	高碳铬轴承钢 渗碳轴承钢 高温轴承钢	GCr15 G20CrMo 10Cr14Mo4	（1）高碳铬轴承钢：牌号前冠以“G”，含碳量不标出，Cr 后面数字表示含铬量的千分数。 （2）渗碳轴承钢，牌号基本上和合金结构钢牌号相同，牌号前仍冠以“G” （3）高温轴承钢前不加“G”。
12. 合金工具钢	合金工具钢	CrWMn 4CrW2Si 9Mn2V Cr06	（1）合金工具钢的平均含碳量 $w_C \geq 1.0\%$ 时，不标出含碳量；当平均含碳量 $w_C < 1.0\%$ 时，一位数字标出含碳量的千分数。 （2）钢中合金元素含量的表示方法基本与合金结构钢相同，但对含铬量较低的合金工具钢，其含铬量以Ξ10 表示，并在数字前加“0”，以区别于其他按百分数表示的方法，如 Cr06 表示含约 0.6% Cr

续表

产品名称		牌号举例	牌号表示方法说明
13. 塑料模具用扁钢	塑料模具用钢	SM3Cr12Mo SM45 SM4Cr13	塑料模具用扁钢牌号冠以“SM”，字母后面的数字表示含义与合金工具钢及优质碳素结构钢相同
14. 高速工具钢钢板	高速工具钢	W18Cr4V W12Cr4V5Co5	一般不标出含碳量，只标出合金元素的平均含量的百分数
15. 不锈钢与耐热钢	不锈钢与耐热钢	2Cr13 03Cr19Ni11 11Cr17	（1）钢中合金元素后的数字表示平均含量的百分数。 （2）一般最前面的一位数字表示该钢材平均含碳量的千分数，当含碳量，w_C 上限≤0.01%以“0”表示。当含碳量 w_C 上限≤0.03%，>0.01%以“03”表示超低碳
16. 高温合金	高温合金	GH1040 GH1140 GH2302 GH3044 K213 K403 K417	（1）变形高温合金的牌号采用字母“GH”加4位数字组成： 第一位数字表示分类号。其中：1——固溶强化型铁基合金；2——时效硬化型铁基合金；3——固溶强化型镍基合金；4——时效硬化型镍基合金。第2~4位数字表示合金的编号。 （2）铸造高温合金的牌号采用字母“K”加3位数字组成： 第一位数字表示分类号，其含义同上；第二、三位数字表示合金的编号
17. 耐蚀合金	耐蚀合金	NS312 NS411 HNS112 ZNS113	（1）耐蚀合金牌号采用前缀字母加3位数字组成： NS表示变形耐蚀合金，例如NS312；HNS表示焊接用耐蚀合金，例如HNS112；ZNS表示铸造耐蚀合金，例如ZNS113。 （2）牌号前缀字母后的3位数字中，第一位数字——分类号，与变形高温合金相同；第二位数字——合金系列（其中，1——NiCr系合金；2——NiMo系合金；3——NiCrMo系合金；4——NiCrMoCu系合金；第3位数字为合金序号）
18. 精密合金	精密合金	1J16 2J52 3J63 4J28	（1）字母“J”与其前面的数字表示精密合金的类别： 1J——软磁合金；2J——变形永磁合金；3J——弹性合金；4J——膨胀合金；5J——热双金属；6J——精密电阻合金。 （2）字母“J”后数字表示合金牌号的序号（热双金属除外）

10.2.2 钢铁及合金统一数字代号体系牌号简介

根据钢铁产品信息交流、统计、物资管理和标准化等部门和单位要求，我国参考国外

ASTM E527—1995 和 ISO/T7003 等标准，结合本国使用特点，制定了 GB/T 17616—1998《钢铁及合金统一数字代号体系》的国家标准。它的优点就是简化了上面符号的繁杂，便于现代数据处理、检索、存储。该标准与 GB/T 221—2008《钢铁产品牌号表示方法》同时使用，均有效。统一数字代号的结构形式如下：

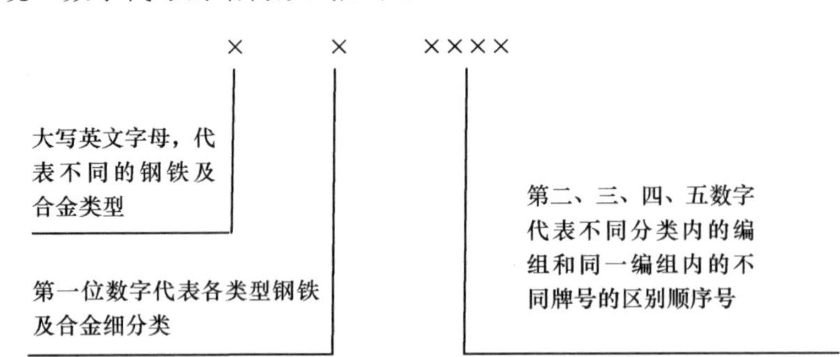

统一数字代号由固定的 6 个符号组成，如上述所示，每一个统一数字代号只适用一个产品牌号；反之，每一个产品牌号只对应于一个统一数字代号。当产品牌号取消后，一般情况下，原对应的统一数字代号不再分配给另一个产品牌号，表 10－6 为钢铁及合金的类型与统一数字代号。各类型钢铁及合金的细分类及主要编组、牌号统一数字代码见表 10－7 ~ 表 10－11（只列出部分）。

表 10－6　钢铁及合金的类型与统一数字代号（部分）

钢铁及合金类型	英文名称	前缀字母	统一数字代号
合金结构钢	Alloy structural steel	A	A×××××
轴承钢	Bearing steel	B	B×××××
铸铁、铸钢及铸造合金	Cast iron, cast steel and cast alloy	C	C×××××
电工用钢和纯铁	Electrical steel and iron	E	E×××××
铁合金和生铁	Ferro alloy and pig iron	F	F×××××
高温合金和耐蚀合金	Heat resisting and corrosion resisting alloy	H	H×××××
精密合金及其他特殊无力性能材料	Precision alloy and other special physical character materials	J	J×××××
低合金钢	Low alloy steel	L	L×××××
粉末及粉末材料	Powders and powder materials	P	P×××××
不锈、耐蚀和耐热钢	Stainless, corrosion resisting and heat resisting steel	S	S×××××
工具钢	Tool steel	T	T×××××
非合金钢	Unalloy steel	U	U×××××
焊接用钢及合金	Steel and alloy for welding	W	W×××××

表 10-7 合金结构钢细分类与统一数字代号

统一数字代号	合金结构钢细分类
A0××××	Mn（X）、MnMo（X）系
A1××××	SiMn（X）、SiMnMo（X）系
A2××××	Cr（X）、CrSi（X）、CrMn（X）、CrV（X）、CrMnSi 系
A3××××	CrMo（X）、CrMoV（X）系
A4××××	CrNi（X）系
A5××××	CrNiMo（X）、CrNiW（X）系
A6××××	Ni（X）、NiMo（X）、NiCrMo（X）、Mo（X）、MoWV（X）系
A7××××	B（X）、MnB（X）、SiMnB（X）系
A8××××	（暂空）
A9××××	其他合金结构钢

表 10-8 轴承钢细分类与统一数字代号

统一数字代号	轴承钢细分类
B0××××	高碳铬轴承钢
B1××××	渗碳轴承钢
B2××××	高温、不锈轴承钢
B3××××	无磁轴承钢
B4××××	石墨轴承钢
B5××××	（暂空）
B6××××	（暂空）
B7××××	（暂空）
B8××××	（暂空）
B9××××	（暂空）

表 10-9 铸铁、铸钢及铸造合金细分类与统一数字代号

统一数字代号	铸钢及铸造合金细分类
C0××××	铸铁（包括灰口铸铁、球墨铸铁、可锻铸铁等）
C1××××	（暂空）
C2××××	非合金铸钢
C3××××	低合金铸钢
C4××××	合金铸钢（不锈耐热铸钢、铸造永磁钢除外）
C5××××	不锈耐热铸钢
C6××××	铸造永磁钢和合金
C7××××	铸造高温合金和耐蚀合金
C8××××	（暂空）
C9××××	（暂空）

表 10－10　低合金钢细分类与统一数字代号

统一数字代号	低合金钢细分类
L0××××	低合金一般结构钢（表示强度特性值的钢）
L1××××	低合金专用结构钢（表示强度特性值的钢）
L2××××	低合金专用结构钢（表示成分特性值的钢）
L3××××	低合金钢筋钢（表示强度特性值的钢）
L4××××	低合金钢筋钢（表示成分特性值的钢）
L5××××	低合金耐候钢
L6××××	低合金铁道专用钢
L7××××	（暂空）
L8××××	（暂空）
L9××××	其他低合金钢

表 10－11　工具钢细分类与统一数字代号

统一数字代号	工具钢细分类
T0××××	非合金工具钢（包括一般非合金工具钢、含锰非合金工具钢）
T1××××	非合金工具钢（包括一般非合金塑料模具钢等）
T2××××	合金工具钢（包括冷作、热作模具钢、合金塑料模具钢等）
T3××××	合金工具钢（包括量具、刃具钢）
T4××××	合金工具钢（包括耐冲击工具钢等）
T5××××	高速工具钢（包括 W 系高速工具钢）
T6××××	高速工具钢（包括 W－Mo 系高速工具钢）
T7××××	高速工具钢（包括 Co 系高速工具钢）
T8××××	（暂空）
T9××××	（暂空）

10.3　合金结构钢

合金结构钢，由于在碳素结构钢中加入了合金元素，增加了钢的淬透性，采用更高的回火温度来消除淬火内应力并提高结构钢的塑性，从而提高合金结构钢的综合力学性能。

合金结构钢的特点是：由于合金元素的作用，合金结构钢通过不同方式的热处理之后，可得到比碳素结构钢更优良的力学性能，从而满足机械零件对钢材的高性能要求。含有不同合金元素或合金元素所占质量分数不同的合金钢，适合采用不同的热处理方法。因而将合金结构钢分为：调质钢、非调质钢、渗碳钢、渗氮钢等。

10.3.1 调质钢

合金调质钢适用于制造承受复杂载荷和应力、要求高强度和韧性综合力学性能良好的零件，如各种重要齿轮、发动机曲轴、连杆等。调质钢一般指经调质处理（淬火+高温回火）后使用的结构钢。淬火得到的马氏体组织经高温回火后，得到在α相基体上分布有极细小的颗粒状碳化物的回火屈氏体或回火索氏体组织。

大多数调质钢属于中碳钢，合金结构钢所含合金元素的种类及含量多少均影响其调质后的力学性能、工艺性能等各项性能。调质合金结构钢的性能可用钢的淬透性来表示。淬火后的硬化层深度越深，其力学性能得到改善提高的钢层越深。如果钢件从表面到中心层均被淬硬，则回火后钢整体都得到调质处理，整体的力学性能（特别是屈服强度和冲击韧度）便得到最大程度的提高，淬透性是衡量合金结构调质钢热处理工艺性能高低的指标。注意淬透性与淬硬性概念不同，淬硬性是钢在正常淬火条件下所能获得的最高硬度，淬硬性主要与钢中的含碳量有关，而与合金元素基本无关。

在实际生产中要根据具体使用要求来选择。例如，受高负荷的冲击载荷条件下工作的零件，其设备就要求其有高强度和高韧性，即要有优良的综合机械性能，因此钢的淬透性一定要好；而对于截面受力不均的零件，如机床主轴、汽车半轴、变速箱花键轴等承受弯曲和扭转应力，只要求受力较大处（一般是零件的表面处）有较好的性能，其他部位可放宽些，就不一定要求全部淬透。

1. 化学成分

（1）碳含量。一般调质钢的含碳量为0.25%～0.50%，含碳量过低，则淬火和回火后强度不够；含碳量过高，则韧性不足。一般是碳钢偏于上限，而合金钢则偏于下限，这样可保证零件要求的综合机械性能。

（2）合金元素。钢中的合金元素总量（质量分数）不大，一般不超过3%～7%，属于中低合金钢范畴。常加入的合金元素有Cr、Ni、Mn、Si、B、W、V、Ti及稀土等，其中Cr、Ni、Mn、Si等元素的加入量较大，常称为主加元素；还有些元素W、Mo的加入是为了抑制回火脆性，加入元素V、Ti、Nb等则为了细化奥氏体晶粒，它们的加入量少，因而称为辅加元素。

2. 热处理特点

（1）预备热处理。预备热处理的目的是改善零件的切削加工性能，合金调质钢零件的预备热处理是退火或正火，一般均采用正火，如果碳及合金元素含量高，需退火。

（2）最终热处理。零件粗加工后进行调质处理，淬火采用油淬，若淬透性较高，可在空气中淬火达到要求，然后在500℃～650℃回火，为防止第二类回火脆性，回火后快速冷却，调质处理后组织为回火索氏体，对于局部表面有硬度要求的部分，可感应淬火和低温回火或渗氮处理，以提高耐磨性。

3. 常用调质合金结构钢的分类

常用调质合金结构钢按其淬透性和强度可分为四种，见表10－12。

表 10－12　常用淬透性调质钢的化学成分、热处理工艺及力学性能

等级	钢号	化学成分（质量分数/%）								热处理		力学性能≥				应用举例
		C	Si	Mn	Cr	Ni	Mo	V	B	淬火/℃	回火/℃	σ_b/MPa	σ_s/MPa	δ_5/%	A_k/(J·cm^{-2})	
低淬透性	30Mn2	0. 27～0. 34	0. 17～0. 37	1. 40～1. 80	≤0. 30	≤0. 30				850 水	520	956	819	17. 5	137	制造汽车拖拉机的车架纵梁，变速箱齿轮及轴，焊接性差
	40B	0. 37～0. 44	0. 17～0. 37	0. 60～0. 90	≤0. 30	≤0. 30			0. 001～0. 003 5	850 水	500	965	853	16. 3	131	小尺寸零件，如拉杆、轴、凸轮等，焊接性差
中等淬透性	35SiMn	0. 32～0. 40	1. 10～1. 40	1. 10～1. 40	≤0. 30	≤0. 30				900 水	570	882	735	15	59	制造中速、中等负载或高负荷但冲击不大的零件，如齿轮、传动轴、心轴、螺杆、飞轮等锻件，也可用于低于 400 ℃以下的重要紧固件，焊接性差
	45Mn2	0. 42～0. 49	0. 17～0. 37	1. 40～1. 80	≤0. 30	≤0. 30				860 油	550	1 030	907	15	98	一般制造较高工作应力及易磨损部位的零件，如汽车的万向节头轴、车轮轴、蜗杆、齿轮等，焊接性差
	45Cr	0. 42～0. 49	0. 20～0. 40	0. 50～0. 80	0. 80～1. 10	≤0. 35				850 油	545	1 120	985	14. 5	86. 2	多用于制作需表面淬火的轴和齿轮等零件。可加工性能好

续表

等级	钢号	化学成分（质量分数/%）								热处理		力学性能≥				应用举例
		C	Si	Mn	Cr	Ni	Mo	V	B	淬火/℃	回火/℃	σ_b/MPa	σ_s/MPa	δ_5/%	A_k/(J·cm^{-2})	
较高淬透性	30CrNi3	0.27～0.33	0.17～0.37	0.30～0.60	0.60～0.9	2.75～3.15				840油	600	882.6	784.6	22.5	152	多用于制作尺寸较大的曲轴、齿轮、连杆等，焊接性不好
	42CrMo	0.38～0.45	0.17～0.37	0.50～0.80	0.90～1.20	≤0.30	0.15～0.25			860油	580	1 100	1 080	14.1	98	多用于制作尺寸较大的轴、齿轮、连杆，还可制作弹簧等，低温冲击韧度好
	45CrNiMoVA	0.42～0.49	0.17～0.37	0.50～0.80	0.80～1.10	1.30～1.80	0.20～0.30	0.10～0.20		860油	350	1 855	1 660	8.7	34.3	多用于制造动载荷下工作的零件，如汽车的弹性轴、扭力轴等
高淬透性	30CrMnSiNi2A	0.26～0.33	0.90～1.20	1.00～1.30	0.90～1.20	1.40～1.80				900油	290	1 728	1 629	12.3	96	适用于制造高强度的连接件和轴类零件
	40CrMnMo	0.37～0.45	0.17～0.37	0.90～1.20	0.90～1.20		0.15～0.25			860油	600	1 090	972	16.1	132.3	多用于制造大截面尺寸的重负载齿轮、齿轮轴等零件
	40CrNiMoA	0.37～0.44	0.17～0.37	0.50～0.80	0.60～0.90	1.25～1.65	0.15～0.25			860油	600	1 140	1 090	15.0	112.8	多用于制造截面尺寸较大的曲轴、轴、连杆等受力复杂的零件

1）低淬透性调质钢。这种钢在水中淬火的淬透临界直径为 10 ~30 mm，调质后的抗拉强度为 635 ~785 MPa，屈服强度为 345 ~590 MPa，冲击吸收功 A_{KV} = 39 ~ 63 J。主要用于制造小截面尺寸的机械零件，如 30Mn2、40B。

2）中等淬透性调质钢。这种钢在油中淬火的淬透临界直径为 25 ~ 45 mm，调质后的抗拉强度为 785 ~ 980 MPa，屈服强度为 590 ~ 785 MPa，冲击吸收功为 A_{KV} = 47 ~ 71 J。主要用于制造中等截面尺寸的机械零件，如 45Mn2、35SiMn、45Cr。

3）较高淬透性调质钢。这种钢在油中淬火的淬透临界直径为 45 ~ 75 mm，调质后的抗拉强度为 885 ~ 1 080 MPa，屈服强度为 685 ~ 885 MPa，冲击吸收功 A_{KV} = 39 ~ 63 J。主要用于制造较大截面尺寸的机械零件，如 40CrNi、40CrMnTi、35CrMo。

4）高淬透性调质钢这种钢。在油中淬火的淬透临界直径为 75 mm 以上，调质后的抗拉强度为 980 ~ 1 180 MPa，屈服强度为 785 ~ 980 MPa，冲击吸收功 A_{KV} = 47 ~ 94 J。它主要用于制造大截面尺寸、受重载的机械零件，如 35CrNi3、40CrNiMo、18Cr2Ni4W 等。

例 10 - 1，如图 10 - 11 所示发动机中的连杆螺栓是一个重要的零件，在工作时它承受冲击性的、周期变化的应力。在发动机运转中，连杆螺栓如果断裂，就会引起严重事故，因此要求它应具有足够的强度、冲击韧性和抗疲劳性能。为了满足上述综合力学性能的要求，确定选择 40Cr 钢作为讨论此连杆螺栓的热处理工艺。

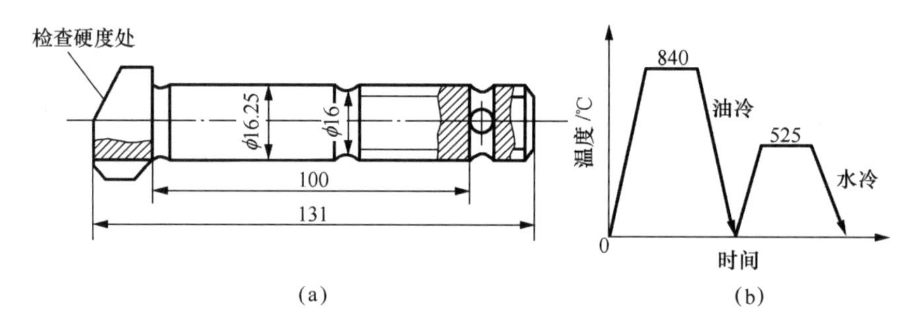

图 10 - 11　连杆螺栓及其热处理工艺

若采用 40、45 钢，经调质处理后，其力学性能不高，只适用于小尺寸载荷较小的零件，故本零件用合金调质钢制造，选择 40Cr 作为连杆螺栓，生产工艺路线如下：

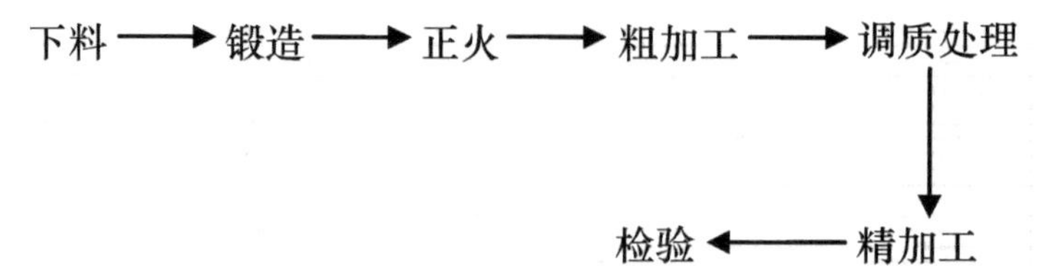

分析：由于重要连杆必须进行调质处理，加工前采用正火作为预先热处理，其主要目的是为了改善锻造组织，细化晶粒，有利于切削加工，并为随后的最终热处理——调质热处理做好组织准备，当要求零件表面有很好的耐磨性时，可在调质处理后进行表面淬火或化学热处理，此外，为满足零件高硬度的要求，还可淬火后进行低温回火处理。

解：

调质热处理 { 淬火：加热温度（840 ± 10）℃，油冷，获得马氏体组织。
回火：加热温度（525 ± 25）℃，保温 1 ~ 2 h 后水冷（防止第二类回火脆性）。

经调质处理后金相组织应为回火索氏体，不允许有块状铁素体出现，否则会降低连杆的强度和韧性，其硬度大约为 30 ~ 38 HRC。

10.3.2 非调质钢

非调质钢是非调质中碳合金结构钢的简称。非调质钢是自 20 世纪 80 年代以来研制和开发的节能型新钢种，以代替需要经调质处理的合金结构钢。这种钢是利用微量合金元素（V、Ti、Nb、N 等）在中碳钢中，通过控温轧制、冷却，产生强化相质点和细化晶粒，改善和提高钢的综合力学性能，同时其加工性比调质后的结构钢好。见表 10 - 13。

按 GB/T 15712—2008《非调质机械结构钢》的规定，将非调质钢分为两类：

（1）切削加工用非调质钢：包括 YF35V、YF40V、YF45V、YF35MnV、YF40MnV、YF45MnV 等。

（2）热压加工用非调质钢：包括 F45V、F35MnVN、F40MnV 等。

常用的非调质钢有：

1）YF35V：为 590 MPa（最低 σ_b）级的易切削非调质钢，主要用于代替 35、40 及 35Mn、40Mn 等优质碳素结构钢，省去了调质处理的工序。用于制造空压机连杆及其他零件等。

2）YF45V：为 685 MPa（最低 σ_b）级的易切削非调质钢，主要用于代替 45、45Mn、50 及 50 Mn 等优质碳素结构钢，省去了调质处理的工序。用于制造各类机械零件等。

3）F45V：为 685 MPa（最低 σ_b）级的热锻用非调质钢，主要用于代替调质状态下的 45 钢，也可代替 45Mn、50 及 50Mn 等优质碳素结构钢。用于制造各类机械零件等。

4）F40MnV：为 785 MPa（最低 σ_b）级的热锻用非调质钢，主要用于代替调质状态下的 45、50、55、40Cr 及 40MnB 等结构钢。用于制造汽车、机床等的连杆、传动轴的万向联轴器零件、变速器传动轴等零件。

10.3.3 易削钢

随着现代化工业向自动化、高速化和精密化的加工方向发展，为适应大批量生产，要求钢材具有良好的切削加工性能。因此，需要容易切削的钢材，便于自动切削机床加工。易切削钢含碳量为 0.08% ~ 0.50%，含锰量为 0.60% ~ 1.55%，为在切削加工时切屑易断，就在钢中加入一些使钢变脆的元素：S（含量小于 0.33%）、Pb 和 Ca 等。

对于用量较大和不重要的零件。例如，在自动机床上常加工的零件，如螺钉、螺帽等标准件。在钢中加入的元素 S、Pb、Ca 和 P 等。部分易切削钢的种类、性能和用途见表 10 - 14。

表 10－13　非调质结构钢的牌号、成分和性能（部分）

钢号	化学成分（质量分数,%）						力学性能≥					应用举例
	C	Si	Mn	P	S	V	σ_b /MPa	σ_s /MPa	δ /%	A_k/ (J·cm^{-2})	HBW	
F45V	0.42～0.49	0.20～0.40	0.60～1.00	≤0.035	≤0.035	0.06～0.13	≥685	≥440	≥15	≥32	≤257	属于685 MPa级热锻用非调质钢，主要用于替代调质状态下使用的45、45Mn、50钢，制作机械零件
F40MnV	0.37～0.44	0.20～0.40	1.00～1.50	≤0.035	≤0.035	0.06～0.13	≥785	≥490	≥15	≥36	≥275	属于785 MPa级热锻用非调质钢，主要用于替代调质状态下使用的45、50、55、40Cr钢，制造汽车、机床等的连杆、传动轴的万向联轴器、离合器轴等零件
YF35V	0.32～0.39	0.20～0.40	0.60～1.00	≤0.035	≤0.035～0.075	0.06～0.13	≥590	≥390	≥18	≥47	≤229	属于590 MPa级易切削非调质钢，主要用于替代调质状态下使用的35、40、35Mn、40Mn钢，制造空压机连杆及其他零件
YF45V	0.42～0.49	0.20～0.40	0.60～1.00	≤0.040	≤0.035～0.075	0.06～0.13	≥685	≥440	≥17	≥35	257	属于685 MPa级易切削非调质钢，主要用于替代调质状态下使用的45、45Mn、50、55钢，制造各类机械零件
YF40MnV	0.37～0.44	0.30～0.60	1.00～1.50	≤0.040	≤0.035～0.075	0.06～0.13	≥785	≥490	≥15	≥32	275	属于785 MPa级易切削非调质钢，主要用于替代调质状态下使用的45、40Cr、50、55、40Mn钢，制造各类机械零件

表 10-14 部分易切削钢的种类、性能和用途

类别	主要用途	主要加入元素	力学性能	可加工性能	切削后表面粗糙度
			与基础钢相比较		
硫易切钢	自动车床切削的小型零件，如汽车上的紧固件、标准件（螺母、螺钉、销等）。如 Y12、Y15、Y40Mn	S：0.07% ~0.35% 当 $w_C \leqslant 0.16\%$ 时，可加入 P（0.07% ~0.12%）	不同方位及纵、横向的性能差别较大，横向韧、塑性较差，疲劳及耐蚀性能均有所降低	比基础钢好，有高温脆性和低温脆性	低于基础钢
铅易切钢	精密仪器仪表、钟表、缝纫机等的零件、轴、销、连接件等，以及机电产品零件。如 Y15Pb	Pb：0.10% ~0.35% 在硫铅复合易切钢中：Pb：0.10% ~0.35% S：0.10% ~0.30%	室温力学性能与基础钢相似，但温度超过 300 ℃时，性能劣化	优于基础钢，低碳硫铅复合易切钢更优于同类硫易切钢	低于基础钢
钙易切钢	机电产品的齿轮、轴、销等零件，以及机动车上的紧固件等。如 Y45Ca	Ca：0.001% ~0.003% S≤0.07%	同基础钢	优于基础钢	低于基础钢

（1）加入 S 与 Mn 形成 MnS 夹杂物，它能中断基体的连续性，使切屑易于脆断，减少切屑与刀具的接触面积。S 还能起减磨的作用，使切屑不黏附在刀刃上。但 S 的存在使钢产生热脆，所以 S 的含量，一般要限定在 0.08% ~0.30% 范围内，并要适当增加 Mn 量。

（2）加入 Pb，由于 Pb 在钢中不溶入铁素体，也不形成化合物，它是以自由状态并形成细小颗粒均匀分布于基体组织中，当在切削过程中所产生的热量达到 Pb 颗粒的熔点时，即呈熔化状态，这样就产生了润滑作用，使摩擦系数减小，磨损减少，Pb 的加入量在 0.1% ~0.35% 范围内。

（3）加入 Ca，形成 Ca、A1、Si 酸盐夹杂物，附着在刀具上形成薄膜，具有减磨作用，防止刀具磨损。Ca 的加入量为 0.001% ~0.005%。

（4）有时在含 S 的易削钢中加入 P，使其固溶于铁素体，引起强化和脆化，以提高其切削性能。这些元素的加入，还能提高工件表面质量和延长刀具使用寿命。

易切削钢的牌号是以汉语拼音字母字头 Y 为首，其后的两位数字表示万分之几的平均含碳量。例如，Y40Mn，表示平均含碳量为 0.4%、含锰量小于 1.5% 的易削钢。

10.3.4 弹簧钢

用于制造各种弹簧或减振元件的材料，性能要求其具有高弹性极限、屈强比和疲劳极限强度，因此需要专门用于制作各类弹簧（如螺旋弹簧、碟簧、板簧等）及各种弹性件（如

片弹簧、弹簧垫、弹性挡圈、扭力簧杆等）的钢种。如图 10－12 所示。

图 10－12　各类弹簧

1. 分类及热处理特点

（1）按其化学成分则可分为碳素弹簧钢、低合金弹簧钢和高合金弹簧钢三种，其性能特点及用途见表 10－15。

表 10－15　常用弹簧钢的性能特点及用途（部分）

系列	牌　号	性能特点	主要用途
碳素钢	65、70、85	可得到很高的强度、硬度和屈强比，但淬透性小，耐热性不好，承受动载和疲劳载荷的能力低	应用非常广泛，很多用于工作温度不高的小型弹簧或不太重要的较大弹簧，如汽车、拖拉机、铁道车辆及一般机械用的弹簧
锰钢	65Mn	成分简单，淬透性和综合力学性能、脱碳等工艺性能均比碳钢好，但对过热比较敏感，有回火脆性，淬火易出现裂纹	价格较低，用量很大。制造各种小截面扁簧、圆簧、发条等，亦可制造气门簧、弹簧环、减振器和离合器簧片、制动簧等
硅锰钢	55Si2Mn、60Si2Mn、60Si2MnA	强度高，弹性好，耐回火性好，但易脱碳和石墨化，淬透性不高	主要的弹簧钢类，用途很广。制造各种弹簧，如汽车、机车、拖拉机的板簧、螺旋弹簧，还有汽缸安全阀簧及一些在高应力下工作的重要弹簧、磨损严重的弹簧
硅锰硼钢	55Si2MnB	因含硼，其淬透性明显改善	轻型、中型汽车的前后悬架弹簧、副簧

续表

系列	牌　号	性能特点	主要用途
铬硅钢	55CrSiA	抗弹性减退性能优良，强度高，耐回火性好	特别适宜制成高强度油淬火钢丝，制造发动机阀门弹簧及其他重要螺旋弹簧
	60Si2CrA、60Si2CrVA	高强度弹簧钢。淬透性高，热处理工艺性能好。因强度高，卷制弹簧后应及时处理，以消除内应力	制造载荷大、重要的大型弹簧
铬锰钢	55CrMnA 60CrMnA	突出优点是淬透性好，另外热加工性能、综合力学性能、抗脱碳性能亦好	大截面的各种重要弹簧，如汽车、机车的大型板簧、螺旋弹簧等
铬钒钢	50CrVA	少量钒可提高弹性、强度、屈强比和弹减抗力，细化晶粒，减小脱碳倾向。含碳量较低，塑性、韧性较其他弹簧钢好，淬透性高，抗疲劳性能也好	各种重要的螺旋弹簧，特别适宜作工作应力、工作应力振幅高、疲劳性能要求严格的弹簧，如阀门弹簧、喷油嘴弹簧、汽缸胀圈、安全阀簧等
钨铬钒钢	30W4Cr2VA	高强度耐热弹簧钢，淬透性很好，高温抗松弛和热加工性能也很好	工作温度500 ℃以下的耐热弹簧，如汽轮机主蒸汽阀中的弹簧、汽封弹簧片，及锅炉安全阀弹簧等

1）碳素弹簧钢。碳素弹簧钢属高含碳量（一般 $w_C>0.6\%$）的碳素钢。其特点是强度、硬度、弹性、抗疲劳性能良好，生产工艺简单，耐腐蚀能力差，价格低，不能用于高温，最高只能在100 ℃ ~120 ℃的温度下工作，可用于制成钢丝、薄板、钢带等。

2）低合金弹簧钢。钢中的合金元素含量（质量分数）不超过5%，含碳量比碳素弹簧钢低（$w_C=0.50\%\sim0.70\%$），各项力学性能高于碳素弹簧钢。低合金弹簧钢的用量大、用途广。

3）高合金弹簧钢。高合金弹簧钢属特殊用途的弹簧，钢中合金元素的质量分数多超过10%。此类弹簧钢具有抗氧化、耐腐蚀、耐热、耐寒、无磁等特殊性能，属于不锈钢。

（2）弹簧钢按其所用的生产工艺可分为冷拉、冷轧弹簧钢和热轧弹簧钢。

1）冷成型。直径小于10 mm的弹簧钢丝，可在经铅浴处理成屈氏体后再经强烈塑性变形拉制而成，依靠加工硬化和组织细化使钢丝强度显著提高。这种钢丝绕制成弹簧后，无须淬火回火处理，只要进行去应力退火（250 ℃ ~350 ℃）即可。

2）热成型。对直径较大或厚度较大的弹簧，须在高温（一般900 ℃以上）制成后，再“淬火 + 中温回火”处理，才能达到要求的性能。对重要的弹簧，为了提高疲劳强度，可在中温回火后进行喷丸处理，使弹簧表面形成压应力，以抵消交变载荷下的拉应力作用，从而提高使用寿命。

（3）弹簧的表面质量。弹簧的表面质量对其寿命影响很大，提高表面质量的方法：

1）防止表面脱碳。

2）避免表面缺陷。

3）进行喷丸处理，使表面产生压应力。

2. 化学成分

含碳质量分数一般在0.5% ~0.85%之间。含碳量过低，达不到高的屈服强度要求；含碳量过高，不仅塑性差，韧性也低，脆性也大，抗疲劳能力也下降。

为了提高淬透性和回火抗力以增高屈服强度，钢中加入的合金元素有Si、Mn、Cr等，Mn、Si是强化铁素体元素，提高弹簧钢的屈服强度，使屈服强度比接近1，Cr、Mn、Si都可提高弹簧钢的淬透性，保证大截面弹簧的强度要求，少量的V可细化晶粒并提高钢的强度和韧性。

3. 常用弹簧钢

(1) Si－Mn系

Si－Mn系弹簧钢的突出优点是具有很高的强韧性、良好的弹性极限、屈服极限、屈强比和疲劳极限，是高负荷弹簧的主要材料。但其不足之处是塑性、韧性欠佳，表面容易氧化、脱碳，硅含量高时容易出现石墨化，Si－Mn系的典型钢号有60Si2Mn、55Si2Mn等。

(2) Cr－Mn系

Cr－Mn弹簧钢的特点是淬透性高，热加工性能良好，热处理后综合力学性能优良，而且抗氧化、耐腐蚀能力较强。但是Cr－Mn钢的抗松弛能力一般不如Si－Mn钢，用于高应力弹簧时应注意，Cr－Mn系典型钢号有55CrMnA、60 CrMnA等。

(3) Cr－Si系

Cr－Si系弹簧钢综合了Si－Mn系和Cr－Mn系的优点，具有优良的弹性极限、屈服极限、抗松弛能力、高的淬透性和抗氧化、抗脱碳能力，属于高级弹簧钢，Cr－Si系典型钢号有55CrSiA、60Si2CrA等。

例10－2，如图10－13所示汽车板簧工作时除承受较大的静载荷，还受冲击载荷和振动，其破坏形式以疲劳失效为主，因此选材要考虑材料的疲劳强度，以提高板簧的使用寿命，常用55Si2Mn或60Si2Mn钢制造，其加工工艺路线如下：

下料 → 校直 → 钻孔 → 卷耳 → 淬火(加热850 ℃~880 ℃，油冷) → 中温回火 → 喷丸处理 → 装配 → 压缩

经过喷丸处理的钢板，疲劳寿命一般是未作喷丸处理的5～10倍。

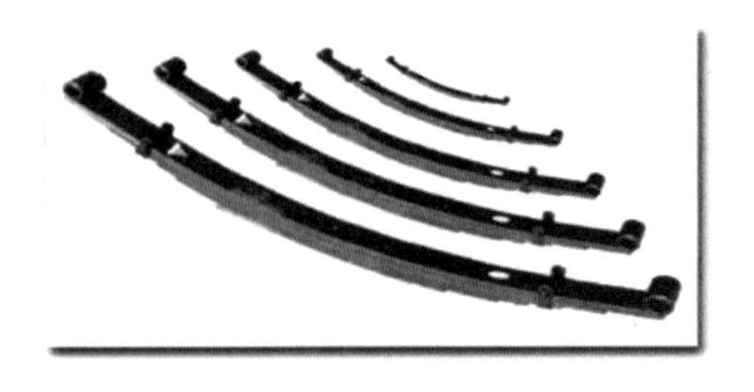

图10－13　汽车板簧

10.3.5 渗碳钢

有些零件承受较强烈的冲击和磨损，例如汽车、拖拉机上的变速齿轮，内燃机上的凸轮，活塞销等。这些零件的性能要求其表面具有较高的耐磨性，而心部则要求具有较高的强度和适当的韧性。为了兼顾零件表面和心部不同的性能要求，可以采用低碳钢通过渗碳、淬火及低温回火。而用于制造渗碳零件的钢就称为渗碳钢。

1. 渗碳钢的化学成分

渗碳钢的碳含量一般在0.12%～0.25%之间，属于低碳钢，为使渗碳零件在淬火和低温回火后，心部有足够的塑性和韧性，常加入合金元素，形成合金渗碳钢。渗碳钢不仅适合渗碳，还可以碳氮共渗。

保证渗碳钢心部组织和性能的核心是淬透性。提高淬透性的常用合金元素有Cr、Mn、Ni、Mo、B等，主加的合金元素有Cr、Mn、Ni、Mo等，为了提高淬透性和强化铁素体基体，加入 $w_{Cr}<2.0\%$、$w_{Ni}<4.5\%$、$w_{Mn}<2.0\%$ 等，这些元素除具备上述作用外，还可改善渗碳零件心部组织和性能，同时提高渗碳层的强度和韧性，尤其以Ni为最好；为了防止渗碳过热，阻止A晶粒长大，同时细化晶粒，主要是加入强碳化物形成元素，例如，$w_V<0.5\%$、$w_W<1.2\%$、$w_{Mo}<0.6\%$ 和 $w_{Ti}<0.15\%$，因为渗碳零件要在长时间、高温（930 ℃）下进行渗碳，加入上述合金元素可有效地防止晶粒长大，最终得到细晶粒组织，提高钢的强度和韧性。

一般用途渗碳件的心部组织为体积分数50%左右的马氏体加其它非马氏体组织，而对于重要用途和受大负荷的重要零件，最好使零件在热处理时淬透，心部组织为马氏体或马氏体/贝氏体组织。

2. 渗碳钢的热处理

渗碳钢的热处理主要是渗碳后，进行“淬火+低温回火”。渗碳采用气体渗碳，900 ℃～950 ℃，6～8 h，钢在渗碳后表面层的成分的质量分数为 w_C 为0.85%～1.05%，其平衡组织为过共析组织 $P+Fe_3C$，而中心则为 $F+P$。

多数合金渗碳钢都采用渗碳后直接淬火，再低温回火。对于要求较高的渗碳零件和晶粒易长大的渗碳钢要在渗碳后进行一次淬火或二次淬火，然后再进行低温回火。此时，表面组织为，表面硬度可达58～60 HRC，心部则含M（低碳马氏体）+F+P或索氏体S，加工的零件就达到了表面硬心部韧的要求。

3. 常用渗碳钢

（1）低强度渗碳钢。σ_b 在800 MPa以下，又称为低淬透性渗碳钢。包括碳素渗碳钢和一些合金元素含量小于2%的合金渗碳钢，由于这类钢的淬透性低，因此只适用于对心部强度要求不高的小型渗碳钢，如套筒、链条、活塞销、柴油机凸轮轴等。典型代表是20Cr、20crV钢。

（2）中强度渗碳钢。σ_b 在800～1 200 MPa范围内，又称为中淬透性渗碳钢，合金元素含量为 2% ~4%。常用钢号有 20CrMn、20CrMnMo、20CrMnTi、20MnVB、20MnTiB 等。这类钢的淬透性与心部强度均较高，可用于制造中等动负荷，载面较大的耐磨零件，如汽车、拖拉机变速箱齿轮、爪形离合器、蜗杆、花链轴等。

(3) 高强度渗碳钢。σ_b 在 1 200 MPa 以上，又称高淬透性渗碳钢，有的可在空冷条件下淬透。这类钢合金元素含量为 4% ~ 6%，常用牌号有 12Cr2Ni4A、20Cr2Ni4A、18Cr2Ni4WA、15CrMn2SiMo 等。由于含有较多的合金元素，所以具有很高的淬透性，心部强度也很高，因此这类钢用于制造大截面、高负荷以及高耐磨性和良好韧性的重要零件，如飞机、坦克和高速柴油机的曲轴、大型轴和齿轮等重要零件。

例 10－3 20CrMnTi 合金渗碳钢制造的汽车变速箱齿轮。技术要求：渗碳层厚度为 1.2 ~ 1.6 mm，w_C 为 1.0%，齿面硬度为 58 ~60 HRC，心部硬度为 30 ~45 HRC。

解：根据技术要求，确定其热处理工艺如图 10－14 所示。

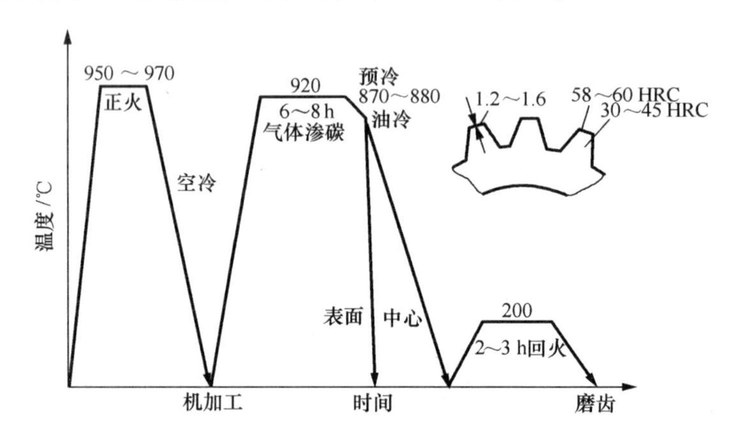

图 10－14 20CrMnTi 合金渗碳钢制造的汽车变速箱齿轮的热处理工艺路线

用 20CrMnTi 钢制造汽车变速齿轮的整个工艺路线如下：

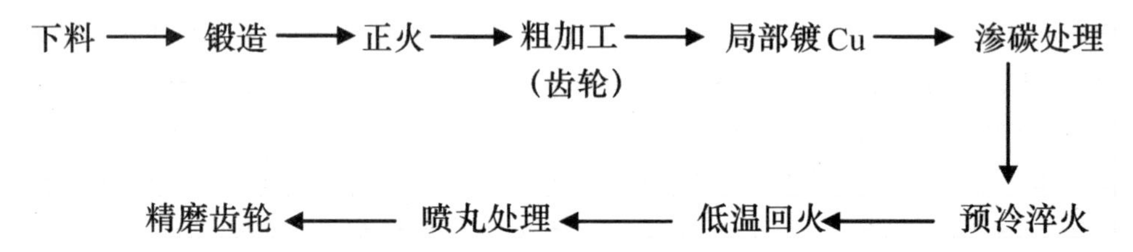

20CrMnTi 钢正火后的硬度为 170 ~210 HBW，切削加工性能良好。在不需要渗碳部位镀 Cu，以防止渗碳。

20CrMnTi 钢的渗碳温度为 920 ℃左右，渗碳时间根据所要求的渗碳层厚度，查手册，所需渗碳时间为 6 ~8 h；渗碳后，自渗碳温度预冷到 870 ℃ ~880 ℃直接油淬，再经 200 ℃低温回火 2 ~3 h 后，其表面层经渗碳后达 w_C 为 1.0% 左右，低温回火后基本上是回火马氏体组织和碳化物，具有很高的硬度 58 ~60 HRC；心部由于 Cr、Mn 元素提高了钢的淬透性，在淬火低温回火后可以获得低碳回火马氏体组织，具有高的强度和足够的冲击韧性。

常用合金渗碳钢的成分、热处理、力学性能及用途见表 10－16。

表 10－16　常用合金渗碳钢的成分、热处理、力学性能及用途

等级	钢号	化学成分（质量分数/%）							热处理/℃				力学性能≥				应用举例
		C	Si	Mn	Cr	Ni	Mo	其他	渗碳	第一次淬火	第二次淬火	回火	σ_b/MPa	σ_s/MPa	δ_5/%	A_k/(J·cm^{-2})	
低强度渗碳钢	20Mn2	0.17～0.24	0.17～0.37	1.40～1.80					930	850水、油		200	785	590	10	47	常用于制作渗碳小齿轮、小轴，要求不高的活塞销、十字销头、汽门顶杆等
低强度渗碳钢	20Cr	0.18～0.24	0.17～0.37	0.50～0.80	0.70～1.00				930	880水、油	780～820水、油	200	835	540	10	47	常用于制作心部强度要求高、表面耐磨、尺寸较大、形状复杂而载荷不大的渗碳零件，如齿轮、齿轮轴、凸轮和活塞销等
中强度渗碳钢	20CrMnMo	0.17～0.23	0.17～0.37	0.85～1.20	1.05～1.40		0.20～0.30		930	850油		200空	1 180	880	10	54.9	用于制造表面硬度要求高、耐磨性好的重要渗碳件，如蜗杆、齿轮、凸轮轴和连杆等
中强度渗碳钢	20CrMnT	0.17～0.23	0.17～0.37	0.80～1.10	1.00～1.30			Ti0.04～0.10	930	880油	870油	200水、空	1 080	835	10	55	常用渗碳钢，用于制造截面尺寸在30 mm以上的承受高速、中等或重载荷以及有冲击、摩擦的重要渗碳件，如齿轮、齿圈、齿轮轴、十字头和蜗杆等
高强度渗碳钢	18Cr2Ni4WA	0.13～0.19	0.17～0.37	0.30～0.60	0.35～1.65	4.00～4.50		W0.80～1.20	930	950空	850空	200	1 175	835	45	78	常用高级渗碳钢，用做大截面渗碳件，如大型齿轮、曲轴、花键轴和活塞销等
高强度渗碳钢	20Cr2Ni4	0.17～0.23	0.17～0.37	0.60～0.95	1.2～1.75	3.20～3.75			930	860油	800油	170空	1 180	1 080	10	62.7	制造高载荷工作条件下的齿轮、轴齿轮、轴、大截面尺寸的螺栓等

经过上述加工处理后，所获得的零件性能基本上满足了技术要求。最后的喷丸处理不仅是为了清除氧化皮，使表面光洁，提高其抗疲劳强度，经过喷丸处理以后，再进行精磨，磨去表层 0.02 ~ 0.05 mm，这样提高了齿面表面质量，而又不影响强化效果。

10.3.6 滚动轴承钢

用于制造滚动轴承的钢称为滚动轴承钢，滚动轴承钢除用做轴承外，还可以用做精密量具、冷冲模等。滚动轴承钢按使用特点可分为：高碳铬轴承钢（全淬透性轴承钢）、渗碳轴承钢（表面硬化型轴承钢）、不锈轴承钢和高温轴承钢四大类。

在高速运转的机械设备中，如机床、汽车、泵等，广泛使用着滚动轴承。滚动轴承的品种很多，但均由外圈、内圈和滚动体（钢球、滚柱、滚针）和保持架等组成，如图 10－15 所示。由于滚动体在轴承内外圈滚道上运动时（循环次数可达数万次/min），滚动体和套圈都受到周期性交变负荷的作用，它们之间呈点或线接触，接触应力可达 3 000 ~ 5 000 MPa，接触面上同时又有滚动和滑动摩擦，滚动轴承的主要失效形式为接触疲劳破坏。因此根据滚动轴承在设备运转过程中的受力情况，对轴承钢就有如下的性能要求：有均匀的高硬度和耐磨性、高的抗疲劳强度、高的接触疲劳强度、尺寸的稳定性和足够的韧性，同时有一定的抗腐蚀能力。

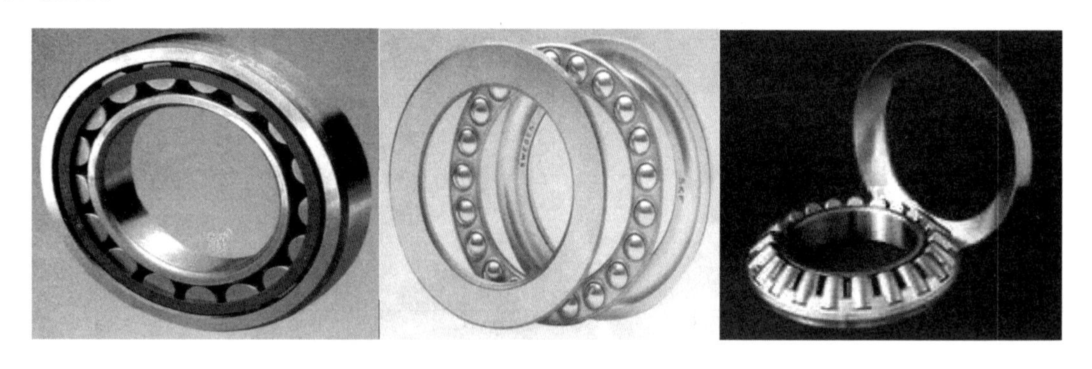

图 10－15　轴承

1. 滚动轴承钢的化学成分

本书主要讨论高碳铬轴承钢，该钢的碳含量为 $w_C = 0.95\% \sim 1.10\%$，高的含碳量既保证了钢的淬硬性，又能形成高硬度的碳化物。铬含量为 $w_{Cr} = 0.4\% \sim 1.65\%$，加入合金元素 Cr，目的是提高淬透性和回火稳定性，并形成均匀分布的合金渗碳体，提高轴承钢的耐磨性。Cr 量过高大于 1.65% 时，会增加淬火钢中的残余奥氏体含量和碳化物分布不均匀性，会影响轴承的使用寿命和尺寸稳定性。

对于大型轴承（滚动体直径 >30 ~ 50mm），滚动轴承钢中还加入 Si、Mn 可进一步提高钢的淬透性、弹性极限和强度，同时提高回火稳定性。

滚动轴承钢的纯度要求很高，$w_S < 0.02\%$，$w_P < 0.027\%$，同时非金属夹杂物（氧化物、硫化物和硅酸盐等）的含量应很低。

2. 滚动轴承钢的热处理

滚动轴承钢使用状态下的组织为回火马氏体 $M_{回}$、均匀分布的细粒状碳化物和少量残余奥氏体，因此，滚动轴承钢的热处理主要是球化退火、淬火及低温回火。

(1) 正火。为消除锻造毛坯的网状渗碳体，在 900 ℃ ~950 ℃保温后，空冷，硬度达 270 ~390 HBW。

(2) 球化退火。预备热处理，其目的是获得粒状珠光体组织，降低硬度（207 ~229 HBW），以保证易于切削加工及获得高的表面质量，并为淬火作组织上的准备。若温度过高，会出现过热组织，使轴承的韧性和疲劳强度下降。若温度过低，会使奥氏体中溶解的 Cr 量不足，影响淬火后的硬度。球化退火工艺一般有两种冷却方式：一是连续冷却，$v_{冷}$ =20 ~30 ℃/h，到 650 ℃出炉；第二种方法就是在 700 ℃等温 2 ~4 h，到 650 ℃出炉。

(3) 淬火 + 回火。淬火温度为 840 ℃，经油淬后要立即低温回火。一般回火是在 150 ℃ ~160 ℃下保温 2 ~4 h，回火后硬度为 61 ~65 HRC。

轴承钢经淬火与回火后的组织为极细的回火马氏体（约占 80%）、分布均匀的细粒状碳化物（占 5% ~10%），以及少量的残余奥氏体（占 5% ~10%），硬度为 62 ~66 HRC。

(4) 冷处理。对于精密滚动轴承等，在淬火后要 1 ~2 h 内进行冷处理，在温度 -70 ℃ ~-80 ℃下保温 1 ~2 h，使残留奥氏体量降到 4% ~6%。冷处理可使钢的硬度略有升高，并能增加尺寸稳定性。

(5) 时效处理。对精密轴承，为保证尺寸的稳定性（即长期存放或使用中不发生变形），除了在淬火后进行冷处理外，还要在磨削后再进行 120 ℃ ~130 ℃保温 5 ~10 h 的低温时效处理，以消除内应力、稳定尺寸。

3. 滚动轴承钢的牌号

(1) 高碳高铬滚动轴承钢的编号方法与其他合金钢稍有不同，用字母 G 代表滚动轴承钢，GCr + 数字，数字表示含铬量的千分数，含碳量约为 1%，则不予以标注。例如 GCr15，含碳量约 1%，含铬量约为 1.5%。

(2) 渗碳轴承钢的牌号与合金结构钢雷同，只是冠以字母 G，如 G20CrMo 属于低合金的渗碳轴承钢，含碳量约 0.2%，含铬量约 0.5%，含钼量约为 0.1%。

(3) 高温轴承钢牌号一般不冠以字母 G 和标出含碳量，如 Cr4Mo4V，含碳量约 0.8%，含铬量约 4%，含钼量约为 4%，含钒量约为 1%。

(4) 列入国家标准的不锈轴承钢只有 9Cr18 和 9Cr18Mo 两个，9Cr18 是高碳高铬马氏体不锈钢，淬火后有高硬度和高耐腐蚀性。9Cr18Mo 是在 9Cr18 基础上加入合金元素 Mo，提高了淬火后的硬度以及稳定性，使用温度不超过 250 ℃。

部分常用轴承钢的热处理及用途见表 10 -17。

表 10－17　部分常用轴承钢的热处理及用途

类别	钢　号	性能特点	主要用途
高碳铬轴承钢	GCr4	属于低铬、抗冲击低淬透性轴承钢，经整体感应加热和表面淬火，表面具有高硬度，心部获得高韧性	用于制作要求耐磨性好、抗冲击的机械轴承。例如铁路车辆轴箱轴承及汽车、拖拉机、发动机变速箱、机床、电机、矿山机械和通用机械等的轴承
	GCr15	综合机械性能良好，切削加工性好，热处理硬度高，耐磨性能和接触疲劳强度高，价格便宜，是目前使用量最多的牌号。被世界各国广泛采用。缺点是白点敏感性强，焊接性能较差	用于制作各种壁厚≤12 mm、外径≤250 mm 轴承套圈和滚动体
	GCr15SiMn	在 GCr15 基础上适当提高硅和锰含量的改型钢。目的是改善淬透性和弹性极限，耐磨性优于 GCr15，有回火脆性，白点敏感性强，焊接性能差	用于制作比 GCrl5 适用尺寸更大的轴承套圈和滚动体。工作温度一般不高于 180 ℃
渗碳轴承钢	G20CrMo G20CrNi2Mo G20Cr2Ni4 G20Cr2Mn2Mo	属于低碳合金钢，由于碳含量低，心部具有良好的韧性，可承受强烈的冲击载荷，而表面层硬度高，耐磨性好，轴承破坏主要发生在表面，所以钢材内部清洁度的要求不像高碳铬轴承钢那样严格。为了防止渗碳过程中晶粒长大，使轴承脆性增加，则要求一定的“A”晶粒度，热处理后易产生软点等缺陷，渗碳层均匀度控制较困难	用于大型机械承受载荷较大的轴承，例如，轧钢机、矿山机械和农业机械的轴承
高碳铬不锈轴承钢	9Cr18	高碳高铬不锈钢，有优良的耐蚀性和高的接触疲劳强度。淬火后具有高的硬度，耐磨性好，有良好的低温性能和切削加工性，但磨削性和导热性差，由于碳和铬量高，容易形成不均匀的碳化物分布	用于制作要求耐腐蚀，高温抗氧化的轴承，在蒸汽、水、海水、蒸馏水和硝酸等腐蚀介质中工作的防锈轴承。例如，水利机械、化工和石油机械、矿山机械等轴承
高温轴承钢	Cr4Mo4V	含钼高速钢，可在 316 ℃的高温下工作，这种钢的尺寸稳定性较好，有较高的高温硬度和高温接触疲劳强度，缺点就是锻造可加工性较差，热处理时脱碳敏感	用于制造高温下工作的滚动轴承套圈及滚子

10.4 合金工具钢

工具钢分为碳素工具钢、合金工具钢和高速工具钢三类，第一类已经在碳钢材料中介绍过，这里主要介绍后两者。

合金工具钢是用来制造各种刃具和量具的合金钢，它的性能比碳素工具钢的淬透性、韧性、耐磨性和热硬性等都高。如图 10－16 所示。

合金工具钢编号形式与合金结构钢相似，只是碳含量的表示方法不同，合金工具钢的含碳量较高，属于高碳钢。因此，当平均含碳质量分数大于或等于 1.0% 时，含碳量不标出，而平均含碳质量分数小于 1.0% 时，则用一位数字表示其含碳量的千分数。

按合金工具钢的用途可分为刃具钢和量具钢，按合金含量也可分为低合金工具钢（合金总质量分数小于 3%）、中合金工具钢（合金总质量分数为 5% ~10%）和高合金工具钢（合金总质量分数大于 10%）。

合金工具钢的热处理大多采用淬火后低温回火。

图 10－16　合金工具钢制作的铣刀

10.4.1 刃具钢

1. 低合金工具钢

（1）用途和性能要求。该类钢主要用来制造低速切削刃具（如车刀、铣刀、钻头等）、冷压模具及量具等。这些工具最主要的性能要求是有很高的硬度和耐磨性，也需要有一定的韧性和塑性。

（2）成分特点。钢的含碳质量分数一般在 0.85%~1.5% 范围内，以使马氏体中溶有足够多的碳，并与合金元素形成足够多的碳化物。主要加入的合金元素有 Cr、Si、W 和 Mn 等，主要是提高淬透性和回火稳定性。一般低合金工具钢中，含铬量在 1.6% 以下。

（3）热处理特点。这类钢供货状态均为球化退火，硬度不高，可机械加工成型，最后进行淬火并低温回火处理，得到高碳马氏体加粒状碳化物组织，从而保证性能要求。如果机械加工前进行锻造，则锻后应进行退火处理，使组织均匀的同时也使碳化物球化，为淬火前的组织作准备。常用低合金钢的牌号、热处理、性能和用途见表 10 - 18。

表 10 - 18　常用低合金钢的牌号、热处理、性能和用途

钢号	化学成分					热处理			用途
	C	Si	Mn	Cr	其他	淬火/℃	回火/℃	HRC（不低于）	
9SiCr	0.85～0.95	1.20～1.60	0.30～0.60	0.95～1.25		850～870 油	190～200	60～63	板牙、丝锥、绞刀、搓丝板、冷冲模等
CrWMn	0.9～1.05	10.4	0.80～1.10	0.90～1.20	W:1.20～1.60	820～840 油	140～160	62～65	长丝锥、长绞刀、板牙、拉刀、量具、冷冲模等
8MnSi	0.75～0.95	0.30～0.60	0.80～1.10			800～820 油	190～200	60～63	多用于木工凿子、锯条、小尺寸热锻模和冲头等

2. 高速工具钢

高速工具钢主要用于机床切削刀具，简称高速钢，如图 10 - 17 所示。

碳素工具钢和低合金工具钢的切削速度较低，为 10～20 m/min，刃部温度可达 200 ℃～300 ℃时，硬度耐磨性下降，因此，它们只能在 200 ℃以下正常工作。当切削速度达到 50～60 m/min，工具的刃部温度可达 500 ℃～600 ℃，此时工具钢就达不到切削硬度等要求，就要采用高速钢。高速钢制造的刀具在 600 ℃时仍能保持在 60 HRC 以上。与碳素工具钢和低合金工具钢相比，高速钢的刀具寿命可提高 8～15 倍，因此，高速钢在机械制造业中应用较为广泛。

高速钢主要用来制造切削速度大、切削负荷和切削温度高的刃具，如车刀、钻头、滚刀和铣刀，也可作工作温度低于 600 ℃的其他工具和构件等。高速钢制造的刀具，除高硬度、高耐磨性外，还要求具有在较高温度（通常为 600 ℃左右）下保持高硬度的性能，即红硬性。

图 10 - 17　高速钢刀具

高速钢的最高工作温度一般在 600 ℃以下，温度再高会迅速软化。由于切削速度的不断提高和大量高硬度或高韧性的难加工材料的出现，若进行切削加工，将使刀具刃部温度会更高，一般高速钢很难胜任。高速钢之所以比合金刃具钢具有较高的热硬性和耐磨性，是因为在高速钢中有大约 18% 的合金碳化物均匀分布在回火马氏体基体上，如果继续增加合金碳化物的数量，则其硬度、热硬性和耐磨性必然得到提高，因此出现了耐高温的硬质合金。

硬质合金是由硬化相（难熔的金属化合物，如 WC、TiC、MoC 和 TaC 等）和胶结物质（如金属 Co、Ni 和 Fe 等）按一定的比例均匀混合、加压成型后经高温烧结而成。硬质合金的硬度高达69 ~81HRC，热硬性和耐磨性优良。硬质合金的工作温度达800 ℃~1 000 ℃，用做刀具时，其切削速度可比高速钢高4 ~7 倍，寿命可提高5 ~8 倍。由于硬质合金硬度太高、性脆、切削加工困难，一般是将硬质合金制成一定规格的刀片，镶焊在刀体上使用。通常形状复杂的刀具，例如拉刀、滚刀等不能直接用硬质合金制作。关于硬质合金部分，本书不再作介绍。

（1）分类。高速工具钢按性能分为两大类：通用型高速钢和特种高速钢两种。

通用型高速钢可广泛用于制作各类刀具的钢种，用量最大，其代表牌号有：W18Cr4V、W2Mo9Cr4V2、W6M05Cr4V2 等。

特种高速钢又称为高性能高速钢。该钢可分为高钒型、含钴型和超硬型。高钒型中的钒含量一般在3%以上，其代表钢种有 W6Mo5Cr4V3、W9Mo3Cr4V3 等；含钴特种高速钢中的含钴量为5% ~13%，其代表牌号有：W6Mo5Cr4Co5、W6Mo5Cr4Co8 等；超硬型高速钢有含铝、高碳高钒、含硅低钴型，如 W10Mo4Cr44V3Al、W6Mo5Cr4V5SiNbAl、W12Mo3Cr4V3Co5Si 等，我国发展的超硬型是含铝高速钢（w_{Al} =1%左右），价格便宜。

（2）成分特点。

1）C：含碳量高，质量分数在0.7%~1.5%范围内，以便同合金元素形成大量的碳化物，这些碳化物形成元素，可以形成稳定的碳化物、细化奥氏体晶粒和增加耐磨性，满足硬度、耐磨性和红硬性要求。

2）W：通常含有6%~19%W，W 是造成高速钢热硬性的主要元素，也是强烈形成碳化物的元素，其中大部分是以 Fe_4W_2C 形式存在。根据实验证明，在淬火的 W18Cr4V 钢中，约有7%W 溶人固溶体，以原子状态存在于马氏体 M 中，保证了钢的热硬性。同时它还阻止马氏体 M 的分解，提高回火稳定性。当高速钢在560 ℃回火时，从 M 中析出弥散细小的 W_2C，产生二次硬化的效果。约有11%W 存在于未溶碳化物中，在淬火加热时对晶粒长大起阻碍作用，因此可采用较高的淬火温度，以提高奥氏体 A 和随后淬火得到马氏体 M 的合金元素量。而未溶碳化物又具有极高的硬度，使高速钢具有较高的热硬性和耐磨性。因此，高速钢中要有足够和适量的 W 量。

另外，W 的质量分数超过18%时，钢的热硬性增加不明显，反而会使加工困难，常用钨系高速钢 W 的质量分数不超过18%。

3）Cr：通常含有大约4%Cr，Cr 是提高淬透性和耐磨性的主要元素，同时在钢中又是碳化物的形成元素，加入质量分数为4%的 Cr 能满足高速钢对淬透性的要求。钢中含 Cr 量少，则钢的淬透性低；若 Cr 量多，则残余奥氏体 A 量增加。

4）V：通常含有1%~3%V，它是强烈形成碳化物的元素，大部分以 VC 或 V_4C_3形式存在，颗粒非常细小，其硬度比 W 或 Mo 的碳化物（73 ~77 HRC）高，达到83 HRC，很稳定，且分布也很均匀，提高了钢的耐磨性。

溶入 A 的 V 在淬火后回火时，从 M 中析出 VC 形式的特殊碳化物，对 M 起弥散硬化作用，同时引起二次硬化的效应，从而更进一步提高了钢的热硬性。但是，如果继续提高 V 的质量分数，材料的塑性和韧性变差，因此高速钢的 V 的质量分数一般不超过3%。

5）Mo：通常其含量小于0.3%，Mo的作用基本与W相同，在560 ℃回火时，析出弥散的Mo_2C特殊碳化物，造成二次硬化，提高钢的耐磨性，1% Mo可以代替2% W。

6）Co：Co是非碳化物形成元素，由于加热时Co大部分溶入奥氏体中，提高了加热温度，使得W、Mo、V更多地溶入固溶体中，产生的二次硬化现象显著提高了钢的热硬性。

（3）热处理的特点。

1）高速钢的铸态组织中含有较多的粗大碳化物，制造中应进行反复热轧或锻造，使碳化物破碎细化，如图10－18所示。

2）在预备热处理中应进行球化退火，使组织均匀，得到粒状碳化物，并使硬度降至207～255 HBS的范围，以利于机械加工。

3）高速钢最终的热处理是，高温奥氏体化后进行淬火和多次高温下的回火。淬火加热温度可达1 200 ℃～1 300 ℃，使大量合金碳化物溶入奥氏体中，淬火后使碳和合金元素固溶于马氏体中，以便在回火过程中产生二次硬化现象，就可保证钢具有高的硬度和热硬性。

4）淬火后的高速钢必须经过多次回火，温度在550 ℃～570 ℃，目的使马氏体分解（析出弥散的合金碳化物）、残余奥氏体转变（变为马氏体，产生二次硬化）和消除内应力，以提高热硬性。

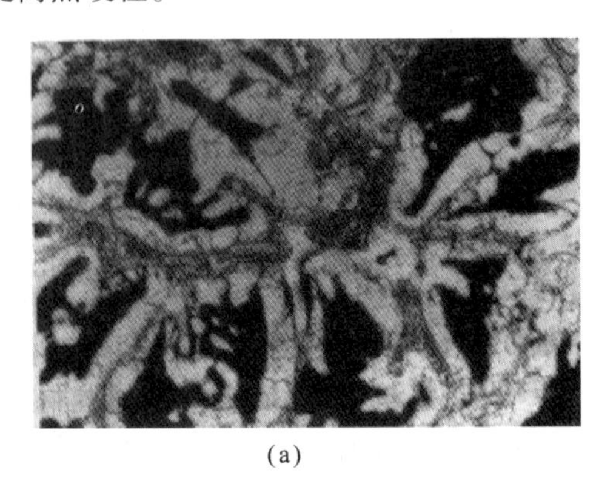

(a)

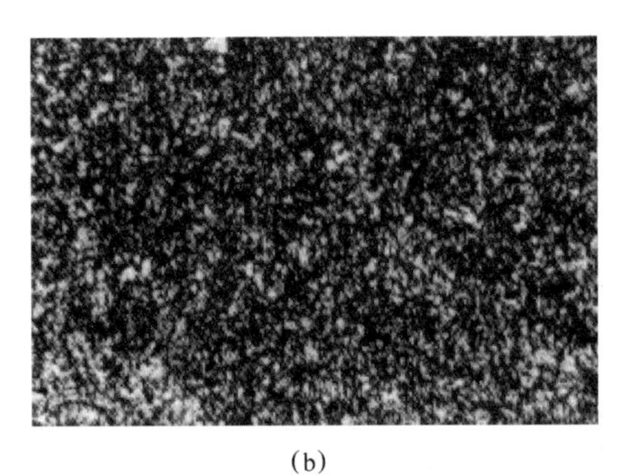

(b)

图10－18　W18Cr4V锻造前和锻造后金相组织差别

（a）锻造前；（b）锻造后

常用高速钢的牌号、热处理、性能和用途见表10－19。

表10－19　常用高速工具钢的牌号、性能及用途

钢　号	性能特点	主要用途
W18CrV	钨系通用性高速钢，具有较高的硬度、热硬性及高温硬度，淬火不易过热，易于磨削加工。缺点是热塑性低、韧性稍差	主要用于制作高速切削的车刀、钻头、铣刀、铰刀等刀具，还用做板牙、丝锥、扩孔钻、拉丝模等
W18Cr4VCo5	钨系含钴型高速钢，具有较高的热硬性及高温硬度，但韧性较W18Cr4V有所降低	用于制作高速机床刀具和要求耐热并承受一定动载荷的刀具

续表

钢　号	性能特点	主要用途
W6Mo5Cr4V2	钨钼系高速钢，具有良好的热硬性和韧性，淬火后表面硬度点，且耐磨性优于 W6Mo5Cr4v2，但可磨削性差，易于氧化脱碳	可制作各种类型的一般刀具，如车刀、刨刀、丝锥、钻头、成型铣刀、拉刀、滚刀等，适于加工中高强度钢、高温合金等难加工材料。因可磨削性差，不宜制作高精度复杂刀具
W6Mo5Cr4V2Co5	超硬系含钴高速钢，具有良好的高温硬度和热硬性，切削性及耐磨性较好，强度和冲击韧度不高	可用于制造加工硬质材料的各种刀具，如齿轮刀具、铣刀、冲头等
W2Mo9Cr4V2	具有较高的热硬性、韧性及耐磨性，密度较小，可磨削性优良，在切削一般材料时有着良好的效果	用于制作铣刀、成型刀具、丝锥、锯条、车刀、拉刀、冷冲模具等
W2Mo9Cr4VCo8	高碳高钴超硬型高速钢，具有高的室温及高温硬度，热硬性高，可磨削性好，切削刃锋利	适于制作各种高精度复杂刀具，如成型铣刀、精拉刀、专用钻头、车刀、刀头及刀片，对于加工铸造高温合金、钛合金、超高强度钢等难加工材料，均可得到良好的效果
W10Mo4Cr4V3Al	含铝超硬高速钢，具有高硬度、高耐磨性、高红硬性，可加工钛合金、高温合金、高强度钢等难加工材料	用于制造车刀、立铣刀、滚刀、齿轮铣刀等，不宜制作高精度复杂刀具
W12Mo3Cr4 V3Co5Si	含硅低钴超硬型高速钢，具有良好的室温硬度、高温硬度，耐磨性好，用于加工钛合金、高温合金、超高强度钢、难加工涤纶纤维等超高温合金、超高强度钢、难加工涤纶纤维等材料，韧性较差	用于制造钻头、拉刀、滚刀、铣刀、镗刀、车刀等，但不宜制造高精度的复杂刀具

3. 硬质合金

在切削加工中，若切削速度较高和切削高硬度或高韧性材料时，刀具刃部的工作温度往往超过600 ℃，这时高速钢刀具无法达到切削要求，因此需采用硬质合金的刀具。所谓硬质合金是将一些难溶的化合物粉末和黏结剂混合，加压成型再经烧结而成的一种粉末冶金材料。

（1）硬质合金的特点。

1）耐磨性好，硬度较高，达69～81 HRC。

2）热硬性好，达900 ℃～1 000 ℃仍可保持高硬度。

3）切削速度可比高速钢提高4～7倍，刀具寿命可提高5～80倍。

4）由于硬质合金硬度太高、性脆，不能进行机械加工，故常制成一定规格的小刀片镶焊在刀体上使用。

目前，我国常用的硬质合金中的主要硬质相为 WC，也称为 WC 基硬质合金，分为以下三类。

第一类：钨钴类（WC－Co），代号为 K（旧标准的 YG 类），合金中的硬质相为 WC；

第二类：钨钛钴（WC－Tic－Co），代号为 P（旧标准的 YT 类），合金中的硬质相为 WC、TiC；

第三类：钨钛钽（铌）钴类（WC－Tic－TaC（NbC）－Co），代号为 M（旧标准的 YW 类），是在 P 类合金中添加 TaC（NbC）烧结而成的。

我国部分常用硬质合金的性能及用途见表 10－20。

表 10－20　我国部分常用硬质合金的性能及用途

牌　号		性能特点	主要用途
K01	中晶粒合金（YG3）	硬度 HRA91，抗弯强度 1 200 MPa，能用较高切削速度，对冲击和振动比较敏感	适于铸铁、非铁金属及其合金连续切削时的精车、半精车及螺纹精车
	细晶粒合金（YG3X）	硬度 HRA91. 5 抗弯强度 1 100 MPa，是 K 类合金中耐磨性最好的一种，但冲击韧性较差	适于铸铁、非铁金属及其合金的精车、精镗等，亦可用于合金钢、淬硬钢及钨、钼材料的精加工
K10	细晶粒合金（YG6X）	硬度 HRA91，抗弯强度 1 400 MPa，属于细晶粒合金，耐磨性较 K20 高，使用强度接近 K20	适于冷硬铸铁、耐热钢及合金钢的加工，亦适于普通铸铁的静加工，用于仪器仪表工业的小型刀具和小模数滚刀
	细晶粒合金（YG6A）	硬度 HRA91. 5，抗弯强度 1 400 MPa，细晶粒合金，耐磨性与 K10（YG6X）相似	适于硬铸铁、灰铸铁、球墨铸铁、非铁金属及其合金、耐热合金钢的半精加工，亦可用于高锰钢、淬硬钢及合金钢的半、精加工
K20（YG6）		硬度 HRA89. 5，抗弯强度 1 450 MPa，属中晶粒合金，耐磨性较高，但低于 K01、K10	适于铸铁、非铁金属及其合金、非金属材料连续切削时的粗车、间断切削时的半精车、精车、精铣、孔的粗扩、精扩等
P01（YT30）		硬度 HRA92. 5，抗弯强度 900 MPa，耐磨性及允许的切削速度较 P10 高，但使用强度及冲击韧性较差，焊接和刃磨时极易产生裂纹	适用于碳钢及合金钢的精加工等，如小断面精车、精镗、精扩等
P10（YT15）		硬度 HRA91，抗弯强度 1 150 MPa，耐磨性优于 P20，但冲击韧性较 P20 差	适用于碳钢及合金钢的加工中，连续切削时的精车、半精车及半精铣、精铣、孔的粗扩与精扩
P20（YT14）		硬度 HRA90. 5，抗弯强度 1 200 MPa，使用强度高，抗冲击性能和抗振动性能好，但较 P30 差	适用于碳钢及合金钢的加工中，不平整断面和连续切削时的粗车，间断切削时的半精车及精车，连续面的粗铣、铸孔的扩钻

续表

牌　号	性能特点	主要用途
M10（YW1）	硬度HRA91.5，抗弯强度1 200 MPa，热稳定性较好，能承受一定的冲击负荷，通用性好	适于耐热钢、高锰钢、不锈钢等难加工材料的半精加工和精加工，也适于一般钢材、铸铁及非铁金属的精加工
M20（YW2）	硬度HRA90.5，抗弯强度1 350 MPa，耐磨性稍次于M10合金，但使用强度较高，能承受较大的冲击	适于耐热钢、高锰钢、不锈钢及高合金钢等难加工材料的半精加工和精加工，也适于一般钢材、铸铁及非铁金属的精加工

10.4.2　量具钢

量具钢是用来制造各种测量用的工具的钢材，如块规、量块、塞规、千分尺、卡尺等，由于量具是测量工件尺寸的标准，为了保证测量精度、不允许在长期的使用中有变形和尺寸变化，因此要求其具有高的尺寸稳定性、高的硬度（≥62 HRC）、耐磨性和足够的韧性。

我国目前还没有专用钢材，通常用弹簧钢、碳素工具钢、合金工具钢、轴承钢制造，常用的量具钢主要有Cr2、9Cr2、Cr06、9SiCr等。精度要求不高的直尺、耐冲击的样板等可用50、55、60Mn等材料，经过感应表面淬火处理加工而成；对于化工、煤矿、野外使用的量具，则要用耐腐蚀性的4Cr13、9Cr18等不锈钢制造。

卡尺和千分尺量具的外形如图10－19所示。

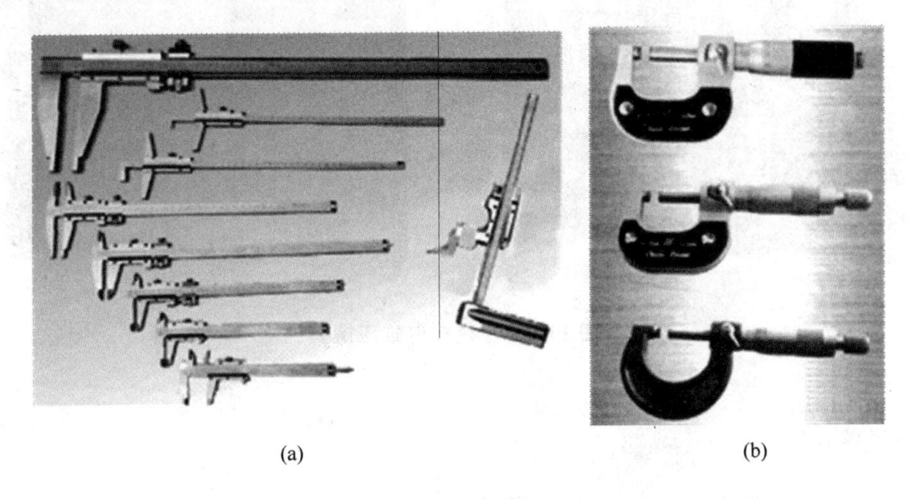

(a)　　(b)

图10－19　量具

（a）卡尺；（b）千分尺

精密量具的热处理工艺较复杂，一般采用球化退火、淬火及低温回火，例如用CrWMn材料制作块规的热处理工艺，如图10－20所示。

为了使量具尺寸和形状稳定，保证量具的精度，淬火后将其冷至－80 ℃左右，进行冷处理，使得残余奥氏体转变为马氏体，时效处理的目的是进一步消除内应力，精磨后在110 ℃～120 ℃人工时效的目的是消除磨削应力，对于高精密的量具，需进行多次处理。

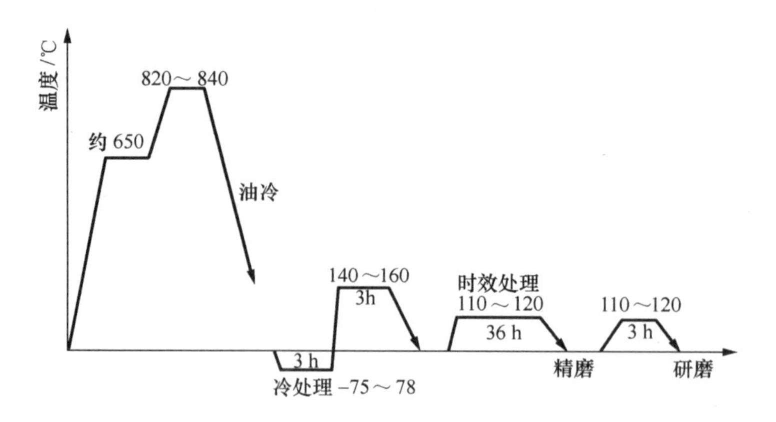

图 10－20　CrWMn 材料制作块规退火后的热处理工艺

10.4.3　模具钢

模具钢是用来制造各种金属成型所用模具的钢材，按用途和工作条件可分为冷作模具钢、热作模具钢和塑料模具钢三大类。汽车汽缸压铸模如图 10－21 所示。

图 10－21　汽车汽缸压铸模

1. 冷作模具钢

冷作模具钢主要用于制造在冷态（室温）下工作的成型模具，如冷冲压、冷挤压等模具，这类模具的工作温度一般不超过 250 ℃，模具的材料要求硬度高、韧性好、耐磨损等性能。常见的冷冲模具失效多为磨损过度，有时会脆断、崩刃而报废，因此制作材料要求高硬度、高耐磨性及足够的强度和韧性，同时还要求较高的淬透性和较低的淬火变形倾向。

常用冷模具钢的材料有碳素工具钢、低合金工具钢和高碳高铬钢等，高碳高铬冷变形模具钢主要用来制造尺寸大、精度和硬度高、耐磨性好的冷变形模具。因此，这类钢的含碳质量分数一般比高速钢高，为 1.45%～2.30%，同时含 11%～13% Cr，有时还含少量的 V 和 Mo 元素，由于含铬量为 11%～13%，因此此类钢也称为 Cr12 型工具钢，如

Cr12 和 Cr12MoV 等，可制造大型精密模具。其分类如下：

简单小型模具的材料：T8、T10、T12。

用于制造复杂中型模具的材料：9SiCr、9Mn2V、CrWMn。

精密大型模具的材料：Cr12、Cr12MoV。

冷作模具钢的热处理主要包括：锻造后退火、淬火及回火。热处理后的硬度应为 58 ~ 64 HRC。

常用冷作模具合金钢的特性及用途见表 10 - 21。

2. 热作模具钢

热作模具钢是用来制作各种在一定压力下将液态金属或热固态金属加工成型所需要的模具，依次分为两类：压铸模具钢和热挤压模具钢，热挤压模具钢也称为热锻模具用钢；按使用温度的高低分为：低耐热性、中耐热性和高耐热性的热作模具钢。

由于热作模具的使用状态要求工具钢具有高的高温强度和热稳定性、良好的韧性、足够的高温硬度和耐磨性、高的抗冷热疲劳性能、良好的抗氧化性以及高的淬透性，如热锻模、压铸模和热挤压模等，因此这类钢含碳质量分数通常在 0.3% ~0.6%，其在退火状态要有较好的加工成型性，易于制造模具。同时钢也具有足够高的强度、硬度和韧性，合金元素通常为 Mn、Si、Cr、W、Mo、V 等。Mn、Si、Cr 主要目的是提高淬透性和回火抗力。W、Mo 元素的作用主要是抑制回火脆性，而 V 主要是细化奥氏体晶粒。热作模具合金钢的特性及用途见表 10 - 22。

热作模具钢的最终热处理为“淬火 + 高温回火”。不同钢种回火后的组织不尽相同，如 3Cr2W8V 钢，由于合金元素含量高，淬火后马氏体的回火抗力高，高温回火后马氏体未分解，并产生二次硬化作用。回火后组织为“回火马氏体 + 碳化物”，硬度在 50 HRC 左右；而 5CrNiMo 钢淬火加高温回火后则为“回火索氏体 + 屈氏体组织”，硬度通常处于 40 ~ 50 HRC 范围内。此类工具钢主要有 5CrNiMo（制造大型热锻模具）、4Cr5MoSiV（制造热锻和挤压模）、3Cr2W8V（制造压模、挤压模）等。

3. 塑料模具钢

塑料模具钢用于制造塑料制品的模具，塑料制品大多采用模压成型，按塑料成型模具的工作条件可分两种情况。

（1）热固型塑料成型模具。其工作温度一般在 160 ~ 250 ℃，流动性差的塑料在快速成型时，模具的局部温度较高，一般模腔工作时承受压力为 30 ~ 200 MPa，有时手工操作会使模具受到脱模的冲击，模具表面易受腐蚀和磨损。

（2）热塑性塑料成型模具。其工作温度一般在 200 ℃以下，一般模腔工作时承受压力为 100 ~ 200 MPa，当熔化的塑料充模时，模具型腔承受着溶体的摩擦和冲刷，特别是聚氯乙烯、氟塑料及 ABS 塑料制品时，会分解如 HCl、HF、SO_2等腐蚀性气体，使得模具表面被腐蚀。因此，塑料模具失效的主要形式为模具表面质量下降，塑料模具钢应具有足够的强度和韧性、耐腐蚀性、良好的加工性能、表面抛光性好等性能特点。部分常用塑料模具钢材的性能特点及用途见表 10 - 23。

表 10－21　常用冷作模具合金钢的特性及用途

分类	钢　号	化学成分（质量分数/%）							性能特点主要用途
		C	Si	Mn	Cr	W	Mo	V	
油淬作模具钢	CrWMn	0.9～1.05	≤0.40	0.80～1.10	0.9～1.20	1.2～1.60			高淬透性，用于制造形状复杂高精度的冷冲模、切边模、冷镦模、冷挤压模的凹模、拉丝模等，还可制作长丝锥、长绞刀等刀具
	9Mn2V	0.85～0.95	≤0.40	1.7～2.00	－	－	－	0.10～0.25	具有一定的淬透性和耐磨性，用于制造截面不大而形状较复杂高精度的冷冲模、以及切边模、冷镦模、冷挤压模的凹模、拉丝模等，也可用于制造塑料模具
	9SiCr	0.85～0.95	1.2～1.60	0.3～0.60	0.95～1.25			0.10～0.25	比铬钢具有高淬透性和淬硬性，并且具有较高的耐回火性，但加热时脱碳倾向性大，用于制造低压力条件下的冷镦模、打印模、冷轧辊、矫正辊等，也可制作形状复杂、变形小、耐磨性要求高的低速切削刃具，如钻头、螺纹工具、滚丝轮等
空淬冷作模具钢	Cr5Mo1V	0.95～1.05	≤0.50	≤1.00	4.75～5.50		0.90～1.40	0.15～0.50	这类钢由空淬引起的变形大约只有含锰系油淬工具钢的1/4，耐磨性介于锰型和高碳高铬型工具钢之间，而韧性较好，特别适于制造重载荷高精度且要求耐磨性、韧性好的工具，如冷冲模、冷镦模、成型模、轧辊、冲头、拉深模、粉末冶金用冷压模等
	Cr6WV	1.00～1.15	≤0.40	≤0.40	5.50～7.00	1.10～1.50		0.50～0.70	是一种具有较好综合性能的中合金冷作模具钢，它的变形小、淬透性和耐磨性好，且有一定的冲级韧性，可用于制造要求高机械强度、一定耐磨性和韧性的模具，如钻套、冷冲模及冲头、切边模、压印模、螺纹滚轮等，还可制造量块、量规等
	Cr4W2MoV	1.12～1.25	0.40～0.70	≤0.40	3.50～4.00	1.910～2.60	0.80～1.20	0.80～1.10	是新型中合金冷作模具钢，性能稳定，由它制造的模具使用寿命较Cr12、Cr12MoV钢长，但其热加工温度范围窄，变形抗力较大，用于制造各种冲模、冷镦模、落料模、冷挤压模的凹模及搓丝板等工模具

续表

分类	钢　号	化学成分（质量分数/%）							性能特点主要用途
		C	Si	Mn	Cr	W	Mo	V	
高碳高铬模具钢	Cr12	2.00 ~ 2.30	≤0.40	≤0.40	11.5 ~ 13.0				应用广泛，属于高碳高铬类型的莱氏体钢，它具有较好的淬透性和耐磨性，但冲击韧性差、易形成不均匀的共晶碳化物，用于制造受冲击负荷较小，要求高耐磨的冷冲模、冲头、下料模、冷镦模、拉丝模、拉深模、冷挤压模的冲头和凹模和粉末冶金用冷压模等
	Cr12Mo1V1	1.40 ~ 1.60	≤0.60	≤0.40	11.0 ~ 13.0		0.70 ~ 1.20	0.50 ~ 1.10	是国际上采用较广的高碳高铬冷作模具莱氏体钢，具有高淬透性、淬硬性、耐磨性，高温抗氧化性能好，淬火和抛光后抗锈蚀能力强，且热处理变形小，适合制造各种高精度、长寿命的冷作模具、刃具和量具，如形状复杂的冲孔凹模、冷挤压模、螺纹滚轮、粉末冶金用冷压模、搓丝板、冷剪切刀和精密量具等
基体低碳高速钢	6W6Mo5Cr4V	0.55 ~ 0.65	≤0.40	≤0.60	3.70 ~ 4.30	6.00 ~ 7.00	4.50 ~ 5.50	0.70 ~ 1.10	简称6W6，是一种低碳高速钢类型的冷作模具钢，它的淬透性好、韧性好、硬度高、高耐磨性、高强度和良好的热硬性。通常用于制造冷挤压模、拉深模具和冲头等，也用于制造温热挤压模
火焰淬火模具钢	7CrSiMnMoV	0.65 ~ 0.75	0.85 ~ 1.15	0.65 ~ 1.05	0.90 ~ 1.20		0.20 ~ 0.50	0.15 ~ 0.30	简称CH－1，是一种火焰淬火冷作模具钢，空冷即可淬硬，硬度可达62 ~ 64 HRC，其具有淬火温度范围宽、淬火变形小、过热敏感性小、成本低等优点，适宜制作尺寸大、截面厚、淬火变形小的大型镶块模具，以及冲压模下料模、切纸刀、陶瓷模等

表 10－22　部分热作模具合金钢的特性及用途

分类	钢　号	化学成分（质量分数/%）								性能特点主要用途
		C	Si	Mn	Cr	Mo	W	V	Ni	
低耐热性热作模具钢	5CrMnMo	0.50～0.60	0.25～0.60	1.20～1.60	0.60～0.90	0.15～0.30				5CrMnMo 钢与 5CrNiMo 钢性能相似，但淬透性稍差，适用于制造要求具有高强度和高耐磨性的各种锤锻模（边长≤400 mm，厚度≤250 mm）、切边模等
	5CrNiMo	0.50～0.60	≤0.40	0.50～0.80	0.50～0.8	0.15～0.30			1.40～1.80	5CrNiMo 钢具有良好的韧性、强度、淬透性和高耐磨性，它在室温和 500 ℃～600 ℃时的力学性能几乎相同，适用于制造各种形状简单、厚度 250～300 mm 的中型锻模，也用于制造热切边模等
	4CrMnSiMoV	0.35～0.45	0.80～1.10	0.80～1.10	1.30～1.50	0.40～0.60		0.20～0.40		该钢是我国在低合金大截面热作模具钢领域发展的钢种之一，具有很好的淬透性、较高的耐回火性、极好的高温强度、耐热疲劳性和韧性，适用于制造各种大中型锤锻模和压力机锻模，也用于制造校正模、平锻模和弯曲模等
中耐热性热作模具钢	4Cr5MoSiV	0.33～0.43	0.80～1.20	0.20～0.50	4.75～5.50	1.10～1.60		0.30～0.60		该钢是一种空冷硬化的热作模具钢，在中温条件下具有很好的韧性、热强度、热疲劳性能和一定的耐磨性，通常用于制造铝铸件用的压铸模、热挤压模、穿孔用的工具和芯棒，也可用于制造型腔复杂、承受冲击载荷较大的锻锤模、锻造压力机整体模具以及高耐磨性的塑料模具等

续表

分类	钢号	化学成分（质量分数/%）								性能特点主要用途
		C	Si	Mn	Cr	Mo	W	V	Ni	
中耐热性热作模具钢	8Cr3	0.75 ~ 0.85	≤0.40	≤0.40	3.20 ~ 3.80					8Cr3钢是在T8碳素工具钢中添加一定量的铬（3.20% ~ 3.80%），由于制造承受冲击载荷不大、工作温度≤500 ℃的热冲裁模、热切边模、螺栓与螺钉热顶锻模、热弯与热剪切用成型冲模等
高耐热性热作模具钢	3Cr2W8V	0.30 ~ 0.40	≤0.40	≤0.40	2.20 ~ 2.70		7.50 ~ 9.00	0.20 ~ 0.50		该钢含有较多的Cr、W元素，因此在高温下具有较高的强度和硬度，但韧性和塑性较差，钢材断面尺寸在80 mm以下时刻淬透，可用来制造工作温度较高（≥550 ℃）、承受较高静载荷但冲击载荷较小的锻造压力机的模具、反挤压的模具等
	5Cr4W5Mo2V	0.40 ~ 0.50	≤0.40	≤0.40	3.40 ~ 4.40	1.50 ~ 2.1	4.50 ~ 5.30	0.70 ~ 1.10		该钢由贵阳钢厂研制，是一种冷热两用的新型工模具钢，用于制造标准件行业的冷镦模和轴承行业的热挤压模等，也可用于制造较高工作温度、高磨损条件下工作的热作模具

表 10－23　部分常用塑料模具钢材的性能特点及用途

类别	牌号	性能特点与用途
碳素塑料模具钢	SM45	优质碳素塑料模具钢，与45钢相比，其硫磷含量低，由于淬透性差，模具的硬度低、耐磨性差，但价格便宜，加工性好，调质处理后韧性和耐磨性较好，广泛用于制造中小型的中低档次的、使用寿命不长的塑料模具
	SM55	其价格便宜，但焊接性和冷变形性低，一般正火或调质处理后使用，适宜制造形状简单的、使用寿命不长的小型塑料模具
预硬化型塑料模具钢	3Cr2Mo	国际上较广泛应用的预硬型塑料模具用钢，其综合力学性能好且有很好的抛光性能，模具表面粗糙度低，调质处理后，硬度达到28～35 HRC（既预硬化），再经冷加工制造成模具可直接使用，适于制造尺寸较大、形状复杂、对尺寸精度与表面粗糙度要求较高的塑料模具，以及低熔点（如锡、锌、铅）压铸模等
	3Cr2NiMo	简称P20＋Ni，其综合力学性能好、淬透性高，有很好的抛光性能和低的表面粗糙度值，经过调质处理后，硬度达到28～35 HRC（既预硬化），再经冷加工制造成模具可直接使用，适于制造特大型、大型塑料模具、精密塑料模具，以及低熔点（如锡、锌、铝合金）压铸模等
	42CrMo	属于超高强度钢，淬透性较好，调质处理后有较高的疲劳极限和韧性，适于制造要求一定强度和韧性的大中型塑料模具
渗碳型塑料模具钢	20Cr	该钢经过热处理后具有良好的综合力学性能，适于制造中小型塑料模具，为了提高型腔的耐磨性，模具成型后需要进行渗碳处理，然后再进行淬火和低温回火
	12CrNi3A	该钢用于制造大中型塑料模具。其淬透性更好，且退火后硬度低塑性好，因此可通过切削加工方法加工模具，也可通过冷挤压成型方法制造模具，为了提高型腔的耐磨性，模具成型后需要进行渗碳处理，然后再进行淬火和低温回火，但有回火脆性倾向
时效硬化型塑料模具钢	06Ni6CrMoVTiAl	属于低合金马氏体时效钢，其特点是固溶处理（淬火）后变软，可进行冷加工，成型后进行时效硬化处理，硬度为43～48 HRC，从而减少了模具的热处理变形，综合力学性能好，适宜于制造高精度塑料模具和铝合金金属压铸模具等
	1Ni3Mn2CuAlMo	代号PMS，由上海材料研究所研制，属于低合金析出硬化型时效钢，该钢经热处理后具有良好的综合力学性能、淬透性高、热处理工艺简单且变形小，镜面加工性能好等优点，适于制造外观要求高的塑料制品，如光学系统的镜片、家电塑料外壳等的塑料模具
耐腐蚀型塑料模具	2Cr13	属于马氏体类型不锈钢，机械加工性能好，适于制造承受高负荷并在腐蚀介质作用下的塑料模具、透明塑料制品的塑料模具等
	9Cr18Mo	属于高碳高铬马氏体不锈钢，具有更高的硬度、耐磨性、耐回火性、高温尺寸稳定性和耐腐蚀性能，适于制造在腐蚀环境下工作，且高负荷、高耐磨性要求的塑料模具

10.5 特殊性能钢

10.5.1 不锈钢

不锈钢是不锈性和耐酸性的铁基合金的统称，在自然环境介质中不锈的钢称为不锈钢。常用不锈钢医疗器械如图10－22所示；在腐蚀性介质中具有耐腐蚀性的钢称为耐酸钢。

腐蚀在金属制件中经常发生，金属的腐蚀有两种形式，即化学腐蚀和电化学腐蚀。化学腐蚀是金属和周围介质直接发生化学作用，如金属加热时生成的氧化皮等；电化学腐蚀是金属在电解质溶液中由于原电池（通常是微电池）作用而引起的腐蚀，大部分金属的腐蚀属于电化学腐蚀。

金属的电化学腐蚀非常普遍，这是由于金属表面不同部位（例如金属相不均匀）具备不同的电极电位，在电解液中形成微电池而受到腐蚀，因此，产生电化学腐蚀必须满足以下三个条件。

（1）金属各部分（或不同金属间）存在电极电位差。

（2）有电解液。

（3）各部分金属之间接触。

为防止金属的腐蚀，主要途径有以下几条。

（1）使金属表面形成一层保护膜，如使金属易于钝化，形成致密的钝化膜。

（2）依靠合金元素提高金属的电极电位。

（3）使金属呈均匀的单相组织（如铁素体或奥氏体），并提高金属的纯净度，避免形成微电池的两个电极。

不锈钢不易生锈与其成分有很大的关系，不锈钢中含有大量的铬、镍等，有的还含有钼、铜等元素，Cr是提高金属抗蚀能力的基本元素。当铬含量大于11.7%时，能提高钢的电极电位，故不锈钢的含Cr量均在12%以上，Cr除了提高基体的电极电位外，在钢表面能形成一层具有保护性的Cr_2O_3薄膜，而且能使碳含量很低的钢成为单相铁素体组织，因而可以有效防止钢的腐蚀；当不锈钢中含有大量的镍和铬时，钢的组织为单相奥氏体，不仅提高钢的耐腐蚀性，而且提高钢的塑性和韧性，改善钢的焊接性能。铬不锈钢和镍铬钢中加铜，可提高金属耐硫酸的腐蚀作用；加钼能提高抗盐酸、醋酸等的腐蚀作用。碳在不锈钢中对提

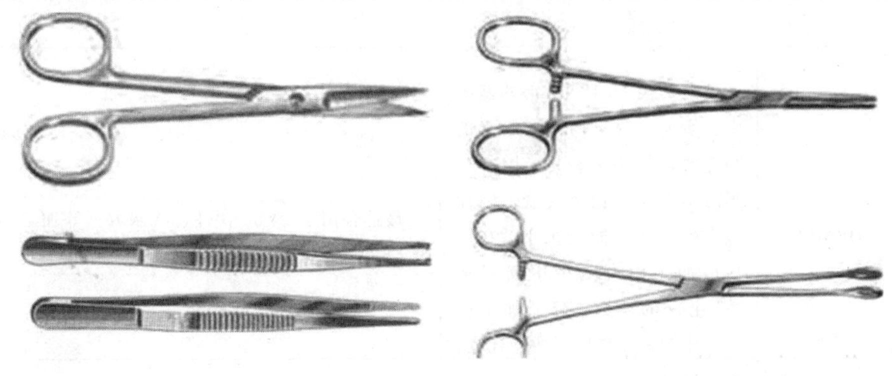

图10－22 不锈钢医疗器械

高抗腐蚀作用来说是不利的，但能提高钢的强度和硬度。

当钢的内部结构越均匀，各种组成成分就联系得越紧密，腐蚀物入侵就越困难，同时表面又附着一层氧化物保护膜，自然就不容易生锈了。

1. 分类

生产中，不锈钢常以金相组织来分类，若按成分分类可分为铬不锈钢、铬镍不锈钢和铬锰氮不锈钢等。

根据 GB 1220—2007《不锈钢棒》规定，不锈钢种类有奥氏体不锈钢和马氏体不锈钢等共计 139 种，表 10－24 为常用不锈钢的牌号、特点及应用。

表 10－24 常用不锈钢的牌号、特点及应用

类别	钢 号	性能特点	主要用途
奥氏体不锈钢	1Cr17Ni7	该钢是奥氏体型不锈钢中最易经冷加工变形提高强度和硬度，同时又具有很好的塑性、韧性的钢种，在大气中还具有较好的不锈性。其冷热加工及焊接性能均良好	在经过冷加工强化后，用于承受较高负荷，要求零件重量较轻和不生锈的设备和部件，如铁路客车、装饰板、传送带、紧固件等
	0Cr18Ni9	0Cr18Ni9 钢是使用最多的一种奥氏体型不锈钢，该钢不能采用热处理得到强化，但经冷加工变形可达到提高强度的目的。该钢具有良好的冷、热加工性能，无磁性，有很好的低温性能，并在氧化性酸（HNO_3）中具有优良的耐蚀性。其焊接件有较好的耐晶间腐蚀性，在碱液、大部分无机酸和有机酸及大气、水、蒸汽中均有好的耐蚀性	0Cr18Ni9 不锈钢因各种性能优良，因而在不锈钢中用量最大，使用面最广。适于在石油化工、轻工、纺织、核工业中，用于制造深冲成型件及输送腐蚀介质管道、容器、结构件，也可用于制造无磁、低温设备零件
	1Cr18Ni12	该钢是在 1Cr18Ni9 钢的基础上，增大含镍量而发展起来的稳定奥氏体型不锈钢。因冷变形后不发生马氏体转变，因而加工硬化的可能性很小。在冷成型加工中可减少中间退火（软化）的次数，降低加工成本。该钢的冷热加工性能优良，焊接性能良好	最适合用于冷镦、深冲、压制成型等加工零件，尤其适合用于无磁冷加工件

续表

类别	钢　号	性能特点	主要用途
奥氏体不锈钢	0Cr25Ni20、00Cr25Ni20、00Cr25Ni20Nb	0Cr25Ni20 钢是高铬高镍奥氏体型不锈钢，在氧化性介质中既有优良的耐蚀性，又有良好的高温力学性能，可在高温耐蚀环境中应用。 00Cr25Ni20 钢是由 0Cr25Ni20 钢发展而来的超低碳奥氏体不锈钢，比 0Cr25Ni20 钢具有更好的耐晶间腐蚀能力。 00Cr25Ni20Nb 钢是在 00Cr25Ni20 钢基础上加入 Nb 元素的高铬高镍不锈钢，用于进一步改善钢的耐晶间腐蚀能力。 这三种钢可用各种通用冷、热加工工艺进行加工，其焊接性能良好	0Cr25Ni20 钢用于耐蚀、耐高温的零件。00Cr25Ni20 钢主要用于有强氧化性的酸性腐蚀的设备和部件，特别是焊接件焊后的耐蚀性变差的设备。 00Cr25Ni20Nb 钢比上述两种不锈钢具有更进一步的耐晶间腐蚀性能
	0Cr17Ni12Mo2、00Cr17Ni14Mo2	0Cr17Ni12Mo2 和 00Cr17Ni14Mo2 钢均为奥氏体型不锈钢，都不能通过热处理达到强化，都具有良好的强度、塑性、韧性、冷加工成型性能和低温性能，在有机酸、无机酸、碱、盐类及海水中均有较好的耐蚀性	两种牌号的钢均适用于石油化工人造纤维、纺织、化肥、印染及原子能工业设备的耐蚀材。 00Cr17Ni14Mo2 钢比 0Cr17Ni12Mo2 钢具有更好的耐晶间腐蚀性能，适于制造厚截面尺寸的焊接件
铁素体不锈钢	1Cr17、1Cr17Ti	两种牌号均为含铬量中等的铁素体型不锈钢。1Cr17Ti 钢中含钛，其耐晶间腐蚀性、成型性和焊接性均较 1Cr17 钢优良。 两种牌号不锈钢在室温以下均易发生脆性转变，不宜用于室温以下制作承受载荷的设备和部件，一般要求钢的截面尺寸不得超过 4 mm。1Cr17Ti 钢的焊接性较 1Cr17 钢好	两种牌号的钢主要用于生产硝酸、硝酸铵等的化工设备，薄板用于办公设备、厨房用具、电气制品等

续表

类别	钢　号	性能特点	主要用途
铁素体不锈钢	00Cr18Mo2Ti、高纯 Cr18Mo2Ti	两种牌号均为极低碳、极低氮的纯铁素体型不锈钢，有较好的耐应力腐蚀破裂性及类似于 0Cr18Ni12Mo2 的耐蚀性和较高的屈服强度、良好的焊接性能和成型性能	主要用于食品加工设备、热交换器、热水器、太阳能收集面板等
	高纯 Cr30Mo2	该钢因含铬量高且含钼，因而在氯化物水溶液中具有耐点蚀、耐应力腐蚀性能等。该钢有较高的塑性、韧性，有很好的热加工性能和很好的冷加工成型性能，可用氩弧焊进行焊接	用于醋酸、乳酸等有机酸及其衍生物的制造设备火力发电厂冷凝器及用于处在产生点蚀、应力腐蚀、缝隙腐蚀环境中的设备，海水冷却、石油精炼设备，要求有耐蚀性和磁性的零部件
	高纯 Cr29Mo4Ni2	该钢为高纯高铬、高钼铁素体型不锈钢。该钢有优异的耐蚀性，在氯化物、碱、硝酸、有机酸、尿素、氨基酸中，其耐蚀性超过高镍合金，还具有优异的抗氧化、抗硫化等性能，有良好的韧性、热加工和冷加工成型性能，可用弧焊及保护焊进行焊接	用于海水、氯化物及有机酸溶液中的反应器、冷凝器、热交换器等
马氏体型不锈钢	1Cr13、2Cr13	1Cr13 为马氏体型不锈钢。经淬火回火后，该钢有较好的强度、韧性和较好的耐蚀性，其塑性、冷变形及可加工性良好，热加工后需灰冷或砂冷。其焊接性良好，焊前需预热，焊后需热处理。 2Cr13 性能与 1Cr13 相似，但因其碳含量比 1Cr13 高，故强度、硬度较高，而韧性和耐蚀性略低。在温度不高（30 ℃以下）时，在弱酸介质中有较好的耐蚀性，在 700 ℃以下，该钢有较高的强度、热稳定性和良好减振性。该钢焊接性能较差，焊后易出现裂纹	1Cr13 用于要求有较高韧性并受冲击载荷，要求不锈性的设备或部件，如汽轮机叶片、水压机阀、紧固件、热裂解硫腐蚀设备等。 2Cr13 在热处理之后，可用于承受高应力载荷的零部件，如透平机叶片、阀、热裂设备、紧固件等，也用于造纸工业刀具、食品加工机械及餐具等

续表

类别	钢 号	性能特点	主要用途
马氏体型不锈钢	7Cr17、8Cr17 11Cr17	此三种牌号的钢均为高碳高铬马氏体型不锈钢，经热处理可强化。三种牌号钢因含碳量不同，淬火回火后硬度由高到低，热加工时应缓慢加热，加工后需缓冷	主要用于制作耐蚀刀具、轴承、阀门、杆件等
	1 Cr17Ni2	该钢是马氏体型不锈钢中强度和韧性两者匹配较好的钢种，在氧化性酸、多数有机酸和有机盐溶液中有良好的耐蚀性。由于该钢导热性较差，因而加热及冷却均应缓慢进行，冷加工性能较差，易加工硬化，冷拉后应进行退火，该钢不宜焊接	用于耐蚀的高强度耐磨损件，如轴、阀、泵、杆类、弹簧及紧固件
	00Cr13Ni5Mo	该钢为超低碳马氏体型不锈钢，经热处理后具有高强度，良好的韧性和焊接性，良好的热加工性和冷加工成型性能	用于需要焊接的大截面，高强度承力件或耐蚀、耐磨件，如大型水电站转轮、石油工业中的耐蚀管线等

1. 成分特点

（1）马氏体不锈钢。含铬12%～18%、含碳0.1%～0.45%，淬火后得马氏体组织。马氏体不锈钢的主要特点是除含铬量较高外，还有较高的含碳量，因此它具有较高的强度、硬度和耐磨性，由于含碳量高，碳化物也多，固溶体中含铬量就降低，耐腐蚀性就差。这类钢用于制造力学性能要求较高，抗腐蚀性能要求一般的零件，如弹簧、轴、水压机阀以及热油泵零件、蒸汽阀杆、阀头等。常用的马氏体不锈钢有1Cr13、2Cr13等。

1Cr13、2Cr13钢的热处理采用淬火、高温回火，得到索氏体组织，具有较高的强度和韧性。这类钢的淬透性较好，焊接性不好，其机加工性能可用加硫或硒来改善。

（2）铁素体不锈钢。含铬17%～30%、含碳小于0.2%，组织为单相铁素体。用于要求有较好的耐蚀性，但对强度要求不高的部件，如化工设备中的容器、管道，生产硝酸、氮肥、磷酸等的结构和机器零件。如图10－23所示铁素体不锈钢用于生产硝酸的设备。

这类钢含铬高而含碳低，能抗大气、硝酸及盐水溶液的腐蚀，抗高温（小于700 ℃）氧化能力强，热膨胀系数较小，氧化膜不易剥落，塑性、热加工工艺性能均良好，并有较奥氏体不锈钢为好的切削加工性能。这类钢的铁素体晶粒一旦长大后不能用热处理来改变，只能通过塑性变形与再结晶来改变，所以锻造时要仔细掌握变形量与终锻温度。

常用的铁素体不锈钢有1Crl7、1Cr25、1Cr28、1Cr25Ti等。这类钢高温抗氧化性能好、线膨胀系数小、对热疲劳不敏感，可用在高温下工作。

铁素体钢加热时不发生相变，因此不能用淬火的方法使之强化，通常在 700 ℃~800 ℃进行退火。由于无相变发生，晶粒粗大，使得铁素体不锈钢脆性加大、韧性低。由于不能用热处理来细化，因此应严格控制终锻温度。

图 10－23　铁素体不锈钢用于生产硝酸的设备

（3）奥氏体不锈钢。奥氏体不锈钢含碳量很低，一般在 0.1% 左右，含 Cr12%~30%、含 Ni6%~20%，有的含有 Mn 及 N（用它们代镍），组织为单相奥氏体。奥氏体不锈钢主要用于制造在各种腐蚀介质中使用的酸槽、管道和容器等。

常用钢号有 12Cr18Ni9（1Cr18Ni9）、06Cr18Ni10Ti 等。这类钢最典型的钢种是含 18% Cr 和 9% Ni 的铬镍不锈钢，通常称为 18－8 型不锈钢。由于加入大量 Ni 和 Cr 元素，使钢得到单相奥氏体组织，并在钢的表面形成致密的钝化薄膜，使钢的耐蚀性进一步提高。它比铬不锈钢具有更高的化学稳定性，是目前应用最多的一类不锈钢。奥氏体不锈钢约占不锈钢总产量的 2/3。

奥氏体不锈钢的热处理是进行固溶处理：18－8 型不锈钢在一般情况下是处于奥氏体和碳化物的两相状态，使耐蚀性受影响。通常将钢加热到 1 050 ℃ ~1 150 ℃，然后迅速水冷，其目的是使所有碳化物溶于奥氏体，并保留到室温，以获得过饱和单相奥氏体组织。可使钢的耐蚀性得到很大改善。

奥氏体不锈钢还有一定的耐热性，可在 500 ℃~700 ℃范围内工作。但易产生晶间腐蚀，即在晶界析出 $Cr_{23}C_6$，使晶界及其附近的含 Cr 量降低，电极电位降低，耐蚀性下降，结果使腐蚀沿晶界的贫铬区发生，形成晶间腐蚀。为防止晶间腐蚀的发生，通常采用降低含碳量，使碳化物减少。另外，还可在钢中加入 Ti 和 Nb 等强碳化物元素，它们与 C 的亲和力比 Cr 与 C 的亲和力大。使 C 优先与 Ti、Nb 形成 TiC 和 NbC，而不易形成 $Cr_{23}C_6$，即不因晶界贫 Cr 产生晶间腐蚀，提高了耐腐蚀性能。奥氏体不锈钢比马氏体不锈钢耐蚀性高，它不仅能抵抗大气、海水和蒸汽的腐蚀，还可抵抗硝酸、硫酸和盐酸的腐蚀，而且良好的耐热性、焊接性和冷热加工性等。如图 10－24 所示为奥氏体不锈钢用于制造化工储罐。

图 10－24　奥氏体不锈钢用于制造化工储罐

10.5.2　耐热钢

金属的耐热性包含着高温抗氧化性和高温强度的综合性概念，耐热钢在高温环境情况不发生氧化、变形，并具有足够的强度。目前，高温下使用的金属材料主要是耐热钢与各类耐热合金，它们的典型组织是合金化的铁素体、奥氏体以及弥散分布于基体组织中的强化相（碳化物、金属间化合物等）和强化了的晶界。因此，从材料的组织结构角度出发，可将耐热钢和耐热合金的高温强化归纳为：固溶强化、析出相强化和晶界强化三类。

耐热钢的分类方法很多，主要有两种，即根据耐热钢的组织状态或使用特性来划分。

1. 按钢的组织结构分类

（1）珠光体型耐热钢。这类耐热钢的组织主要是珠光体，一般在 600 ℃以下温度工作，低合金铬钨钢、铬硅钢、铬镍铝钢是这类耐热钢的代表，在蒸汽轮机和锅炉制造中应用极为广泛。

（2）铁素体类型耐热钢。这类钢的组织是以铁素体为基体，一般在 350 ℃~650 ℃温度范围工作，0Cr13、Cr17V、Cr28 等钢种均属此类，由于它们具有优异的抗氧化和耐水溶液腐蚀的性能，因此在动力工业、石油化工等领域中获得广泛应用。

（3）奥氏体型耐热钢。该类钢的组织是以奥氏体为基体，可在 600 ℃～870 ℃温度范围工作，作为抗氧化钢可用到 1 200 ℃，代表性的钢种是含镍高于 8% 的铬镍奥氏体耐热钢，如 18－8 铬镍耐热钢，Cr25Ni20 耐热钢等，它们具有优异的抗氧化性能，良好的冶炼加工性能以及力学性能，因此在各类工业中应用广泛。

（4）马氏体型耐热钢。含铬为 9%~13% 的铬钢是该类钢的代表，在室温下组织为马氏体。在 650 ℃左右，这类钢具有较好的抗氧化性能，600 ℃以下具有较好的热强性，因此，在蒸汽轮机制造中获得了广泛的应用。

2. 按钢的特性分类

（1）抗氧化钢。这类钢在高温下具有较好的抗氧化性能而且强度要求不高。例如，制造各类加热炉用零件和热交换器，制造锅炉用吊挂、加热炉炉底板和辊道以及炉管等，在这些情况下，抗氧化性能是主要指标，部件本身并不承受很大的附加应力，如 Cr6Si2Ti、1Cr20Ni4Si2 等。

（2）热强钢。热强钢是指在高温既能承受相当的附加应力又要具有优异的抗高温气体腐蚀的钢种。例如，汽轮机、燃气轮机构转子和叶片（如图 10－25 所示），高温下工作的螺栓和弹簧，内燃机的进排气阀等，如 12CrMo、12Cr2MoWVSiTi、25Cr2Mo1V、2Cr13、1Cr12WMoV 等。

（3）耐热合金。耐热合金是指使用温度一般可达 850 ℃以上的采用镍基和难熔金属为基的合金，主要有 Fe－Ni 基、Ni 基、Co 基。由于以镍和难熔金属为基的耐热合金具有比铁基合金更高的耐热温度，又有良好的工艺性能，耐热高温合金特别是镍基合金得到广泛使用，如 GH4033（GH33）、GH4090（GH90）等。

图 10－25　汽轮机叶片

3. 提高耐热性的方法

在基体金属中加入 Cr、Mo、W 等合金元素形成单相固溶体，除产生固溶强化作用外，还可提高基体金属原子间结合力，同时使位错难以产生割阶、攀移等，有利于提高蠕变极限，因此固溶强化是提高钢的热强性的有效途径。

合金中加入能形成弥散相的合金元素，由于弥散相强烈阻止位错的滑移，因而也是提高高温强度的有效方法。获得弥散强化相的方法有时效析出弥散相和加入难熔弥散相两种。不同的合金，弥散析出相是不同的，但它们大多数是各种类型的碳化物及金属间化合物。加入高稳定性的难熔弥散相化合物（氧化物、硼化物、碳化物、氮化物等），也能获得相当高的效果，可将金属材料的使用温度提高到熔点温度的 80%～85%。

在合金中添加能增加晶界扩散激活能的合金元素（如 B、稀土等），既能够阻止晶界的滑动，又能增大晶界裂纹面的表面能，对提高蠕变极限，特别是持久极限很有效。

10.5.3　耐磨钢

耐磨性能是零件在工作条件下抵抗磨损的能力。为了提高耐磨性，通常是增加钢中马氏体含碳的过饱和度和钢中碳化物的含量或采用其他办法。例如，工具钢中要求具有回火马氏体和高度分散的碳化物。还有的利用渗碳、渗氮等提高其耐磨性，而常用的高锰钢是利用其低硬度、塑性变形产生强烈加工硬化的敏感性来提高硬度和耐磨性。

耐磨钢主要指在冲击载荷下发生加工硬化的高锰钢，它主要应用于在使用过程中经受强烈冲击和严重磨损的零件，如坦克车履带、破碎机颚板、铁路的道岔等。如图10－26所示。

图10－26 高锰钢零件

1. 化学成分

高锰钢碳含量为1.0%~1.3%，锰含量为11.0%~14.0%，其他杂质（如S、P、Si等）要限制在一定范围之内。这种钢机械加工比较困难，基本上都是铸造成型的，其牌号为ZGMn13。

Mn是扩大奥氏体区的元素，当钢中锰含量超过12%时，A_1点便急剧下降，使钢在室温下保持着奥氏体组织。实验证明，只有当碳含量为1.0%~1.3%，锰含量在11%~14%时得到奥氏体组织，锰钢才有优良的性能。锰含量过低，会使钢的耐磨性降低，强度、韧性达不到要求；而锰含量过高，又会造成钢的韧性下降，铸造时易发生缩孔，热处理时易产生裂纹。

2. 热处理特点

（1）水韧处理。高锰钢铸件一般在1 290 ℃~1 350 ℃温度下浇注，在随后的冷却过程中，碳化物沿奥氏体晶界析出，使钢呈现脆性。为了使高锰钢获得单相奥氏体组织，必须进行水韧处理。水韧处理就是将铸造后的高锰钢加热到1 000 ℃~1 100 ℃，并保持一定时间，使碳化物完全溶入奥氏体中，然后在水中冷却。由于冷速很快，碳化物来不及析出，使钢得到单相奥氏体组织，此时钢的硬度很低（大约180~220 HBW）而韧性很好。

高锰钢在水韧处理后虽然硬度不高，但在受强烈冲击变形时，产生显著的加工硬化，经变形后，其硬度由210 HB急速升至450~550 HB，从而使钢具有很高的耐磨性，变形度愈大，硬度上升愈明显，故高锰钢大多数采用铸造成型。

高锰钢在经受很高的压力冲击条件下进行摩擦而产生强化（加工硬化）才获得很高的耐磨性。如果没有压力冲击或压力冲击很小，它的耐磨性特点表现不出来，这是由于高锰钢的奥氏体有很强的加工硬化能力，而且变形还能促使奥氏体向马氏体转变，因而耐磨性显著提高。而中心部分因没有明显的变形而仍为原始组织，这是高锰钢的一个重要特点。所以，高锰钢产生高耐磨性的重要条件是承受大的冲击力，否则是不耐磨的。

高锰钢经水韧处理后，绝不能再加热到250 ℃~300 ℃以上，否则，碳化物又会重新沿奥氏体晶界析出，使钢变脆。因此，高锰钢水韧处理后不再回火。

高锰钢的牌号、化学成分、力学性能和用途见表10－25。

表 10－25　高锰钢的牌号、化学成分、力学性能和用途

牌号	化学成分（质量分数/%）						力学性能≥					应用举例
	C	Si	Mn	S≤	P≤	其他	σ_b/MPa	σ_s/MPa	δ_5/%	A_k (J·cm^{-2})	硬度 HBS（≤）	
ZGMn13－2	0.90～1.35	0.30～1.00	11.00～14.00	0.040	0.070	—	685	—	20	147	300	适于铸造形状简单的低冲击耐磨件，如辊套、齿板、铲齿等
ZGMn13－4	0.90～1.35	0.30～1.00	11.00～14.00	0.040	0.090	Cr：1.50～2.50	735	390	20	—	300	适于铸造结构复杂并以韧性为主的耐磨件，如履带板等

（2）铸造缺陷的消除。采用铸造方法制造零件时，会产生柱状结晶，这样零件在性能上具有方向性，这时需在 550 ℃ ~560 ℃温度范围内回火 24 h，使得奥氏体转变为珠光体组织（呈 S 组织），此时也可进行切削加工，然后再重新加热 1 060 ℃ ~1 100 ℃，保温一段时间后水冷处理，得到单一的奥氏体组织，就消除了柱状晶体组织。

高锰钢广泛应用于既要求耐磨又要求耐冲击的一些零件，如挖掘机、破碎机的颚板、衬板，主动轮、从动轮和履带支承滚轮等。由于高锰钢是非磁性的，也可用于要求耐磨损又抗磁化的零件。

思考与练习

1. 简述合金元素对钢性能的影响。

2. 简述合金元素对钢热处理的影响。

3. 何谓回火稳定性和二次硬化现象？

4. 解释下列现象：

（1）大多数合金钢的热处理加热温度比含碳量相同的碳钢高。

（2）高速钢在热锻后空冷可获得马氏体。

（3）9SiCr 钢热处理淬火温度高于 T9。

（4）T9 钢制造的刀具刃部受热至 200 ℃ ~250 ℃时，硬度和耐磨性迅速下降。

（5）W18Cr4V 钢在 1 270 ℃ ~1 280 ℃淬火后，要在 560 ℃进行三次回火。

5. 什么是调质钢和非调质钢？它们的区别如何？

6. 简述渗碳钢的加工特点。

7. 弹簧钢为何采用中碳及高碳钢？谈谈弹簧钢的分类和热处理特点。

8. 常用的不锈钢有哪几种？为何不锈钢的含 Cr 量都超过 12%？不锈钢是不是在任何介质中都不会生锈？

9. 在高温下，刀具要求钢材具有哪些性能？常加入的合金元素有哪些？

10. 为什么滚动轴承钢的含碳量较高，且含 Cr 量却被限制在一定范围内？

11. 航空发动机轴常用 40CrNiMoA 钢制造，试讨论其加工工艺路线：

备料→锻造→正火→粗加工→调质处理→精加工→局部表面淬火→粗磨→低温回火→精磨

12. 高锰钢的铸态组织是什么？随后水韧处理的目的是什么？

13. 合金工具钢是如何分类的？低合金工具钢、高合金工具有哪些特点？

第11章　金属材料的选用原则和热处理工艺应用

本章简介：金属材料种类繁多，工业生产中常用金属材料包括碳钢、合金钢、铸铁等铁-碳合金，和部分有色金属及合金。在实际应用中，合理选择使用材料是一个工程技术人员具备的基本能力。热处理是提高材料力学性能、物理和化学性能，节约材料，充分发挥材料潜力，延长机器零件、工程构件使用寿命的有力措施，同时能够改善材料的各种加工工艺性能。

重点：(1) 在理解的基础上掌握机械零件选材的一般原则。

(2) 理解金属材料使用中失效的形式，对零件的设计、选材、加工具有的指导意义。

(3) 理解各种热处理工艺在实际生产中的应用。

(4) 了解典型零件的热处理工艺。

难点：合理选择和使用金属材料。

合理选择和使用工程材料是机械制造过程的一个重要环节，直接关系到产品的质量和经济效益。要生产出高质量、低成本的零件，必须从结构设计，材料选择，毛坯制备及切削加工等方面考虑。

选材是指选择材料的成分、组织状态、冶金质量及机械和物理化学性能。必须全面分析零件的工作条件、受力性质、受力大小及失效形式，综合各种因素，提出能满足零件工作条件的性能要求，再选择合适的材料并进行相应的热处理以满足零件的性能要求。

11.1　选材的原则

选材原则是在满足零件使用性能的前提下，具有良好的工艺性和经济性，三者之间既有联系，又相互矛盾，合理选材就是要使三者合理统一。

11.1.1　使用性原则

使用性原则是指选用的材料制成零件后能否满足其使用性能的要求。不同零件所要求的使用性能是不同的。选材的首要任务即是准确判断零件所要求的使用性能。

1. 根据零件的工作条件对使用性能提出要求

零件工作条件一般包括以下三个方面。

(1) 受力状况。受力状况主要是载荷的类型、大小、形式和特点。载荷类型包括动载荷、静载荷、循环载荷等，载荷形式包括拉伸载荷、压缩载荷、弯曲载荷、扭转载荷等，载荷特点包括均匀分布载荷、集中分布载荷等。

（2）环境状况。环境状况主要是工作温度和环境介质。工作温度是指低温、常温、高温、变温等工作条件，环境介质是指有无腐蚀、摩擦作用等。

（3）特殊性能要求。特殊性能要求主要是对导电性、磁性、热膨胀性、密度、外观等特殊性能的要求。

若材料性能不能满足零件的工作条件时，零件就不能正常工作或失效，一般而言，零件的使用性能主要是指材料的力学性能，零件工作条件不同，失效形式不同，力学判据要求也不同。在选材中，常用的力学判据有强度判据、塑性与韧性判据、硬度判据。

2. 判断零件失效形式

零件的失效形式与其特定的工作条件是分不开的。要深入现场，收集整理有关资料，进行相关的实验分析，判断失效的主要形式和原因，找出原设计的缺陷，提出改进措施，确定所选材料应满足的主要力学性能指标，为正确选材提供具有实际意义的信息，确保零件的使用效能和提高零件抵抗失效的能力。零件失效主要有变形失效、断裂失效和表面损伤失效三种。

（1）变形失效。在一定载荷作用下，大多数零件在工作时都处于弹性变形状态，一般的零件可允许一定限度的弹性变形，若发生过量的弹性变形就会造成零件失效，影响零件精度、加速磨损、降低零件的承载能力，且增加噪声等。零件的变形失效主要有弹性变形失效和塑性变形失效。

1）弹性变形。任何零件受外力作用首先会发生弹性变形，但是如果发生超过所允许的弹性变形就会失效。如镗床的镗杆，由于加工中产生较大的弹性变形，使零件加工的尺寸精度不够。

弹性变形的大小取决于材料的弹性模量和零件的几何尺寸，若零件的几何尺寸已确定，为减少弹性变形量，只能选用弹性模量大的材料。

2）塑性变形。机械零件在使用过程中，一般不允许有任何的塑性变形。塑性变形失效多发生在因偶然过载或零件工作应力超过了材料的屈服点，从而使零件产生过量塑性变形导致失效。

（2）断裂失效。零件在工作过程中发生断裂的现象称为断裂失效。由于受力条件、环境介质以及温度条件的不同，断裂可以有多种表现形式。

1）塑性断裂。零件在产生较大塑性变形后的断裂为塑性断裂或延性断裂。由于这是一种有先兆的断裂，即断裂前已产生过量塑性变形失效，故危险较小，比较容易防范。

2）低应力脆性断裂。低应力脆性断裂不产生明显的塑性变形，而工作应力远低于材料静载荷时的屈服点。强度高而塑性、韧性差的材料，脆性断裂倾向较大。脆性断裂常发生在有尖锐缺口或裂纹的零件中，特别是在低温或冲击载荷下最容易发生。

3）疲劳断裂。零件在受交变应力作用时，在远低于其静载时的强度极限应力下突然断裂。所有零部件工作过程中的失效，疲劳断裂占断裂失效的 50% ~90%。由于断裂前往往没有明显征兆，发生比较突然，所以疲劳断裂危害性较大。

实践上，材料的疲劳极限和抗拉强度有一定的经验关系：

低强度钢：$\sigma_{-1}=0.5\sigma_b$

高强度钢：$\sigma_{-1}=700$ MPa（当 $\sigma_b>1\ 400$ MPa 时）

灰口铸铁：$\sigma_{-1}=0.42\sigma_b$

球墨铸铁：$\sigma_{-1}=0.48\sigma_b$

铸造铜合金：$\sigma_{-1}=(0.35\sim0.4)\ \sigma_b$

4）蠕变断裂。蠕变断裂是零件在高温下长期受载荷作用，在低于其屈服点的条件下缓慢发生塑性变形，最终断裂的现象。因此，在高温下工作的材料应具有足够的抗蠕变能力。

(3) 表面损伤失效。零件的表面损伤失效主要是指零件表面的磨损，接触疲劳和腐蚀。

1）磨损：相互接触的零件间存在相对滑动时，接触表面发生摩擦损耗，引起尺寸的变化。磨损破坏是一种可以观察到的、渐发性的破坏形式，它使设备的精度降低，甚至使设备无法正常工作。

2）接触疲劳：产生相对滚动接触的零件如齿轮、凸轮、滚动轴承等，在工作过程中承受交变接触压应力的作用，在达到相当循环次数后，表层出现微小裂纹，从而引起点状剥落、疲劳点蚀或麻点等，这一现象即为接触疲劳。

3）腐蚀：腐蚀是材料表面受介质的影响而产生的一种化学或电化学反应的现象。潮湿的空气、水以及其他腐蚀性介质都可能使金属表面发生腐蚀，因而腐蚀失效也是一种比较普遍的失效方式。

3. 合理选用材料的力学性能指标

进行机械设计时，仅有对材料使用性能的要求是不够的，必须将这些使用性能要求量化为相应的性能指标数据。常用的力学性能指标有强度、塑性、韧性、疲劳强度、硬度等。由于零件工作条件和失效形式的复杂性，要求我们在选材时必须根据具体情况抓主要矛盾，找出最关键的力学性能指标，同时兼顾其他性能。

正确运用材料的强度、塑性、韧性等指标，在一般情况下，材料的强度越高，其塑性韧性越低。片面追求高强度以提高零件的承载能力不一定就是安全的，因为材料的塑性过多降低，遇有短时过载因素，应力集中的敏感性增强，有可能造成零件的脆性断裂。而较高的塑性值能消减零件应力集中处的应力峰值，提高零件的承载能力和抗脆断能力。

表 11-1 列出了常用零件的工作条件、失效形式及要求的主要力学性能指标。

4. 选材的方法

按力学性能选材时，具体方法有以下三种：以综合性能为主的选材；以疲劳强度为主的选材；以耐磨性为主的选材。

(1) 以综合性能为主的选材。当零件工作中承受冲击载荷或循环载荷时其失效形式主要是过量变形与疲劳断裂，因此，要求材料具有较高的强度、疲劳强度、塑性与韧性，即要求有较好的综合力学性能。一般可选用调质或正火状态的非合金钢、调质或渗碳合金钢、正火或等温淬火状态的球墨铸铁来制造。

(2) 以疲劳强度为主的选材。疲劳破坏是零件在交变应力作用下最常见的破坏方式。实践证明，材料抗拉强度越高，疲劳强度也越高。在抗拉强度相同时，调质后的组织比退火、正火的组织具有更好的塑性、韧性，且对应力集中敏感性小，具有较高的疲劳强度。因此，对受力较大的零件应选用淬透性较高的材料，以便进行调质处理。

表 11－1　典型机械零件的工作条件、失效形式及主要力学性能指标

零件	工作条件	主要失效形式	主要力学指标
紧固螺栓	拉应力、切应力	过量塑性变形断裂	强度、塑性
连杆螺栓	拉应力、冲击	过量塑性变形疲劳断裂	疲劳强度、屈服强度
连杆	交变拉压应力、冲击	疲劳断裂	拉压疲劳强度
活塞梢	交变切应力、冲击、表面接触应力	疲劳断裂	疲劳强度、耐磨性
曲轴及轴类零件	交变弯曲、扭转应力冲击、冲击、振动	疲劳、过量变形磨损	弯曲疲劳强度、屈服强度、耐磨性、韧性
传动齿轮	交变弯曲应力、交变接触压应力、摩擦、冲击	断齿、齿面麻点剥落，齿面磨损、齿面胶合	弯曲、接触疲劳强度、表面耐磨性、心部屈服强度
弹簧	交变弯曲或扭转应力、冲击	过量变形、疲劳	弹性极限、屈强比、疲劳极限
滚动轴承	交变压应力、接触应力、冲击、温升、腐蚀	过量变形、疲劳	接触疲劳强度、耐磨性、耐蚀性
滑动轴承	交变拉应力、温升、腐蚀、冲击	过量变形、疲劳、咬蚀、腐蚀	接触疲劳强度、耐磨性、耐蚀性
汽轮机叶片	交变弯曲应力、高温、燃气、振动	过量变形、疲劳腐蚀	高温弯曲疲劳强度、蠕变极限及持久强度、耐蚀性、韧性

(3) 以耐磨性为主的选材。两零件摩擦时，磨损量与其接触应力、相对速度、润滑条件及摩擦副的材料有关。而材料的耐磨性是其抵抗磨损能力的指标，它主要与材料的硬度、显微组织有关。摩擦较大而受力较小，应选高碳钢或高碳合金钢经淬火、低温回火，获得高硬度的回火马氏体和碳化物以满足耐磨性的需要。

总之，在选择材料时，应根据对材料力学性能指标数据的要求查阅有关手册，找到合适的材料，再根据材料的应用范围进行判断、选材。

11.1.2　工艺性原则

材料的工艺性能是指材料适应某种加工的难易程度。良好的工艺性能不仅可以保证零件的质量，而且有利于提高生产率和降低成本。一般金属材料的工艺性能包括铸造性、锻造性、焊接性、切削加工性和热处理工艺性。

(1) 铸造性。铸造性是指金属在铸造工艺中获得优良铸件的能力，包括流动性、收缩性、热裂倾向性、偏析及吸气性等。液态金属的流动性能越好，收缩性和偏析倾向越小，材料的铸造性能越好。

（2）锻造性。锻造性是指金属材料适合锻造的能力，包括金属的塑性和塑性变形抗力，塑性越好，塑性变形抗力越小，金属的锻造性能越好。如黄铜和铝合金在室温状态下就有良好的锻造性能；碳钢在加热状态下锻造性能较好；铸铁则不能锻造。

（3）焊接性。焊接性是金属材料对焊接加工的适应性，是指金属材料在一定的焊接方法、焊接材料、工艺参数及结构形式条件下，获得优质接头的难易程度。焊接性能好的材料，焊后可以得到优质焊接接头；若焊接性不好，则接头容易出现裂缝、气孔或其他缺陷。一般低碳钢焊接性好，碳的质量分数越高，可焊性越差。铜合金、铝合金、铸铁的焊接性都比碳钢差。

（4）切削加工性。切削加工性是指金属材料适合切削加工的难易程度。切削加工性与材料化学成分、力学性能及纤维组织有密切关系。一般认为硬度在 160 ~ 230 HBS 范围内切削加工性好。铸铁比钢的切削工艺性能好，一般碳钢比高合金钢的切削工艺性能好。

（5）热处理工艺性。热处理工艺性是指金属材料热处理后获得良好性能的能力。包括淬透性、变形开裂倾向、过热敏感性、回火脆性倾向、氧化脱碳倾向等。一般来说，不同的金属材料采用不同的热处理方法，所表现出来的性能是不一样的。

11.1.3 经济性原则

在满足使用性能要求的前提下，选用的材料应尽可能使零件的生产和使用的总成本最低，经济效益最高。可从以下几方面考虑。

1. 工程材料的价格

能够满足零件使用性能的材料往往不止一种，各种材料的价格差别比较大，在满足使用性能要求的前提下，应优先选用价格比较低的材料。如选用非合金钢和铸铁，不仅加工工艺性能好，而且生产成本低。

2. 零件的总成本

零件的总成本由生产成本与使用成本两部分组成。前者包括材料价格、加工费用等，后者包括产品维护、修理、更换零件及停机损失等，在选材时要综合考虑这几个方面对总成本的影响。

3. 国家的资源

选材时要注意所选材料是否符合我国的资源情况，特别是我国的镍、铬、钴等资源缺少，应尽量不选或少选含这类元素的钢或合金。

不同材料加工工艺不同，成本相差很大。在选用材料时，不能单凭材料价格或生产成本的高低来决定零件的选用，而应综合考虑材料对产品功能和成本的影响，从而获得最优化的技术效果和经济效益。例如，汽车齿轮用合金易切削钢制造，虽然材料价格比一般合金钢提高了，但节省工时、提高工效，所创造的经济效益是十分显著的。

11.1.4 零件的失效分析

失效分析的结果对零件的设计、选材、加工以及使用具有一定的指导意义。

1. 失效的概念

失效是指零件在使用过程中，由于尺寸、形状或材料组织与性能发生变化而失去原设计的效能。失效一般有三种表现形式：

(1) 零件完全破坏，不能继续工作。

(2) 零件严重损伤，继续工作但不安全。

(3) 零件虽能安全工作，但不能达到预期满意的作用。

零件的失效，特别是那些没有预兆的突然失效，往往会严重危及人的生命及财产安全，针对零件的失效进行分析，找出失效的原因以及提出预防措施，具有十分重要的意义。失效分析的结果对零件的设计、选材、加工以及使用具有一定的指导意义。

2. 零件失效的原因

造成机械零件失效的原因很多，零件在设计、选材、加工及安装、使用等方面的不当都会导致零件的失效。

(1) 设计不合理。零件设计不当而导致失效，主要表现在两个方面：一是零件的结构、尺寸设计不合理或结构工艺性不合理；二是设计时错误地估计了零件的工作条件，对零件承载能力设计不够，或是忽略、低估了温度、介质和其他因素的影响，致使零件早期失效。

(2) 选材不合理。选材时首先应该满足零件的使用性能要求，保证零件的正常工作和足够的抵抗破坏的能力。往往一个零件需要同时满足几个方面的性能要求，这就要求以最关键的性能作为选材的主要依据。

(3) 加工工艺不合理。零件在制造过程中，要经过一系列冷、热加工工序。任何不正确的加工工艺都可能造成缺陷。如冷加工时、零件表面有较深的刀痕；热加工时零件的表面存在裂纹、晶粒粗大等，这些都可能引起零件的失效。

(4) 安装、使用不正确。在装配过程中，机械零件配合过松或过紧，对中不良，固定太松或太紧等原因都会使机器在运转时产生附加应力和振动，致使零件发生早期失效。在使用中，不正确的操作，也会对机械零件造成伤害而产生过快失效。

11.2 热处理的应用

热处理是机械制造过程中的重要工序，正确理解热处理的技术条件，合理安排热处理工艺在整个加工过程中的位置，对于改善钢的切削工艺性能，保证零件的质量，满足使用要求具有十分重要的意义。

11.2.1 热处理方案的选择

选择热处理方案时，应根据所选材料，按照本单位的实际技术能力，尽量采用当前比较先进的热处理工艺。选择热处理方案的原则如下。

（1）对要求综合机械性能的零件，通常对钢进行调质处理。

（2）对要求弹性的结构件，如果不要求很大的弹性变形量，如各种弹簧，可选用弹簧钢，并根据所选材料采用消除应力退火或采用淬火和中温回火；如果要求大的弹性变形量，如敏感元件，则应选用铜基合金，可采用消除应力退火或“淬火+时效”。

（3）对要求耐磨的零件，当选用低碳钢和合金钢时，一般采用渗碳或氰化处理，若选用中碳钢和合金钢时，一般采用高频淬火、氯化或氮化处理。

（4）对要求特殊物理化学性能的零件，应根据工件环境和对零件提出的性能要求，选用不锈钢、耐热钢等，并根据技术要求进行相应的处理。

11.2.2 热处理在工序中的位置

热处理工序是零件制造过程的中间工序，合理安排热处理工序对保证零件质量和改善切削加工性具有重要意义。根据热处理的目的和工序位置的不同，热处理可分为预先热处理和最终热处理。

1. 预先热处理

预先热处理包括退火、正火、调质等。退火、正火的工序位置通常安排在毛坯生产之后、切削加工之前，以消除毛坯生产过程中产生的内应力，均匀组织，改善切削加工性，并为以后的热处理做好组织准备。对于精密零件，为了消除切削加工的残余应力，在半精加工之后还要安排去应力退火。调质工序一般安排在粗加工之后、精加工或半精加工之前，目的是为了获得良好的综合力学性能，为最终热处理作组织准备。

2. 最终热处理

最终热处理包括淬火、回火及表面热处理等，零件经最终热处理后获得所需要的力学性能。因最终热处理后零件的硬度很高，除磨削外，不宜进行其他形式的切削加工，故其工序位置一般安排在半精加工之后。有些零件性能要求不高，在毛坯生产之后进行退火、正火或调质即可满足要求，这时退火、正火和调质也可以作为最终热处理。

11.2.3 生产过程中常用的热处理工艺

1. 退火和正火

退火和正火通常作为预备热处理工序，一般安排在毛坯生产之后，切削加工之前。对于精密零件，为了消除切削加工的残余应力，在切削加工工序之间还应安排去应力退火。工艺路线安排为：

毛坯生产（铸、锻、焊冲压等）→退火或正火→机械加工

2. 调质处理

这种处理既可作为最终热处理，又可作为以后表面淬火和为易变形的精密零件的淬火做好准备。调质工序一般安排在粗加工之后，精加工或半精加工之前，一般的工艺路线

应为：

下料→锻造→正火（退火）→粗加工（留余量）→调质→精加工

3. 淬火、回火

在生产中，根据回火后的硬度是否便于加工来考虑淬火、回火位置。大致有两种情况，一种情况是回火后硬度要求高，切削困难，则淬火、回火放在切削加工之后，磨削加工之前，其工艺路线为：

下料→锻造→退火（正火）→粗加工→淬火、回火（HRC <35）→磨削

另一种情况是回火后要求硬度较低，切削不困难，则淬火、回火放在精加工之前，工艺路线为：

下料→锻造→退火（正火）→粗加工→淬火→回火→精加工→磨削

11.2.4　零件热处理的技术条件标准

热处理的技术条件包括热处理的方法及热处理后应达到的力学性能要求。设计者应根据零件的工作条件、所选用的材料及性能要求提出热处理技术条件，并标注在零件图上。一般零件均以硬度作为热处理技术条件，对渗碳零件应标注渗碳层深度，对某些性能要求较高的零件还需标注力学性能指标或金相组织要求。

标注热处理技术条件时，可用文字在图样标题栏上方作扼要说明。推荐采用 GB/T 12603—2005《金属热处理工艺分类及代号》的规定标注热处理工艺，并标注应达到的力学性能指标及其他要求。

热处理工艺代号标记规定

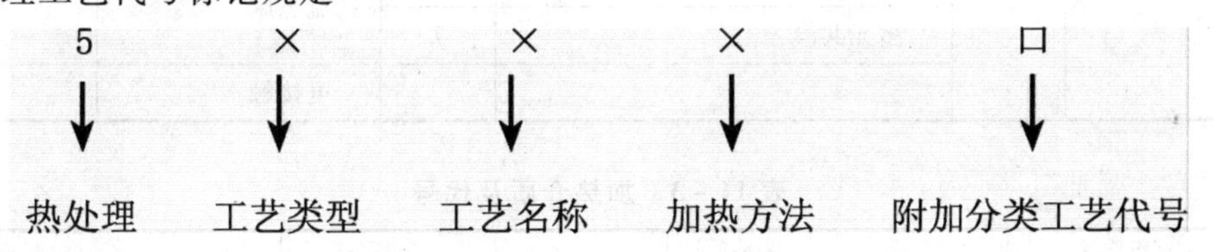

热处理工艺代号由基础分类工艺代号及附加分类工艺代号组成，其中基础分类工艺代号包括：工艺类型、工艺名称和加热方法，均有相应的代号来表示，如表 11 -2 所示。其中工艺类型分为整体热处理、表面热处理和化学热处理；工艺名称是按照获得组织状态或渗入元素来进行分类；加热方法分为加热炉加热、感应加热、电阻加热等。

附加分类是对基础分类中某些工艺的具体条件再进一步细化分类，其中包括：各种热处理的加热介质（表 11 -3）、退火工艺方法（表 11 -4）、淬火冷却介质或冷却方法（表 11 -5）、渗碳和碳氮共渗后冷却方法（表 11 -6）等。如图 11 -1 所示，5151 表示对螺钉施以整体调质，热处理后硬度达到 230 ~250 HBS；其尾部要进行火焰加热表面淬火和低温回火，故代号为 5213，热处理后硬度为 42 ~48 HRC。

表 11－2　热处理工艺分类及代号

代号	工艺类型	代号	工艺名称	代号	加热方式	代号
5	整体热处理	1	退火	1	可控气氛（气体）	01
			正火	2		
			淬火	3	真空	02
			淬火和回火	4		
			调质	5	盐浴（液体）	03
			稳定化处理	6		
			固溶处理、水韧处理	7	感应	04
			固溶处理和时效	8		
	表面热处理	2	表面淬火和回火	1	火焰	05
			物理气相沉积	2		
			化学气相沉积	3	激光	06
			等离子体化学气相沉积	4		
			离子注入	5	电子束	07
	化学热处理	3	渗碳	1		
			碳氮共渗	2	等离子体	08
			渗氮	3		
			氮碳共渗	4	固体装箱	09
			渗其他非金属	5		
			渗金属	6	流态床	10
			多元共渗	7		
					电接触	11

表 11－3　加热介质及代号

加热介质	固体	液体	气体	真空	保护气氛	可控气氛	液态床
代号	S	L	G	V	P	C	F

表 11－4　退火工艺及代号

退火工艺	去应力退火	均匀化退火	再结晶退火	石墨化退火	脱氢处理	球化退火	等温退火	完全退火	不完全退火
代号	St	H	R	G	D	Sp	I	F	P

表 11－5　淬火冷却介质和冷却方法代号

冷却介质和方法	空气	油	水	盐水	有机聚合物水溶液	热浴	加压淬火	双介质淬火	分级淬火	等温淬火	形变淬火	气冷淬火	冷处理
代号	A	O	W	B	Po	H	Pr	I	M	At	Af	G	C

表11－6 渗碳、碳氮共渗后冷却方法及代号

冷却方法	直接淬火	一次加热淬火	二次加热淬火	表面淬火
代号	g	R	t	h

例：螺钉（45钢）图11－1

1. 材料45钢

2. 热处理技术条件

5151，235 HBS

尾5213，45 HRC

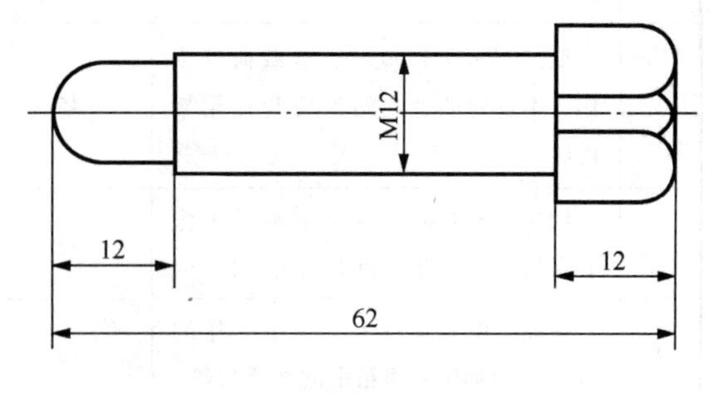

图11－1 热处理技术条件标注示例

11.3 典型零件的选材与热处理

金属材料是目前的主要机械工程材料，与非金属材料相比，金属材料具有优良的综合力学性能，并可通过热处理、加工硬化等手段大幅度调整其各种性能，同时生产成本较低。所以金属材料特别是钢铁材料，目前仍是机械工业中最主要的结构材料。下面以典型零件的选材与工艺分析为例进行介绍。

11.3.1 齿轮类零件选材与热处理应用

齿轮是机械工业中应用最广泛的零件之一，它主要用于传递动力、调节速度和方向。

1. 齿轮的工作条件及失效形式

齿轮在工作时，一般齿根受较大的交变弯曲应力作用，在啮合中齿面承受很大的接触疲劳应力，在换挡、启动或啮合不匀时轮齿还会受到一定冲击载荷作用。

齿轮的主要失效形式有轮齿折断、齿面磨损和接触疲劳破坏。除过载外，轮齿根部的弯曲疲劳应力是造成轮齿折断的主要原因。齿面接触区的强烈摩擦，会使齿厚减小、齿隙加大，从而引起齿面磨损失效。在交变接触应力作用下，齿面产生微裂纹并逐渐剥落，形成麻点，造成接触疲劳失效。

2. 齿轮材料性能的要求及齿轮常用材料和热处理应用

根据上述情况，制造齿轮的材料应满足下列要求：

（1）较高的表面硬度和耐磨性。

（2）足够的心部强度和韧性。

（3）较高的接触疲劳强度和弯曲疲劳强度。

此外，还要求材料有较好的加工工艺性能，如良好的切削加工性、良好的淬透性、热处理变形小等。常用机床齿轮材料和热处理方法见表11－7。

表 11-7 常用机床齿轮材料和热处理方法

序号	工作条件	钢号	热处理工艺	硬度要求
1	在低载荷下工作，要求耐磨性高的齿轮	15（20）	900 ℃～950 ℃渗碳，直接淬冷，或780 ℃～800 ℃水淬，180 ℃～200 ℃回火	58～63 HRC
2	低速（<0.1 m/s）、低载荷下工作，不重要的变速箱齿轮和挂轮架齿轮	45	840 ℃～860 ℃正火	156～217 HBS
3	低速（≤1 m/s）、低载荷下工作的齿轮（如车床溜板上的齿轮）	45	820 ℃～840 ℃水淬，500 ℃～550 ℃回火	200～250 HBS
4	中速、中载荷或大载荷下工作的齿轮（如车床变速箱中的次要齿轮）	45	860 ℃～900 ℃高频感应加热。水淬，350 ℃～370 ℃回火	45～50 HRC
5	速度较大或中等载荷下工作的齿轮，齿部硬度要求较高（如钻床变速箱中的次要齿轮）	45	860 ℃～900 ℃高频感应加热。水淬，280 ℃～320 ℃回火	45～50 HRC
6	高速、中等载荷，要求齿面硬度高的齿轮（如磨砂轮箱齿轮）	45	860 ℃～900 ℃高频感应加热。水淬，180 ℃～200 ℃回火	52～58 HRC
7	速度不大、中等载荷、断面较大的齿轮（如铣床工作台变速箱齿轮，立车齿轮）	40Cr 42SiMn	840 ℃～860 ℃油淬，600 ℃～650 ℃回火	200～230 HBS
8	中等速度（2～4 m/s）、中等载荷、不大的冲击下工作的高速机床进给箱、变速箱齿轮。	40Cr 42SiMn	调质后 860 ℃～880 ℃高频感应加热。乳化液冷却，180 ℃～200 ℃回火。	45～50 HRC
9	高速、高载荷，齿部要求高硬度的齿轮	40Cr 42Cr Mn	调质后860 ℃～880 ℃高频感应加热。乳化液冷却，180 ℃～200 ℃回火。	50～55 HRC
10	高速、中载荷、受冲击、模数小于5 mm的齿轮（如机床变速箱齿轮，龙门铣床的电动机齿轮）	20Cr 20Cr Mn	900 ℃～950 ℃渗碳，直接淬火800 ℃～820 ℃再加热油淬，180 ℃～200 ℃回火	58～63 HRC
11	高速、重载荷、受冲击、模数大于6 mm的齿轮（如立车上重要的弧齿锥齿轮）	20CrMTi 20Si MnVB 12CrNi3	900 ℃～950 ℃渗碳，降温至820 ℃～850 ℃淬火，180 ℃～200 ℃回火	58～63 HRC
12	高速、重载荷、形状复杂要求热处理变形小的齿轮	38CrMoAl 38CrAl	正火调质后 510 ℃～550 ℃氮化	>850 HV
13	在不高载荷下工作的大型齿轮	50Mn2 65Mn	820 ℃～840 ℃空冷	<241 HBS

3. 机床齿轮选材与热处理应用

机床齿轮的工作条件较好，负载不大、转速中等、工作平稳，少有强烈的冲击，对齿轮心部强度和韧性要求不高，但要有较高的接触疲劳强度、弯曲强度、表面硬度与耐磨性，还应保证高的传动精度和小的工作噪声。一般情况下可以选用45钢或40Cr，40MnB等中碳合金钢制造，后者淬透性更好。机床齿轮的工艺路线一般为：

下料→锻造→正火→粗加工→调质或正火→精加工→齿部高频表面淬火+低温回火→精磨

毛坯锻造是由于机床齿轮选用了中碳或中碳合金钢材并且经锻造镦粗后的毛坯，可提高齿轮的强度、耐磨性和耐冲击性，故选用锻造毛坯。

切削加工一般选用“车削—滚齿—插键槽”的方法，由于机床齿轮选用的45钢、40Cr等均属于中碳钢，而中碳钢在切削加工时具有切削抗力较小、零件加工后表面质量较好、切屑易断等良好的切削加工性能，故选用切削加工方法较为适宜。

精加工选择磨齿方法，由于中碳钢具有良好的综合力学性能，磨削时不易产生烧伤现象，从而保证了较高的表面质量。

正火作为预备热处理工艺可以消除锻造毛坯的应力，细化组织，调整毛坯的硬度到适合切削加工的范围。

调质处理的目的是为了保证齿轮具有较高的综合力学性能，保证齿的心部具有足够的强度和韧性以承受较大的交变弯曲应力和冲击载荷作用。同时还可以减少淬火后的变形，对于性能要求不高的齿轮可以不进行调质处理。

“高频表面处理+低温回火处理”可以使齿面的硬度超过50 HRC，有利于提高齿轮的耐磨性和接触疲劳抗力。特别是在高频表面淬火处理后，齿面存在残余压应力，有利于提高齿轮的疲劳抗力，防止表面出现麻点或剥落。

4. 汽车、拖拉机齿轮选材与热处理

汽车变速箱中的齿轮如图11-2所示，主要用来调节发动机曲轴和主轴凸轮的转速比，以改变汽车运行速度。

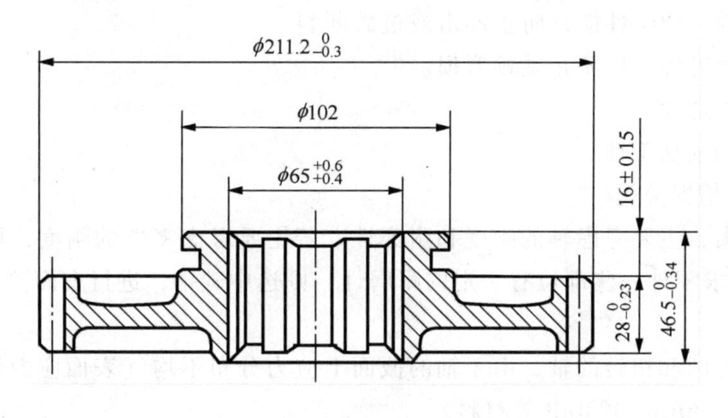

图11-2 汽车变速箱齿轮

与机床齿轮比较，汽车、拖拉机齿轮工作时受力较大，受冲击频繁，因而对性能的要求较高。这类齿轮通常使用合金渗碳钢，如20Cr，20CrMnTi，20MnVB等制造。其中20CrlVlnTi钢具有较高的力学性能，经渗碳淬火处理及低温回火后表面的硬度可达58~62 HRC，心部硬度为30~45 HRC。这种钢还具有良好的工艺性能，适合大量的使用。其加工工艺路线为：

下料→模锻→正火→机械粗、半精加工（内孔及端面留磨量）→渗碳（孔防渗）、淬火+低温回火→喷丸→精加工

正火是为了均匀和细化组织，消除锻造应力，获得良好的切削工艺性能。

渗碳、淬火及低温回火是为了使齿面具有较高的硬度及耐磨性，表面硬度可以达到58～62 HRC。而心部可得到低碳马氏体组织，硬度可达 33～48 HRC，并具有较高的强度和足够的韧性。

喷丸处理是一种强化手段，可使零件渗碳表层的压应力进一步增大，有利于提高疲劳强度，同时可以消除工件表面的氧化皮。

11.3.2 轴类零件选材与热处理应用

1. 轴类零件选材

轴是机械工业中最基础的零部件之一，主要以支撑传动零部件并传递运动和动力。

(1) 轴的工作条件及失效形式。

1) 承受交变弯曲与扭转复合载荷。

2) 在某些工作条件下，轴可能受到冲击作用。

3) 在与其他零件相连结的轴颈或花键处有摩擦作用。

4) 特殊条件下受到环境介质与工作温度的影响。

5) 轴的失效形式主要是疲劳断裂和轴颈处磨损，有时也发生冲击过载断裂，个别情况下发生塑性变形或腐蚀失效。

(2) 对轴类零件材料的性能要求。

1) 高的疲劳强度、防止轴疲劳断裂。

2) 良好的综合力学性能，防止冲击或过载断裂。

3) 良好的耐磨性，以防止轴颈磨损。

4) 足够的淬透性。

5) 良好的切削加工性。

(3) 按受力情况分类。

1) 受力不大，主要考虑轴的刚度和耐磨性。若主要考虑零件的刚度，可选碳钢或球墨铸铁制造；若要求零件一些部位有一定的耐磨性，则选中碳钢，进行表面淬火，将硬度提高达到要求。

2) 主要受弯曲和扭转的轴，由于轴的截面上应力分布不均（表面应力较大，心部应力较小），可选 45、40Cr、40MnB 等材料。

3) 要求精度高、高尺寸稳定性及耐磨性的轴，选合金钢，如镗床主轴，采用38CrMoAlA，进行调质处理、氮化处理，使得零件达到要求。

4) 承受弯曲（或扭转）和拉-压载荷的轴，这类轴受力均匀，心部受力也大，需选淬透性较好的钢材。

2. 轴类零件的热处理

(1) 正火或退火。目的是改善切削加工性能，消除锻造应力和组织不均匀性。

(2) 调质处理。目的是提高主轴的综合力学性能，获得回火索氏体组织，以便表面淬火时得到均匀的硬化层（25～30 HRC）。

(3) 去应力处理。为了消除机械加工过程中的切削应力，减少最终热处理的变形，一般安排在半精加工之后，最终热处理前。

(4) 表面淬火。为了使轴颈及磨损部位获得高的硬度，提高其耐磨性和疲劳强度。

(5) 渗碳—淬火。使表面具有更高的硬度和耐磨性，而心部仍保持一定强度和韧性。

(6) 氮化处理。目的也是提高表面硬度和耐磨性以及提高疲劳强度和耐蚀性能，在氮化前，先将轴进行调质处理，以保证主轴心部具有良好的综合机械性能，随后再进行去应力处理，以减少氮化后的变形量，氮化处理后不再进行其他热处理。

3. 举例

(1) 机床主轴零件的选材及热处理应用。主轴是机床的重要零件之一，如图 11－3 所示，在工作时，高速旋转的主轴承受弯曲、扭转和冲击等多种载荷作用，要求它具有足够的刚度、强度、耐疲劳、耐磨损以及精度稳定等性能。

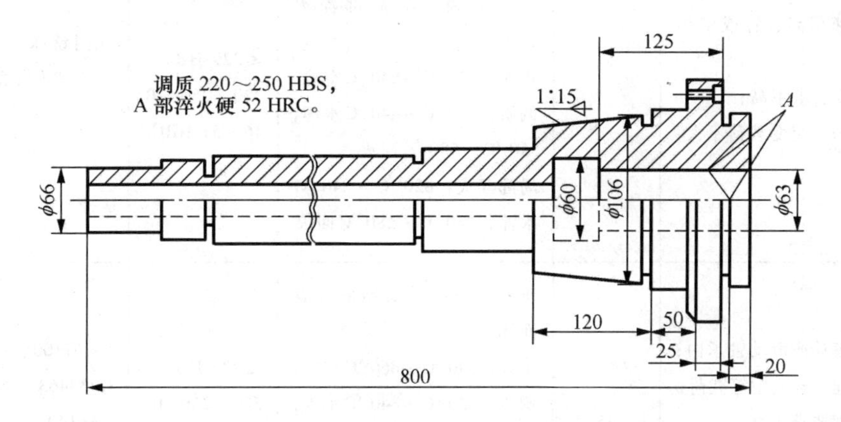

图 11－3 C620 车床主轴简图

该主轴承受交变扭转和弯曲载荷，但载荷和转速不高，冲击载荷也不大，轴颈和锥孔处有摩擦。

按以上分析，C620 车床主轴可选用 45 钢，经调质处理后，硬度为 220～250 HBS，轴颈和锥孔需进行表面淬火，硬度为 46～54 HRC。其工艺路线为：

备料→锻造→正火→机械粗加工→调质→机械精加工→表面淬火＋低温回火→磨削

毛坯进行锻造，是由于 45 钢具有良好的锻造性能，经加热锻造后，金属内部纤维组织沿表面分布均匀，可提高轴的强度、耐磨性和耐冲击性，改善力学性能，另外，还能减少机械加工量，节约材料。

机械加工一般选用车削和钻孔的方法，由于机床主轴选用的 45 钢属于中碳钢，而中碳钢在车削加工时具有切削抗力较小、切屑易断等良好的切削加工性能，故选用车削加工方法较为适宜。

精加工选择磨削，是由于45钢经热处理后具有良好的综合力学性能，磨削可获得较高加工精度和表面质量。

正火可改善组织，消除锻造缺陷，调整硬度便于机械加工，并为调质做好准备。调质可获得回火索氏体，具有较高的综合力学性能，提高疲劳极限和抗冲击能力。

“表面淬火+低温回火”可使轴颈部位获得高硬度和高耐磨性。表11-8给出了机床主轴的选材和热处理工艺。

表11-8　根据工作条件推荐选用的机床主轴材料及其热处理工艺

序号	工作条件	选用钢号	热处理工艺	硬度要求	应用举例
1	a. 在滚动轴承内运转； b. 低速、轻或中等载荷； c. 精度要求不高； d. 稍有冲击载荷	45	调质：820 ℃～840 ℃淬火，550 ℃～580 ℃回火	220～250 HB	一般简易机床主轴
2	a. 在滚动轴承内运转； b. 转速稍高、轻或中等载荷； c. 精度要求不高； d. 冲击、交变载荷不大	45	整体淬硬：820 ℃～840 ℃水淬，350 ℃～400 ℃回火	40～45 HRC	龙门铣床、立式铣床、小型立式车床的主轴
			正火或调质后局部淬火 正火：820 ℃～840 ℃空冷， 调质：820 ℃～840 ℃水淬，550 ℃～580 ℃回火。 局部淬火：820 ℃～840 ℃水淬，240 ℃～280 ℃回火	≤229 HB 220～250 HB 46～51 HRC （表面）	
3	a. 在滚动或滑动轴承内； b. 低速、轻或中等载荷； c. 精度要求不高； d. 有一定的冲击、交变载荷	45	正火或调质后轴颈部分表面淬火 正火：840 ℃～860 ℃空冷。 调质：820 ℃～840 ℃水淬，550 ℃～580 ℃回火。 轴颈表面淬火：860 ℃～900 ℃高频淬火（水淬），160 ℃～250 ℃回火	≤229 HB 220～250 HB 46～51 HRC （表面）	CW61100、 CB34463、 CA6140、 C61200 等重型车床主轴
4	a. 在滚动轴承内运转； b. 中等载荷、转速略高； c. 精度要求较高； d. 交变、冲击载荷较小	40Cr、 40MnB、 40MnVB	整体淬硬：830 ℃～880 ℃，油淬； 360 ℃～400 ℃回火	40～45 HRC	滚齿机、铣齿机、组合机床的主轴
			调质后局部淬硬 调质：840 ℃～860 ℃，油淬： 600 ℃～650 ℃回火， 局部淬硬：油淬， 280 ℃～320 ℃回火	220～250 HB 46～51 HRC	

续表

序号	工作条件	选用钢号	热处理工艺	硬度要求	应用举例
5	a. 在滚动轴承内运转； b. 中或重载荷、转速略高； c. 精度要求较高； d. 有较高的交变、冲击载荷	40Cr、 40MnB、 40MnVB	调质轴颈表面淬火 调质：840 ℃ ~860 ℃油淬，540 ℃ ~620 ℃回火。 轴颈淬火：860 ℃ ~880 ℃，高频淬火，乳化液冷淬，160 ℃ ~280 ℃回火	220 ~280 HB 46 ~55 HRC	铣床 C6132 车床主轴、M745B 磨床砂轮主轴
6	a. 在滚动或滑动轴承内运转； b. 轻、中载荷，转速较低	50Mn2	正火：820 ℃ ~840 ℃空冷	S≤241 HB	重型机床主轴
7	a. 在滑动轴承内运转； b. 中等或重载荷； c. 要求轴颈部分有更高的耐磨性； d. 精度很高； e. 有较高的交变应力，冲击载荷较小	65Mn	调质后轴颈和方头处局部淬火 调质：790 ℃ ~820 ℃油淬，580 ℃ ~620 ℃回火， 820 ℃ ~840 ℃油颈高频淬火，200 ℃ ~220 ℃回火。 头部淬火：790 ℃ ~820 ℃油淬，260 ℃ ~300 ℃回火	250 ~280 HB 56 ~61 HRC 50 ~55 HRC	M1450 磨床主轴
8	工作条件同上，但表面硬度要求更高	GCr15、 9Mn2V	调质后轴颈和方头处局部淬火 调质：840 ℃ ~860 ℃油淬，650 ℃ ~680 ℃回火。 局部淬火：840 ℃ ~860 ℃油淬，160 ℃ ~200 ℃回火	250 ~280 HB ≥50 HRC	MQ1420、 MB1432A 磨床砂轮主轴
9	a. 在滑动轴承内运转； b. 中等载荷、转速很高； c. 精度要求不很高； d. 有很高的交变，冲击载荷	36CrMoAl	调质后渗碳 调质：930 ℃ ~950 ℃油淬，630 ℃ ~650 ℃回火， 渗氮：510 ℃ ~560 ℃渗氮	≤260 HB ≥850 HV （表面）	M1G1432 高精度磨床砂轮主轴、T4240A 坐标镗床主轴、T68 镗杆
10	a. 在滑动轴承内运转； b. 中等载荷、转速很高； c. 精度要求不很高； d. 冲击载荷不大，但交变应力较高	20Cr、 20Mn2B、 20MnVB、 20CrMnTi	渗碳淬火 910 ℃ ~940 ℃渗碳， 790 ℃ ~820 ℃淬火（油）， 160 ℃ ~200 ℃回火	表面≥ 59 HRC	Y236 刨齿机、Y58 插齿机主轴，外圆磨床头架主轴和内圆磨床主轴

续表

序号	工作条件	选用钢号	热处理工艺	硬度要求	应用举例
11	a. 在滑动轴承内运转； b. 重载荷时、转速很高； c. 高的冲击载荷； d. 很高的交变应力	20CrMnTi、12CrNi3	渗碳淬火 910 ℃ ~940 ℃渗碳， 320 ℃ ~340 ℃油淬， 160 ℃ ~200 ℃回火	表面≥59 HRC	Y7163 齿轮磨床、CG1107 车床、SG8030 精密车床主床主轴

(2) 内燃机曲轴选材及热处理应用。曲轴是内燃机中形状比较复杂而又重要的零件之一，它将连杆的往复传递动力转化为旋转运动并输出至变速机构。如图 11 -4 所示。

图 11 -4　4BT 内燃机曲轴

在这样的复杂工作条件下，内燃机曲轴表现出的失效方式主要是疲劳断裂和轴颈表面的磨损。因而要求曲轴材料具有高的弯曲与扭曲疲劳强度，足够高的冲击韧性、局部较高的表面硬度和耐磨性。

通常低速内燃机曲轴：选用正火态的 45 钢或球墨铸铁，中速内燃机曲轴选用调质态的 45 钢、调质态的中碳合金钢（例如 40Cr）或球墨铸铁，高速内燃机曲轴选用强度级别再高一些的合金钢（例如 42CrMo 等）。内燃机曲轴的工艺路线为：

备料→锻造→正火→机械粗加工→调质→机械精加工→轴颈表面淬火 + 低温回火→磨削

曲轴的热处理关键技术是表面强化处理，各热处理工序的作用与机床主轴的相同。近年来常采用球墨铸铁代替 45 钢制成曲轴，其工艺路线为：

备料→熔炼→铸造→正火→高温回火→机械加工→轴颈表面淬火 + 低温回火

铸造质量是球墨铸铁的关键，首先要保证铸铁的球化良好、无铸造缺陷，球墨铸铁曲轴一般均采用正火处理，以增加组织中的珠光体含量并细化珠光体，提高其强度、硬度和耐磨性，为表面处理做好组织准备，表面强化处理一般采用感应淬火或氮化工艺，低温回火的目的是消除正火所造成的内应力。

思考与练习

1. 选择零件材料应遵循哪些原则？
2. 零件的三种基本的失效方式是什么？哪些因素会造成零件的失效？

3. 机床变速箱齿轮多采用调质钢制造，而汽车、拖拉机变速箱齿轮多采用渗碳钢制造，为什么？

4. 现有T12钢制造的丝锥，成品硬度要求达到60 HRC以上，加工工艺路线为：轧制→热处理→机加工→热处理→机加工。试写出上述热处理工序的具体内容及其作用。

5. 两个20钢制造的形状、尺寸相同的工件，一个进行高频感应淬火，一个进行渗碳淬火，试用最简单的方法进行区别。

6. 形状复杂、变形量大的低碳钢薄壁工件，常要进行多次冲压才能完成成型，在每次冲压后通常要进行什么热处理？为什么？

7. 为什么齿轮、凸轮轴、活塞销等承受冲击和交变载荷的机械零件要进行表面热处理？

第12章　有色金属及其合金

本章简介：本章主要介绍常见的有色金属及其合金的分类、性能及用途，了解铝、铜、镁、钛和轴承合金的性能特点及强化方法。

重点：铝、铜及其合金的分类、性能和用途。

难点：有色金属的强化方法。

金属材料分为黑色金属和有色金属两大类。黑色金属主要是指钢和铸铁，其余金属均称为有色金属。有色金属的种类很多，按其特点可分为轻金属铝（Al）、镁（Mg）等，重金属铜（Cu）、铅（Pb）、锡（Sn）等，稀有金属钨（W）、钼（Mo）等，贵金属金（Au）、银（Ag）、铂（Pt）和放射性金属镭（Ra）、铀（U）等。

与黑色金属相比，有色金属及其合金具有许多特殊的力学、物理和化学性能。具有比密度小、比强度高（强度与质量之比），导电性能和导热性能优良，熔点高等特点。因此，已经成为现代工业中不可缺少的重要工程材料，广泛地用于机械制造、航空、航海、化工、电器等部门。

有色金属品种繁多，使用量少，在机械制造业中，仅仅占4.5%左右，但它们具有钢铁材料没有的许多特殊性能，因此在机械工业中是必不可少的。本章仅介绍机械工业中广泛使用的铝及其合金、钛及其合金、铜及其合金、镁及其合金以及轴承合金。

12.1　铝与铝合金

铝及其合金是应用最为广泛的一种有色金属，产量仅次于钢铁。

12.1.1　工业纯铝

纯铝是一种银白色金属，纯铝的熔点为660 ℃，固态下密度较小（2.7 g/cm^3）属于轻金属，具有面心立方晶格，无同素异构转变，塑性好（$\psi=80\%$），强度低（$\sigma_b=80\sim100$ MPa），一般不作结构件使用，适于冷热压力加工，通过加工硬化，可使纯铝的强度提高一倍以上，但塑性下降。

纯铝是非磁性的，且导电性、导热性好，仅次于银、铜、金。常温下铝的导电能力约为铜的62%，但按单位质量的导电能力计算，则为铜的200%。

铝和氧的亲和力较强。在空气中，铝的表面可生成致密的氧化膜，可隔绝空气，有效地阻止金属继续氧化，所以纯铝在大气中具有良好的耐腐蚀性。

铝在 -253 ℃ ~0 ℃范围的低温状态下具有良好的塑性和韧性。

根据纯铝的特点，纯铝主要用于配制各种铝合金，代替铜制造电缆、电器零件、蜂窝结构、装饰件及日常生活用品。

1. 工业纯铝

工业纯铝的纯度在 99.7% ~98%，旧标准以 L1、L2、L3 等表示，“L”后面的数字愈大，其纯度愈低。

1070（L1）、1060（L2）、1050（L3）等，主要用于高导电体、电缆、导电机件和防腐机械。1035（L4）、1200（L5）等，主要用于器皿、管材、棒材、型材和铆钉等。

2. 工业高纯铝

高纯铝的纯度在 99.85% ~99.99%，旧标准以 LG1、LG2、LG3 等表示，后面的数字越大，纯度越高。1A85（LG1）、1A90（LG2）、1A93（LG3）等，主要用于制作铝箔、包铝及冶炼铝合金的原材料。

12.1.2 铝合金

1. 铝合金的分类

工业上为提高铝的强度、硬度，在铝中加入一定的合金元素得到铝合金。目前用于制作铝合金的合金元素大致分为主加元素硅（Si）、铜（Cu）、镁（Mg）、锌（Zn）、锰（Mn）等和辅加元素铬（Cr）、钛（Ti）、锆（Zr）等两类。主加元素一般具有高溶解度并能起显著强化作用，辅加元素作用是为改善铝合金的某些工艺性能（如细化晶粒，改善热处理性能等）。它们与铝形成的二元合金相图一般具有图 12－1 的形式。根据此图上的最大溶解度 D 点，将铝合金分为两大类：最大溶解度 D 点左边的为变形铝合金和最大溶解度 D 点右边的为铸造铝合金。

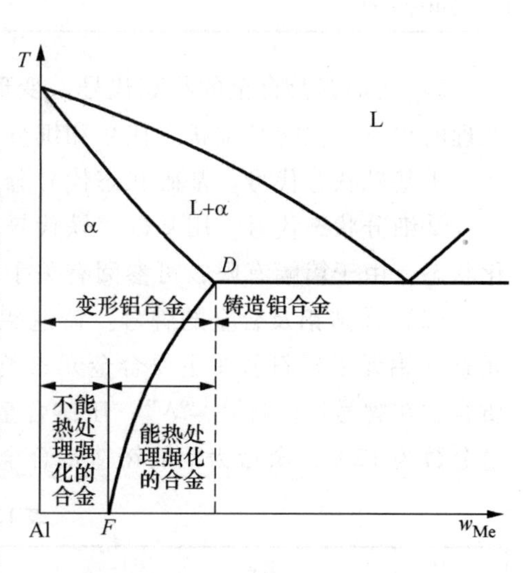

图 12－1 铝合金的分类示意图

2. 铝合金的牌号

（1）变形铝及合金的牌号。

1）采用四位字符体系命名。四位字符体系牌号的第一、三、四位为阿拉伯数字。

①第一位数字表示铝合金的组别，铝合金组别按主要合金元素来确定，主要合金元素指含量的算术平均值为最大的，当有两个或两个以上的合金元素含量同为最大，则按 Cu、Mn、Si、Mg、Mg_2Si、Zn、其他元素的顺序来确定合金组别，见表 12－1。

②第二位为英文大写字母，牌号第二位的字母表示纯铝或原始合金的改型情况，A 表示原始纯铝或原始合金，B ~ Y 等字母（除 C、I、L、N、O、P、Q、Z 字母）则表示原始纯铝或合金的改型（其元素含量略有改变），牌号最后两位没有特殊意义，仅用来区分同一组中不同的铝合金，铝合金的牌号用 2××× ~8×××系列。

③纯铝的表示，铝的质量分数不低于 99.00% 为纯铝，其牌号用 1×××系列表示，牌号的最后两位数字表示纯铝的纯度，当最低铝质量分数精确到 0.01% 时，最后两位数字就

是小数点后面的两位，如1A98表示原始纯铝，含铝量为99.98%。

表12-1　牌号组别及系列

组别	牌号
纯铝	1×××
以铜为主要合金元素的铝合金	2×××
以锰为主要合金元素的铝合金	3×××
以硅为主要合金元素的铝合金	4×××
以镁为主要合金元素的铝合金	5×××
以镁和硅为主要合金元素的铝合金	6×××
以锌为主要合金元素的铝合金	7×××
以其他合金元素为主要合金元素的铝合金	8×××
备用合金组	9×××

2）变形铝及合金的状态代号。变形铝及合金的状态是指交货时是否经过加工或某种热处理的状态，包括基础状态代号和细分状态代号。

①基础状态代号。基础状态代号分5种，见表12-2。

②细分状态代号。用基础铸铁代号后跟一位或多位数字表示，例如H1表示单纯加工硬化状态，由于篇幅有限，可参阅有关手册。

（2）铸造铝及合金的牌号。铸造铝合金的牌号用“铸”字汉语拼音字首“Z”+基本元素（铝元素）符号+主要合金元素符号+主要添加合金元素的质量分数的百倍表示。优质合金在牌号后面标注“A”，压铸合金在牌号前面冠以字母“YZ”。如ZAlSi12表示硅的质量分数为12%，余量为铝的铸造铝合金。

表12-2　基础状态代号

代号	名称	说明
F	自由加工状态	适用于在成型过程中，对加工硬化和热处理条件无特殊要求的产品
O	退火状态	适用于经完全退火获得最低强度的加工产品
H	加工硬化状态	适用于通过加工硬化提高强度的产品，H代号后必须有两位或三位阿拉伯数字
W	固溶热处理状态	一种不稳定状态，仅适用于经固溶热处理后，室温下自然时效的合金（处于自然时效状态）
T	热处理状态 （不同于F、O状态）	适用于热处理后经过（或不经过）加工硬化达到稳定状态的产品，T代号后面必须跟一位或多位数字

3. 铝合金的强化方式

（1）时效处理。将铝合金加热到α相区，经保温获得单相α固溶体后，在水中快冷，其强度、硬度并没有明显升高，而塑性却得到改善，这种热处理称为固溶热处理。淬火后，铝合金的强度和硬度随时间延长会发生显著提高，这种现象称为时效强化。室温下进行的时效称为自然时效，加热条件下的进行的时效称为人工时效。

铝合金淬火后，在室温下其强度随时间变化的曲线（自然时效曲线）。由图 12－2 可知，自然时效在最初一段时间内，对铝合金强度影响不大，这段时间称为孕育。在这段时间内，对淬火后的铝合金可进行冷加工（如铆接、弯曲、校直等），随着时间的延长，铝合金才逐渐被显著强化。

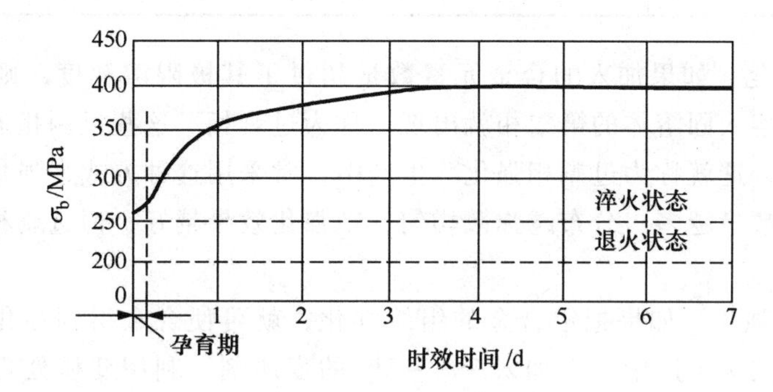

图 12－2　w_{Cu}为 4%的铝合金自然时效曲线

铝合金时效强化的效果还与加热温度有关，图 12－3 为不同温度下的人工时效对强度的影响。时效温度增高，时效强化过程加快，即铝合金达到最高强度所需时间缩短，但最高强度值却降低，强化效果不好。如果时效温度在室温以下，原子扩散不易进行，则时效过程进行很慢。例如，在－50 ℃以下长期放置后，淬火铝合金的力学性能几乎没有变化。如果人工时效的时间过长（或温度过高），反而使合金软化，这种现象称为过时效。

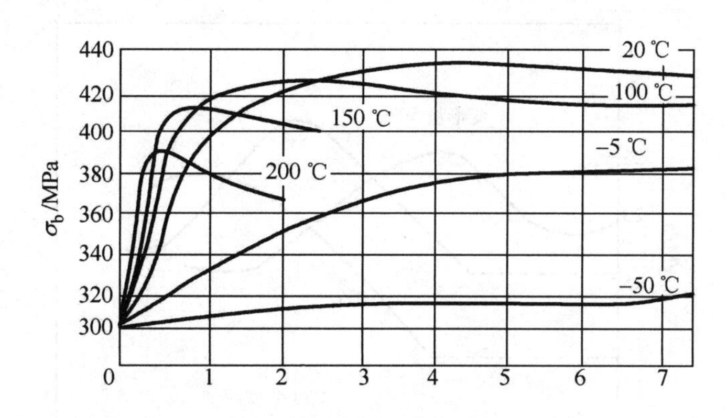

图 12－3　w_{Cu}为 4%的铝合金在不同温度下的时效曲线

（2）铝合金的回归处理。回归处理是将已经时效强化的铝合金，重新加热到 200～270 ℃，经短时间保温，然后在水中急冷，使合金恢复到淬火状态的处理。经回归后合金与新淬火的合金一样，仍能进行正常的自然时效。但每次回归处理后，其再时效后强度逐次下降。

回归处理在生产中具有实用意义。如零件在使用过程中发生变形，可在校形修复前进行回归处理；已时效强化的铆钉，在铆接前可进行回归处理。

（3）固溶强化。利用固溶强化的原理，纯铝通过加入合金元素形成铝基固溶体，使得屈服强度提高，还可获得优良的塑性和压力加工性能，见表 12 - 3。

表 12 - 3 常用元素在铝中的溶解度

元素	Zn	Mg	Cu	Mn	Si
极限溶解度/%	32.8	14.9	5.65	1.82	1.65
室温下的溶解度/%	0.05	0.34	0.20	0.06	0.05

(4) 过剩相强化。如果加入的合金元素数量超过了其极限溶解度，则在固溶处理加热时，有一部分不能溶入固溶体的第二相就出现，称为过剩相。这些过剩相通常属于金属间化合物，使合金强化，这就称为过剩相强化。生产中，常采用这种方式来强化铸造铝合金和耐热铝合金。过剩相数量越多、分布越弥散均匀，则强化效果越好，但过剩相太多，材料强度和塑性会下降。

(5) 细化组织强化。如果把铝合金的组织细化，就可使合金得到强化。由于铸造铝合金组织比较粗大，实际生产中，常加入 2% ~3% 的变质剂，利用变质处理细化晶粒，显著提高铝合金的强度和塑性。

(6) 形变时效强化。纯铝和不能热处理的铝合金，通常只能在退火或冷作硬化状态下使用，经过冷作硬化处理的铝合金，需要再结晶退火，以消除加工硬化和获得细小晶粒。大多数铝合金的变形度达 50% ~70% 时，开始再结晶温度为 280 ℃ ~300 ℃，再结晶退火温度为 300 ℃ ~500 ℃，保温时间为 0.5 ~3 h。为了提高铝合金的力学性能，生产中，将铝合金在淬火后进行一定量的塑性变形，再进行时效处理，这种复合工艺就称为形变时效强化，如图 12 - 4 所示。

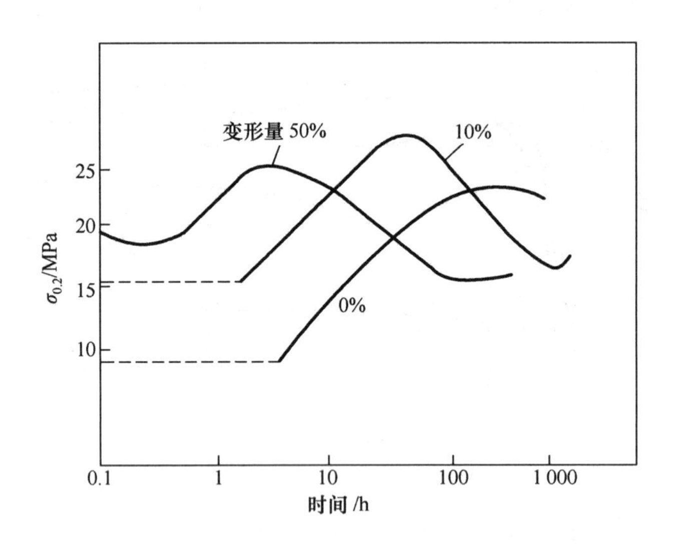

图 12 - 4 Al - Cu 合金（w_{Cu} =4%）预变形在 160 ℃时效后 $\sigma_{0.2}$ 的变化情况

12.1.3 变形铝合金

变形铝合金，这类合金的组织主要是固溶体组织，塑性变形能力好，适于压力加工成型，如锻造、挤压和轧制加工。由图 12 - 1 可见，成分在 *D* 点以左的合金，当加热到固溶线以上时，可得到 α 单相固溶体，其塑性很好，宜于进行压力加工，称为变形铝合金。

表 12－4　常用变形铝合金的牌号、力学性能及用途

类别	牌号	化学成分（质量分数/%）					热处理状态	力学性能			原代号	用途
		Cu	Mg	Mn	Zn	其他		σ_b/MPa	δ/%	HBW		
防锈铝合金	5A05	0.10	4.8～5.5	0.30～0.6	0.20	Si0.5 Fe0.5	退火	280	20	70	LF5	焊接油箱、油管、焊条、铆钉及中载零件
	3A21	0.20	0.05	1.0～1.6	0.10	Si0.6 Fe0.7 Ti0.15	退火	130	20	30	LF21	焊接油箱、油管、铆钉及轻载零件
硬铝合金	2A01	2.2～3.0	0.20～0.50	0.20	0.10	Si0.5 Fe0.5 Ti0.15	淬火＋自然时效	300	24	70	LY1	工作温度不超过 100 ℃，常用做铆钉
	2A11	3.8～4.8	0.40～0.80	0.40～0.8	0.30	Si0.7 Fe0.7 Ti0.15	淬火＋自然时效	420	18	100	LY11	中等强度结构件、如骨架、螺旋桨、叶片、铆钉等
	2A12	3.8～4.9	1.2～1.8	0.3～0.9	0.3	Si0.5 Fe0.5 Ti0.15	淬火＋自然时效	470	17	105	LY12	高强度结构件、航空模锻件及 150 ℃以下工作零件

续表

类别	牌号	化学成分（质量分数/%）					热处理状态	力学性能			原代号	用途
		Cu	Mg	Mn	Zn	其他		σ_b/MPa	δ/%	HBW		
超硬铝合金	7A04	1.4～2.0	1.8～2.8	0.20～0.6	5.0～7.0	Si0.5 Fe0.5 Cr0.1～0.25	淬火+人工时效	600	12	150	LC4	主要受力构件、如飞机大梁、桁架等
	7A06	2.0	2.8	0.60	7.6～8.6	Cr0.1～0.25	淬火+人工时效	680	7	190	LC6	
锻铝合金	2A50	1.8～2.6	0.4～0.8	0.4～0.8	0.20	Si0.7～1.2	淬火+人工时效	420	13	105	LD5	形状复杂、中、低强度的锻件
	2A70	1.9～2.5	1.4～1.8	—	0.3	Ti1.0～1.5 Fe1.0～1.5	淬火+人工时效	415	13	120	LD7	形状复杂、中、低等强度的锻件
	2A14	3.9～4.8	0.4～0.8	0.4～1.0	—	Si0.5～1.2	淬火+人工时效	480	19	135	LD10	形状复杂、中等强度的锻件

变形铝合金又可分为两类：成分在 F 点以左的合金，其 α 固溶体成分不随温度而变，故不能用热处理使之强化，属于热处理不可强化铝合金；成分在 $D-F$ 点之间的铝合金，其 α 固溶体成分随温度而变化，可用热处理强化，属于热处理可强化铝合金。

常用变形铝合金的牌号、力学性能及用途举例见表 12-4。

1. 不能热处理强化的变形铝合金

这类变形铝合金包括 Al-Mn 系和 Al-Mg 系两大类。因其具有优良的抗蚀性，在大气、水和油等介质中具有良好抗腐蚀性能，故称为防锈铝合金。

（1）Al-Mn 系（如 3A21）。锰含量 $w_{Mn}=1.0\%\sim1.6\%$ 的防锈铝合金，一般具有单相固溶体组织，抗腐蚀性能较高。

（2）Al-Mg 系（如 5A05）。镁含量 w_{Mg} 一般不超过 7%，随着含镁量的增加，合金的强度增加，塑性下降。这一类防锈铝合金通常在退火状态、冷作硬化或半冷作硬化状态下使用，强度低、塑性好、易于压力加工，具有良好的抗腐蚀性能和焊接性能，特别适用于制造承受低载荷的零件，如油箱、管道等。

2. 能热处理强化的变形铝合金

（1）硬铝合金。包括 Al-Cu-Mg 系和 Al-Cu-Mn 系的合金，这类合金的特点是：主要组成元素 Cu、Mg、Mn 都处于铝内的饱和溶解度或过饱和溶解度状态，可通过时效强化，因而具有较高的强度和很好的塑性，称为硬铝。

通常把 Al-Cu-Mg 系称为普通硬铝，其中铜、镁含量越高，其热处理强化效果就越好，有时也称其为“杜拉铝”。它主要用于生产板材、型材等各种半成品。Al-Cu-Mn 系硬铝合金常称为耐热硬铝，可用来制造在 250 ℃ ~350 ℃下长期工作的锻件和焊件，如压气机叶片、燃料容器等。硬铝合金在航空工业中应用广泛，但耐腐蚀性能低，其制品需要进行防腐处理，如包铝、阳极氧化和涂漆等。

（2）超硬铝合金。Al-Zn-Mg-Cu 四元合金是变形铝合金中强度最高的一类合金，加入多元合金形成固溶体和复杂的强化相，经过固溶处理和时效处理后获得的强度最高，强度高达 588~686 MPa，但塑性比硬铝低，在相同强度条件下，断裂韧性比硬铝高，热加工性能良好，适宜生产各种类型和规格的半成品，是航空工业中的主要结构材料。

这类合金的缺点是受热后易软化，工作温度不能超过 120 ℃，抗腐蚀性也差，因此，常用包铝的方法提高其耐蚀性。超硬铝合金中加入 Cr、Mn、Zr、Ti 等少量元素，可进一步提高合金的机械性能和耐腐蚀性。

超硬铝合金通常在淬火 + 人工时效状态下使用，各种超硬铝合金的淬火温度为465 ℃ ~475 ℃。

（3）锻造铝合金。锻铝的力学性能与硬铝相近，但热塑性及耐蚀性较高，更适于锻造，故名“锻铝”。工业锻铝合金主要包括 Al-Mg-Si-Cu、Al-Cu-Mg-Ni-Fe 和 Al-Mg-Si 系合金。

Al-Mg-Si 系合金热处理后具有较高的塑性，易锻造，而且具有高的抗疲劳性能、良好的耐腐蚀性能和焊接性能。适宜在冷态和热态下制造形状复杂的型材和锻件，用于工艺塑性和耐腐蚀性要求较高的飞机和发动机零件及焊接结构件。

Al－Cu－Mg－Si 系合金的铸造性能和工艺塑性良好，适于制造形状复杂并承受中等载荷的各类大型锻件和模锻件，应用较广，但不宜用作薄壁零件。

A1－Cu－Mg－Fe－Ni 系合金含有较多的铁和镍，具有较高的耐热性能，用于制造航空发动机活塞、轮盘、压气机叶片等及其他在较高温度下使用的零件。因锻铝的自然时效速率较慢，强化效果较低，故一般均采用淬火和人工时效。

12.1.4 铸造铝合金

成分位于 *D* 点右边的合金，由于有共晶组织存在，适于铸造，称为铸造铝合金。铸造铝合金中也有成分随温度而变化的 α 固溶体，故也能用热处理强化。但距 *D* 点愈远，合金中 α 相愈少，强化效果愈不明显。铸造铝合金，存在共晶反应，具有良好的铸造性能，常用的铸造铝合金合金元素总量大约为 8%～25%，有 Al－Si、Al－Cu、Al－Mg、Al－Zn 等合金系列。

铸造铝合金适宜于熔融状态下填充铸型，获得各种与最终使用形状和尺寸相近的毛坯铝合金。铸造铝合金的代号和牌号根据主加元素的不同，铸造铝合金分为 Al－Si 系、Al－Cu系、Al－Mg 系和 Al－Zn 系四类，其中 Al－Si 系合金是工业中应用最广泛的铸造铝合金。

按主要合金元素的不同，目前铸造铝合金分为 Al－Si 系、Al－Cu 系、Al－Mg 系和 Al－Zn系四大类，常用的铸造铝合金的牌号、成分、性能及用途见表12－5。

1. Al－Si 系

Al－Si 系又称硅铝明，见图 12－5，硅在铝中的溶解度很小，在 577 ℃时最大溶解度为 1.65%。合金的共晶成分为 $w_{Si}=11.7\%$。由于共晶成分附近合金具有良好的铸造性能，故生产中常用的铝硅合金成分为 $w_{Si}=10\%\sim13\%$，铸造冷却后，组织为（α＋Si）共晶体。由于共晶硅呈粗大针状，如图 12－6（a）所示，严重降低了合金的强度和韧性。为改善铝硅合金的性能，可进行变质处理，以改善硅的分布状态，提高合金的综合力学性能，如图 12－6所示。

为了进一步提高铝硅合金的力学性能，还可加入铜、镁、锰等合金元素，形成多种强化相，通过淬火和时效使合金进一步强化，从而形成特殊铝硅合金。如 ZAlSi7Mg（ZL101）在铝硅合金中加入少量镁（$w_{Mg}<1\%$），合金中生成时效强化相 Mg_2Si。除变质处理外，通过淬火及人工时效，其抗拉强度可达到 210～230 MPa，可用于制作承受较大载荷的气缸体。

ZAlSi5CulMg（ZL105）等铸铝合金是在铝硅合金中，同时加入铜和镁的Al－Si－Mg－Cu 系铸铝合金。由于多种合金元素存在，在合金中形成多种强化相。合金经淬火时效后强度很高，用于制造形状复杂，性能要求较高和在较高温度下工作的零件。

2. Al－Cu 系

Al－Cu 系合金中的含 Cu 量为 3%～11%，具有较高的耐热性，但铸造性和耐蚀性差。这类合金经淬火时效后，强度较高，适于制造 300 ℃以下工作的形状简单、承受重载的零件。

表 12－5　常用铸造铝合金的代号、成分、性能及用途

类别	牌号	代号	化学成分（余量为 $w_{Al}/\%$）						铸造方法	力学性能/不低于			用途
			Si	Cu	Mg	Mn	Zn	Ti		σ_b/MPa	δ/%	HBW	
铝硅合金	ZAlSi7Mg	ZL101	6.5～7.5	—	0.25～0.75	—	—	—	金属型 砂型变质	205 195	2 2	60 60	形状复杂的砂型、金属型合压力铸造零件，如飞机、仪器的零件，抽水的壳体，工作温度不超过185 ℃的汽化器等
	ZAlSi12	ZL102	10.0～13.0	—	—	—	—	—	金属型 金属型	155 145 135	2 4 4	50 50 50	形状复杂的砂型、金属型合压力铸造零件，如仪表、抽水机壳体，工作温度在200 ℃以下，要求气密性、承受低载荷的零件
	ZAlSi5Cu1Mg	ZL105	4.5～5.5	1.0～1.5	0.4～0.6	—	—	—	金属型 金属型 S，T6	235 195 225	0.5 1.0 0.5	70 70 70	砂型、金属型压力铸造的形状复杂、在225 ℃以下工作的零件，如风冷发动机的汽缸头、机闸、液压泵壳体等
	ZAlSi12Cr1 Mg1Ni1	ZL109	11.0～13.0	1.0～2.0	0.4～1.0	0.3～0.9	—	—	金属型 金属型	195 255	—	85 90	砂型、金属型铸造的，要求高温强度及低膨胀系数的内燃机活塞及其他耐热零件

续表

类别	牌号	代号	化学成分（余量为 w_{Al}/%）						铸造方法	力学性能/不低于			用途
			Si	Cu	Mg	Mn	Zn	Ti		σ_b/MPa	δ/%	HBW	
铝铜合金	ZAlCu5Mn	ZL201	—	4.5～5.3	—	0.6～1.0	—	0.15～0.35	砂型 砂型	295 335	8 4	70 90	砂型铸造在 175 ℃～300 ℃以下工作的零件，如支臂、挂架梁、内燃机汽缸头、活塞等
	ZAlCu10	ZL202	—	4.8～5.3	—	0.6～1.0	—	0.15～0.35	金属型 砂型	390	8	100	砂型铸造在 175 ℃～300 ℃以下工作的零件，如支臂、挂架梁、内燃机汽缸头、活塞等
铝镁合金	ZAlMg10	ZL301	—	—	9.5～11.5	—	—	—	金属型	280	10	60	砂型铸造的在大气或海水中工作的零件，承受大振动载荷，工作温度不超过 150 ℃的零件
铝锌合金	ZAlZn11Si7	ZL401	6.0～8.0	—	0.1～0.3	—	9.0～13.0	—	金属型	245 195	1.5 2	90 80	压力铸造的零件，工作温度不超过 200 ℃，结构形状复杂的汽车、飞机零件

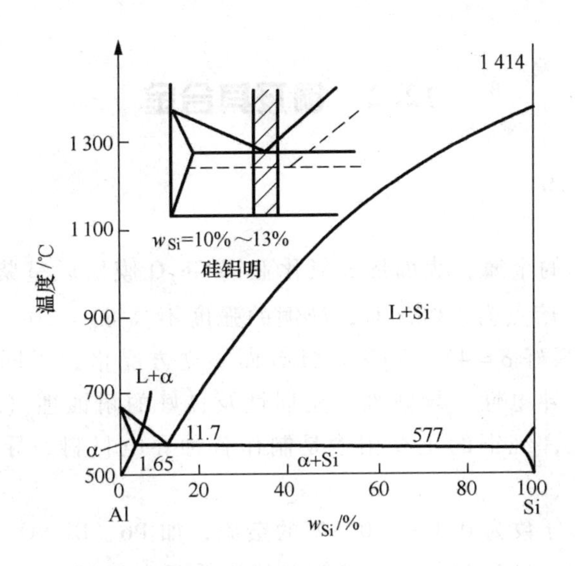

图 12－5 铝-硅合金相图

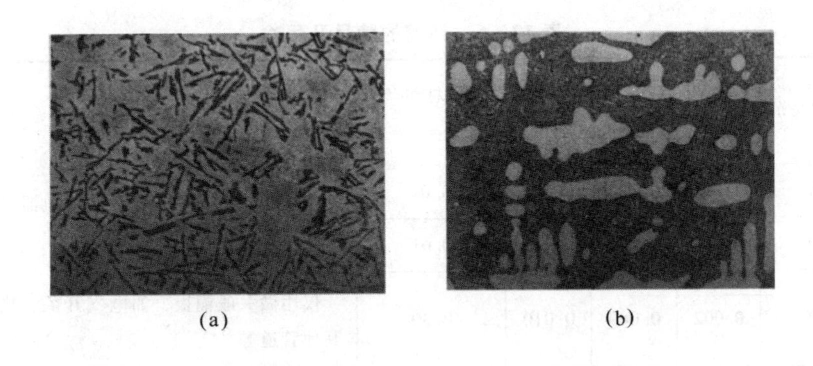

图 12－6 ZAlSi12 合金的显微组织

（a）未变质处理；（b）变质处理

3. Al－Mg 系

这类合金最大特点是抗蚀性好，合金中的含 Mg 量为 4%～11%，密度小（2.55 g/cm^3），强度、韧性较高，可加工性好，加工的表面光亮但合金的铸造性能差，易氧化和产生裂纹。主要用来制作受冲击载荷、耐海水腐蚀、外形不太复杂的零件，如发动机机匣、起落架等。

4. Al－Zn 系

Zn 在铝中的溶解度大。当时 $w_{Zn}>10\%$ 时，合金的强度显著提高，因此，时效后不需要热处理就能达到所需的较高强度。Al－Zn 合金具有良好的铸造性能、可加工性、焊接性及尺寸稳定性，但耐蚀性差，密度大，热裂倾向大。常用于制作医疗器械、汽车、飞机零件等。

12.2 铜及其合金

12.2.1 工业纯铜

纯铜是呈玫瑰红色的金属，表面形成氧化亚铜 Cu_2O 膜层后呈紫色，故又称紫铜。纯铜的密度为8.9 g/m^3，熔点为1 083 ℃，纯铜的强度不高 $\sigma_b = 200 \sim 250$ MPa，硬度很低40～50 HBW，塑性却很好 $\delta = 45 \sim 50\%$。具有面心立方晶格，无同素异构转变；纯铜突出的优点是具有优良的导电性、导热性、延展性及良好的耐蚀性（抗大气及海水腐蚀）；铜还具有抗磁性，因此，纯铜的主要用途是制作各种导电材料、导热材料及配置各种铜合金。

工业纯铜含有质量分数为0.1%～0.5%的杂质，如Pb、Bi、O、S、P等，牌号有Tl、T2、T3三种，序号越大，纯度越低，无氧铜含氧量低于0.003%. 牌号有TUl、TU2等，见表12－6。

表12－6 纯铜的牌号及用途

牌号	含铜量（%）	杂质的质量分数/%			杂质总和/% ≤	用途
		Sb≤	Bi≤	Pb≤		
T1	99.95	0.001	0.001	0.003	0.05	常用于制造导电、导热、耐蚀器材，如电线、电缆、蒸发器等
T2	99.90	0.001	0.001	0.005	0.01	
T3	99.70	0.002	0.002	0.010	0.30	仅用做一般铜板，如电气开关、垫、钉、油管及其他管道等
TU1	99.97	0.002	0.001	0.003	0.03	几乎无“氢病”，导电导热性极好，多用于制造电真空仪器仪表器材
YU2	99.97	0.002	0.001	0.004	0.05	

12.2.2 铜合金

以纯铜为基体加入一种或几种其他元素，利用固溶强化、时效强化等方法，可获得强度较高的铜合金，铜能与锌、锡、铅、锰、钴、镍、铝、铁等金属形成合金，形成的合金主要分成三类：黄铜、青铜和白铜，应用较广的是黄铜和青铜。

表12－7 铜合金五种基本元素

类别	合金元素	百分含量/%	性能特点	牌号（质量分数/%）
黄铜	Zn	≤32（单向黄铜）	强度较低、塑性好，适宜冷加工	如H80，含铜80%
		32～45（双向黄铜）	强度高、室温塑性差，适宜热加工	如H62，含铜62%

续表

类别		合金元素	百分含量%	性能特点	牌号（质量分数,%）
青铜	锡青铜	Sn	3～14	$w_{Sn}<5\%$时，适宜冷变形加工。 $w_{Sn}=5\%\sim7\%$时，适宜热变形加工。 $w_{Sn}>10\%$时，适宜铸造	如QSn4－3，含4%Sn，3%Zn
	铝青铜	Al	5～12	$w_{Al}=5\%\sim7\%$时，适宜冷变形加工。 $w_{Al}>10\%$时，适宜热变形加工或铸造	如QAl5，含5%Al
	硅青铜	Si	≤3.5	机械性能高于锡青铜，价格低廉，有很好的铸造和冷热加工性能	如QSi3－1，含3%Si，含1%Mn
	铍青铜	Be	2～2.5	时效强化效果好，价格昂贵	如QBe1.7，含1.7%Be
白铜		Ni	3～44	机械性能好，价格较贵	如B5，含5%Ni

12.2.3 黄铜

黄铜以锌作主要添加元素的铜合金，具有美观的黄色，统称黄铜。铜锌二元合金称普通黄铜或称简单黄铜。三元以上的黄铜称特殊黄铜或称复杂黄铜。

1. 普通黄铜

（1）工业中应用的普通黄铜，在室温平衡状态下，其组织有α及β两个基本相，当$w_{Zn}<39\%$时，室温组织为单相α固溶体（单相黄铜）；当$w_{Zn}=39\%\sim45\%$时，室温下的组织为α+β（双相黄铜）。在实际生产条件下，当$w_{Zn}>32\%$时，即出现α+β组织。黄铜组织如图12－7及图12－8所示。

图12－7　α单相黄铜的显微组织

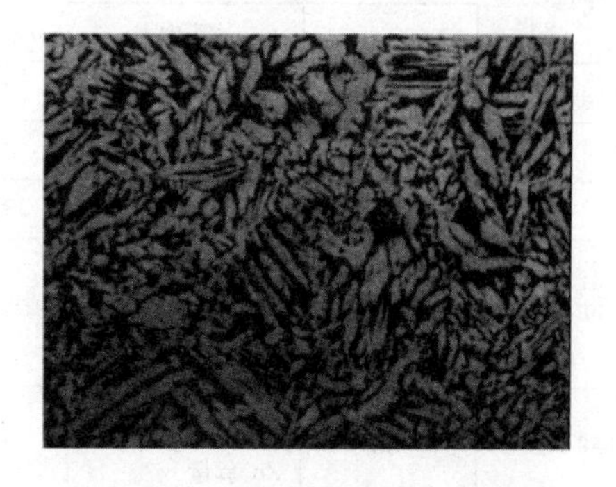

图12－8　α+β双相黄铜的显微组织

α相是锌溶于铜中的固溶体，塑性好，适宜冷、热压力加工。β相是以电子化合物CuZn为基的固溶体，在室温下较硬脆，但加热到456 ℃以上时，却有良好的塑性，故含有β相的黄铜适宜热压力加工。

（2）普通黄铜的性能。黄铜的强度和塑性与含锌量有密切的关系，如图12－9所示。当含锌量增加时，由于固溶强化，使黄铜强度、硬度提高，同时塑性还有改善。当$w_{Zn}>32\%$

后出 β 相，使塑性始下降。但一定数量的 β 相起强化作用，而使强度继续升高。$w_{Zn}>45\%$，组织中已全部为脆性的 β 相，致使黄铜强度、塑性急剧下降，已无实用价值。

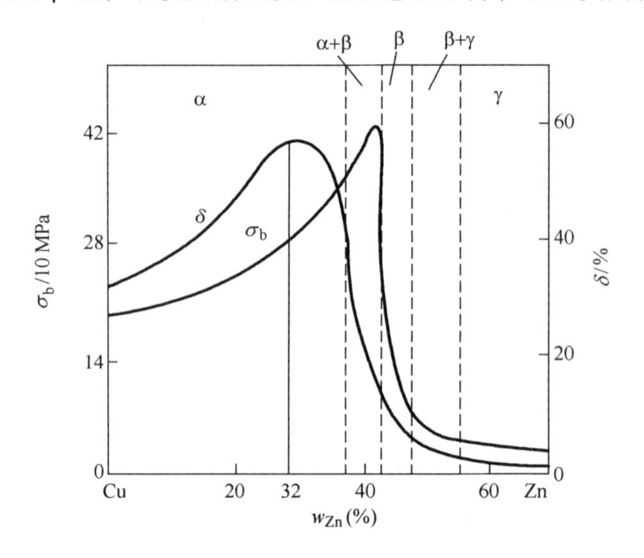

图 12－9　黄铜的力学性能与锌含量的关系

普通黄铜的耐蚀性良好，并与纯铜相近。但当 $\omega_{Zn}>7\%$（尤其是大于 20%）并经冷压力加工后的黄铜，在潮湿的大气中，特别是在含氨的气体中，易产生应力腐蚀破裂现象（自裂）。防止应力破裂的方法是在 250 ℃～300 ℃进行去应力退火。常用黄铜的代号、成分、力学性能及用途见表 12－8。

表 12－8　黄铜的代号、成分、力学性能及用途

代号	主要化学成分/%		力学性能			用途
	w_{Zn}	其他	σ_b/MPa	δ/%	HBW	
H90	88～91	Zn 余量	260	45	53	供水和排水管、复杂的冷冲压件、导管、轴套、散热器外壳、销钉、铆钉、弹簧、夹线板、螺母、垫圈、弹壳
H68	67～70	Zn 余量	320	40	—	
H62	60.5～63.5	Zn 余量	330	40	56	
HPb59－1	57～60	Pb：0.8～1.9 Zn 余量	350	25	49	热冲压件及切削加工零件：销、螺钉、轴套、螺母、垫圈
HMn58－2	57～60	Mn：1.0～2.0 Zn 余量	390	30	85	船舶及弱电用零件
ZCuZn16Si4	79～81	Si：2.5～4.5 Zn 余量	345	15	90	在海水、蒸气条件下工作的零件：法兰盘、导电外壳
ZCuZn25Al6 Fe3Mn3	60～66	Al：4.5～7 Fe：2～4 Mn：1.5～4.0 Zn 余量	725	7	166	要求强度的耐腐蚀件：重型蜗杆、轴承、衬套

2. 特殊黄铜

在普通黄铜基础上，常加入元素锡、铅、铝、硅、锰、铁等元素所组成的多元合金称为特殊黄铜。特殊黄铜也可依据加入的第二合金元素命名，如锡黄铜、铅黄铜、铝黄铜等。

合金元素加入黄铜后，改善普通黄铜的性能。如铝能提高黄铜的强度、硬度和耐蚀性，但使塑性降低，适合作海轮冷凝管及其他耐蚀零件。锡能提高黄铜的强度和对海水的耐腐性，故称海军黄铜，用作船舶热工设备和螺旋桨等。铅能改善黄铜的切削性能；这种易切削黄铜常用作钟表零件。

12.2.4 青铜

青铜原指铜锡合金（是纯铜加入锡或铅的合金，因颜色青灰所以被称为青铜），后除黄铜、白铜以外的铜合金均称青铜。青铜前面常冠以主要合金元素的名称，如锡青铜、铝青铜、铍青铜、钛青铜等。用量最大的是锡青铜和铝青铜，强度最高的是铍青铜。与黄铜相比，青铜具有更高的力学性能和耐蚀性，但价格较贵；与白铜相比，青铜的力学性能较高，但在某些条件下，耐蚀性不如白铜。在铜合金中，青铜的综合性能较好，常用于制造耐蚀性能好和强度高的零件、耐蚀弹性元件、导电和抗蠕变性能好的零件等。

1. 锡青铜

含锡量一般在3%～14%范围内，主要用于制作弹性元件和耐磨零件。变形锡青铜的含锡量不超过8%，有时还添加磷、铅、锌等元素。磷是良好的脱氧剂，还能改善流动性和耐磨性。锡青铜中加铅可改善可切削性和耐磨性，加锌可改善铸造性能。锡青铜的铸造性能、减磨性能好和机械性能好，适合于制造轴承、蜗轮、齿轮等。

2. 铝青铜

含铝量一般不超过11.5%，有时还加入适量的铁、镍、锰等元素，以进一步改善性能。铝青铜可热处理强化，其强度比锡青铜高，抗高温氧化性也较好。铝青铜是现代发动机和磨床广泛使用的轴承材料。铝青铜强度高，耐磨性和耐蚀性好，用于铸造高载荷的齿轮、轴套、船用螺旋桨等。

3. 铍青铜

含铍量不超过2.5%，可沉淀硬化。其主要特性是：强度和硬度高，弹性好，耐疲劳，导电、导热性好，无铁磁性，冲击时不生火花，是重要的弹性和工具材料。但铍有毒，且铍青铜价格贵，可切削性差。铍青铜的弹性极限高，导电性好，适于制造精密弹簧和电接触元件，铍青铜还用来制造煤矿、油库等使用的无火花工具。

4. 钛青铜

性能接近于铍青铜，价格便宜，无毒，可作为铍青铜的代用品。

其他青铜、硅青铜耐蚀性好（特别耐酸），低温性能好，可制作输酸管道、低温容器、耐酸耐磨零件等。

12.3　钛及钛合金

12.3.1　纯钛

纯钛是银白色的金属，外观似钢，熔点达 1 668 ℃，属难熔金属。钛金属的密度较小，为 4.5 g/cm^3，仅为铁的 60%，通常与铝、镁等被称为轻金属。钛有同素异构体：在低于 882 ℃时呈密排六方晶格结构，称为 α 钛，加工变形较困难；在 882 ℃以上呈体心立方晶格结构，称为 β 钛，易于压力加工。钛在地壳中含量较丰富。钛的导热性和导电性能较差，近似或略低于不锈钢，钛具有可塑性，但强度低，不宜作结构材料。

常温下钛与氧气化合生成一层极薄致密的氧化膜，这层氧化膜常温下不与绝大多数强酸、强碱反应，包括酸中之王——王水。它只与氢氟酸、热的浓盐酸、浓硫酸反应，因此，钛具有抗腐蚀性。

12.3.2　钛合金

钛合金是以钛为基加入其他元素组成的合金，液态钛几乎能溶解所有的金属，因此可以和多种金属形成合金，例如钛加入钢中制得的钛钢坚韧而富有弹性。

1. 钛合金的分类

室温下，钛合金有三种基体组织。钛合金分为以下三类：α 合金、（α + β）合金和 β 合金。我国分别以 TA、TC、TB 表示。三类典型钛合金及特点见表12 -9。

表 12 -9　典型钛合金及特点

类别	典型合金	特点
α	Ti - 5Al - 2.5Sn Ti - 6Al - 2Sn - 4Zr - 2Mo	强韧性一般，焊接性能好。 抗氧化强，蠕变强度较高，较少应用在高尔夫球杆杆头制造上
α + β	Ti - 6Al - 4V Ti - 6Al - 2Sn - 4Zr - 6Mo	强韧性中上，可热化处理强，可焊。 疲劳性能好，多应用于铸造杆头如铁杆、球道木等
β	Ti - 13V - 11CR - 3Al Sp700 Ti - 15Va - 3Cr - 3Al - 3Ni	强度高，热处理强化能力强。 可锻性及冷成型性能好。 可适用多种焊接方式

2. α 钛合金

它是 α 相固溶体组成的单相合金，不论是在一般温度下还是在较高的实际应用温度下，均是 α 相，组织稳定，耐磨性高于纯钛，抗氧化能力强。在 500 ℃ ~600 ℃的温度下，仍保持其强度和抗蠕变性能，但不能进行热处理强化，室温强度不高。

3. β 钛合金

它是 β 相固溶体组成的单相合金，不需热处理就具有较高的强度，淬火、时效后合金得到进一步强化，室温强度可达 1 372 ~ 1 666 MPa；但热稳定性较差，不宜在高温下使用。

4. α + β 钛合金

它是双相合金，具有良好的综合性能，组织稳定性好，有良好的韧性、塑性和高温变形性能，能较好地进行热压力加工，能进行淬火、时效使合金强化。热处理后的强度约比退火状态提高 50% ~ 100%；高温强度高，可在 400 ℃ ~ 500 ℃ 的温度下长期工作，其热稳定性次于 α 钛合金。

三种钛合金中最常用的是 α 钛合金和 α + β 钛合金；α 钛合金的切削加工性最好，α + β 钛合金次之，β 钛合金最差。α 钛合金代号为 TA，β 钛合金代号为 TB，α + β 钛合金代号为 TC。

12.3.3 钛合金的性能

钛合金具有强度高而密度又小，机械性能好，韧性和抗蚀性能很好。另外，钛合金的工艺性能差，切削加工困难，在热加工中，非常容易吸收氢氧氮碳等杂质。还有抗磨性差，生产工艺复杂。钛的性能与所含碳、氮、氢、氧等杂质含量有关，最纯的碘化钛杂质含量不超过 0.1%，但其强度低、塑性高。

1. 强度高

钛合金的密度一般在 4.5 g/cm^3 左右，仅为钢的 60%，纯钛的强度才接近普通钢的强度，一些高强度钛合金超过了许多合金结构钢的强度。因此钛合金的比强度（强度/密度）远大于其他金属结构材料，可制出单位强度高、刚性好、质轻的零、部件。目前飞机的发动机构件、骨架、紧固件及起落架等都使用钛合金。

2. 热强度高

使用温度比铝合金高几百摄氏度，在中等温度下仍能保持所要求的强度，可在 450 ℃ ~ 500 ℃ 的温度下长期工作，α 钛合金和 α + β 钛合金这两类钛合金在 150 ℃ ~ 500 ℃ 范围内仍有很高的比强度，而铝合金在 150 ℃ 时比强度明显下降。钛合金的工作温度可达 500 ℃，铝合金则在 200 ℃ 以下。

3. 抗蚀性好

钛合金在潮湿的大气和海水介质中工作，其抗蚀性远优于不锈钢；对点蚀、酸蚀、应力腐蚀的抵抗力特别强；对碱、氯化物、氯的有机物品、硝酸、硫酸等有优良的抗腐蚀能力。但钛对具有还原性氧及铬盐介质的抗蚀性差。

4. 低温性能好

钛合金在低温和超低温下，仍能保持其力学性能。低温性能好，间隙元素极低的钛合金，如 TA7，在 −253 ℃下还能保持一定的塑性。因此，钛合金也是一种重要的低温结构材料。

5. 化学活性大

钛的化学活性大，与大气中 O、N、H、CO、CO_2、水蒸气、氨气等产生强烈的化学反应。含碳量大于 0.2% 时，会在钛合金中形成硬质 TiC；温度较高时，与 N 作用也会形成 TiN 硬质表层；在 600 ℃以上时，钛吸收氧形成硬度很高的硬化层；氢含量上升，也会形成脆化层。吸收气体而产生的硬脆表层深度可达 0.1 ~0.15 mm，硬化程度为 20% ~30%。

12.3.4 钛合金的热处理

常用的热处理方法有退火、固溶和时效处理。退火是为了消除内应力、提高塑性和组织稳定性，以获得较好的综合性能。通常 α 合金和（α + β）合金退火温度选在（α + β）→β 相转变点以下 120 ℃ ~200 ℃；固溶和时效处理是从高温区快冷，以得到马氏体 α′相和亚稳定的 β 相，然后在中温区保温使这些亚稳定相分解，得到 α 相或化合物等细小弥散的第二相质点，达到使合金强化的目的。通常（α + β）合金的淬火在（α + β）→β 相转变点以下 40 ℃ ~100 ℃进行，亚稳定 β 合金淬火在（α + β）→β 相转变点以上 40 ℃ ~80 ℃进行。时效处理温度一般为 450 ℃ ~550 ℃。

总之，钛合金的热处理工艺可以归纳为以下几点。

（1）消除应力退火。目的是为消除或减少加工过程中产生的残余应力。防止在一些腐蚀环境中的化学侵蚀和减少变形。

（2）完全退火。目的是为了获得好的韧性，改善加工性能，有利于再加工以及提高尺寸和组织的稳定性。

（3）固溶处理和时效。目的是为了提高其强度，α 钛合金和稳定的 β 钛合金不能进行强化热处理，在生产中只进行退火。α + β 钛合金和含有少量 α 相的亚稳 β 钛合金可以通过固溶处理和时效使合金进一步强化。

12.4 镁及镁合金

12.4.1 镁合金

1. 纯镁

镁是目前结构材料中使用最轻的金属，银白色，密度 1.74 g/cm³，熔点 648.8 ℃，镁为密排六方晶体结构，纯镁的机械性能较低变形状态 $\sigma_b = 200$ MPa，$\sigma_s = 90$ MPa，伸长率 $\delta = 11.5\%$，断面收缩率 $\psi = 12.5\%$，抗腐蚀能力也很低，因而不能直接用作结构材料。

镁具有比强度和比刚度（刚度与质量之比）高，导热导电性能好，比重小，镁的比重是 1.7 g/cm³，只有铝的 2/3、钛的 2/5、钢的 1/4；镁合金比铝合金轻 36%、比锌合金轻 73%、比钢轻 77%。

镁的化学活性很强，在空气中能形成疏松多孔的氧化膜，不致密，远不如铝合金氧化膜坚实，所以镁的抗蚀性很差。

纯镁的性能较低，实际应用中，加入铝（Al）、锌（Zn）、锰（Mn）、锆（Zr）、铈（Ce）、钕（Nd）、铼（Re）等合金元素，得到各种不同的镁合金。

镁合金的主要优点是具有较高的比强度和比刚度，其强度一般为198～294 MPa，均较其他合金低，但由于其比重只有1.7 g/cm^3，故其比强度仍然与结构钢相近。同时，镁合金具有较好的减振能力和良好的切削加工性。

根据化学成分和工艺性能可将镁合金分为铸造镁合金和变形镁合金两大类。两者在成分、组织性能上存在很大的差异，铸造镁合金多用压铸工艺生产，其特点是生产效率高、精度高、铸件表面质量好、铸态组织优良、可生产薄壁及复杂形状的构件。变形镁合金指可用挤压、轧制、锻造和冲压等塑性成形方法加工的镁合金。与铸造镁合金相比，变形镁合金具有更高的强度、更好的塑性。

2. 镁合金的牌号

我国目前采用美国试验材料协会（ASTM）使用的方法表示镁合金的牌号。

（1）纯镁牌号以Mg+数字，数字表示Mg的质量分数（%）。

（2）镁合金的牌号用一两个字母表示，由合金元素代号和数字表示名义质量分数（%），如字母A表示合金元素Al，B表示Bi，C表示Cu，E表示RE，K表示Zr，Z表示Zn，M表示Mn等，后缀字母A、B、C、D、E表示成分变化的序号，可参考其他材料手册。部分镁合金合金元素代号见表12-10。

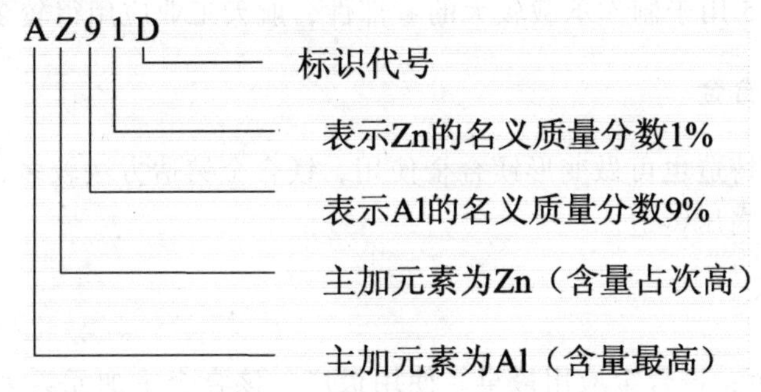

表12-10 部分镁合金合金元素代号

代号	元素	代号	元素	代号	元素	代号	元素	代号	元素	代号	元素
A	Al	D	Cd	H	Th	M	Mn	Q	Ag	T	Sn
B	Bi	E	RE	K	Zr	N	Ni	R	Cr	Y	Sb
C	Cu	F	Fe	L	Li	P	Pb	S	Si	Z	Zn

12.4.2 变形镁合金

许多镁合金既可作铸造镁合金也可作变形镁合金，变形镁合金经过挤压、轧制和锻造等工艺加工后，性能有了一定的提高，其工作温度不超过150 ℃，变形镁合金的化学成分见表

12－11。

表 12－11　变形镁合金的主要化学成分

合金牌号		状态	主要化学成分/%	σ_b/MPa	δ/%
新	旧				
M2M	MB1	退火	Mn 1.3～2.5	210	8
AZ40M	MB2	挤压	Al 3.0～4.0、Zn 0.4～0.6、Mn 0.2～0.6	280	10
AZ41M	MB3	退火	Al 3.5～4.5、Zn 0.8～1.4、Mn 0.3～0.6	280	18
AZ61M	MB5	挤压	Al 5.0～7.0、Zn 2.0～3.0、Mn 0.15～0.5	294	10
AZ62M	MB6	挤压	Al 5.0～7.0、Zn 2.0～3.0、Mn 0.2～0.5	330	12
AZ80M	MB7	时效	Al 7.8～9.2、Zn 0.2～0.8、Mn 0.15～0.5	340	15
AE20M	MB8	退火	Mn 1.5～2.5、Ce 0.15～0.35	250	19
ZK61M	MB15	时效	Mn 0.1、Zn 5.0～6.0、Zr 0.3～0.9	329	10

变形镁合金按合金元素的种类可分为 Mg－Al 系，Mg－Al－Zn 系，Mg－Zn－Zr 系和 Mg－Mn－Ce 系等四类合金。合金元素铝和锌可以提高合金的机械性能，当它们的含量较高时，可形成金属间化合物。稀土元素铈的加入主要在晶界上析出金属间化合物 Mg9Ce，起强化晶界作用。Mn 主要提高抗蚀性，并细化晶粒。Zr 可细化晶粒和提高机械性能。含 Ce 较高的镁合金，如 MB15 用于制作承载较大的零部件，航天工业应用得较多。

12.4.3　铸造镁合金

铸造镁合金即可铸造也可做变形镁合金使用，镁合金铸造方法较多，有重力铸造和压力铸造，通常压铸是指高压铸造。

1. Mg－Al 系合金

Mg－Al－Zn 合金：该合金应用最早、使用最广，该合金主加元素为 Al，在合金中起固溶强化的作用，合金性能随 Al 含量的增加而增强，Zn 是辅助元素，一般含量在 1%～2%，压铸组织耐蚀性比砂型铸造的要好，铸造缺陷会对疲劳性能有很大影响。常用的合金是 AZ64、AZ81、AZ91C 等。

Mg－Al－Mn 合金：为了提高合金的耐蚀性，加入了 Mn（0.15%～0.5%）Mn 还可细化晶粒，常用的合金有 AM20、AM50 等。

Mg－Al－Re 合金：合金中加入 1% 的稀土（Ce、Nb、La 或混合稀土）可明显提高合金的抗蠕变性能，如 AE41、AE42 合金，但价格较贵，压铸性能也不如其他合金好；在合金中添加 0.25%～5.5% 的 Ca，提高合金的高温性能的同时降低成本，新型的合金是 ACM522。

Mg－Al－Si 合金：该合金主要是压铸镁合金，包括 AS41、AS42 合金，这类合金在 150 ℃下具有良好的高温抗蠕变能力，在 175 ℃下超过常有的 AZ91 和 AM91 合金，AS42 合金具有较高的室温屈服强度和抗拉强度，塑性较好，但室温力学性能较差、耐蚀性和铸造性能不如AS41合金。

2. Mg－Zn系合金

Mg－Zn－Zr合金：Mg－Zn系合金铸造性能很差，常常需要添加Zr以细化晶粒，Zn在350 ℃时，在Mg中的最大固溶度为6.2%，温度下将固溶度也降低，因此具有热处理强化的能力，典型的合金有ZK51、ZK61合金，由于具有较高的承载能力，近年来代替AZ91合金铸造飞机轮毂、起落架支架等受力零件。

Mg－Zn－Cu合金：因Mg－Zn合金晶粒粗大，加入Cu可以显著提高合金的性能，如ZC63合金。

12.4.4 镁合金的热处理

镁合金热处理的目的是获得均匀的合金元素分布、合适的显微组织、调整相构成及分布，最终获得良好的工艺性能和使用性能。

镁合金热处理主要分为退火，固溶和时效。针对镁合金不同的牌号，不同类型的工件（如锻件，挤压件，冲压件等）其热处理方法又不同。

1. 退火

退火可以显著降低镁合金制品的抗拉强度并增加其塑性，对某些后续加工有利。变形镁合金根据使用要求和合金性质，可采用高温完全退火和低温去应力退火。

完全退火可以消除镁合金在塑性变形过程中产生的加工硬化效应，恢复和提高其塑性，以便进行后续变形加工。完全退火时一般会发生再结晶和晶粒长大，所以温度不能过高，时间不能太长。

去应力退火既可以减小或消除变形镁合金制品在冷热加工、成形、校正和焊接过程中产生的残余应力，也可以消除铸件或铸锭中的残余应力。

2. 固溶处理

先加热到单相固溶体相区内的适当温度，保温适当时间，使原组织中的合金元素完全溶入基体金属中，形成过饱和固溶体。由于合金元素和基体元素的原子半径和弹性模量的差异，使基体产生点阵畸变。由此产生的应力场将阻碍位错运动，从而使基体得到强化。

3. 人工时效

在合金中，当合金元素的固溶度随着温度的下降而减少时，便可能产生时效强化。将具有这种特征的合金在高温下进行固溶处理，得到不稳定的过饱和固溶体，然后在较低的温度下进行时效处理，即可产生弥散的沉淀相。

部分镁合金经过铸造或加工成形后不进行固溶处理而是直接进行人工时效。这种工艺很简单，可以消除工件的应力，提高其抗拉强度。

4. 固溶处理 + 人工时效

固溶处理之后再进行人工时效，可使硬度与强度达到最大值，但韧性稍有下降。合金元素的扩散和合金相的分解过程极其缓慢，因此固溶和时效处理时需要保持较长的时间。

12.5 轴承合金

用于滑动轴承中的轴瓦和轴套，起减磨作用的材料，称为轴承合金。滑动轴承具有承载能力大，回转精度高，润滑膜具有抗冲击作用，工作要求平稳无噪声及检修方便等，因此，对材料提出了一定的要求。

12.5.1 对滑动轴承合金性能的要求

当轴承支撑轴进行工作时，由于轴的旋转，使轴和轴瓦之间产生强烈的摩擦。为了减少轴承对轴颈的磨损，确保机器的正常运转，轴承合金应具有如下性能要求：

（1）硬度要合适，太低易变形，不耐磨；太高不易同轴颈磨合，轴的运转情况恶化。

（2）良好的塑性和韧性，以抵抗受冲击和振动而发生开裂，较高的疲劳强度，避免疲劳破裂。

（3）足够的抗压强度和屈服强度，以承受轴的压力和摩擦产生的热，抵抗热变形。

（4）磨合性和耐磨性并能保持住润滑油。

（5）良好的抗蚀性和导热性以及较小的膨胀系数。

（6）容易制造，价格低廉。

针对以上的性能要求，合金组织应同时存在两类不同的组织组成物。

在软基体上分布着硬质点，轴承跑合后，软的基体被磨损而压凹，可以储存润滑油，以便能形成连续的油膜，同时，软的基体还能承受冲击和震动，并使轴和轴承能很好地磨合。软的基体还能起嵌藏外来硬质点的作用，以保证轴颈不被擦伤。这类组织承受高负荷能力差；属于这类组织的有锡基和铅基轴承合金，又称为巴氏合金。

巴氏合金具有软相基体和均匀分布的硬相质点组成的组织。典型锡基轴承合金中，软相基体为 α 固溶体，硬相质点是锡锑金属间化合物（SnSb）。合金元素铜和锡形成星状和条状的金属间化合物（Cu6Sn5），可防止凝固过程中因最先结晶的硬相上浮而造成的比重偏析。巴氏合金具有较好的减磨性能。这是因为在机器最初的运转阶段，旋转着的轴磨去轴承内极薄的一层软相基体以后，未被磨损的硬相质点仍起着支承轴的作用。

图 12－10 所示为继续运转时轴与轴承之间形成连通的微缝隙。微缝隙将作为润滑油的通道，使轴和轴承保持良好润滑状态并产生减磨作用。巴氏合金的这种显微组织，具有典型意义。大多数巴氏轴承合金成分的构成，都是以形成上述软相基体和均匀分布的硬相质点的显微组织为目的。反过来采用硬基体上分布软质点的组织形式也可以达到同样的目的。这类组织有较大的承载能力，但磨合能力较差，属于这类组织的有铝基和铜基轴承合金。

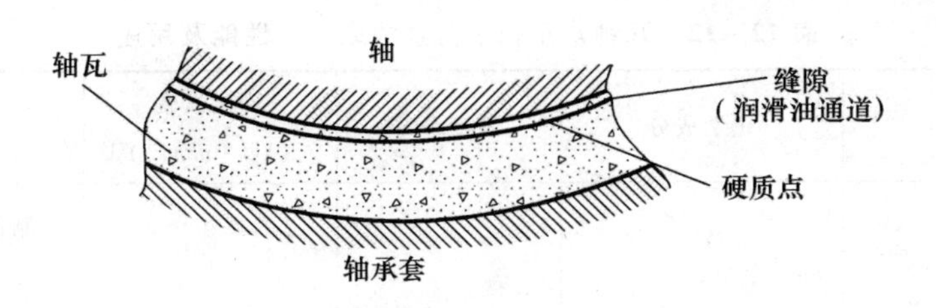

图 12－10 软基体硬质点轴瓦与轴的接触面

12.5.2 常用滑动轴承合金

1. 锡基轴承合金

其牌号为“Z”加基本元素与主加元素的化学符号并标明主加元素与辅加元素的含量(%)表示。如 ZSnSb11－6 表示锡基轴承合金，基本元素为 Sn，主加元素为 Sb，其含量为 11%，辅加元素为 Cu，其含量为 6%，余为 Sn。

锡基轴承合金的摩擦系数和膨胀系数小，具有良好的导热性、塑性和耐蚀性，适于制造高速重负荷条件。但其疲劳强度低，许用温度也比较低（不高于 150 ℃），由于锡较贵，在有的情况下，可以采用铅基轴承代替锡基轴承合金。

2. 铅基轴承合金

常用牌号为 ZPbSb16－16－2，含 16% Sb，16% Sn，2% Cu，余为 Pb。合金中软基体是锑溶入铅形成的固溶体（即 α 固溶体）和以化合物 SnSb 为基的含铅固溶体（即 β 固溶体）所组成的共晶体（即 α＋β 共晶体）。硬质点是化合物 SnSb 和 Cu_3Sn。铅基轴承合金的硬度、强度和韧性比锡基轴承合金低，常做低速、低负荷的轴承合金使用。

3. 铜基轴承合金

铜基轴承合金有铅青铜、锡青铜等，常用牌号有 ZCuPb30，ZCuSn10P1。铜和铅在固态时互不溶解，显微组织为 Cu＋Pb，Cu 为硬基体，粒状 Pb 为软质点。与巴氏合金相比，具有高的疲劳强度和承载能力，优良的耐磨性、导热性和低的摩擦系数，因此，可作为承受高载荷、高速度及高温下工作的轴承。

4. 铝基轴承合金

铝基轴承合金是以铝为基体加入锑、锡等合金元素所组成的合金，密度小，导热性和耐蚀性好、疲劳强度高，原料丰富，价格低廉，广泛应用于高速、重载下工作的汽车、拖拉机及柴油机轴承等。但它的线膨胀系数大，运转时容易与轴咬合使轴磨损，但可通过提高轴颈硬度，加大轴承间隙和降低轴承和轴颈表面粗糙度值等办法来解决。常用轴承合金的成分、性能及用途见表 12－12。

表 12-12　几种常用轴承合金的成分、性能及用途

合金系	合金牌号	化学成分	硬度/HB	抗拉强度/（kgf·mm^{-1}）①	主要用途
锡基合金	ZSnSb11Cu6	Sn：余量， Sb：11%～13%， Cu：5.5%～6.5%	金属型铸造 29	9	制造承受高速度、大压力和受冲击载荷的轴承，如汽轮机、涡轮机、内燃机、透平压缩机等轴承和轴瓦
	ZSnSb4Cu4	Sn：余量， Sb：4%～5%， Cu：4.0%～5.0%	金属型铸造 20	8	制造重载高速的汽车发动机和其他内燃机高速轴承
铅基合金	ZPbSb10Sn6	Pb：余量， Sb：9%～11%， Cu：≤0.70%， Sn：5.0%～7.0%	金属型铸造 18	8	制造高速低载的汽车发动机、制冷机等的轴承
	ZPbSb16Sn16Cu-2	Pb：余量， Sb：15%～17%， Cu：1.5%～2.0%， Sn：15%～17%	金属型铸造 30	7.8	用在压力×速度值低于60（kgf/dm^2. m/s 的条件下工作的轴承
铜基合金	ZCuSn10P1	Cu：余量， Sb：≤0.05%， Sn：9.0%～11.5%， P：0.5%～1.0%	砂型铸造 785 金属型铸造 885	22 25	用于高速承载的耐磨件，如连杆、轴瓦、衬套、齿轮等。 用于压钢机、蒸汽机等重载荷机器的轴承
	ZCuPb20Sn5	Cu：余量， Sb：≤0.75%， Sn：4.0%～6.0%， Pb：18%～23%	砂型铸造 45 金属型铸造 55	14 15	高速轴承及破碎机、水泵、冷轧机轴承等
铝基合金	ZAlSnCu1	Al：余量， Sn：5.5%～7.0%， Cu：0.7%～1.3%， Ni：0.7%～1.3%	砂型铸造 35 金属型铸造 40	14 15	用于高速高载机械轴承，如汽车、拖拉机、内燃机轴承

① 1 kgf=9.806 65 N。

思考与练习

1. 铝合金是如何进行分类的？其热处理特点是什么？
2. 不同铝合金可通过哪些途径达到强化目的？
3. 根据生产工艺，镁合金分为哪两类，它们各有什么特点？
4. 什么是黄铜，其力学性能与化学成分有什么关系？
5. 什么是特殊黄铜？合金元素对其性能有什么影响？
6. 什么是锡青铜？其力学性能与化学成分有什么关系？
7. 钛合金的主要性能特点是什么？
8. 轴承合金的性能要求有哪些？各类轴承合金的特点是什么？

第13章　金属功能材料和复合材料简介

本章简介：金属功能材料和复合材料直接关系着国防和科技尖端领域，是高科技术中不可缺少的新型材料，日益受到重视并快速发展，成为新材料研究及开发的重点。本章从典型金属功能材料以及复合材料为例，分别介绍了磁性合金、热膨胀、弹性与减振合金以及形状记忆合金等新型功能材料的发展、分类及工程应用；复合材料的分类、复合理论以及金属基复合材料的工程性能和应用。

重点：1. 热膨胀效应、形状记忆效应的原理及其合金应用。

2. 热弹性马氏体相变。

3. 金属基复合材料的工程性能和应用。

难点：1. 热膨胀合金的热膨胀效应。

2. 形状记忆合金的形状记忆效应。

3. 复合材料的复合机理。

13.1　金属功能材料

功能材料是指具有优良的物理、化学和生物或其相互转化的功能，用于非承载目的的材料。金属功能材料的种类繁多，主要有磁性合金、电阻合金、膨胀合金和弱电接点材料等。

13.1.1　磁性合金

具有铁磁性的合金称为磁性合金，铁磁性是指物质具有大量密集磁力线的能力。根据合金的磁性能一般将磁性合金分为软磁合金与永磁合金两大类。磁性材料是应用物质的磁性和各种磁效应，以满足电工设备、电子仪器、电子计算机等各方面技术要求的金属、合金及铁氧体化合物材料。

目前技术上得到大量应用的磁性材料有两大类：一类是由金属和合金所组成的金属磁性材料；另一类是由金属氧化物所组成的铁氧体磁性材料。从磁性能的特点来看，金属磁性材料可以划分为软磁合金、硬磁合金。人们通常把那些矫顽力小于0.8 kA/m的材料称为软磁合金，而把矫顽力大于0.8 kA/m的材料称为硬磁合金。金属软磁合金材料是磁性材料中用途最广、用量最大的一类材料，包括纯铁、电工钢、铁镍合全和非晶态合金等在强磁场下工作和弱磁场下工作的磁性材料。

1. 软磁合金

软磁合金是一种在磁场中容易被磁化的合金，在外磁场去掉后，容易退磁的合金。它的特点是磁滞回线细长，磁导率高，矫顽力低，磁滞损耗小等特点。生产中常用的软磁合金主要有以下几种。

（1）电磁纯铁。电磁纯铁是一种含碳量极低、含铁量99.95%以上的软钢，具有矫顽力低、磁导率高、导热性和加工性好、易焊接并有一定的耐腐蚀性和价格便宜等优点，一般用于制造直流磁场工作条件下的磁性元件、如直流电机、直流电磁铁的铁芯和极头、继电器和扬声器的磁导体、磁屏蔽罩等。

（2）硅铁合金（电工用硅钢片）。电工用纯铁只能在直流磁场下工作，在交变磁场下工作，涡流损耗大。在纯铁中加入0.38%～4.5%的硅，使之形成固溶体，就可以提高材料的电阻率，减少涡流损耗，这种材料就称为硅铁合金，或者称电工用硅钢片。电工用硅钢片主要用于各种形式的电机、发电机和变压器中，在扼流圈、电磁机构、继电器、测量仪表中也大量使用。

（3）铁镍合金。铁镍合金主要是含镍量为30%～90%的铁镍合金，铁镍软磁合金的主要成分是铁、镍、铬、钼、铜等元素，它的软磁性能要比电工钢优越得多。它主要用于制造电讯和仪器仪表中的各种音频变压器、高精度电桥变压器、互感器、磁放大器以及精密电表中的定片和动片等。

2. 硬磁合金。

硬磁合金又称永磁合金，是一种在磁场中难以磁化、磁化后难以去磁的合金，即永磁合金。

（1）淬火马氏体型磁钢。属于这一类的有碳钢、钨钢、铬钢、钴钢和铝钢。这是早期金属硬磁材料，它们主要是通过热处理手段，把原始奥氏体组织转变为马氏体组织来获得永磁性能。但是它们的矫顽力和磁能积都比较低，目前应用较少。

（2）铁铬钴系永磁合金。铁铬钴系永磁合金是当代主要应用的一类金属硬磁合金。该系列合金的基本成分为20%～33% Cr，3%～25% Co，其余为铁。可以通过改变组分含量、特别是含量或添加其他元素如Ti等，可改变其永磁性能。这类合金永磁性能与铝镍钴系合金相近，且机械加工性好。

13.1.2 热膨胀、弹性与减振合金

1. 热膨胀合金

具有一定特殊热膨胀性质的金属及合金的功能材料——膨胀合金，膨胀合金的特殊膨胀性能，许多情况下都是偏离正常热膨胀规律的，是利用“反常”膨胀特征获得的。实际工作中，常以平均线膨胀系数$\alpha_{t_1\sim t_2}$来描述不同的金属与合金的热膨胀效应。

公式：

$$\alpha_{t_1\sim t_2}=\frac{l_2-l_1}{l_1}\left(\frac{1}{t_2-t_1}\right)$$

式中 l_1——样品在温度t_1时的长度；

l_2——样品在温度t_2的长度。

可见，平均热膨胀系数即是指样品在温度由$t_1\sim t_2$时，温度每升高1摄氏度，其长度的相对伸长量。按膨胀系数大小可将膨胀合金分为低膨胀、定膨胀和高膨胀合金三种。

（1）低膨胀合金（因瓦合金）。低膨胀合金是指膨胀系数小于2×10^{6}/℃的合金，或$\alpha_{20℃\sim100℃}\leq1.8\times10^{-6}$/℃。低膨胀合金具有重要的工业意义。

低膨胀合金在仪器、仪表工业中常用来制作在气温波动时尺寸近于恒定的元件，以保持仪器仪表的精度。如标准量尺、精密天平、标准电容等。

（2）定膨胀合金。定膨胀合金的膨胀系数为 $\alpha_{20\ ℃\sim400\ ℃}=4\sim11\times10^{-6}/℃$，其膨胀系数在一定温度范围内变化不大。

定膨胀合金主要有两类。一类是借助因瓦反常热膨胀达到特定热膨胀系数要求的合金，主要是 Fe－Ni、Fe－Cr 和 Fe－Ni－Co 合金系定膨胀合金；另一类是高熔点金属及合金，有无氧铜及难熔金属 Mo、W、Nb 为基的合金，它们的膨胀系数小，可直接作为封接材料。在电真空技术中用量很大的是 Ni_{29}、Co_{18} 合金，利用它们的低膨胀系数达到特定膨胀性能要求。定膨胀合金在使用过程中一般不允许发生相变。此外，定膨胀合金的性能要求还涉及它的导热、导电、机械性能以及加工性能等多方面。

（3）高膨胀合金。高膨胀合金的膨胀系数 $\alpha_{20\ ℃\sim400\ ℃}\geq1.2\times10^{-5}/℃$，高膨胀合金不单独使用，而是和低膨胀合金焊合在一起，作为热双金属的主动层。这种热双金属由于两层的膨胀系数相差很大。在加热时会发生弯曲，因此可以用在自动控制系统中作为温度或电流控制的敏感元件。

2. 弹性合金

弹性合金是具有特殊弹性性能的材料，广泛用于仪器仪表、精密机械、自动化装置的各种弹性、频率振子和敏感元件。这些元件作用重要，大多情况下决定着仪器仪表及测量装置的精度、可靠性和寿命。按照弹性合金的使用性能及特点可将其分为高弹性合金和恒弹性合金两种。

（1）高弹性合金。要求具有高弹性模量、高弹性极限和低弹性不完整性。有时还需要耐腐蚀、耐高温、高导电、抗磁性等特性。使用的高弹性合金种类很多，大体上分为：

1）合金弹簧钢。

2）经强化的不锈钢，包括 18－8 型不锈钢、Cr13 型不锈钢。

3）特殊高弹性合金，包括 Ni36CrTiAl、Co40、NiCrMo 等。

4）铜基合金，包括铍青铜、黄铜、磷青铜等。主要用于航空仪表、精密仪表和精密机械中作弹性元件，如弹簧、膜盒、波纹管、发条、轴尖等。

（2）恒弹性合金。这类合金的性能特点是具有低的弹性模量温度系数或频率温度系数，一般不大于 $\pm10\times10^{-6}/℃$。恒弹性合金应用范围很广，按承受载荷方式不同分静态应用和动态应用两类。静态应用如仪表、钟表的游丝或张丝，弹簧天平及测量控制技术中的弹簧系统。动态应用主要利用与材料固有频率有关的参数，用作振子等。例如频率谐振器、延迟线、延时贮存器、机械滤波器等。

3. 减振合金

在机械制造业中有约 80% 的事故和设备损坏是由共振所致。在实践中，人们积累了不少控制振动和噪声的方法，如提高构件刚性和重量，抑制共振振幅或避免共振，安装减振装置，采用吸声材料等。减振材料是具有结构材料应有的强度并能通过阻尼过程（也称为内耗）把振动能较快地转变为热能消耗掉的合金。

片状石墨铸铁是被最早使用的减振合金，其优点是成本低和耐磨性好。石墨有存油的效应，且具有自润滑性，这种合金多用于机床的盖和传动装置上。在汽车上已用铸铝代替铸铁，以减轻汽车重量，但噪声比用石墨铸铁大。铸铁系减振合金的缺点是强度和韧性都较低，又不能进行压力加工。它们的减振系数随着各品种强度的增加而稍有下降。

复合钢板或夹层钢板是钢板树脂两层或两层钢板夹一层材脂组合而成。它们的减振性能良好。随着减振钢板的出现，弯曲加工、冲压加工、点焊加工技术也被开发。这些技术最适用于形状简单的板状构件和盖子等。因树脂具有黏性、共减振系数随温度和频率而变．故应根据使用温度印频率选择复合材料。

Mn－Cu系减振合金早在20世纪50年代就得到开发，它们的强度、韧性、延展性和可切削性都很好，而且用铸造、粉末冶金法都可制造，容易生产。由于抗海水腐蚀性较好，已用在螺旋桨等海洋设备上。但此系列合金在固溶处理后大多尚须进行时效处理，故对构件的弯曲和变形应特别注意。另外，长期应用时减振性能明显恶化，有的一年后性能竟下降一半，故长期使用应特别注意。

铁磁性型减振合金的减振系数受频率影响小，可使用的极限温度高，并且成本低，压力加工性能、切削加工性能都很好、可铸造和用粉末冶金法制造，耐蚀性好，还可进行各种表面处理，长期使用后性能恶化不严重，特性能保持长期稳定，因此应用较普遍。但其减振性能受应变振幅影响大并且对残余变形敏感，因此给使用带来一定困难。

4. 形状记忆合金

1962年美国海军军械实验室在钛—镍（Ti－Ni）合金中发现了“形状记忆效应”。此后，人们对这一现象进行了大量研究。所谓“形状记忆效应”是指在一种状态下成形了的合金，如果在另一种状态下（通常是指另一种温度区间）给予没有弹性恢复力的形变，使具有另一种形状，当其再返回到第一种状态（温度）时，合金能自动恢复到原先具有的形状。换句话说，合金在返回到其原先的状态时，它能“记得”自己原先所具有的形状。因而人们就把这种合金称之为形状记忆合金。形状记忆合金是一种重要的执行器材料，可以用其控制振动和结构变形，属于金属系智能材料。

大部分形状记忆效应是利用马氏体相变与其逆转变的特性，即在高温下将处理成一定形状的合金急冷下来，再在低温下经塑性变形成另一种形状，然后加热到一定温度时通过马氏体逆转变恢复到低温变形前的原始形状，这就称之为形状记忆效应。

13.2 复合材料

复合材料（CM）是由两种或两种以上的单一材料，用物理或化学的方法经人工复合而成的一种多相固体材料。复合材料不但能保留其组分材料的主要优点，克服或减少它们的缺点，还可产生组分材料所没有的一些优异性能，其性能比单一材料性能优越。复合材料具有比强度、比模量高，抗疲劳、减振及高温性能好，且破损安全性好，成型工艺好等优点。复合材料根据其所用基体材料不同，分为金属基复合材料、无机非金属基复合材料和树脂基复合材料三大类。由于三类复合材料的基体材料性能不同，其生产工艺和基本性能差别很大。

13.2.1　复合材料的分类

1. 按用途分类

复合材料按其用途可分为功能复合材料和结构复合材料。利用复合材料的物理、化学和生物学功能作为主要用途的称之为功能复合材料。利用复合材料各种优良力学性能，例如比强度高、比刚度大和抗疲劳性能好等优点而用于制造受力结构的称之为结构复合材料。目前，结构复合材料占绝大多数，而功能复合材料有广阔的发展前途。未来将会出现结构复合材料与功能复合材料并重的局面，而且功能复合材料更具有与其他功能材料竞争的优势。

结构复合材料主要用做承力和次承力结构，要求它质量轻、强度和刚度高，且能耐受一定温度，在某种情况下还要求有膨胀系数小、绝热性能好或耐介质腐蚀等其他性能。某些结构复合材料还同时具有电磁波的穿透性与血液和生物组织的相容性，以及耐磨、坚硬、隔振等非力学功能。功能复合材料指具有除力学性能以外其他物理性能的复合材料，即具有各种电学性能、磁学性能、光学性能、声学性能、摩擦性能、阻尼性能以及化学分离性能等的复合材料。

2. 按基体材料类型分类

按基体材料一般可以分为金属基复合材料、聚合物基复合材料及陶瓷基复合材料。

金属基复合材料，以金属为基体制成的复合材料。如铝基复合材料、钛基复合材料等。此类复合材料具有金属的优点，如耐高温、耐腐蚀、导电、耐潮湿等，还具有较高的剪切强度和横向拉伸强度。但因制造工艺复杂，价格昂贵。它直接关系着国防和科技尖端领域，是高技术中不可缺少的一种新型材料。

聚合物基复合材料以有机聚合物（主要为热固性塑料、热塑性塑料及橡胶）为基体制成的复合材料。它的应用最广，生产工艺比较成熟，价格便宜，但使用温度较低。常用的树脂基体使用温度在 120 ℃ ~150 ℃以下，有的还达不到 100 ℃。可以用于较高温度的聚酰亚胺虽其使用温度能达到 300 ℃ ~350 ℃，但在 260 ℃时性能已有明显下降，且价格较贵。由于工程上的急切需要，提高聚合物基复合材料的使用温度是一个非常重要的问题。

陶瓷基复合材料以陶瓷材料（也包括玻璃和水泥）为基体制成的复合材料。在陶瓷中加入延伸率较大、韧性较好的增强纤维复合而成，耐高温且抗腐蚀性能好，陶瓷材料本身坚硬、模量较高，且可耐高温，但脆性大，断裂应变很小，抗拉、抗冲击载荷以及热冲击的性能都很差，故加入延伸率较大的增强纤维后可明显改善其断裂韧性等性能。

3. 按增强纤维类型分类

（1）玻璃纤维复合材料。

（2）碳纤维复合材料。

（3）有机纤维（芳香族聚酰胺纤维、芳香族聚酯纤维、高强度聚烯烃纤维等）复合材料。

（4）金属纤维（如钨丝、不锈钢丝等）复合材料。

（5）陶瓷纤维（如氧化铝纤维、碳化硅纤维、硼纤维等）复合材料。

此外，如果用两种或两种以上的纤维增强同一基体制成的复合材料称为“混杂复合材料”，混杂复合材料可以看成是两种或多种单一纤维复合材料的相互复合。

13.2.2 金属基复合材料的工程性能和应用

金属基复合材料是随现代技术对材料的要求越来越高而发展起来的，广泛用于航空、航天、汽车、机电、运动机械等领域内一些要求具有重量轻、刚度高、耐热、耐磨等性能的特殊场合。金属基复合材料具有与金属性能相类似的重要优点，兼有以下的综合性能：

（1）高强度。

（2）高模量。

（3）高的韧性和冲击性能。

（4）对温度变化或热冲击的敏感性低。

（5）表面耐久性好，表面缺陷敏感性低。

（6）导电、导热性好。

（7）性能再现性好。

不同工作环境中，对金属基复合材料的使用性能有着不同的特殊要术。在航空和航天领域，要求其具有高比强度、高比模量及良好的尺寸稳定性。因此，在选择金属基复合材料的基体金属时，要求必须选择体积质量小的金属与合金，如镁合金和铝合金。对于汽车发动机，工作环境温度较高，这就要求所使用的材料必须具有高温强度、抗气体腐蚀、耐磨、导热等性能。因此，人们从各种基体到各种增强相对金属基复合材料进行了大量的开发研究。

在众多金属基复合材料中，铝基复合材料发展最快，且成为当前该类材料发展和研究的主流，这是因为铝基复合材料具有密度低、基体合金选择范围广、热处理性好、制备工艺灵活等许多优点。

硼/铝复合材料的强度和弹性模量高、密度小、导热好、膨胀系数低、使用温度高，是最先应用的纤维增强金属基复合材料。首先用作管状结构支柱，如航天飞机中机身框架和桁架肋、起落架转向拉杆。硼/铝复合材料还是一种具有应用前景的中子屏蔽材料，可用来制作核废料的运输容器和储存器、移动屏蔽罩、操纵杆。硼纤维增强金属基复合材料可用于喷气发动机的风扇叶片、机翼蒙皮、结构支柱、起落架零件、自行车身、高尔夫球棒等。

碳（石墨）/铝和碳（石墨）/镁复合材料具有比强度和比模量高、尺寸稳定性好等优异性能，能经受住宇宙航天过程中严酷的环境条件。在航天飞机和人造卫星上可用作主要结构的外壳和构架、仪器支架、天线和天线肋、太阳能电池的面板、望远镜扇形反射面等。在导弹和运载火箭上可用作重返大气防护罩、燃气涡轮发动机压气机叶片及设备的支撑结构等。

对于 SiC 晶须增强铝基复合材料，具有高比强度、高阻尼、高比模量、耐磨损、耐高温、耐疲劳、尺寸稳定性好以及热膨胀系数小等优点，因此，它被应用于制造导弹和航天器的构件及发动机部件，汽车的汽缸、活塞、连杆，以及飞机尾翼平衡器等，具有广阔的应用前景。

镍基复合材料在各种应用中，最有前途的应用之一是做燃气涡轮发动机的叶片。这类零件在高温和接近现有合金所能承受的最高应力下工作，因此，镍基复合材料成为复合材料研究开发的另一个主要方向。而镍合金作为一种耐高温材料，具有很强的抗氧化、抗腐蚀、抗蠕变等高温特性，因此，被视为一种很有潜力的复合材料基体材料。主要用做各类涡轮转子叶片和导向叶片，也可用做其他在高温条件下工作的零件，是航天、能源、石油化工等方面的重要材料。

此外，SiC/Ti 金属基复合材料用于高温火箭、海军舰艇的螺旋桨等。氧化铝纤维/铝、不锈钢丝/铝复合材料现已用于汽车发动机的活塞和连杆。钨丝增强金属基复合材料不但强度和刚性高，而且耐高温性、韧性和导热性好，特别适用于涡轮机叶片、压力容器、飞轮等。

思考与练习

1. 金属磁性材料有哪两种，各有什么特点？
2. 膨胀合金是怎么进行分类的，各有什么特点？
3. 简述形状记忆效应。
4. 常用的减振合金有哪些，各有什么用途？
5. 复合材料的性能有哪些？

第 14 章　非金属材料简介

本章简介：金属材料的强度高、热稳定性、导热导电性能优越，但有些时候金属材料也无法满足使用性能要求，如重量轻、绝缘、耐腐蚀等要求，因此，非金属材料应用越来越普遍，本章主要介绍了非金属材料中的高分子材料和陶瓷两部分。这一部分属于学生的了解内容。

在机械工程上除金属材料外，还大量地使用非金属材料，例如一辆汽车就有几百个塑料零件。在化工企业，塑料被大量用于制造管道、容器、泵、阀门等零部件。非金属材料资源丰富，价格便宜，同时其具有许多优良的机械、物理和化学性能，如塑料的相对密度只有钢的 1/8 ~ 1/4，因此，在现代机械工程中非金属材料的使用越来越普遍，并起着越来越重要的作用。

用于机械工程的非金属材料种类繁多，按照材料的化学成分可以分为有机非金属材料和无机非金属材料。常见的有机非金属材料如塑料和橡胶及其复合材料，常见的无机非金属材料如陶瓷、玻璃、水泥、耐火材料等。按照材料的来源可以分为天然非金属材料和人工非金属材料。天然非金属材料是存在于自然界而非人加工而成的非金属材料，常见的有天然橡胶、棉、麻等；人工非金属材料是由人加工而成的，常见的有合成橡胶和合成纤维等。

14.1　高分子材料

有机化合物分两类：低分子有机化合物和高分子有机化合物，低分子有机化合物的相对分子质量不超过 500，大于 500 的则为高分子有机化合物，如表 14 - 1 所示。

表 14 - 1　有机化合物的相对分子质量比较

低分子有机化合物		高分子有机化合物			
		天然		合成	
物质	相对分子量	物质	相对分子量	物质	相对分子量
甲烷	16	淀粉	约 100 万	聚苯乙烯	5 万以上
乙烯	28	蛋白质	约 15 万	聚异丁烯	1 万 ~ 10 万
苯	78	果胶	约 27 万	聚氯乙烯	2 万 ~ 16 万
蔗糖	342	乳酪	2.5 万 ~ 37.5 万	聚丙烯腈	6 万 ~ 50 万

（1）高分子化合物的名称。我国目前还没有对高分子化合物的命名进行统一，天然高分子化合物多用习惯的俗名，如羊毛、果胶等。人工合成的高分子化合物有以下两种命名方法。

1）以组成高分子化合物的单体名称来命名，简单结构的，在单体名称前加“聚”字，如聚氯乙烯等；复杂结构的习惯上在单体后加“树脂”，如酚醛树脂、环氧树脂等。

2）以商品名称来命名，通俗且简单，易于接受，如聚酯的商品叫涤纶，酚醛树脂称为电木，聚酰胺称为尼龙或锦纶。

（2）常用的高分子材料。常用的高分子材料包括塑料、橡胶、合成纤维三类，本教材只介绍塑料和橡胶两部分。

14.1.1 塑料

塑料是在玻璃态下使用的高分子材料，其以合成树脂为主要成分，加入各种添加剂在一定温度和压力下塑制成型，其在常温下可以保持形状不变。塑料加工容易，在适当的温度和压力下可以采用注射、挤压、浇注、吹塑、喷涂甚至机械切削加工的方法进行加工，同时塑料的性能多种多样，如质量轻、透明、绝缘性强、耐磨、吸振消音、耐腐蚀等，塑料的原料来源丰富，成本低廉，因此塑料的使用越来越普遍，成为机械工程中不可或缺的重要材料。塑料的缺点就是强度硬度不及金属材料高，耐热性和导热性差，胀缩变形大且易老化等，使得塑料的应用受到一定的限制。

1. 塑料的组成

塑料主要由合成树脂与各种添加剂组成。其中合成树脂是主要成分。

（1）合成树脂。合成树脂含量占塑料的30%～100%（不含任何添加剂的塑料称为单组分塑料，其他含添加剂的称为多组分塑料）。合成树脂对塑料的性能起着决定性的作用，其在常温下为固体或黏稠状液体，当受热时会软化或呈熔融状态，起黏结塑料中其他组分的作用。

（2）添加剂。添加剂是为改善塑料的某些性能而加入的物质，主要有以下几种。

1）填充剂，又称为填料。填料在塑料中主要起到调整塑料物理化学性质，提高强度，扩大使用范围的作用。同时，由于添加填料可以减少树脂的使用量，可以起到降低成本的作用。常用的填料有金属粉末（如银、铜粉末可制成导电塑料，磁铁粉末可制成磁性塑料）、石棉粉末（可提高塑料的耐热性）、纸屑、玻璃纤维等。

2）增塑剂。增塑剂是用来提高合成塑料的可塑性和柔软性的一种添加剂，同时起到降低塑料的软化温度，成型容易的作用。增塑剂应能溶于合成树脂但不会与合成树脂发生化学反应，在光和热作用下稳定性好，不容易挥发，一般无毒、无色、无味。常用的增塑剂是液态或低熔点固体有机化合物，主要有甲酸酯类、磷酸酯类、氯化石蜡等。

3）稳定剂，又称为防老化剂。稳定剂的主要作用是提高塑料的稳定性，防止塑料在成型加工或使用中，由于受光或热的作用而发生老化，延长塑料的使用寿命。常用的稳定剂如硬脂酸盐、铅的化合物及环氧树脂等。

4）固化剂，又称为硬化剂。固化剂用于热固性塑料中，在热固性树脂成型过程中，使线型结构转变为体型的热稳定结构，成型后获得坚硬的塑料制品。常用的固化剂有六次甲基四胺、乙二胺等。

5）润滑剂。润滑剂是为防止塑料在成型过程中粘模而加入的添加剂。一般用量仅为0.5%～1.5%。常用的润滑剂有硬脂酸和硬脂酸盐类。

6）着色剂。着色剂是使塑料制品具有各种色彩而使用的有机或无机颜料。常见的着色剂有铁红、铬黄、士林蓝、氧化铬绿、锌白、钛白、炭黑等。

除上述的几种添加剂外，塑料还常用一些发泡剂、阻燃剂等，各种添加剂是否加入及加入量的多少主要是根据塑料制品的性能要求和工作用途不同而决定的，并非一成不变。

2. 塑料的分类

(1) 按塑料的应用情况和性能分类。

1) 通用塑料。通用塑料是一种非结构材料，其产量大、用途广、价格低。常见的有聚乙烯、聚氯乙烯、聚丙烯、聚苯乙烯等。它们的产量占塑料的3/4以上，主要制成管材、棒材、板材和薄膜，用于日常生活用品和小型机械零件。

2) 工程塑料。工程塑料主要作为结构材料。其具有优良的力学性能、化学性能及较好的耐高温、耐腐蚀、耐辐射等。工程塑料的可以部分地取代金属材料作为机械零件的主要材料，常见的工程塑料有聚酰胺、聚甲醛、聚碳酸酯、ABS、聚四氟乙烯、环氧树脂等。

3) 特殊塑料。特殊塑料是具有一些特殊性能，如导电塑料、导磁塑料、感光塑料等。

(2) 按树脂在加热和冷却时表现的性质分类。

1) 热固性塑料。热固性塑料的合成树脂的分子结构具有体型结构，采用缩聚反应制成。固化前热固塑料在常温或受热后软化，合成树脂的分子呈线型结构，继续加热树脂将变成不能熔融、不能溶解的体型结构，形状不再发生变化。如温度过高，分子链将断裂，产品破坏，不可再生。常见的热固性塑料有酚醛塑料、氨基塑料、环氧树脂、有机硅塑料等。

2) 热塑性塑料。热塑性塑料的合成树脂的分子结构具有线型结构，采用聚合反应制成。加热可软化并熔融，成为可流动的液态，冷却后可成型并保持形状不变。当再次加热，又产生软化和熔融，可反复多次，而其化学结构不变，性能基本不变，其可实现再生。常见的热塑性塑料有聚乙烯、聚酰胺、聚甲基苯烯酸甲酯、聚四氟乙烯、聚氯醚、聚碳酸酯等。

3. 常用塑料的性能

部分常用塑料性能见表14-2。

表14-2 常用塑料性能

类别	名称	代号	性能			
			密度/($g \cdot cm^{-2}$)	抗拉强度/MPa	缺口冲击韧度/($J \cdot cm^{-2}$)	使用温度/℃
热塑性	聚乙烯	PE	0.91~0.965	3.9~38	>0.2	-70~100
	聚氯乙烯	PVC	1.16~1.58	10~50	0.3~1.1	-15~55
	聚丙烯	PP	0.90~0.915	40~49	0.5~1.07	-35~120
热固性	酚醛树脂	PF	1.37~1.46	35~62	0.05~0.82	<140
	环氧树脂	EP	1.11~2.1	28~137	0.44~0.5	-89~155

(1) 聚乙烯（PE）。聚乙烯原料来源于石油、天然气等，价格低廉，产量居世界首位。聚乙烯由乙烯单体聚合而成，分子结构式为：

$$\left[CH_2—CH_2 \right]_n$$

如果聚合的压力达到1 500~3 000 MPa，温度为180 ℃~200 ℃，得到的聚乙烯称为高压聚乙烯，其密度较低而质地较软，使用温度约为 80 ℃，适宜制作薄膜；如果聚合压力为 1.9 MPa，温度大约为 100 ℃，得到的聚乙烯称为低压聚乙烯，其密度较高，质地坚硬，其耐磨性、耐蚀性和电绝缘性较好，使用温度可到 100 ℃，常用来制作塑料硬管、板材等结构件。

（2）聚氯乙烯（PVC）。由氯化乙烯单体聚合而成，产量仅次于 PE，属于热塑性塑料，广泛应用于工业、农业和日用品中，聚氯乙烯含氯量高达 56%，因此耐燃，其突出优点就是耐化学腐蚀、成本低，易于加工，缺点是耐热性差、冲击韧性较低，且有一定的毒性，其分子结构为：

$$\left[CH_2 - \underset{\displaystyle Cl}{\underset{|}{CH}} \right]_n$$

（3）聚丙烯（PP）。由丙烯单体聚合而成，属于热塑性塑料，价格便宜，用途广泛，是唯一能在水中煮沸消毒（温度可达 130 ℃）的品种，无毒，可作药品食品包装，力学性能优于高密度聚乙烯，缺点是染色性差、低温易脆化，易燃、收缩较大，分子结构为：

$$\left[\underset{\displaystyle CH_3}{\underset{|}{CH}} - CH_2 \right]_n$$

（4）酚醛树脂（PF）。由酚类和醛类经化学反应而得到的树脂称为酚醛树脂，其中以苯酚和甲醛缩聚而成的酚醛树脂应用较广，按制造条件的不同，酚醛树脂有固态和液态两种，固态多用于生产胶木粉（压塑粉）供模压成型用，液态多用于生产层压塑料，即用浸渍过酚醛树脂的片状填料（如纸、布或玻璃布等）制成各种塑料制品。

酚醛树脂具有耐热、耐磨、耐腐蚀等优点，广泛应用于电器、机械、无线电、仪表、汽车、化工等领域。

（5）环氧树脂（EP）。它是以环氧树脂线性高分子化合物为主，加入添加剂固化处理而成，强度较高，耐各种酸、碱和溶剂的浸蚀，在较宽的频率和温度范围内具有良好的电绝缘性能，具有突出的尺寸稳定性、耐久性以及耐霉菌性能，由于它的存在使得对各种物质材料有极好的粘附性，因此有“万能胶”之称，但成本较高，所使用的添加剂有毒性。

14.1.2 橡胶

橡胶是一种高分子材料，它的弹性很大，最高伸长率可达 800% ~1 000%，具有优良的伸缩性和储能性。此外，橡胶还具有很好的耐磨性、隔音性、绝缘性和阻尼性。在机械工程中广泛应用于密封、减振、绝缘等零部件中。

橡胶与塑料的区别在于，其在很大的温度范围内（ −50 ℃ ~150 ℃）仍可处于高弹性状态，因此，其成为常用的弹性材料。习惯上把未经硫化的合成橡胶和天然橡胶称为生胶，硫化后的橡胶称为橡皮，生胶与橡皮统称为橡胶。

1. 橡胶的组成

橡胶是在生胶的基础上加入一定量的配合剂制成的。

（1）生胶。生胶是未加配合剂，未进行硫化处理的橡胶，属于天然树脂，其主要成分是聚异戊二烯。生胶的性能随温度变化而变化，高温时发粘软化，低温时明显硬化。

（2）配合剂。为提高橡胶的性能，需要在制成中加入相应的配合剂。主要的配合剂有硫化剂、活性剂、软化剂、填充剂、防老剂、着色剂等。其中，硫化剂主要是使橡胶分子相互交联形成网状结构，以提高橡胶的弹性、强度和耐磨性等；软化剂是改善橡胶的塑性和粘附力，降低橡胶的硬度和提高橡胶的耐寒性；防老剂可在橡胶表面形成稳定的氧化膜，提高抗氧化能力，防止和延缓橡胶老化；填充剂主要是提高橡胶的强度和减少生胶用量以降低橡胶的成本。着色剂是为改变橡胶的颜色，使用的有机或无机颜料。

2. 橡胶的分类

（1）按照来源不同分类。橡胶可以分为天然橡胶和合成橡胶两类。天然橡胶是热带植物茎叶中流出的胶乳为原料，经过浓缩、干燥、压缩等工序制成的片状或块状的固体。合成橡胶是用石油、天然气、煤和农副产品为原料制成，其性质与天然橡胶相似。

（2）按照应用范围的宽窄不同分类。橡胶可以分为通用橡胶和特种橡胶。

3. 常用橡胶的性能和用途

常用橡胶的性能和用途见表14－3。

表14－3　橡胶的性能与用途

种类	名称	代号	抗拉强度/MPa	伸长率/%	使用温度/℃	回弹性	耐磨性	耐碱性	耐酸性	耐油性	耐氧老化	用途
通用橡胶	天然橡胶	NR	17～35	650～900	－70～110	好	中	好	差	差	差	轮胎、胶管、胶带
	丁苯橡胶	SBR	15～20	500～600	－50～140	中	好	中	差	差	中	轮胎、胶板、胶管、胶布胶带
	顺丁橡胶	BR	18～25	450～800	－70～120	好	好	好	差	差	好	轮胎、V带、耐寒运输带、绝缘件
	氯丁橡胶	CR	25～27	800～1 000	－35～130	中	中	好	中	好	好	电线电缆、耐燃胶带、胶管、汽车门窗密封条
	丁腈橡胶	NBR	15～30	300～800	－35～175	中	中	中	中	好	中	耐油密封圈、输油管、油槽衬里
特种橡胶	聚氨酯橡胶	UR	20～35	300～800	－30～80	好	中	差	差	中	良	耐磨件、实心轮胎
	氟橡胶	FPM	20～22	100～500	－50～300	中	中	好	好	好	优	高级密封件、高耐蚀件、高真空橡胶件
	硅橡胶	SI	4～10	50～500	－100～300	差	差	好	中	差	优	耐高、低温、绝缘制品

14.2 陶瓷

陶瓷是人类最早使用的材料之一，其具有硬度高，对高温、水和其他化学介质具有较好的抗腐蚀性及特殊的光学和电学性能。陶瓷是用粉末冶金的方法生产的无机非金属材料。先将原料粉碎后均匀地混合，然后用模具将其压制成需要的形状，再将成型的胚料干燥后上釉，最后在窑中高温烧制。

14.2.1 陶瓷的分类

1. 按照原料不同分类

陶瓷按照原料不同，可以分为普通陶瓷和特种陶瓷两类。普通陶瓷又称为传统陶瓷，是用天然的硅酸盐矿物，如黏土、长石、石英等为原材料制成，其制造使用历史很长，是古代人类的一种主要用具。特种陶瓷是以人工提炼的含有较多的金属氧化物、碳化物、氮化物等为原料制造的陶瓷，其具有一些特殊的物理和化学性质，可以满足特殊的工程结构需要。

2. 按照用途不同分类

陶瓷按照其使用的用途不同，可分为日用陶瓷和工业陶瓷两类。日用陶瓷主要是用于人类的生活当中；工业陶瓷是主要用于工业生产当中的具有一些特殊性能，满足化工、冶金、电子、机械等行业的特殊工业要求。

14.2.2 陶瓷的性能

陶瓷的组织结构非常复杂，一般由晶体相、玻璃相和气相组成。各种相的组成、结构、数量、形态及其分布状态都对陶瓷的性能产生影响。

1. 力学性能

陶瓷的内部有较多的气孔，因此抗拉强度较低，但受压时气孔不会导致裂纹扩大，故抗压强度较高；陶瓷材料的硬度远高于一般材料，其硬度大多在 1 500 HV 以上，其中氮化硅和氮化硼的硬度接近金刚石；陶瓷还具有很好的耐磨性，可以用于刀具；陶瓷具有一定的弹性，一般高于金属，在室温下无塑性，脆性大，冲击韧度很低，耐疲劳性能较差。

2. 物理性能

（1）热学性能。陶瓷具有高熔点、低导热率、热膨胀系数低的特点。陶瓷的熔点大多在 2 000 ℃以上，可作为高温材料，制造耐火材料、耐热涂层等。由于导热率低可以用于高温绝热材料。

（2）电学性能。大部分的陶瓷材料具有很好的绝缘性，可以用来制造各种隔电绝缘器件。少数陶瓷具有半导体的性质，可以当半导体使用，如高温烧结的氧化锡。

（3）光学性能。部分陶瓷具有特殊光学性能，如固体激光材料、激光调制材料、光导纤维材料、光储存材料等，这些材料在通讯、摄影、计算技术等方面有着广泛的用途。

(4) 磁学性能。部分陶瓷具有特殊的磁学性能，如铁淦氧磁性陶瓷材料，可以用于音像制品、电器、计算机等方面。

14.2.3 常用的陶瓷材料

常用的陶瓷材料的性能和用途见表14－4。

表14－4 常用的陶瓷材料的性能和用途

名称	主要性能	主要用途
普通陶瓷	质地坚硬、耐腐蚀、不导电、加工成型容易，成本低，强度低，耐高温性差	电气、化工、建筑、纺织等行业，如化工反应塔、管道等
氧化铝陶瓷	耐火性好，硬度高，绝缘性好，化学稳定性好、耐磨性好；脆性大，抗急冷急热性能差	刀具、耐磨零件，高温电偶保护管、集成电路基片等
氮化硅陶瓷	高温力学性能好，化学稳定性好，硬度高，耐磨性好	耐磨、耐蚀、耐高温、绝缘的零部件，如电热塞、增压器叶轮、高温轴承、阀门等
碳化硅陶瓷	高温力学性能最好，可在1 600 ℃维持室温的力学性能不变，化学稳定性好，抗高温氧化能力强，耐酸碱腐蚀，导电和导热性好	高温发热体、热交换器、汽轮机叶片、高温轴承等

思考与练习

1. 简述非金属材料的分类。
2. 简述塑料的主要组成成分及其作用。
3. 塑料如何分类？
4. 什么是热塑性塑料和热固性塑料？它们的用途？
5. 简述常用塑料的性能与用途。
6. 简述橡胶的分类及其主要组成成分。
7. 简述橡胶的主要特性。
8. 什么是陶瓷？如何分类？
9. 简述陶瓷的主要性能。
10. 简述常用陶瓷的特点和主要用途。

参考文献

[1] 凤仪．金属材料学［M］．北京：国防工业出版社，2009.
[2] 文九巴．机械工程材料［M］．北京：机械工业出版社，2002.
[3] 韩永生．工程材料性能与选用［M］．北京：化学工业出版社，2004.
[4] 王忠．机械工程材料［M］．北京：清华大学出版社，2009.
[5] 手册编写组．机械工业材料选用手册［M］．北京：机械工业出版社，2009.
[6] 马鹏飞，李美兰．热处理技术［M］．北京：化学工业出版社，2008.
[7] 刘天佑．金属学与热处理［M］．北京：冶金工业出版社，2009.
[8] 胡赓祥．材料科学基础［M］．上海：上海交通大学出版社，2004.
[9] 陈惠芬．金属学与热处理［M］．北京：冶金工业出版社，2008.
[10] 宋维锡．金属学［M］．北京：冶金工业出版社，1988.
[11] 胡凤翔，于艳丽．工程材料及热处理［M］．北京：北京理工大学出版社，2009.
[12] 邹莉．机械工程材料及应用［M］．重庆：重庆大学出版社，2005.
[13] 李炜新．金属材料与热处理［M］．北京：机械工业出版社，2005.
[14] 王英杰，金升．金属材料及热处理［M］．北京：机械工业出版社，2006.
[15] 丁仁亮．金属材料及热处理［M］．第4版．北京：机械工业出版社，2009.
[16] 刘毅，宏永峰．金属学与热处理［M］．北京：冶金工业出版社，1995.
[17] 凌爱林．金属学与热处理［M］．北京：机械工业出版社，2008.
[18] 周峰．工程材料与热处理［M］．第二版．济南：山东大学出版社，2008.
[19] 马永杰．热处理工艺方法600种［M］．北京：化学工业出版社，2008.
[20] 陈文凤．机械工程材料［M］．北京：北京理工大学出版社，2006.
[21] 崔忠圻．金属学与热处理（铸造、焊接专业用）［M］．北京：机械工业出版社，2005.
[22] 张鸿庆．金属学与热处理（锻压专业用）［M］．北京：机械工业出版社，1988.
[23] 杨瑞成．机械工程材料［M］．重庆：重庆大学出版社，2000.
[24] 戈晓岚．金属材料与热处理［M］．北京：化学工业出版社，2004.
[25] 齐宝森．机械工程材料［M］．哈尔滨：哈尔滨工业大学出版社，2003.